Mit digitalen Extras: Exklusiv für Buchkäuferinnen und Buchkäufern!

Ihre digitalen Extras zum Download:

- Struktur des Produktmanagements
- Vorlage: Produktpositionierungs-Canvas
- Checklisten zur Neuproduktentwicklung
- Vorlage: Marketing-Mix-Modelling
- Phasen des Outphasing

Den Link sowie Ihren Zugangscode finden Sie am Buchende.

Produktmanagement im digitalen Zeitalter

Lothar Keite

Produktmanagement im digitalen Zeitalter

Leitfaden zur effizienten Steuerung von Produkten und Dienstleistungen während des gesamten Produktlebenszyklus

1. Auflage

Haufe Group
Freiburg · München · Stuttgart

Bibliografische Information der Deutschen Nationalbibliothek

Die Deutsche Nationalbibliothek verzeichnet diese Publikation in der Deutschen Nationalbibliografie; detaillierte bibliografische Daten sind im Internet über http://dnb.dnb.de/ abrufbar.

Print: ISBN 978-3-648-14793-1 Bestell-Nr. 10612-0001
ePub: ISBN 978-3-648-14794-8 Bestell-Nr. 10612-0100
ePDF: ISBN 978-3-648-14795-5 Bestell-Nr. 10612-0150

Lothar Keite
Produktmanagement im digitalen Zeitalter
1. Auflage, Dezember 2022

www.haufe.de
info@haufe.de

Bildnachweis (Cover): © NicoElNino, Adobe Stock

Produktmanagement: Kerstin Erlich
Lektorat: Peter Böke

Inhaltsverzeichnis

Abbildungsverzeichnis

Tabellenverzeichnis

1 Selbstverständnis Produktmanagement

Was ist Produktmanagement, kurz PM? Was bedeutet Produktmanagement im digitalen Zeitalter? Lassen Sie uns zunächst Klarheit schaffen, was darunter zu verstehen ist. Dann können wir im Verlauf des Buches gut damit umgehen.

Sollten Sie vor die Frage gestellt sein, die Verantwortung für ein PM zu übernehmen, dann gilt es, sich erst einmal selbst vorzubereiten: Was wird im Unternehmen darunter verstanden, was verstehe ich darunter? Stimmt das überein? Ein bewährter Grundsatz im Management lautet: So wie ich eine Aufgabe verstehe, so agiere ich darin und so nimmt meine Umwelt mich und mein Tun wahr. Deshalb ist es empfehlenswert, mit einem geklärten Verständnis an eine Aufgabe heranzugehen.

Für den Zugang zum Thema Produktmanagement wollen wir zunächst die Aufgabe sowie die Rolle des Produktmanagers[1] abstecken und dann überlegen, inwieweit die digitale Transformation in das heutige Verständnis hineinspielt, die Digitalisierung die Aufgabe verändert hat. Vier große Entwicklungen sind zu beobachten:

- **Die Vermarktungsseite:** Die Kundenverbindungen und damit die Formen der Produktvermarktung haben sich durch die Onlinewelt erweitert und verändert.
- **Die Kundenseite:** Kundenforschung ist systemgestützt sehr viel leichter, in Kombination mit Erkenntnissen der Neuroscience auch viel effektiver.
- **Die Leistungsseite:** Das Produktverständnis und dessen Umfang haben genauso einen Wandel erfahren wie die Möglichkeit schneller Aktualisierung für Softwarebestandteile.
- **Die Arbeitsweise:** Die Projektarbeit wird durch agiles Vorgehen beschleunigt, um die Time-to-Market in dynamischen Zeiten zu verkürzen, also schneller in den Markt zu kommen.

Auf dem Weg dahin erfolgt eine Orientierung an realen, skizzierten Stellenausschreibungen, um ein Bild zu erhalten, was potenzielle Arbeitgeber in der Aufgabe sehen. Es zeigt sich, dass nicht immer Produktmanagement in dem angelegt ist, was als solches bezeichnet wird. Zusätzlich werden die Beschreibungen auch hinsichtlich der organisatorischen Einordnung abgeklopft.

1 Aus Gründen der besseren Lesbarkeit wird bei Personenbezeichnungen und personenbezogenen Hauptwörtern in diesem Buch in den Überschriften die männliche und weibliche Form, im übrigen Text das generische Maskulinum oder das generische Femininum verwendet. Entsprechende Begriffe gelten im Sinne der Gleichbehandlung grundsätzlich für alle Geschlechter. Die verkürzte Sprachform hat nur redaktionelle Gründe und beinhaltet keine Wertung.

Für das Produktmanagement spielt das Thema **Kunde** die zentrale Rolle, denn Produkte werden für Kunden hergestellt und angeboten. Daher kommt es auf das Kundenverständnis an. Produktmanagement muss sich mehr denn je mit der Zielgruppe, den Zielgruppen befassen – und dafür ein zeitgemäßes Verständnis von Kundenverhalten und Kaufentscheidungen mitbringen. Heutzutage bedeutet das, auch die Erkenntnisse der Neurowissenschaften einzubeziehen.

Verständnis von der eigenen Aufgabe

Das Verständnis von der eigenen Aufgabe ist Inhalt des ersten Kapitels. Die Überlegungen und Auseinandersetzungen münden in eine ideale Stellenausschreibung. Sie beinhaltet das komprimierte Verständnis und bildet die Grundlage für die anschließende Diskussion der PM-Aufgaben.

Mit einem gefestigten Verständnis lässt sich reflektierter und zielgenauer vorgehen. Was zur Bewältigung der Aufgabe noch fehlt, ist deren Zielsetzung, um den Handlungen eine Richtung geben zu können. Entscheidungen werden getroffen, um Ziele zu erreichen. Dabei wird zu unterscheiden sein in quantitative und qualitative Zielgrößen für die Ausrichtung der Managementaufgabe. Qualitative Kennziffern gehen den quantitativen Ergebnissen voraus, das hat Bedeutung für die Steuerung der PM-Aufgabe.

Das Zielsubjekt und damit die zentrale Orientierung des Produktmanagements bilden die Kunden. Was wollen unsere Kunden heute und morgen? Mit dem gewonnenen Kundenverständnis lässt sich Kundenforschung bestens einsetzen. Ein Überblick über Marktforschungsmethoden stellt ein großes Segment im Werkzeugkasten des Produktmanagements dar.

Konsequent ist zu bedenken, dass es einen Rahmen gibt, intern und extern, innerhalb dessen ein Stelleninhaber agiert. Für die Außenperspektive des Unternehmens spielen die Kompetenz der Marke, das darunter angebotene Produktprogramm, auf der einen und die Bedingungen des Marktes oder der Märkte auf der anderen Seite eine große Rolle, vor allem der unmittelbare Wettbewerb. Dieser Handlungsring setzt die Grenzlinien für Aktionsmöglichkeiten zur Zielerreichung.

Zielsetzung und Rahmenbedingungen

Die Bereiche Zielsetzung und Rahmenbedingungen, innerhalb derer das Produktmanagement agiert, bilden das zweite Kapitel. Am Ende soll das Feld so klar abgesteckt sein, dass ein problemloser Start im Produktmanagement möglich ist.

Wenn die Zielsetzung geklärt, das Terrain erkundet und abgesteckt ist, in dem sich Produktmanagement vollzieht, stellen wir uns der handlungsorientierten Aufgabe von Produktmanagement im digitalen Zeitalter, lernen wichtige Instrumente kennen und wollen ein geeignetes Vorgehen wählen.

Im Produktmanagement fallen in jedem Monat Aufgaben der Produktentwicklung und des Produktmarketings gleichzeitig an. Wer eine Thematik beherrschen will, ordnet sie am besten. Das Aufgabenknäuel lösen wir so auf: Die Fahrtroute wird der Gang eines Produkts von der Idee bis zu seinem Ausscheiden aus dem Markt nach einer erfolgreichen Verkaufszeit sein.

Diese Entwicklung wird als Produktlebenszyklus beschrieben, der zwei große Aufgabenbereiche umfasst: die Zeit, bevor das Produkt in den Markt kommt – **Innovationsmanagement** – sowie die Zeit, in der es im Markt angeboten wird – **Marktmanagement.**

Den beiden inhaltlichen Aufgabenfeldern wird jeweils ein umfassendes Kapitel gewidmet, das dritte und das vierte Kapitel. Hier geht es um die Fertigkeiten des Produktmanagements, das Know-how und den passenden Einsatz der Instrumente. Jeder der beiden Bereiche wird in drei Phasen unterteilt, welche ganz unterschiedliche Anforderungen stellen. Das ist die Herausforderung im PM.

Instrumente zur Steuerung und Aufgabenerfüllung

Im abschließenden fünften Kapitel wird als Fazit extrahiert, wie ein Produktmanagement geführt wird. Es werden noch einmal die wichtigsten Instrumente für das tägliche Management eines Produktbereichs hervorgehoben. Von Bedeutung ist aber auch, welche Strukturen eingezogen werden, welche Systeme im digitalen Zeitalter für die Steuerung eines modernen Produktmanagements eingesetzt werden. Hinzu kommen Überlegungen zur Führung des übertragenen Bereichs – einer Führung, die erwartet wird, ohne dass Weisungsbefugnis besteht. Das ist eine besondere Herausforderung.

Die Zielsetzung des Buchs besteht darin, Ihnen einen vollständigen Überblick über Aufgaben, Handlungsweisen, Instrumente und Managementfertigkeiten für die erfolgreiche Stellenübernahme und Stellenausübung im Produktmanagement zu geben. Es soll Begleiter und Nachschlagewerk für Ihre tägliche PM-Praxis sein.

Der Ablauf in der Übersicht

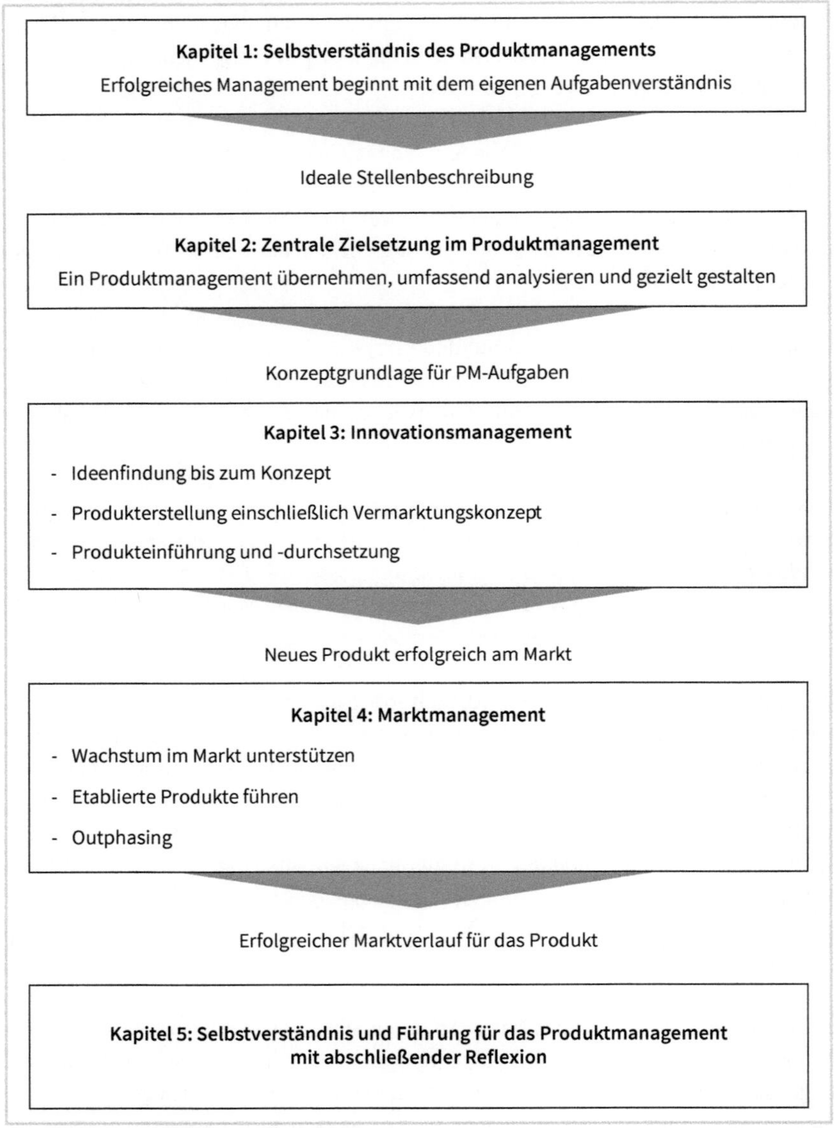

Kapitel 1: Selbstverständnis des Produktmanagements
Erfolgreiches Management beginnt mit dem eigenen Aufgabenverständnis

Ideale Stellenbeschreibung

Kapitel 2: Zentrale Zielsetzung im Produktmanagement
Ein Produktmanagement übernehmen, umfassend analysieren und gezielt gestalten

Konzeptgrundlage für PM-Aufgaben

Kapitel 3: Innovationsmanagement

- Ideenfindung bis zum Konzept
- Produkterstellung einschließlich Vermarktungskonzept
- Produkteinführung und -durchsetzung

Neues Produkt erfolgreich am Markt

Kapitel 4: Marktmanagement

- Wachstum im Markt unterstützen
- Etablierte Produkte führen
- Outphasing

Erfolgreicher Marktverlauf für das Produkt

Kapitel 5: Selbstverständnis und Führung für das Produktmanagement mit abschließender Reflexion

Abb. 1: Ablauf des Buches in der Übersicht

1.1 Der Produktmanager als Unternehmer im Unternehmen

Die Geschichte des Produktmanagements begann beim Unternehmen Procter & Gamble in den USA. Im Jahre 1925, direkt nach seinem Abschluss am Harvard College, begann Neil McElroy seine Tätigkeit im Brand Team. Ein Jahr darauf wurde die neue Seife Camay vom Unternehmen eingeführt. Dem jungen Manager fiel nach einiger Zeit auf, dass sich die eingeführte Seife am Markt nicht durchsetzen konnte. Darum musste man sich doch kümmern! In seinem berühmten Memo vom 13. Mai 1931 schlug er vor, dass sich jeweils ein spezielles Team für ein bestimmtes Produkt einsetzen und dabei sehr genau recherchieren sollte, wo Stärken, wo Schwächen liegen, gezielt eine Verbesserung für den Produkterfolg betreiben und genau nachhalten sollte, was bei den Kunden ankommt.[2] Das war der Anfang.

Das legendäre Memo markiert den Start einer neuen Organisationsform für die spezielle Betreuung der Produkte eines Unternehmens im Markt. Eine Organisationsform, die aufgrund ihres Erfolgs von immer mehr Unternehmen eingeführt wurde, gleich welcher Branche.[3] Neil McElroy selbst wurde später CEO des Unternehmens Procter & Gamble.

Hinter diesem Wendepunkt steht ein grundsätzlicher Auffassungswandel, ein Perspektivwechsel, der nach wie vor von größter Bedeutung ist: Geschäfte werden ohne Frage mit Produkten gemacht, die jahrzehntelang im Mittelpunkt standen. Doch der Kunde muss sie wünschen und vor allem kaufen, will das Unternehmen erfolgreich sein.

Deshalb wird der Kunde heute als **Zielsubjekt** in die Entwicklung und das Management der Produkte explizit einbezogen. Denn Produkte sind dann erfolgreich, wenn sie von den Kunden geschätzt werden, und zwar so sehr, dass sie gekauft werden. Deshalb ist es mehr als ratsam, die Bedürfnisse der Kunden in den Fokus der Entwicklung und Betreuung der Produkte zu stellen.

2 Vgl. Bloom, Madison, What Marketers Can Learn from P&G's One Page Memo, www.marketingjournal.org/what-marketers-can-learn-from-pgs-one-page-memo-madison-bloom/ vom 20.04.2016.

3 Vgl. Daye, Derrick, Great Moments in Branding: Neil McElroy Memo, https://www.brandingstrategyinsider.com/great-moments-in-branding-neil-mcelroy-memo vom 12.06.2009. Der Text enthält eine Kopie des Memos.

Denkmatrix – die Basis des Produktmanagements

Das Management der Produkte erhielt eine weitere, für den Erfolg entscheidende Dimension: die **Denkmatrix**, die Sie hier als Blanko-Diagramm sehen.

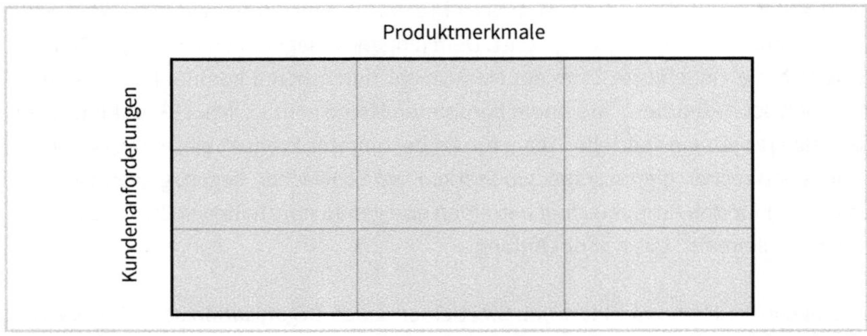

Abb. 2: Denkmatrix im Produktmanagement – Die Kundenanforderungen bestimmen die Produktmerkmale

Wir sprechen allgemein von Produktmanagement, meinen damit ein Management von Produkten für Kunden. Grundlage jedes Produktmanagements ist ein Denken in der Matrix aus Kundenanforderungen und Produktmerkmalen – gestaltet mit der Zielsetzung, dauerhaften Erfolg bei den Kunden zu haben.

Diese Denkmatrix bildet durchgehend die Grundlage des Vorgehens im Produktmanagement, heute in engen Märkten mit hoher Transparenz mehr denn je. Alle Phasen von der Produktidee bis zur Markteinführung und darüber hinaus können und sollten darauf zurückgeführt werden. Das ist die generelle Leitlinie des Produktmanagements.

Komplexe Systeme lassen sich am besten managen, wenn das Gesamtsystem eine klare Ausrichtung einhält und operativ eine Unterteilung in handhabbare Teilsysteme vorgenommen wird. Für die Produkte bedeutet das: Alle Aktivitäten werden produktübergreifend koordiniert, indem alle Beteiligten dem Markenversprechen und der Unternehmensstrategie folgen.

Wenn die einzelnen Aufgabenbereiche im übergreifenden, gemeinsamen Sinn gut geführt werden, dann sollte das Gesamtergebnis ebenfalls gut sein. Dieser Gedanke liegt zugrunde, wenn sich einzelne Produktmanager auf einzelne Produkte oder Produktbereiche fokussieren, speziell den Erfolg der jeweils betreuten Produkte bei den Kunden. Das ergibt in der Summe eine Verbesserung des Unternehmensangebots für die Kunden mit der Folge, dass der Unternehmenserfolg größer wird.

Die Gesamtheit der Produkte, das Produktportfolio, wird also in Aufgabenbereiche, die unterschiedlichen Produktmanagements, unterteilt. Häufig bildet dabei die *Marke* des Unternehmens die Klammer für viele oder alle Produktbereiche, ansonsten fungiert eine eigene Produktmarke als Kennzeichnung eines Produkts oder Produktbereichs.

Verantwortung für einen abgegrenzten Produktbereich

Wichtiges Merkmal eines Produktmanagements ist damit, dass ein Produktmanager die Verantwortung für einen abgegrenzten Produktbereich übernimmt, diesen wie ein Unternehmer führt und dafür den notwendigen Handlungsrahmen erhält, um in der Denkmatrix jeweils eine im Kundensinne optimale Lösung im Markenrahmen zu schaffen.

Mit dem Produktmanagement bekommt ein Unternehmen einen Motor, weil es nun die Instanz gibt, um die Produkte oder Produktbereiche gezielt nach vorn zu bringen. PM ist heute in nahezu jedem Unternehmen eine wesentliche Organisationseinheit. Die weite Verbreitung hat aber auch dazu geführt, dass das Verständnis deutlich variiert. Es handelt sich nicht um einen geschützten, von allen gleich verstandenen Begriff. Das macht es noch notwendiger, sich selbst – im jeweiligen Kontext – über das (Rollen-)Verständnis Klarheit zu verschaffen.

Wegen der Unterschiedlichkeit der Aufgabe, insbesondere aber auch wegen des Handlungsrahmens und der hierarchischen Einordnung, werden häufig drei PM-Formen unterschieden:

- strategisches Produktmanagement
- kaufmännisches Produktmanagement
- technisches Produktmanagement

Ein eindeutiges Begriffsverständnis ist nicht so einfach. Als gemeinsames Merkmal für alle PM-Formen soll festgehalten werden:

Die Konstante im Produktmanagement

Die Grundanforderung, Produkte für Kunden verantwortlich zu managen, bleibt über alle Ausprägungen die Konstante in *jedem* Produktmanagement.

Welche Spielarten gibt es?

Orientieren wir uns zur Eingrenzung der Aufgabe an der Realität. Einen ersten Einblick können Stellenanzeigen geben, in denen mögliche Arbeitgeber die geforderten Aufgaben und Anforderungen für Produktmanager formulieren. Was beinhalten die realen Ausschreibungen?

Ein zufälliger Aufruf mit dem Suchbegriff »Produktmanager/in« auf drei Online-Jobportalen im April 2021 zeigte folgendes Ergebnis:

- Stepstone liefert 3.183 Treffer
- Monster 1.656 Jobs
- der Stellenmarkt faz.net 194 Stellenangebote

Allein die Anzahl der Suchergebnisse macht deutlich, wie verbreitet die Position Produktmanager/in in Unternehmen ist. Jede Wiederholung heute bringt jeweils ein vergleichbares Resultat. Sicher hängt die hohe Zahl an Stellenangeboten auch damit zusammen, dass die Plattformen alles entfernt Ähnliche mit auflisten. Unbestritten gibt es den Beruf aber viel häufiger als meist gedacht.

Auf monster.de wurde die Kategorie leider nicht separat ausgewiesen: Trotz der Eingabe »**Produkt**manager/in« war die erste Nennung »**Projekt**-Manager/in Online Marketing«. Die Algorithmen unterscheiden nicht. Das ist bedauerlich.

Es sei klargestellt:

Die Position Produktmanager/in meint eine *Funktion* im Unternehmen. Es geht darum, *dauerhaft* einen Produktbereich zu managen.

Die Aufgabe Projektmanager/in bedeutet die Führung eines *zeitlich begrenzten Projekts* zur Bewältigung einer besonderen Aufgabenstellung.

Im Produktmanagement werden zur Bewältigung einzelner wichtiger Aufgaben durchaus Projetteams eingesetzt und dafür Projektmanagementtechniken benötigt. Wir werden im Innovationsmanagement (Kapitel 3) darauf zurückkommen.

Aufgabeninhalt, Aufgabendauer und organisatorische Einordnung von Produkt- und Projektmanagement sind aber unterschiedlich.

Abgrenzung Produkt- und Projektmanagement

Produktmanagement ist eine permanente Einrichtung für das Management der Produkte für Kunden. Ein Projekt ist ein zeitlich befristetes Vorhaben, um eine anspruchsvolle Aufgabe zu lösen.

Greifen wir nur einmal die Überschriften der jeweils ersten fünf Ausschreibungsergebnisse der genannten Plattformen auf:

Stepstone	Monster	FAZ
Produktmanager SportPlus (m/w/d) Latupo GmbH in Hamburg Produktmanager (m/w/d) Pharma Security-Solutions für die Pharmaindustrie Schreiner Group GmbH & Co.KG in Oberschleißheim bei München Produktmanager (m/w/d) E-Learning ABG GmbH in Beilngris Produktmanager (m/w/d) FIT-Connect Föderale IT-Kooperation (FITKO) in Frankfurt am Main Produktmanager (m/w/d) mit Schwerpunkt Lebensmitteltechnologie Sportstech Brands Holding GmbH in Berlin	Senior Produktmanager (w/m/d) Dr. Weick Executive Search GmbH für ein internationales Technologieunternehmen mit mehreren Standorten in Baden- Württemberg Produktmanager (m/w/i) MEDICE Arzneimittel Pütter GmbH & Co.KG in Iserlohn und Köln Produktmanager (m/w/d) HA-PECO im Großraum Düsseldorf Produktmanager (m/w/d) HEI-TEC AG in Eckental Produktmanager (m/w/d) für advanced engineering GmbH in München	Produktmanager (m/w/d) über Dr. Maier + Partner GmbH Executive Search für Produktinnovation für chemische Werkstoffe, Großraum Stuttgart IT Produktmanager*in / Big Data Product Manager Deutsche Bundesbank, Düsseldorf, Frankfurt Product Manager (w/m/d) Republic Marketing & Media Solutions GmbH, Frankfurt am Main Produktmanager/in für digitale Angebote B2C (m/w/d) Westermann Gruppe in Braunschweig Senior Produktmanager SaaS (m/w/d) NOVENTI Healthcare GmbH, verschiedene Standorte

Tab. 1: Beispiele für Titel von Stellenangeboten »Produktmanager/in«

Schon mit diesen fünfzehn Titeln zeigt sich: Produktmanagement gibt es im B2B, im B2C, im Handel, in speziellen Branchen wie Pharma oder Medizintechnik, in der Weiterbildung und sogar bei der Deutschen Bundesbank.

In der Unternehmenswelt wird die Bezeichnung PM durchgängig genutzt, meist ohne nach Formen (strategisch, kaufmännisch, technisch) zu unterscheiden. Eine Differenzierung zeigt sich in der Berufserfahrung: Es gibt Senior-Produktmanager, Produktmanager sowie Junior-Produktmanager.

Tendenziell betreut ein Senior-PM eine bedeutendere Produktgruppe, die Aufgabe verlangt mehr Erfahrung. Ein Junior-Produktmanager ist oft ein PM-Neuling, der einen erfahrenen Stelleninhaber unterstützt und so PM-Techniken in der Praxis lernt, manchmal auch der Inhaber eines kleineren Produktbereichs. In der weiten Aufgabenmitte führt ein Produktmanager verantwortlich einen Produktbereich.

Die verantwortliche Übernahme eines Produktbereichs ist abzugrenzen von reinen Unterstützungsaufgaben wie Mitarbeit, regelmäßige Abstimmung, Ausarbeitung, Recherche. Diese Leitbegriffe zeigen, dass es sich nicht um die verantwortliche Übertragung eines Produktbereichs handelt. Es fehlt die Autorisierung zu eigenständigem

Handeln. Eine in diesem Sinne kreierte Unterstützungsaufgabe wird nicht als Management bezeichnet.

Selbstständige Entscheidungen

Management ist verbunden mit *Entscheidungen* in einem abgesteckten und definierten Rahmen. Um Entscheidungen treffen zu können, wird ein Ziel benötigt, das mit den getroffenen Entscheidungen erreicht werden soll.

Die Zielgröße eines verantwortlichen Produktmanagements ist der *dauerhafte* Deckungsbeitrag des Produktbereichs. Es ist die Größe, die angibt, was der Produktbereich erwirtschaftet. Die Ergänzung *dauerhaft* ist wichtig, weil es um die Sicherstellung der Deckungsbeitragsentwicklung auch in der Zukunft geht.

Wer sich allein auf im Markt angebotene Produkte verlässt, wird zunehmend Schwierigkeiten bekommen, Deckungsbeiträge zu erzielen. Märkte entwickeln sich, Produkte veralten. Insofern benötigt das Produktmanagement eine (mindestens) mittelfristige Sicht: Es werden attraktive Produkte im Markt heute und morgen benötigt, damit Kunden kaufen – und wieder kaufen.

Das ist der Weg zur dauerhaften Wertschöpfung.

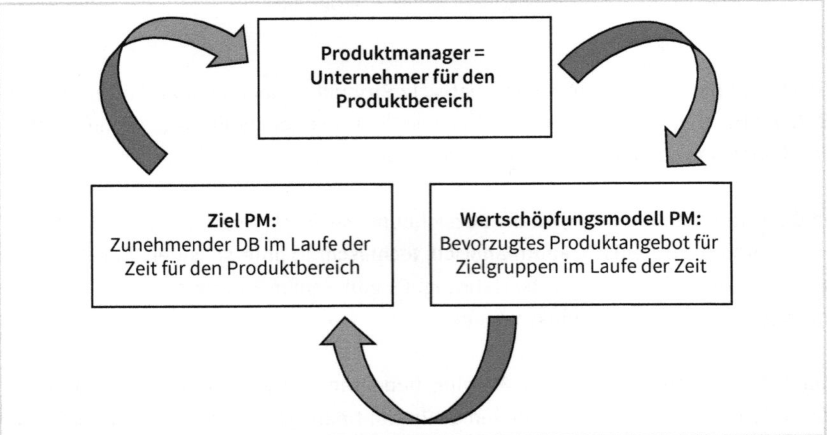

Abb. 3: Der Weg zur Wertschöpfung und dauerhaften Zielerreichung

Wenn von *Unternehmer im Unternehmen* gesprochen wird, so kann Unternehmertum nicht ernsthaft ohne das erzielte *Ergebnis* gedacht werden. Es werden Entscheidungen getroffen, der Stelleninhaber ist verantwortlich für das Resultat. Auch *Budgetverantwortung* ist ein essenzieller Bestandteil. Erst dann kann ein Produktmanager wirklich handeln.

Aufgaben im Produktmanagement

In einer Ausschreibung hieß es: »Als Senior Produktmanager m/w/d sind Sie für ein komplettes, technisch anspruchsvolles Produktsegment und dessen Lifecycle über mehrere Unternehmen und Standorte hinweg verantwortlich: Marktanalysen, Spezifikationen, Innovationen, Launches, Schulung des Vertriebs, Kundenveranstaltungen etc. Dabei stehen Sie in direktem Kontakt zu den Kunden sowie in enger Abstimmung mit den Bereichen Vertrieb (+ internationale Vertriebstöchter), F&E und Marketing. Sie berichten an den VP Sales & Marketing.«

Das ist eine typische Aufgabenbeschreibung für Produktmanagement mit zentralen Tätigkeitsfeldern.

Lifecycle-Management

Verbreitet wird das **Lifecycle-Management** als charakteristische Grundaufgabe des PM genannt, also das Management der Produkte von der Idee und Umsetzung bis zum Verschwinden des Angebots vom Markt.
Der Produktlebenslauf ist deshalb die Struktur unserer Erörterungen und Ableitungen von Handlungsempfehlungen.

Für ein zielgerichtetes Vorgehen müssen aktuelle Marktinformationen und Rahmenbedingungen bekannt sein, die hinter allen genannten (Aufgaben-)Spezifikationen zu sehen sind. Hinsichtlich der Marktinformationen ist zu betonen: Es kommt zentral und immer mehr auf die Wünsche der Zielgruppe an. Allein der Kontakt zu Kunden und die Abstimmung mit dem Vertrieb, wie es formuliert wird, ermöglichen nicht in ausreichendem Maße, die Kundenwünsche heute und morgen bestens zu kennen und zur Handlungsmaxime im PM zu machen. Das ist zu kurz, zu intern gedacht.

Mit dem Produktmanagement hat die Produktführung eine entscheidende, zusätzliche Komponente für Erfolg bekommen: die **Kundenanforderungen.** Es ist sehr bedauerlich, wenn die Ausschreibungen diesen wichtigen Aspekt kaum oder nur untergeordnet beinhalten. Dann fehlt etwas Elementares.

Kundenforschung

Wichtigste Sozialtechnik des Produktmanagements ist die Beherrschung von Verfahren zur Ermittlung von Kundeneinstellungen. Wenn von einer Toolbox des PM gesprochen wird, dann muss sie notwendig Verfahren zur Erkundung der Kundenresonanz beinhalten.

Die Kundenforschung bildet die Orientierung für neue Produkte und sie bildet die Grundlage für die Optimierung im Markt befindlicher Produkte. Damit wird das Fundament für die zentrale qualitative Steuerung im Produktmanagement gelegt, denn das Ziel des quantitativen Erfolgs der Produkte im Markt lässt sich nur mit tiefer Kundenkenntnis verwirklichen.

Kundenorientierung

Der Aspekt der konsequenten Ausrichtung an den Wünschen der Kunden hat im digitalen Zeitalter noch schärfere Bedeutung bekommen. Durch die digitale Transformation werden Produkte intelligenter, Kunden sind informierter – das beeinflusst die Aufgabe im Produktmanagement. Die Passgenauigkeit der Produkte muss optimiert werden. So wird ein Vorsprung im Wettbewerb geschaffen.
Mehr denn je gilt im digitalen Zeitalter: Das Maß für das Produktmanagement ist der Kunde.

Dabei kann ein PM seine Aufgabe nur bewältigen mithilfe der anderen Abteilungen im Unternehmen sowie der externen Lieferanten und Dienstleister. Es kann nur erfolgreich sein, wenn es ein konstruktives Zusammenspiel aller notwendigen Abteilungen erreicht. Hierfür bedarf es eines guten Standings, resultierend aus der Zuordnung, am Ende der qualifizierte Ansprechpartner für Produkt- und Qualitätsthemen zu sein.

Schnittstellenmanagement

Insofern gehört zu den Aufgaben eines PM auch ein umfangreiches Management von internen wie externen Schnittstellen. Die Herausforderung besteht darin, alle Beteiligten, die zum Produkterfolg notwendig sind, im Sinne des Produkterfolgs zu koordinieren.

Es wird ein hohes Maß an *Kollaboration* benötigt. Trotz seiner zentralen Stellung im Unternehmen sind die anderen Bereiche wie Entwicklung, Produktion, Logistik, Vertrieb und Service im Allgemeinen dem Produktmanagement nicht unterstellt.

Es gilt zu überzeugen, denn das Produktmanagement benötigt sie alle. Techniken zielgerichteten gemeinsamen Arbeitens gehören notwendig zum Repertoire. Dabei sind auch externe Experten kooperativ einzubeziehen.

Führung

Damit ist ein entscheidender Aspekt für PM hervorzuheben: die Führung des übertragenen Produktbereichs im Unternehmen, ohne dass eine Weisungsbefugnis für andere Funktionen gegeben ist.

Historisch wurde das Produktmanagement zunächst in der Konsumgüterindustrie eingeführt. Hier wird es auch weiterhin als Umsetzung des Marketings verstanden. Deshalb beinhalten die Aufgaben im B2C-Bereich oft eine starke Marketingorientierung. Man könnte von *kaufmännischem* Produktmanagement sprechen.

Produktmanagement wurde im B2B-Bereich vielfach als Koordinierungseinheit für die Produktentwicklung geschaffen. Man könnte von *technischem* Produktmanagement sprechen.

Wenn die Aufgaben der Stelle allerdings schwerpunktmäßig allein die Abstimmung eines Neuproduktprojekts beinhalten, ist eher von *Projektführung* zu sprechen. Wir hatten Projektführung oder Projektmanagement von Produktmanagement unterschieden.

Neuproduktentwicklung und Produktmarketing

Ganz gleich, wie die Bedingungen im Unternehmen sind: Zu einem Produktmanagement gehören beide Bestandteile, Neuproduktentwicklung und Produktmarketing. Organisatorische Teilungen sind kontraproduktiv. Das eine funktioniert ohne das andere nicht.

Manchmal wird ein **PM Neue Produkte** eingesetzt, um das Portfolio zu ergänzen. Es empfiehlt sich, auch diese Schwerpunktaufgabe mit Betreuung möglicherweise kleiner Produkte oder Produktbereiche zu kombinieren, um dem Stelleninhaber zwar genügend Freiräume für Neues zu geben, aber gleichzeitig den aktuellen Marktkontakt zu erhalten. Ohne realen Bezug wird die Aufgabenbewältigung platonisch.

Beachten Sie

Produktentwicklungen sollen am Ende erfolgreich bei Kunden im Markt sein. Das ist das Ziel der Funktion Produktmanagement.

Von Unternehmen mit hochkomplexen Leistungsangeboten werden die Produkte vielfach aufgefasst als eine Sache für reine Fachspezialisten, häufig die (technischen) Entwickler. Aber darf das so sein? Es gibt ungezählte Beispiele, in denen diese sich, isoliert in ihrem unternehmerischen Raum, vergaloppiert haben. Die Kunden haben die Produkte nicht angenommen.

Bei dieser Herangehensweise wird die Produktentwicklung von den Kundenwünschen aus dem Markt abgekoppelt. Das funktioniert nicht. Die Anforderungen der Kunden, deren Requirements, gehören in die Produktentwicklung, das Engineering.

Erfolgreiche Projektarbeit in der Neuproduktentwicklung erfordert ein gutes **Customer Requirements Engineering**, übersetzt in gute **Engineering Requirement Specifications.** Das ist ein zentrales Thema des Projektmanagements im Innovationsmanagement.

Das Produktmanagement ist nicht die Instanz der Produktentwicklung selbst, es ist verantwortlich für die Steuerung von Produktentwicklung und Maßnahmen für den Verkaufserfolg der Produkte im Markt. Und der Maßstab sind die Kunden.

Bei aller Spezialisierung der jeweiligen Aufgaben muss der zuständige Produktmanager immer, und zwar von Anfang an, in die Entwicklungen involviert sein. Wenn es um Fragen der Kunden geht, ist die Grundaufgabe des Produktmanagements angesprochen. Die Kundenresonanz ist zu ermitteln, allen Beteiligten zu kommunizieren und muss bereits bei der Produktgenese wirksam einfließen. Innovationsmanagement ist nur dann erfolgreich, wenn es gelenkt für die Kunden erfolgt.

Anwalt der Kundenwünsche

In die Entwicklung von Produkten für Kunden gehören immer die Kundenwünsche – inklusive der Bedürfnisse, die der Kunde selbst noch nicht kennt, die aus der Befassung mit den Kunden abgeleitet werden. Anwalt der tief verstandenen Kundeneinstellung ist das Produktmanagement.

Qualifikationen im Produktmanagement

Neben den Aufgaben werden in den Anzeigen Anforderungen an potenzielle Stelleninhaber genannt. Die Spannweite der geforderten Qualifikationen reicht von kaufmännischer oder technischer Ausbildung bis zum betriebs- oder ingenieurwissenschaftlichen Studium (unterschiedliche Richtungen, häufig Wirtschaftsingenieur) und Naturwissenschaften. Die unterschiedlichen Fachrichtungen sind verständlich: Je technischer die Aufgabe ist, desto eher wird sie von Ingenieuren oder Wirtschaftsingenieuren übernommen, je marketingorientierter die Aufgabe ist, desto häufiger werden Wirtschaftswissenschaftler angesprochen. In der Realität kommen Wechsel und Austausche vor.

Durchweg wird **unternehmerisches Denken** gewünscht. Das entspricht der Devise in diesem Buch: Die Produktmanagerin ist eine Unternehmerin für den Produktbereich im Unternehmen.

Auch wenn es die unterschiedlichen Schwerpunkte gibt, handelt es sich bei *jeder* Form des Produktmanagements um eine **technisch-kundenorientierte Aufgabe**. Wer aus der Betriebswirtschaft kommt, muss lernen, wie mit den Entwicklern umzugehen ist. Wer aus dem Ingenieurwesen kommt, muss reflektieren, wie er den Kommunikationsleuten begegnet. Es gibt keinen direkten, eindeutigen Weg in das Produktmanagement.

Betriebswirtschaftliches Know-how

Ein weiterer wichtiger Punkt muss ergänzt werden: Zu einer Managementposition gehören fundierte betriebswirtschaftliche Kenntnisse in Kosten- und Erlösrechnung sowie speziell der Deckungsbeitragsrechnung. Wer ergebnisverantwortlich ist, muss diese Zahlen interpretieren können. Wie sollen sonst Entscheidungen qualifiziert gefällt werden?

Wir werden uns diesem Thema ausführlich in Kapitel 2 stellen.

Eines gehört notwendig auch dazu: Erfahrung im Management in Unternehmen, um zu wissen, wie eine Unternehmensorganisation tickt. Sonst ist eine Führung ohne Weisungsbefugnis nicht zu handhaben.

Akzeptanz und Vertrauen

Dieses Verständnis ist zentral: Die Aufgabe heißt Produktmanagement, der Erfolg kann sich nur einstellen, wenn die Produkte den Wünschen der Kunden entsprechen und gekauft werden. Insofern ist die Führungsgröße im Produktmanagement Akzeptanz und Vertrauen der Kunden, eine Haltung, die zu Käufen führt und sich in dauerhaften Gewinnbeiträgen niederschlägt. Dafür bündelt das PM die unterschiedlichen internen und externen Beiträge wie in einem Prisma für höchste Kundenzufriedenheit. Und das kontinuierlich.

Vertrauen für Produkte wird im Wettbewerb erzielt: Kunden bevorzugen die Produkte des Unternehmens gegenüber Wettbewerbsprodukten. Die Aufgabe im PM beinhaltet, Wettbewerbsvorteile aus Sicht der eigenen Kunden zu gewinnen.

Kunden bewerten die Leistung eines Unternehmens dabei nicht im luftleeren Raum. Die *Marke*, unter der die Leistung angeboten wird, führt zur Einordnung. Sie bildet die Grundlage für die Kunden, ihre Erfahrungen mit den Produkten des Unternehmens zu behalten. Damit baut sich eine Bevorzugung der eigenen Angebote gegenüber dem Wettbewerb auf. Das Zusammenspiel von Kundenerwartung und Marke ist insofern mitentscheidend.

Die Marke ist wie ein Filter im Kopf: Mit positiver Identifikationskraft beurteilen Kunden die Produkte positiver. Insofern kommt es in der Arbeit des Produktmanagements auf die Stimmigkeit der Marke an: »Anerkannte Marken genießen im Auswahlprozess ein Plus.«[4] Das führt zu besseren Ergebnissen. Es ist fahrlässig, diesen Punkt in den Stellenausschreibungen unerwähnt zu lassen.

Die Marke gehört notwendig zur Stellenanforderung des Produktmanagements.

Marke und Kompetenzrahmen

Die Marke oder die Marken, unter denen Produkte angeboten werden, sind immer verbunden mit einem Kompetenzrahmen, der für die Entscheidungen der Kunden größte Bedeutung hat. Das gilt in allen Branchen. Erfolg im Produktmanagement hängt von der Markenstärke und der Einhaltung dieses Kompetenzrahmens ab, um sich im Wettbewerb durchzusetzen.

Das sei mit einem Beispiel erläutert, auf das wir in den folgenden Kapiteln noch häufig zurückkommen werden: Kaffeegenuss hat für viele Kunden in bestimmten Situationen einen hohen Stellenwert: morgens zur Anregung, mittags zum Essensabschluss, nachmittags für die Geselligkeit. Die Welt des Kaffees ist geschäftig. Italienische Spezialitäten werden inzwischen bevorzugt. Lavazza ist die bekannteste italienische Kaffeemarke in Deutschland. Kaffeetrinker vertrauen ihr und kaufen sie gerne.

---

4 Keite, Lothar, Corporate Identity im digitalen Zeitalter, Freiburg 2019, S. 12 f.

Teegenuss als Alternative stellt nahezu ein Gegenteil dar. In Hamburg hatte das Unternehmen Meßmer in der Hafencity das Teerestaurant Momentum eröffnet. Nomen est omen. Dort herrschte eine ganz andere Atmosphäre. Der Tee soll ziehen, genau die richtige Zeit lang, man wartet darauf, man hält einen Moment lang inne.

Technisch handelt es sich um zwei Aufgussgetränke, also sehr ähnlich. Trotzdem sind es zwei ganz eigene Genusswelten, die so unterschiedlich sind, dass Kunden jeweils den Spezialisten suchen: Lavazza wird verbunden mit Kaffeefreuden, Meßmer mit Teegenuss. Keine Marke kann aus ihrer Haut heraus.

Spielen wir das gedanklich einmal durch: Was wäre, wenn Lavazza zusätzlich Tee anbietet? Kaufen Sie den Tee? Kaufen Sie dann noch Kaffee von Lavazza? Was wäre, wenn Meßmer auch Kaffee anbietet? Kaufen Sie den Kaffee? Kaufen Sie dann noch Tee von Meßmer? Beides wohl nicht.

Aus Sicht beider Unternehmen wäre das ein geschäftlicher Super-GAU. Sollte eine der beiden Marken in das andere Feld gehen, werden die Kunden das nicht akzeptieren. Ihre angestammte emotionale Aufladung wird dann zerstört. Ein Produktmanager, der das macht, beherrscht sein Handwerk nicht.

Das ist ein Beispiel aus der Konsumgüterindustrie. Gilt die Anforderung auch in anderen Branchen? Setzen wir die Überlegung mit einem weiteren Gedankenspiel fort: Wenn Sie einen Traktor kaufen wollen, welche Marke bevorzugen Sie? Claas, Fendt oder Deutz-Fahr?

Sie kaufen nicht so oft Traktoren? Was halten Sie von E-Autos unter einer der Marken? Nicht akzeptabel? Lieber Audi, BMW oder Mercedes? Von Traktorkompetenz zu E-Auto-Kompetenz funktioniert nicht. Von Verbrennerauto zu E-Auto wohl.

Selbst MAN hat 1964 die Traktorproduktion aufgegeben – obwohl auf den ersten Blick zwei noch nähere Branchen, Lkw und Traktor. Es kommt auf das Schema im Gehirn der Kunden an. Ein Produktmanager sollte seine Kunden bestens kennen. Nur so erreichen Sie im Produktmanagement das Ziel.

Zu dem Themenfeld **Kundenkenntnis** im Produktmanagement gehört: Wie kompetent ist die Marke wofür in den Augen der Kunden? Das ist der Aktionsrahmen für Unternehmensmarken wie für Produkt(gruppen)marken. Produktmanagement hat also neben dem technischen eindeutig einen sozialwissenschaftlichen Bezug. Die Zweiseitigkeit stellt den Reiz der Aufgabe dar.

Lassen Sie uns bis hierhin zusammenfassen: Führung eines Produktbereichs bedeutet, ihm eine klare Ausrichtung unter der Marke zu geben, alle Funktionen im Unternehmen dahinter zu versammeln und entsprechend zu motivieren, die technischen Möglichkeiten aktiv zu nutzen. Grundlage dafür ist beste Kundenkenntnis, um den Kunden genau die Lösungen zu bieten, die sie akzeptieren. Nur so kann der wirtschaftliche Erfolg erreicht werden. Das gilt für alle Branchen. Es ist eine anspruchsvolle Führungsaufgabe ohne Weisungsbefugnis, die Standing und Erfahrung, technisches und sozialwissenschaftliches Know-how verlangt.

Die wirtschaftliche Dynamik wird befeuert durch die digitale und ökologische Transformation. Nicht nur Autos wandeln sich: Nahezu alle Produktbereiche unterliegen mehr oder weniger großen Veränderungen. **Digitale Sensibilität** ist bedeutender, ergänzender Teil des PM-Handwerks.

1.2 Digitalisierung und ihre Auswirkungen auf das Produktmanagement

Die digitale Herausforderung prägt wirtschaftliches Handeln und damit das Produktmanagement. Dennoch bleibt gültig, was bei allen technischen Möglichkeiten das gültige Kriterium ist: die Kundeneinstellung als Steuerung des Prozesses. Die Denkmatrix aus Kundenanforderungen und resultierenden Produkteigenschaften bleibt das zentrale Werkzeug des Produktmanagers.

Viele der hier skizzierten PM-Ausschreibungen beinhalten Aufgaben mit einem digitalen Hintergrund. Zahlreiche Produktmanagements sind in dieser Form überhaupt erst durch die *Digitalisierung* entstanden. Mehr oder weniger ausgeprägt ist jedes moderne Produktmanagement mit der digitalen Transformation konfrontiert. Das ist sehr verständlich. Digitalisierung schafft Möglichkeiten, Vereinfachungen, Lösungen. Das sind Aspekte für verbesserte Produkte mit Blick auf die Kunden.

Für unser gemeinsames Verständnis klären wir den Begriff: Digitalisierung stellt zunächst ganz allgemein die elektronische Speicherung und den Versand von Daten dar, die wegen der elektronischen Verfügbarkeit und Verbindung unmittelbar gesendet und ausgewertet werden können. Die Daten enthalten Informationen. Der Austausch kann erfolgen vom Unternehmen zum Kunden und zurück, aber auch von Maschine zu Maschine. Basis ist jeweils die direkte elektronische Verbindung, die wegen ihrer Unmittelbarkeit bevorzugt genutzt wird, beschleunigt sie doch die unterschiedlichen Formen des Miteinander.

Die digitale Entwicklung hat und wird weiter die Leistung der Produkte selbst, den Vertrieb der Produkte, die Kommunikation mit Kunden, das Zusammenarbeiten im Unternehmen beeinflussen. Wertvolle Informationen sind an sich für Kunden interessant und stellen Informationsprodukte dar. Darüber hinaus können sie die Leistung vieler Produkte erhöhen. Insofern ist Digitalisierung gerade im Produktmanagement eine wichtige Entwicklung.

Veränderung auf der Vertriebsseite

Ein wesentliches Element der Entwicklung ist, dass Unternehmen und Kunden in umweglosen Austausch treten können. Kunden sind offline und online unterwegs, ganz wie sie wollen. Kunden trennen nicht zwischen den Sphären. Gerne wird der passendste Weg, meist kombiniert, für Information und Bestellung genutzt. Insofern bedarf es einer ganzheitlichen Antwort für einen Produktbereich unter einer gemeinsamen Marke. Ganz gleich, welchen Weg ein Kunde wählt, er hat eine Vorstellung von der Marke im Kopf gespeichert. Es ist dann irritierend, wenn es Abweichungen im Vorstellungsbild gibt, insbesondere solche, die nicht akzeptiert werden. Dann gehen die Kunden.

Ein möglicher Weg zur Lösung: Das Unternehmen schafft unter einer neuen Marke einen zusätzlichen digitalen Vertriebsweg. Dann sind die bisherigen Aktivitäten nicht berührt. Manchmal existiert ein bestehendes Produktmanagement, dem ein eigenes PM für digitale Produkte und Kanäle ergänzend zur Seite gestellt werden soll. Eine andere Möglichkeit der Erweiterung.

Mit einem Produktmanagement kann ein Unternehmen neue Produkte und neue Märkte in Angriff nehmen. Es ist allerdings zu regeln, wie Bestehendes und Ergänztes miteinander umgehen, wenn sie unter einer Marke verbunden sind. Die Synchronisation der Wege ist schwieriger, wenn die beiden Kanäle organisatorisch getrennt sind. Dann sind beide Produktmanagements verpflichtet, sich zu koordinieren.

Integrativer Ansatz von Online- und Offlineangeboten

Da Kunden beide Sphären, offline und online, selbstverständlich nutzen, ist immer ein integrativer Ansatz für alle Angebote unter einer Marke zu wählen.[5] Das gehört zur Verantwortung eines Produktmanagers.

Heute kommt es häufiger vor, dass auch organisatorisch die Integration durch die Gesamt-Aufgabenstellung – also PM für alle Kanäle – für das Produktmanagement erfolgt. Das ist sicherlich im Sinne der Integration auch der bessere Weg.

Ein Vorteil in der Onlinewelt ist die leichtere Verknüpfung von Produkten und Services zu einem Dienstleistungspaket. Dabei ist es nicht einmal notwendig, selbst alle Leistungen zu erbringen, vielmehr sind häufig Kooperationen vorteilhaft.

5 Keite, Lothar, Corporate Identity im digitalen Zeitalter, a. a. O., S. 23 ff.

Bekanntestes Beispiel für eine offene Produktleistung sind App-Stores: Ein Smartphone-Anbieter kann seinen Kunden mehr bieten, wenn engagierte Entwickler die Plattform nutzen, um interessante, von ihnen entwickelte Applikationen zu vermarkten. Davon profitiert einerseits der Smartphone-Anbieter mit dem App-Store – er hat durch die Mitwirkung anderer ein umfassenderes Angebot – und auf der anderen Seite der App-Entwickler – er hat einen interessanten Absatzkanal. Diese Zweiseitigkeit ist gerade durch die Plattformökonomie forciert worden.

Grundlage des E-Shopping sind Plattformen, die als virtueller Handelsplatz funktionieren. Wie ein analoger Handel bündelt eine Plattform viele Leistungen. Besonders ist dabei: Virtuell gibt es kaum Grenzen für die Angebotsbreite und -tiefe, es wird auch vom **Long Tail** gesprochen als Bezeichnung für eine sehr große Sortimentsbreite. Damit besitzt der digitale Vertrieb nicht nur den Vorteil der weiten unkomplizierten direkten Verbindung zu Kunden, sondern hält auch ein umfassenderes Angebot vor. Man kann fragen, was gibt es, das es nicht bei Amazon gibt. Der Marktführer Amazon zeigt zudem auf, dass es möglich ist, als Händler wie als Vermittler (Amazon Marketplace) zu fungieren. Das ermöglicht ein umfassenderes Sortiment ohne zusätzliches eigenes Risiko.

Da Leistungen und Absatzwege physisch und virtuell sein können, ergibt sich eine Matrix:[6]

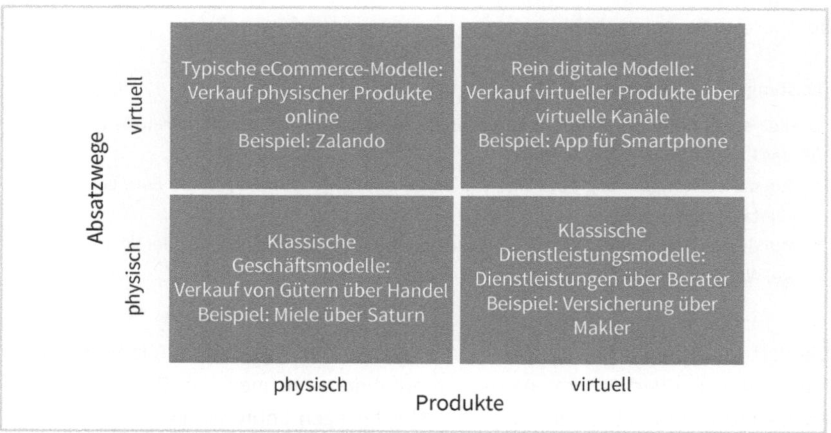

Abb. 4: Leistungs-Absatzwege-Matrix – physisch und virtuell

Ein Feld, die rein digitalen Modelle (Abb. 4, oben rechts), ist ganz neu durch die digitale Transformation entstanden. Virtuelle Produkte bilden inzwischen oft einen großen

6 Nach Friesike, Sascha, Geschäftsmodelle. In: Zeit-Akademie, Digitale Revolution. Hamburg 2016, S. 102.

Produktbereich, beispielsweise iTunes von Apple. Musik wird zum Download bereitgestellt, Produkt und Absatz erfolgen nicht mehr analog. Musik, Filme und vieles andere kann digital übermittelt werden – eben alles, was auf die Weise gespeichert wird. Es kann weltweit ausgetauscht werden.

Typische E-Commerce-Modelle nutzen den neuen virtuellen Kanal, um Produkte abzusetzen. Viele Start-ups beginnen so. Zalando startete mit Schuhen, die online bestellt werden. Das war die erste Stufe. Meist geht es weiter. Das Unternehmen nutzt die digitale Verbindung inzwischen auch für zusätzliche Services wie »Fashion, Beauty, Sport & mehr.«[7] Das ist eine typische Entwicklung, die online leichter umzusetzen ist als offline. Ergänzend werden für ein reales Erlebnis Flagship-Stores geschaffen. So können weitere Felder der Matrix bedient werden, sie fördern sich gegenseitig.

Selbst der Mastermind des digitalen Handels bleibt nicht in einem Feld stehen: »Amazon hat sich in den vergangenen Jahren immer weiter in die Offline-Welt vorgewagt. Erst eröffnete das Unternehmen Buchläden, später kaufte es die US-Lebensmittelkette Whole Foods. Es folgten Supermärkte ohne Kassen, in denen die Einkaufskörbe der Kunden von Kameras und Sensoren gescannt und automatisch abgerechnet werden.«[8]

Der Blickwinkel ist, je nachdem aus welchem Feld man kommt, oft anders: eine gute Übung für einen Produktmanager, einmal gedanklich von anderer Seite an den Produktbereich heranzugehen.

Leistungs-Absatzwege-Matrix

Die Leistungs-Absatzwege-Matrix ist neben der Denkmatrix die zweite zentrale Grundlage für das Produktmanagement heute:

- Auf der Leistungsseite gibt es eine starke Bewegung, Produkte mit mehr Services, meist digitalen, zu verbinden.
- Auf der Vertriebsseite sorgt der unmittelbare Kontakt zur Veränderung der Vertriebswege: Warum sollte nicht direkt bestellt werden?

Die Vertriebsseite ist für das Produktmanagement erfolgskritisch: Alle Verkäufe erfolgen über die Vertriebskanäle des Unternehmens. In manchen Branchen ist die Koexistenz von direkten und indirekten Absatzwegen unproblematisch, in anderen aber auch nicht. Hier ist die Frage zusammen mit dem Vertrieb zu beantworten, welche Vertriebswege heute und morgen genutzt werden. Soll oder wird es eine Weiterentwicklung geben, wird der direkte Kontakt stärker werden? Eine Tendenz, die der

7 www.zalando.de, abgerufen am 26. April 2021.

8 Nezik, Ann-Kathrin, Digital ist nicht genug. In: Die Zeit Nr. 35 vom 26. August 2021, S. 28.

Digitalisierung entsprechende direkte Verbindung anzustreben, ist auf allen Seiten erkennbar, Hersteller, Handel, Dienstleister. Gerne wird von D2C, also Direct to Consumer, gesprochen, der Tendenz, den direkten Kundenkontakt anzustreben. So hat das Unternehmen Dr. Oetker das Start-up Flaschenpost für einen hohen Betrag erworben, um den direkten Kundenkontakt neben den bestehenden Handelswegen umfassend zu etablieren.[9] Entscheidend ist der Kundenkontakt.

Wer direkten Kundenkontakt hat, verfügt auch über Daten der Kunden und kann deren Verhalten registrieren. Damit ist eine Datenanalyse möglich, welche Kunden was wie oft kaufen. Das ist die zentrale Intelligenzverstärkung der Absatzseite. Wer die Vorlieben seiner Kunden immer besser beherrscht, kann die Angebote individueller gestalten. Die Übersetzung von Kundenwünschen in Produkteigenschaften hat nun eine Informationsgrundlage. Das sind für Vertrieb und Produktmanagement wertvolle Auswertungen, um zielgerichteter zu arbeiten. Ein anderes Beispiel für verbesserte Vertriebskompetenz in der direkten Kundenbeziehung mittels Datenmanagement gibt der Fahrradspezialist Rose Bikes. Wegen eines Nachfragebooms und sich immer weiter differenzierender Wünsche von Kunden war Hilfe zu deren Bewältigung nötig. Der Verkaufsinnendienst hatte seine Grenzen überschritten.

Heute wird eine Plattform als Service genutzt, um die Onlinefragen bis hin zum Kauf zu managen. »Zoovu, laut eigenem Bekunden führende KI-gestützte Conversational-Search-Plattform, bietet hierfür eine Software-as-a-Service-(SaaS-)Lösung an, die – kurz gesagt – Kundenbedürfnisse ermitteln und Suchanfragen in Kaufgespräche verwandeln soll und an die Zoovu-Kunden wie Rose Bikes ihre Produktdatenbanken direkt anbinden können.«[10] So kann ein mittelständisches Unternehmen an zunehmender Vermarktungsintelligenz teilnehmen.

Eine große Entwicklung liegt in der Kanalisierung der Kundenwünsche im Onlinekontakt, um die User schnell dorthin zu leiten, wo deren Bedürfnisse Antworten finden. Das ist zunächst eine generelle Anforderung an die Website, die vor allem ein E-Shop leisten muss. Wie ein kluger Verkäufer im Geschäft aus dem Kundenverhalten Vorlieben erkennt, so soll die Auswertung des Kundenverhaltens dazu führen, gezielter anzubieten. Dabei ist der nächste Schritt, nicht nur bisherige Vorlieben zu bedienen, sondern auch passende Impulse zu setzen. Das Einkaufserlebnis soll sich durch intelligente Algorithmen dem analogen nähern: »Wir orientieren uns hier am klassischen Verkäufer im Laden, der dem Kunden auch Produkte und Outfits vorschlägt, die nicht

9 Vgl. Dostert, Elisabeth/Müller-Arnold, Benedikt, Flaschenpost für Oetker. In: www.sueddeutsche.de/wirtschaft/oetker-flaschenpoststartuo-1.5102631 vom 2. November 2020.

10 Sturm, Anja, KI für Sattelfeste. In: absatzwirtschaft 3/2021, S. 35.

so naheliegend sind. Das erwarten die Kunden auch«[11], so formuliert Tarek Müller von About You den Anspruch an zukünftiges E-Shopping.

Gerade die Auswertung von Daten zur Optimierung der Kundenerlebnisse zu nutzen, erfordert eine besondere Fantasie. Das gilt insbesondere, weil Maschinenlernen sehr gut mit ergänzenden Anleitungen kombiniert werden kann, in dem E-Shopping-Beispiel eben einerseits die Vorlieben der User zu registrieren, aber auch modische saisonale Hinweise zu geben. Maschinelle Kundenbedienung in abwechslungsreicher Form.

»Was hierzulande … nicht nennenswert zündet, ist Social Commerce.«[12] Der virtuelle Kanal kann auch den Weg über Social Media umfassen. »Eine YouGov-Studie vom November 2020 bestätigt das: Danach haben zwei Drittel der Deutschen noch nie Einkaufsangebote über Social Media genutzt (66 Prozent).«[13] Diese erweiterten Vertriebsüberlegungen beziehen sich zunächst auf den B2C-Bereich, der prinzipielle Ansatz, den direkten elektronischen Kontakt mit intelligenter Software im Sinne der Kundenorientierung zu nutzen, gilt jedoch ebenso für den B2B-Bereich.

Vertrieb ist erfolgskritisch

Generell sind das Vertriebsthema und die Verbindung zum Vertrieb für jedes Produktmanagement zentral, durch die Digitalisierung und die ausgelösten Veränderungen mehr denn je. Die Zukunftsüberlegungen im Produktmanagement lassen sich mit der Leistungs-Absatzwege-Matrix strukturieren. Der Vertrieb ist dabei ein notwendiger Partner.

Bei den meisten Angeboten gab es einen Start in einem Feld der Matrix. Von dort ist es meist weitergegangen. Jeder Produktmanager sollte den aktuellen Aktionsradius der eigenen Produkte analysieren. Wo stehen wir? Wo bewegt sich der Wettbewerb?

Fehlende Felder sind in den meisten Branchen nur eine Frage der Zeit, bis dass sie genutzt werden. In sehr vielen Produktmanagements werden schon heute alle vier Felder bearbeitet.

Mit der direkten Verbindung ist auch die internationale Koordination erleichtert. Ein Kunde, der online eine Frage hat oder etwas bestellen möchte, kann das überall auf dem Globus tun. Insofern sind die Märkte und die Reichweite größer geworden. Sicher haben die Vermarktungsaktivitäten in Unternehmen nach wie vor einen hohen lokalen Anteil, aber die Abstimmung vorher und parallel lässt sich ausweiten. Das hat auch intern Folgen: Maßnahmen können in Echtzeit in verschiedenen Märkten durchgeführt

11 Janke, Klaus, Wir sind am ersten Tag einer langen Reise, in: Horizont.
12 Sturm, Anja, Neue und alte Prioritäten, in: absatzwirtschaft 9/2021, S. 40.
13 Ebenda.

und nachgehalten werden. Dadurch ist die Einflussmöglichkeit auf Landesgesellschaften leichter gegeben, die Koordination der Maßnahmen im Produktmanagement im internationalen Maßstab wesentlich einfacher.

Kundenkenntnis durch Kundenforschung

Zur Kunden- und Wettbewerbsanalyse gehört, deren Verhalten zu verfolgen, und zwar da, wo sie unterwegs sind, auf Plattformen oder in der realen Welt. Wenn von Kundenkenntnis gesprochen wird, dann haben sich dabei die Analysemöglichkeiten erhöht: Das Verhalten der User lässt sich im Netz verfolgen, die Posts können ausgewertet werden. Das ist eine Seite.

Kundenkenntnis beginnt immer mit den intern verfügbaren Informationen. Jetzt kommt es darauf an, wie die Absatzaktivitäten mittels Datenerfassung abgebildet werden. Natürlich lassen sich nur Daten auswerten, die in einer verarbeitbaren Form erfasst und gespeichert sind. Insofern kommt es vor allem auch auf die Verabredung systematischer Informationssammlung an, insbesondere mit dem Vertrieb. Dann kann das Produktmanagement mit Data-Mining-Software auch die erhobenen Kundendaten auf Strukturen untersuchen. Gerade eine Clusterung der Kunden als Arbeitsgrundlage, um Segmente zu erkennen und differenziert bearbeiten zu können, ist dann leichter zu erstellen.

Zudem werden neue Ansätze für bekannte Instrumente möglich. »Man könnte sie für Lampen halten und sich wundern, warum sie so weit oben an den Fassaden hängen und warum sie nie leuchten, wenn es dunkel wird. In Wahrheit sind es Laserscanner, die seit 2018 aufgehängt werden von der Kölner Firma Hystreet über Einkaufsstraßen in ganz Deutschland. Sie zählen Passanten.«[14] Ein Beispiel für neue apparative Ansätze, die alte Verfahren wie die Passantenzählung präziser und einfacher machen. Und das lässt sich auf viele Bereiche wie etwa Supermärkte ausdehnen: dort als Frequenzzählung oder Registrierung der Laufwege.

Weite Teile der Kundenforschung werden inzwischen apparativ unterstützt, Messungen dadurch genauer und insbesondere die Auswertungsphase erleichtert. Das gilt selbst für qualitative Analysen: »Bei der Auswertung hilft uns die Digitalisierung, Schwerpunkte zu finden, Beurteilungsmuster zu erkennen oder Fleißarbeit und somit Zeit und Geld zu sparen.«[15] Das Produktmanagement kann auf verbesserter Informationsbasis operieren, die Kundenausrichtung wird erhöht. Wir kommen im Überblick der Kundenforschung (Kapitel 2.2.1) darauf zurück.

14 Niehaus, Lisa, Das neue Wachstum, in: Die Zeit vom 10. Juni 2021, S. 21.

15 Susan Shaw im Interview »Aktuell würde ich Gruppendiskussionen oder auch Co-Creation-Workshops wieder physisch durchführen«, in: marktforschung.de, veröffentlicht am 24.08.2022.

Beachten Sie

Die Digitalisierung hat die Möglichkeiten zur Kundenforschung erweitert, präzisiert und es oft günstiger gemacht, Kundenverhalten zu erfassen und auszuwerten.

Das nutzt modernes Produktmanagement. Vermarktung erfolgt auf guter Grundlage ebenso wie die Kundenansprache.

Es ist ein deutlicher Einfluss durch die Digitalisierung auf das Marktmanagement erkennbar. In Verbindung zu Konsumenten haben sich die Werbeaktivitäten sehr stark in den Onlinebereich verlagert. »Laut Digital 2021 Report von We Are Social und Hootsuite nutzten im Januar 2021 bereits 66 Millionen Deutsche aller Altersklassen regelmäßig Social Media.«[16] Das ist angesagt. »Mit voranschreitendem E-Commerce-Boom erfreuen sich zudem Handelsplattformen als Werbebühne wachsender Beliebtheit.«[17]

Content-Management ist ausgehend vom Social-Media-Bereich zunehmend zum Mittelpunkt der Vermarktungsaktivitäten geworden, inzwischen zum gemeinsamen Kern des Produktmarketing für den Offline- und Onlinebereich. Eine Strukturierung der Inhalte erfolgt entlang der Kundenkontaktpunkte, der **Customer Touch Points**. Diese sind, da sehr zahlreich geworden, für die Bearbeitung zu strukturieren.

Mithilfe gemeinsamen Content-Managements für die Stufen des Kundenwegs bis zum Kauf sowie für die Nachkaufphase gelingt ein einheitlicher und zugleich flexibler Kundenaustausch. So wird ein integrierter Produktmarketingansatz erreicht.

Das Produktmanagement steht vor der Herausforderung, die im Sinne der Kunden zielführenden Kanäle mit geeigneten Impulsen auf dem Kundenweg zu bespielen. Hier sind die Vermarktungsanforderungen im Industriegüter- und Konsumgüterbereich nicht vom Prinzip, aber in der Umsetzung unterschiedlich.

Angebotsentwicklung durch Digitalisierung

Digitale Transformation bezieht sich allerdings nicht nur auf die Vermarktungsseite. Bedeutender für das Produktmanagement ist die Leistungsseite. Das ausgetauschte Datenvolumen nimmt deutlich zu, allgemein wird von **Big Data** gesprochen. Daten bekommen erst einen Wert, wenn sie analysiert und die Erkenntnisse darin gehoben werden.

---

16 Sturm, Anja, Neue und alte Prioritäten, a. a. O., S. 39.

17 Ebenda.

Daten ermöglichen smarte Lösungen

Daten ermöglichen verbesserte Produkte oder eigene Services, wirken damit im Zentrum des Produktmanagements. Durch die Nutzung der begleitenden Daten können Produkte mit Intelligenz und Services ergänzt werden. Der Produktbegriff wird deshalb heute sehr weit verwendet. Verbreitet lässt sich von *smarten* Kundenlösungen sprechen.

Der Leistungsumfang kann und wird durch Nutzung digitaler Möglichkeiten verbessert. Dafür gibt es kein Patentrezept. Vielmehr ist zu prüfen, ob die Leistung vereinfacht, erweitert, das User-Interface leichter handhabbar gestaltet wird. Manchmal ist allerdings auch zu beobachten, dass eine Übertechnisierung Kunden überfordert.

Das Maß für die nützliche Produktintelligenz stellt der Kunde. Die Internetwelt spricht von **Customer Centricity**, die für alle Anwendungen erforderlich ist. Damit ist wieder die Grundaufgabe des PM formuliert, Lösungen für Kunden, nur in aktuellerer Fassung.

Kunden haben die Möglichkeit erfahren, dass sie individuelle Produkte erhalten können. Daraus entstehen neue Geschäftsmodelle. Menschen haben unterschiedliche Wohnräume. Insofern wäre es schön, maßgeschneiderte Schränke zu erhalten. Die Digitalisierung macht es möglich. »Die Kunden geben die gewünschten Parameter auf der Website ein, wählen Holzart, Furnier, Schrägen, Böden, Türen und Griffe – und schicken den Auftrag ab …«[18] Das ist ein Beispiel, übertragbar auf viele Angebote. Die Forderung nach Individualisierung wird immer mehr Produktmanagements betreffen.

Die individualisierten Anforderungen gilt es präzise zu erstellen. Da hilft ein zweiter Aspekt der Digitalisierung: immer bessere Roboter. »Lange waren Roboter und Automaten nur etwas für die Großindustrie, vor allem für Autohersteller. Deutschland ist das am stärksten automatisierte Land der Europäischen Union …«[19] Die Welle der Roboterisierung hat die mittelständischen Unternehmen voll erfasst. Für das Produktangebot bedeutet die Entwicklung, schneller und zunehmend individuell liefern zu können. So können Wettbewerbsvorteile entstehen. Oft gibt es Vorbehalte, weil Roboter Menschen Arbeit wegnehmen. Die bisherige Entwicklung zeigt allerdings keine Abnahme der Arbeitsplätze, eher eine Veränderung. Oft erfolgt die zunehmende Roboterisierung genau wegen des Mangels an Fachkräften.

Durch Aktualisierung der steuernden Software in Produkten können Programmfortschritte sehr schnell in die Praxis eingespielt werden. Insofern können Produkte im Laufe des Produktlebens an Wissensfortschritten teilnehmen, die durch Updates verfügbar gemacht werden. Auch das verändert das Produktverständnis.

---

18 Book, Simon, Die Mensch – Maschinen, in: Der Spiegel Nr. 33 vom 14.08.2021, S. 66.
19 Ebenda.

Beachten Sie

Es gibt neben Produkten, die ausgereift in den Markt gebracht werden, auch jene, die im Markt eine Entwicklung erfahren. Für die Kunden wird das PM immer fordern, dass es von Anfang an gute Lösungen sein müssen.

Der IT-Bereich hat den Begriff **Ökosystem** aus der Biologie übernommen. »Unter einem Digitalen Ökosystem verstehen wir ein sozio-technisches System. Dies bedeutet, dass ein solches Ökosystem nicht nur digitale, technische Systeme umfasst, sondern explizit Organisationen und Menschen sowie deren Beziehungen untereinander einschließt. Nehmen wir das Beispiel Flixbus, ein Digitales Ökosystem zum Personentransport im Fernverkehr. Neben diversen Software- und gegebenenfalls Hardware-Systemen, zum Beispiel für den Kauf von Tickets oder für die Nachverfolgung von Bussen, umfasst es insbesondere die Passagiere, Busunternehmen sowie deren Fahrer.«[20] Es geht mithin um eine umfassende Lösung für ein Kundenbedürfnis: problemlos von A nach B mit allen Facetten.

Beachten Sie

Produktmanagement hat es zunehmend mit Systemen um ein Produkt zu tun, also mit Zusatzprodukten und Services – oft wird in diesem Zusammenhang von **Ökosystemen** gesprochen. Darunter ist die Herstellung einer Gesamtleistung als umfassende Antwort auf ein spezielles Bedürfnis zu verstehen.

Der Ansatz individuellerer Lösungen wird verbreitet aufgebaut, indem eine Systemarchitektur, ein Baumuster geschaffen wird, das mit unterschiedlichen Modulen ausgestattet werden kann. Die passende Kombination schafft zugeschnittene Produkte in Serie, gesteuert durch eine grundlegende Intelligenz. Für die Neuproduktentwicklung haben diese Überlegungen große Auswirkungen: Komplexe Produktlösungen bedürfen einer Lösungsarchitektur, das Produktkonzept wird modular umgesetzt.

Eine wesentliche Entwicklung ist die Digitalisierung der Industrie – Industrie 4.0 oder Internet of Things (IoT). Typischerweise kann eine unternehmensinterne Entwicklung in vier Schritten beobachtet werden:[21]

- Im ersten Schritt wird ein **digitales Abbild** der Vorgänge im Unternehmen geschaffen: Alle relevanten Daten aus Produktion, Auftragsfluss, Absatz, Logistik, Service etc. werden erfasst. Dafür sind mitteilende Produkte notwendig. Ziel: Wissen, was passiert. → Im Alltag lassen sich beispielsweise Paketsendungen verfolgen.

---

20 Trapp, Marcus; Naab, Matthias; Rost, Dominik; Nass, Claudia; Koch, Matthias; Rauch, Bernd, Digitale Ökosysteme und Plattformökonomie: Was ist das und was sind die Chancen? www.informatik-aktuell.de/management-und-recht/digitalisierung/digitale-oekosysteme-und-plattformoekonomie vom 23. Juni 2020.

21 Vgl. Jordan, Felix; Maasem, Christian; Zeller, Violett; Schuh, Günther, Industrie 4.0: Wege für produzierende Unternehmen, in: Gassmann, Oliver, Sutter, Philipp (Hrsg.), Digitale Transformation gestalten, 2., überarb. Aufl., München 2019, S. 59 ff.

- In einem zweiten Schritt geht es um das **Herausfinden von Zusammenhängen.** Wenn A eintritt, dann folgt B. Die Herausforderung liegt darin, tatsächliche Wirkungsverbindungen zu erkennen, nicht nur zufällige Gleichzeitigkeit. Die Unterscheidung zwischen gleichzeitig und kausal ist essenziell.[22] Des Weiteren ist zu beachten, in welchem Umfang Erklärungen gegeben werden können. Grenzen ergeben sich, weil häufig nicht alle Einflussgrößen als Daten vorliegen. Ziel: Immer bessere Erklärungen geben können, dem Kunden zur Seite stehen.
  → Im Alltag ist zu erleben, dass Paketsendungen angekündigt werden mit einer bestimmten Zustellzeit, was leider oft nicht funktioniert, weil die Bedingungen auf dem Weg nicht vorhersehbar sind.
- Als dritter Schritt können bei stabilen Zusammenhängen auch **Vorhersagen** erfolgen, was als Nächstes passieren wird. Wenn beispielsweise eine Einspritzdüse eines Aggregats immer genau bis zu einem Spiel von x Nanometer funktioniert, danach die Funktion aber zusammenbricht, sollte der Austausch jeweils kurz vorher erfolgen, wenn Sensoren das entsprechend mitteilen. Das Verschleißteil wird optimal genutzt, vor allem gibt es so nur kurze rechtzeitige und keine längeren vollständigen Systemunterbrechungen. Ziel ist also, nützliche Hilfestellungen für Kunden etwa in Form der Reduktion von Ausfällen zu geben. Das ist echter wirtschaftlicher Wert.
  → Im Alltag fordert das Auto den Fahrer zur Serviceanmeldung auf.
- Als vierter Schritt kann das Datenerfassungs- und Auswertungssystem auch Maßnahmen selbst initiieren, um **Korrekturen** vorzunehmen. Ausgebaut lernt das System aus den Daten und optimiert sich selbst. Das Ziel ist ein stabiles System bei allen wechselnden Anforderungen.
  → Im Alltag werden gerade smarte Produktionen durch permanente Anpassung immer stabiler.

Für einen Produktmanager kommt es nun auf die Fähigkeit an, aus vorliegenden Daten Services abzuleiten, welche die Produkte sinnvoll ergänzen. Das Denken sollte dabei nicht an den Unternehmensgrenzen enden: Leistungen können auch mit Partnern zusammen erbracht werden.

»Customer Data Analytics wird zu einem zentralen Faktor, um Kunden individuell zu behandeln.«[23] Das erwarten diese – mehr und mehr.

---

22 Guido Imbens erhielt im Jahre 2021 den Nobelpreis für Wirtschaftswissenschaften für die Untersuchung der Frage der Kausalität, vgl. Fischermann, Thomas: Nobelpreis, in: Die Zeit Nr. 42 vom 14. Oktober 2021, S. 25.

23 Bühler, Pascal; Maas, Peter; Bieler, Martin, Kunden transformieren die Versicherungsmärkte, in: Gassmann, Oliver; Sutter, Philipp (Hrsg.), a. a. O., S. 144.

Die lokalen Server in den Unternehmen werden durch den enormen Datenanfall immer weiter ausgenutzt. Über das Cloud-Computing werden verschiedene Stufen der Erweiterung der Unternehmensressourcen angeboten:

- **Infrastructure as a Service (IaaS)** steht als Begriff für die Erweiterung der eigenen Infrastruktur. Das Unternehmen erreicht damit eine Erweiterung ohne eigene Investition in die unternehmenseigenen Ressourcen.
- **Platform as a Service (PaaS)** steht als Begriff für die Nutzung externer Plattformen von Cloud-Anbietern für die Entwicklungsanwendungen eines Unternehmens. So kann abseits der eigenen Ressourcen ein Entwicklungsprojekt separat laufen.
- **Software as a Service (SaaS)** steht als Begriff für den Einsatz von Software und Infrastruktur eines Anbieters für die eigenen Zwecke im Unternehmen – wie im genannten Beispiel der Rose Bikes zur Verbesserung des Onlinevertriebs.

Digitale Services sind auch Produkte, digitale Services erweitern die PM-Kapazitäten.

Erweitertes Aufgabenverständnis

Insgesamt wird also ein Unternehmen in seiner Wertschöpfung immer intelligenter und kann zudem Ressourcen von außen relativ bequem hinzufügen. Das Produktverständnis und die gebotene Lösung werden umfangreicher, der Service für Kunden besser. Zentral ist die Customer Centricity, also die absolute Orientierung auf überzeugende Kundenlösungen. In der Vermarktung kann der Weg von Kunden bis zum Abschluss und darüber hinaus die weitere Beziehung passend gestaltet werden. So ist die Aufgabe des Produktmanagements inzwischen zu verstehen.

Die Denkmatrix des Produktmanagements hat auf der Seite der Produktanforderungen durch Kunden deutliche Verständnisänderungen erfahren. Gleichzeitig wird klar, dass die Seite der Produkteigenschaften um digitale Fähigkeiten erweitert zu verstehen und hinter der Lösung eine Systemarchitektur als organisierende Ebene zu bedenken ist.

Eine Produktmanagerin ist aufgefordert, die Entwicklungen in ihrem Markt zu verfolgen, um aktuelle Offerten zu schaffen. Die digitale Veränderung hat Relevanz für das Produktangebot. Das gilt für alle Branchen.

Produktprogrammpolitik als Kompetenzpolitik

Der Aspekt der Programmpolitik gewinnt ebenfalls eine andere Bedeutung: Es geht um umfassende Lösungen für die Zielgruppen. Vollständigkeit und die Unterteilung in Lösungsbündel bilden die Überschriften für ein kompetentes Programm. Damit ist die Produktprogrammpolitik eine Kompetenzpolitik. Sie wird auch zur Vorlage für die (Sub-)Markenstruktur. Wenn aus Kundensicht ein Sinn hinter der Programmstruktur steckt, ist das auch leicht zu kommunizieren.

In der eigenen Branche sollte der Produktmanager bestrebt sein, dass er sich in der vorderen Entwicklungsgruppe digitaler Intelligenz befindet. So sichert das PM eine relativ führende Wettbewerbsposition. Große Defizite in digitaler Ausstattung führen bei vielen Kundengruppen zur Ablehnung. Tatsächlich gibt es hier verbreitet Nachholbedarf. Die Mehrheit der Unternehmen fühlt sich als digitale Nachzügler.[24]

Produktmanagement ist bereits bezeichnet worden als Motor im Unternehmen. Jetzt ist zu ergänzen, dass PM auch einen Motor für die digitale Transformation der Leistungen darstellt. Wesentlicher Teil der PM-Aufgabe ist das **Innovationsmanagement**. Die rasante Marktentwicklung legt nahe, dass sich ein Produktmanager regelmäßig mit Digitalisierungsexpertinnen austauscht, einfach um die Optionen auf Chancen für das eigene Lösungsangebot abzuklopfen. Das ist PM-Grundlagenarbeit.

Das Beispiel Rose Bikes beinhaltete eine KI-Lösung. »Für Unternehmen, egal ob groß oder klein, stellt sich nicht die Frage, ob der Einstieg in die Welt der KI [Künstliche Intelligenz] sinnvoll ist oder nicht. Die Technologie hält längst Einzug in viele Anwendungen im Alltag. Wer die Unternehmenssoftware SAP S/4Hana benutzt, bekommt damit sofort ein KI-Werkzeug mitgeliefert.«[25] Künstliche Intelligenz ist schon im Unternehmen und es gilt auch im Bereich Innovationsmanagement zu prüfen, ob sie für Unterstützung sorgen kann. Kreativität bleibt eine Domäne des Menschen. Die kann mit Programmen Hilfe erhalten. Wir kommen darauf in Kapitel 3 zurück.

Das Produktmanagement kann einen Vorsprung im Wettbewerb erzielen, wenn individuelle Lösungen auf Basis von mehr Information und mit nützlichen Services geboten werden. Dafür sind digitale Fähigkeiten erforderlich. Dabei ist aufzupassen, ob die Anwendungen auch von Kunden als Verbesserung erlebt werden. In digitalen Zeiten hat das Produktmanagement noch mehr darauf zu achten, die Kunden zu kennen und echte fortschrittliche Lösungen aus deren Sicht zu bieten. Denn nicht alles, was möglich ist, wird auch akzeptiert.

Beachten Sie

Die digitale Passung der Gesamtlösung für die Zielgruppe im Wettbewerbsvergleich ist ein Beurteilungskriterium für die Leistung des Produktmanagements aus Kundensicht.

Arbeitsweisen ändern sich

Aber nicht nur, was geschaffen wird und wie vermarktet wird, hat sich verändert. Auch die Frage, auf welche Weise etwas entsteht, hat eine Neuausrichtung erfahren. Wenn es mehr und mehr Gesamtlösungen, eben Systeme sind, die geboten werden, wenn

24 Vgl. Sturm, Anja, Neue und alte Prioritäten, a. a. O., S. 37.

25 Leitl, Michael; Brandolisio, Alessandro; Golta, Karel J., Maschinen sind kreative Zerstörer, in: Harvard Business manager, S. 44 (Hinzufügung in eckigen Klammern durch den Autor, L.K.).

Unternehmensgrenzen eingerissen werden, weil die Leistung allein nicht erstellt werden kann, dann erfordert das eine Kollaboration mit fähigen Teams. Wir hatten die Führung ohne Weisungsbefugnis als Merkmal für die Position herausgehoben.

Kollaboratives Vorgehen ist mit linearem Denken nicht zu machen. Verbreitet kommt es zur vernetzten Teamarbeit. Dafür stehen digitale Lösungen zur Unterstützung der Teamarbeit bereit. »Ein Collaboration-Tool bzw. eine Collaboration-Software bietet verschiedene Funktionen zur Verwaltung von Projekten. Der Zweck einer solchen Software-Lösung ist die Optimierung des Arbeitsprozesses, weshalb die einzelnen Werkzeuge für Bereiche wie Planung, Organisation oder Analyse geeignet sind.«[26]

Dabei ist zu berücksichtigen, dass oft viele Einzellösungen implementiert werden. So geht die Nutzung und Auswertung quer durch das Unternehmen verloren. Die zentrale Verwaltung der Ressourcen erfolgt in Unternehmen über das Enterprise Ressource Planning-System, kurz ERP-System. Speziell für das PLM, das Product Lifecycle Management, steht PLM-Software zur Verfügung. »Es soll dabei der ganze Lebenszyklus eines Produktes begleitet werden: Von der Wiege bis zur Bahre. Dies fängt bei der Planung oder Konstruktion an und endet eventuell bei einem Recycling. Ein PLM kann dabei eine sinnvolle Kommunikationsbasis auch über die Unternehmensgrenzen hinweg sein.«[27] Daneben wird für das Produkt-Datenmanagement, kurz: PDM, weitere spezielle Software eingesetzt. Um wirklich Wissen zu generieren, kommt es darauf an, dass die Systeme integriert sind und Auswertungen auf alle Datenbestände zurückgreifen können.

Häufig wird zwischen klassischen und agilen Vorgehensweisen unterschieden, sicher zunächst als Methode im Projektmanagement. Der Ansatz strahlt aber auch auf die Art und Weise aus, wie Produktmanager agieren, da sie immer wieder Teams zur Aufgabenbewältigung einsetzen. Es gilt allerdings, der Versuchung zu widerstehen, eine weitere PM-Form, agiles Produktmanagement, zu schaffen. Produkt- und Projektmanagement sind zweierlei (vgl. Kapitel 1.1). Die agile Denkweise beeinflusst generell das Führungsverständnis im Unternehmen.

Produktmanagement hat es dabei leicht. Es beinhaltet ohnehin als Ansatz die Selbststeuerung des Produktbereichs durch den Stelleninhaber wie im agilen Denken. Das Ziel sind optimale Lösungen für Kunden, gemeinsam erstellt mit den Funktionen im Unternehmen und beratenden Experten. Dafür wird integrativ ein Ansatz gebraucht,

---

26 www.ionos.de/digitalguide/e-mail/e-mail-technik/collaboration-tools-die-besten-loesungen-im-vergleich, abgerufen am 02.02.2022.

27 www.sap-b1-blog.com/plm-pdm--und-erp-auf-integrationskurs/, abgerufen am 01.10.2022 (Schreibfehler korrigiert vom Autor LK).

um die eigenen Aufgaben der Produktbetreuung und insbesondere der Innovation nach vorn zu bringen.

Es geht also darum, unabhängig von der spezifischen Unternehmensumwelt mit gezielten Instrumenten die Zielsetzung bester Lösungen für Kunden zu erreichen. Das ist die Anforderung. Vielfach werden hybride Ansätze – also eine Verbindung der beiden Welten (klassisch und agil) – des Projektmanagements eingesetzt. Das wird im Bereich Management eines Neuprodukts intensiv zu besprechen sein (vgl. Kapitel 3.2). Damit ist Produktmanagement anpassungsfähig.

Die meisten agilen Ansätze arbeiten zentral mit einem Board, das die Prozessschritte und deren Erledigungsstand zeigt. Das ist eine geschickte Vorgehensweise, für alle sichtbar die anstehenden Aufgaben zu strukturieren und nachzuhalten. Sie ist kompatibel mit im Grunde allen Vorgehensweisen. Ein zielführendes Vorgehen im Produktmanagement.

Zudem ist es ratsam für Management ohne Vorgesetztenfunktion, umfassend auf das Mittel der Beteiligung zurückzugreifen: Menschen übernehmen das, woran sie beteiligt sind – und sie lehnen verbreitet ab, was ihnen vorgesetzt wird. Menschen schätzen alles hoch, was sie selbst gemacht haben. Ein Geheimnis des IKEA-Erfolgs ist auch darin zu sehen, dass die Produkte von den Käufern selbst zusammengebaut werden. Dan Ariely hat das Vorgehen über Beteiligung deshalb plakativ den IKEA-Effekt genannt.[28] Ein geschickter PM arbeitet damit.

Vertrauen als Basiswährung

Alle Maßnahmen fallen allerdings in sich zusammen, wenn Kunden kein Vertrauen haben. Die Marke bildet die generelle Merkplattform im Kopf der Kunden. Marken haben eine noch höhere Wichtigkeit im digitalen Raum bekommen. User suchen mit Suchanfragen nach Marken oder nach Begriffen, ordnen danach, ob bekannt oder nicht bekannt. Der Weg zum Produkt ist unterschiedlich lang: von der Marke zum Produkt der Marke, vom Suchbegriff zur Marke unter den organischen Ergebnissen zum Produkt, vom Suchbegriff zu nicht weiter bekannten Angeboten und günstigenfalls zur weiteren Recherche. Die Marke verkürzt klar den Weg.

Es geht um die subjektive Einschätzung von Kunden. Marken werden dabei von Interessenten mitgestaltet, denn sie können direkt dazu Stellung nehmen, sie bewerten. Ein Unternehmen ist gut beraten, alle Vorkehrungen zu treffen, das Vertrauen der Kunden zu erhalten. Die Datenschutz-Grundverordnung (DSGVO) bildet im europäischen Raum die Grundlage. Es bedarf des Double Opt-in, der doppelten Autorisierung im

28 Vgl. Ariely, Dan, The Upside of Irrationality, New York 2010, S. 83ff.

Endkundenbereich. Teil der Vertrauensbeziehung zwischen Unternehmen und Kunde ist auch das Vertrauen in den Umgang mit Daten. Vertrauen bleibt die Grundlage für Erfolg im Produktmanagement, es ist ein wesentlicher Bestandteil der Produkt-zu-Kunde-Beziehung. Der Produkterfolg hängt auf Dauer davon ab.

Die Denkmatrix des Produktmanagement bleibt bestehen. Sie hat allerdings eine Modernisierung auf der Kunden- wie der Produktseite durch die Digitalisierung erfahren. Und die Veränderung ist keineswegs zu Ende. Wir erwarten eine noch stärkere Dynamik. Diese zu beherrschen, ist die Herausforderung des Produktmanagements im digitalen Zeitalter.

1.3 Kundenbild und Produktpositionierung

Produktmanagement bedeutet, die passenden, zeitgemäßen Produkte für Kunden auf der Höhe der digitalen Zeit zu liefern und zu vermarkten. Voraussetzung ist, dass es einen Markt, also Nachfrage von Kunden gibt. Insofern orientiert sich ein Produktmanager zunächst an den Marktstrukturen. Zahlreiche Informationen über Märkte, deren Größe und Entwicklungen, stehen zur Verfügung. Das sind gute Grundlagen, Kennziffern, die gebraucht werden.

Quellen sind statistische Ämter in Europa (Eurostat[29]), Deutschland (Destatis[30]) und den Bundesländern (bei europäisch-deutscher Perspektive), Bundesministerien oder die Europäische Union[31], Verbandsinformationen oder aus Industrie- und Handelskammern[32] oder von Marktforschungsinstituten[33], Veröffentlichungen von Universitäten und Forschungseinrichtungen, Verlagsinformationen[34], die ARD/ZDF-Onlinestudie[35] und vor allem Branchenverbandsinformationen. Auch private Anbieter wie Statista[36] oder Genios[37] helfen, die Marktgröße zu quantifizieren. Marktvolumen und Marktwachstum lassen sich bestimmen. Das ist Grundlagenarbeit im PM.

Märkte sind abstrakt, es interessieren die Zielgruppen, die Kunden. Sie bilden die Märkte. Produkte für abstrakte Märkte gibt es im Allgemeinen nicht. Zentrales Merkmal unseres Produktmanagementansatzes sind von Anfang die Kundenwünsche als Maß und Steuerungsgröße für das Management der Produkte. Dabei gilt für nahezu alle Märkte, dass Kunden die Produkte suchen, die zu ihnen passen. Es entstehen so

29 Vgl. www.ec.europa.eu/eurostat.
30 Vgl. www.destatis.de.
31 Vgl. www.europa.eu.
32 Vgl. www.dihk.de.
33 Vgl. www.esomar.org und www.bvm.org.
34 Vgl. www.guj.de oder www.bcn.burda.de.
35 Vgl. www.ard-zdf-onlinestudie.de.
36 Vgl. www.de.statista.com.
37 Vgl. www.genios.de.

Segmente. Die Denkmatrix aus Kundenanforderungen und Produkteigenschaften stellt das Fundament dar, sie bezieht sich in gesättigten Märkten auf spezielle Zielgruppen.

Die generelle Vorstellung von Kunden und deren Handlungsgründen hat sich im 21. Jahrhundert gewandelt: Die wesentliche Veränderung im Kundenbild besteht sicher darin, den Kunden als Menschen mit Vorlieben, Emotionen und Wünschen zu sehen – in allen Branchen. Die Unterteilung in Zielgruppen erleichtert die Hinwendung, eine vertiefte Kenntnis, sogenannte Insights zu erreichen.

Menschen mögen es, rational zu handeln. Besonders im geschäftlichen Leben. Doch so sind Menschen nicht. Schon Sigmund Freud und Carl Gustav Jung machten zu Beginn des 20. Jahrhunderts das Un- und Unterbewusste zum Gegenstand ihrer Forschung. Das war ein Gegenpol zum Humboldt'schen Ideal des rationalen Handelns. Menschen sind tiefgründig und handeln eben nicht primär rational. Ganz im Gegenteil. Das macht sie menschlich.

Heute erweckt die Digitalisierung mit Softwareentwicklungen und -anwendungen erneut leicht den Eindruck, als ob es um logische Schritte für die User gehen sollte. Doch das ist nur ein Eindruck aufgrund der technischen Materie. Tatsächlich kommen mit den angebotenen Programmen diejenigen am besten klar, die gerne intuitiv und wiederholt probieren. Steve Jobs hatte das verstanden. Die intuitive Handhabung war für ihn zentral.

Die Neuroscience, Neurowissenschaften, haben durch Messung der Gehirnströme gezeigt, dass Menschen häufig ohne großes Nachdenken, also rein intuitiv handeln. Das ist sogar konsequent. Warum soll sich ein Kunde immer wieder neue Gedanken machen, wenn sich seine Handlungen bewährt haben? Es ist doch schön, wenn man ein Muster gefunden hat. Die Kundenanforderungen der PM-Denkmatrix lassen sich durch die Neurowissenschaften sicherlich deutlich besser verstehen.[38]

Zufriedenheit mit einem Produkt führt zur Wiederholung des Kaufs und ist die Grundlage von Kundenloyalität. Vertrauen in eine Marke erleichtert das Auswählen und Kaufen. Das sind menschliche Handlungsweisen, für Unternehmen können daraus klare wirtschaftliche Vorteile entstehen. Und die Absatzstatistik zeigt im Allgemeinen, dass

38 Vgl. dazu Briesemeister, Benny B. (Hrsg.), Die Neuro-Perspektive, Freiburg 2016, sowie Keite, Lothar, Corporate Identity im digitalen Zeitalter, a. a. O., vor allem S. 120 ff. sowie Kenning, Peter, Consumer Neuroscience, Stuttgart 2014, sowie Roth, Gerhard; Herbst, Sebastian, Warum es so schwierig ist, sich und andere zu ändern, Persönlichkeit, Entscheidung und Verhalten, vollständig überarbeitete Aufl. (14. Aufl.), Stuttgart 2020, und die in den Werken angegebene Literatur.

bestimmte Zielgruppen die Kernkunden des Produktmanagements sind. Sie bilden ein Segment mit ähnlichem Verhalten.

Im Mittelpunkt des Agierens eines Produktmanagements sollte also ein tiefes Kundenverständnis stehen. Ganz entscheidend ist die **Kundenforschung**. Und hinter ihr steht ein aktuelles Kundenbild.

Digitalisierung und Neurowissenschaften

Digitalisierung und Neurowissenschaften sind nicht als Gegensatz zu verstehen, sondern als zwei Bereiche, die das moderne Produktmanagement zusammen verbessern. Technische Anwendungen sind gut, wenn sie für Kunden einen Mehrwert erbringen. Kundenkenntnis ist gut, wenn sie die Produktentwicklung lenkt zu Produkten für die Kunden.

Kaufverhalten

Die Verbindung zwischen PM-Leistung und Kunden erfolgt über die kennzeichnende Marke. Beim Thema *Marke* wird die technisch-geschäftliche Welt überschritten und es geht in eine emotional-geschäftliche Sphäre. Beide Teile sind im Kundengehirn miteinander verbunden. Das Gehirn kann das, was es wahrnimmt, niemals ohne Interpretation verarbeiten. Dabei wirkt die Marke wie ein Filter im Kopf. Unbekannte Marke: Skepsis. Unprofessioneller Auftritt: zweifelhafte Produktleistung. Erst eine bekannte und anerkannte Marke bildet einen Startvorteil für jedes Produkt.

Lassen Sie uns die Kaufentscheidung eines Kunden nachverfolgen. Gehen wir wieder in die Welt des Kaffees. Stellen Sie sich nun vor, ein Kunde sieht einen wunderbaren Kaffeevollautomaten von DeLonghi oder Jura oder einer anderen Marke in einer Auslage und in Gedanken steht dieser schon in seiner Küche. Im Kopf entsteht ein Bild. Eine wichtige menschliche Fähigkeit, die gerade in der Werbung angesprochen wird, ist die *Simulation*. Man kann sich das Resultat vorstellen: Sieht gut aus und passt zur Küchenumgebung. Im Kopf entsteht ein Abbild.

Wenn diese Vorstellung dem inneren Wunsch entspricht, entsteht eine Motivation. Und dann kommt das Gerät auch noch von der richtigen Marke. Vertrauen ist somit gegeben, es entsteht eine Handlungstendenz – positiv für das Angebot des Produktmanagements.

Gleichzeitig schießt dem Kunden der Gedanke durch den Kopf: Wunderschön, aber nicht zu bezahlen. Wir haben alle unsere Grenzen. Was ist jetzt zu tun? Vergessen oder weiter überlegen?

Das ist eine typische innere Abwägung bei einer Kaufentscheidung. Wenn der Antrieb vor eine Barriere gelangt, etwa das Problem des Preises oder der sozialen Akzeptanz, dann ist die Verarbeitung im Kopf gefragt. Dafür suchen Menschen nach Bewältigung, in der Psychologie wird von **Coping** gesprochen. Menschen möchten ja zu einer Lösung kommen. Gut, wenn das Produktmanagement dabei hilft.

Passend lautet die Frage an die Kundenforschung: Was bewegt den Kunden? Tatsächlich geht es um *bewegen*: Das Antriebssystem sendet Emotionen (lat. *emovere, emporwühlen, herausbewegen*) an das Bewältigungssystem. Das Bewältigungsverhalten wird *immer* durch Emotionen ausgelöst und gesteuert. Kaufen gibt es nicht ohne Vorlieben.

Emotionen

Die Emotionen in Verbindung mit dem Produkt oder Service sollten höchste Aufmerksamkeit im Produktmanagement erfahren. Dies betrifft den B2C- und B2B-Bereich gleichermaßen.

Ja, es gibt auch Spontankäufe. Dann erfolgt keine weitere Überlegung, der Käufer gibt einem Impuls nach, ohne nachzudenken. Meist aufgrund der Bekanntheit, also der Markierung. Dies ist ein Zeichen, dass manches rein intuitiv erfolgt. Menschen reagieren allerdings selten ganz spontan, zunächst bleibt selbst der stärkste Antrieb meist unter Verschluss. Das gilt tendenziell besonders bei höherem Involvement, also wenn der Kauf eine stärkere Bedeutung für den Kunden hat. Die Aussicht auf eine psychologische Belohnung ist erforderlich.

Im B2B-Bereich wird bei wichtigen Kaufentscheidungen zur weitergehenden Prüfung oft systematisiert: Es wird erst eine Produkt- und Lieferantenbewertung erstellt, bevor wichtige Bestellungen aufgegeben werden. Gerade im Unternehmensumfeld mögen Menschen diese Objektivierung. Tatsächlich ist aber keine Kaufentscheidung so objektiv, wie wir meinen. Voraussetzung ist auch hier ein emotionaler Wert, den das Kaufobjekt zur technischen Lösung liefert.

Erst wenn das Produkt oder der Service dann auch erreichbar ist – in allen Ausprägungen: Wie kann bestellt, bezahlt werden? –, erfolgt eine innere Freigabe im Kopf. Für die Zugänglichkeit hat die Psychologie den Begriff **Akzess** eingeführt.[39]

Die Verarbeitung im Rahmen einer Kaufentscheidung zeigt die Aufgaben im Produktmanagement. Mit einem kybernetischen Modell lässt sich die innere Verarbeitung veranschaulichen:[40]

39 Vgl. Bischof, Norbert, Psychologie, 3. Aufl., Stuttgart 2014, S. 325 ff.
40 Bild in Anlehnung an ebenda.

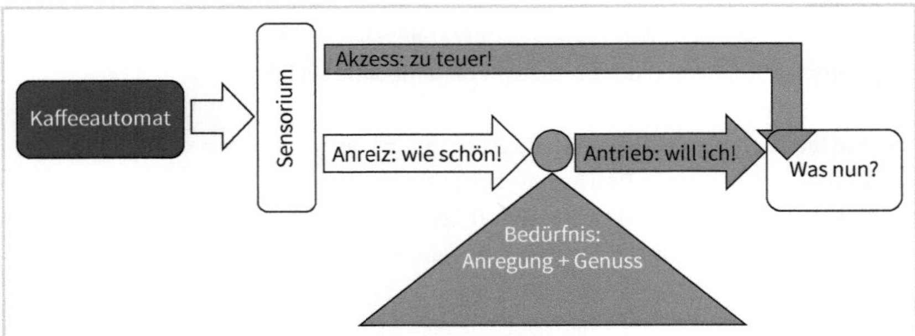

Abb. 5: Kybernetisches Modell – Wunsch und innere Auseinandersetzung

Der potenzielle Kunde befindet sich in der inneren Auseinandersetzung, einen Kaffeeautomaten zu erwerben. Der Automat ist dann ein Thema für ihn, wenn er Wert auf italienische Kaffeespezialitäten legt. Ein Teetrinker – selbst jemand, der sagt, ich trinke lieber Kaffee, gefiltert wie bei Oma – reagiert nicht weiter. Derjenige aber, für den Kaffee und Kaffeespezialitäten italienischer Art etwas Besonderes sind, denkt: Hätte ich gerne. Wenn der Anreiz auf ein Bedürfnis trifft, entsteht ein Antrieb.

Das bedeutet für die PM-Aufgabe: Idealerweise wird der Liebhaber italienischen Kaffees gezielt angesprochen. Um einen Anreiz für ihn zu schaffen, hat der Kaffeeautomat ein modernes akzeptiertes Design, funktioniert problemlos und hat die passende Produktpositionierung, die den Kunden anspricht. Dann kann wirtschaftlicher Erfolg erzielt werden.

Der Fokus des Produktmanagements liegt auf dem richtigen Anreiz für Personen mit einem (konkreten) Bedürfnis.

Produktmanager spielen gerne mit dem Gedanken, Personen das eigene Angebot schmackhaft zu machen, die dessen Vorzüge noch nicht schätzen. Im Beispiel: den Filterkaffeetrinker für Vollautomaten zu begeistern. Erkennbar ist dieser Weg länger und unsicher. Ein kluger Produktmanager konzentriert sich auf die Kernzielgruppe derjenigen, die ein Bedürfnis haben und deshalb auf den Anreiz reagieren. Es gibt nahezu keinen Markt, in dem dieses Segment schon ausgeschöpft ist. Man muss es dann allerdings identifizieren können.

Dabei helfen dem Produktmanagement Auswertungen von belastbaren Daten. »Unternehmen weltweit nutzen die Lösung für Datenaufbereitung und -erkennung, Vorhersageanalyse, Modellmanagement und -bereitstellung sowie ML (Maschinelles Lernen), um Datenressourcen gewinnbringend zu nutzen.«[41] Immer wenn eine systematische Datenerfassung erfolgt, können Kundenerfahrungen strukturiert werden.

41 Vgl. www.ibm.com/de-de/products/spss-modeler (ein Beispiel von vielen Software-Angeboten).

Der besagte Kaffeeautomat kann zu Hause oder auch im Büro genutzt werden. Viele Produkte sind nicht für einen Nutzungsbereich festgelegt. Allerdings sind damit zwei deutlich verschiedene Kaufsituationen gegeben. Es sind oft verschiedene Vertriebskanäle. Aussagen aus dem einen funktionieren nicht für den anderen Bereich. Eine gute Kundenstrukturierung wird benötigt.

Um ein typisches B2B-Beispiel zu nehmen: die Einführung einer Kollaborationssoftware. Es bedarf eines Anstoßes und eines Verständnisses, dass der Einsatz der Software auch Sinn macht. Das ist immer der entscheidende Punkt: Wenn das Angebot so beschaffen ist, dass dieser Klick im Kopf des Kunden entsteht, es macht Sinn, dann kann es zur Kaufentscheidung kommen.

Identifikation der Zielgruppe

In reifen Märkten sind Segmente und damit Zielgruppen zu erkennen, die von den Produkten angesprochen werden. Erste Aufgabe im Produktmanagement ist die Identifikation und Kenntnis der kaufenden Zielgruppe(n). Dann können Produkte und Ansprache passend gestaltet werden.

Persona als visualisierte Beschreibung der Zielgruppe

Deshalb gilt es für jeden Produktmanager, sich ein umfassendes Bild seiner Kunden zu machen, sich hineinzuversetzen in die Zielgruppe, im übertragenen Sinne den Hut der Zielgruppe aufsetzen. »Inzwischen herrscht Einigkeit darüber, dass das menschliche Verhalten zum Großteil durch unbewusste, automatische Prozesse determiniert ist.«[42]

Ein vollständigeres Bild der Kunden ist dann erreicht, wenn bekannt ist, warum sie die Produkte kaufen, was sie mit ihnen machen, was sie mit den Produkten emotional verbinden, welche Auswirkung die Produkte in ihrem Umfeld haben und welche Grenzen es mitunter gibt. Dahinter steckt ein Ansatz, der auf Carl Gustav Jung zurückgeht, der diese Aspekte als Bestandteile der allgemeinen psychischen Verhaltensweise des Menschen gegenüber seiner Umwelt beschreibt. Aus dem griechischen Schauspiel entlehnte er dafür den Begriff **Persona.**

Und er unterscheidet zwischen unbewusstem Verhalten – angeboren und aus der Sozialisation – und unterbewusstem Verhalten, eingeschliffene Verhaltensweisen, für die Daniel Kahneman den Begriff **Heuristiken** prägte – aus dem griechischen *heureka*: Ich habe gefunden.[43] Der un- und unterbewusste Teil des Gehirns, von Kahneman als **System 1** bezeichnet, ist hoch leistungsfähig und schnell. Etwas langsamer ist der Pro-

42 Kwiatkowski, Christoph, Den unbewussten Konsumenten verstehen – marketingrelevante Erkenntnisse und Methoden der Neurowissenschaften, in: Gansser, Oliver, Krol, Bianca (Hrsg.), Moderne Methoden der Markforschung: Kunden besser verstehen, Wiesbaden 2017, S. 6.

43 Vgl. Kahneman, Daniel, Thinking, Fast and Slow, New York 2012.

zess des bewussten Denkens, das **System 2**. Und der wird nicht so gerne zugeschaltet, er ist zu anstrengend.

Psychologisch umfasst die Persona erstens die Ausprägung des Ich-Ideals oder Wunschbilds, zweitens das allgemeine Bild, das sich die jeweilige Umwelt von einem Menschen macht, welches er auch aus den Reaktionen registriert und in sein Verhalten einbezieht, und drittens die psychisch und physisch gegebenen Bedingtheiten, die der Verwirklichung des Wunschbilds wie des Umweltideals ihre Grenzen setzen.[44]

In der täglichen PM-Praxis hat sich das Modell einer Persona als geschickter Ansatz zur Kundenzentrierung erwiesen. Zuerst formulierten Softwareentwickler die Persona ihrer Kunden, um ihre jeweilige Programmierung kundengerecht vorzunehmen. Inzwischen ist es zum allgemeinen Ansatz geworden, sich unter der Persona den Prototypen eines Zielgruppen-Kunden auszumalen, um ihn so tiefer kennenzulernen, sich in ihn hineinzuversetzen, das Richtige für ihn zu machen. Keiner versteht ihn besser!

Das Instrument **Persona** schafft im Produktmanagement zwei Aspekte:

- Wir müssen uns intensiv damit auseinandersetzen, das Bild des Kunden immer aktuell halten. Die ständige Auseinandersetzung schafft permanente Erkenntnisfortschritte über die Kunden, was eine immer bessere Kundenzentrierung zur Folge hat.
- Damit ist ein Mechanismus installiert, um alle anderen Funktionen bei ihrem Bemühen zu kanalisieren, sich an den Entwicklungen mit Blick auf die Zielgruppe zu beteiligen, nicht nach eigenen Kriterien, sondern mit Blick auf den typischen Kunden zu arbeiten.

Beachten Sie

Wenn alle Maßnahmen immer eine Ausrichtung mit Blick auf die Persona erhalten, agiert das Produktmanagement einheitlich und einheitlich kundenorientiert.

Dabei sollten die drei Aspekte aus dem psychologischen Ansatz verwendet werden, um ein rundes, vollständiges Bild zu erhalten. So macht das Produktmanagement ernst, die Antriebe der Kundinnen und Kunden als Ausgangspunkt für Produkte und Services zu nehmen.

Im B2B-Bereich wird oft eingewandt, dass es sich bei dem Kunden um ein Unternehmen handelt, welches bestellt, dass es sich um ein Einkaufsgremium handelt, welches die Entscheidungen trifft. Wer soll dann als Persona gelten? Die klare Antwort: die Nutzer.

Wenn eine Einkäuferin beispielsweise eine Produktionsmaschine bestellt, wird sie immer die Genehmigung des Produktionsleiters einholen. Wichtige Entscheidungen werden in der Regel in Absprache mit den Verantwortlichen getroffen. Deshalb ist die Orientierung

44 Vgl. Jacobi, Jolande, Die Psychologie von C. G. Jung, 22. Aufl. Frankfurt 2008, S. 36.

auf den Nutzer zielführend. Zudem prägt die Unternehmenskultur das Verhalten der Beschäftigten, was bedeutet, dass das Verhalten im Unternehmen synchronisiert ist.

Die Zielpersonen werden vom Produktmanagement oft über Medien angesprochen. Für die Möglichkeit der Ansprache wird deshalb ein viertes Feld hinzugefügt: Angaben, um die Person auswählen und ansprechen zu können. In Zeiten der Informationsfülle ist die aktuelle Erfassung, welche Medien die Zielgruppe nutzt, eine wesentliche Information, um sie auf den geeigneten Wegen mit geeigneten Botschaften anzusprechen. Das wird als **Targeting** bezeichnet.

Damit ergibt sich folgendes Vier-Felder-Schema für eine Zielgruppen-Persona:[45]

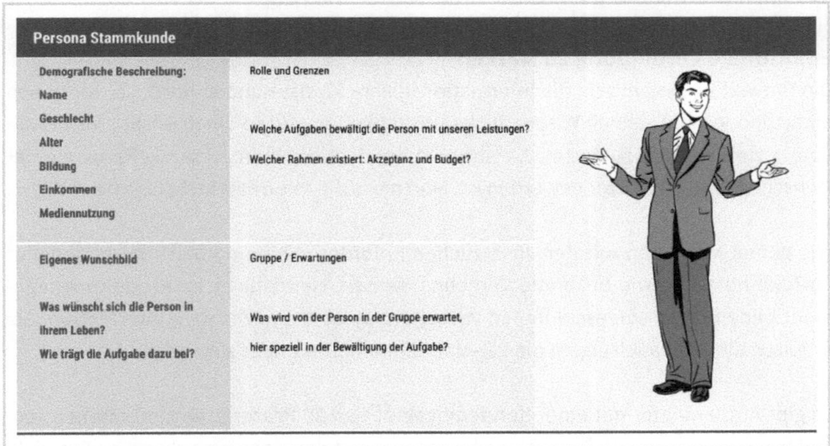

Abb. 6: Schema für eine Zielgruppen-Persona

Es ist angeraten, die Persona zu bebildern, ihr einen Namen zu geben. Schon bald lautet die immer wieder gestellte Frage: Gefällt das [Max/Mia]? Das ist die Grundlage für die Erarbeitung von Maßnahmen. So bleibt der Kunde immer im Fokus des Produktmanagements. Es gibt Templates, um die Persona am Rechner zu erstellen. Erfahrungsgemäß ist die physisch-haptische Beschäftigung bei der Bilderstellung für das Produktmanagement vorteilhafter.

Die Kunden-Persona liefert auch die Leitschnur für gezielte Kundenforschung: Die Felder werden fundiert ausgefüllt durch Ermittlung von Kunden-Insights. Das gehört zu den PM-Pflichten. Hier geht es nicht um abstrakte Märkte, sondern um eine konkrete Persona.

Produktmanagement greift zurück vor allem auf qualitative Kundenforschung zur Ermittlung der Persona oder Personae. Entscheidend ist die Kern-Persona, die Kundengruppe,

45 Entnommen: www.cidigital.eu.

welche typischerweise zwar nur 20 Prozent der Kunden umfasst, aber für 80 Prozent der Deckungsbeiträge verantwortlich ist. So wird die Basis gezielter PM-Arbeit geschaffen.

Wenn ein PM den Hut des Kunden aufhat, die Persona bestens kennt, kann er die Produkte so gestalten, dass in der Zielgruppe Begeisterung entsteht. »Zunächst verbindet sich die Stärke des Bedürfnisses mit der des Anreizes. Bei der Aktivation des Antriebs können diese beiden stellvertretend füreinander eintreten: Ein starker Anreiz motiviert auch bei an sich niedrigem Bedürfnis, umgekehrt genügt bei hohem Bedürfnis auch ein minderwertiger Anreiz ...«[46]

In einer Gesellschaft des Überflusses und des Überreizes ist klar, dass sich das Produktmanagement intensiv auf die Stärke des Anreizes konzentrieren muss.

Emotionale Verbindung zu Marken

Die Umwelt ist dynamisch, die Informationsdichte für die Kunden hoch. Ja, wir haben Smartphones, um schnell Wissenslücken zu schließen und so einen Ansatz zur Bewältigung vieler Fragen zu finden. Es ist erwiesen, dass die Aufmerksamkeitsspanne der Menschen deutlich kürzer geworden ist. Man muss die Informationsfülle ja bewältigen!

Wie gehen Menschen mit den zusätzlichen Anforderungen und der Informationsflut um? Sie nutzen gerne bekannte Vorgehensweisen, Heuristiken. Im Produktmanagement bilden diese eingeschliffenen Verhaltensweisen eine wichtige Information. Sie arbeiten für, aber auch gegen die PM-Maßnahmen. Das gilt es zu wissen.

Es gibt Autoanbieter mit einer Kundenloyalität von 85 Prozent, sie sind markentreu, andere mit einer von 40 Prozent. Es leuchtet sofort ein, dass die zukünftige Entwicklung des Deckungsbeitrags im ersten Fall deutlich besser verlaufen wird. Das lässt sich mit der Information leicht prognostizieren. Eine der großartigsten Erleichterungen für Entscheidungen sind Marken, denen die Kunden vertrauen. Sie erleichtern die Geschäftswelt enorm. Das gilt für alle Branchen.

Beachten Sie

Im Hirnscanner zeigt sich, dass ein loyaler Kunde weniger Energie darauf verwendet, eine Kaufentscheidung zu treffen. Eine vertrauensvolle Marke entlastet. Deshalb ist die Bedeutung der Markenanerkennung herauszuheben.

Gehört das Thema Marke zum Produktmanagement? Ganz sicher. Es entscheidet über Erfolg oder Misserfolg. Eine eingeführte Marke wird wie eine Person mit einer Kompetenz verbunden. Das ist die Aktionsgrundlage im PM.

46 Bischof, Norbert, Psychologie, a. a. O., S. 325.

Wenn das Produktmanagement Produkte oder Services einführt, für welche die Marke als kompetent angesehen wird, wird das neue Angebot durch die Markenkompetenz gefördert.

Wenn das Produktmanagement Produkte oder Services einführt, für welche die Marke nicht als kompetent angesehen wird, wird das neue Angebot von den Kunden ignoriert. Kunden haben eine selektive Wahrnehmung, die gelenkt wird durch die Markenpersönlichkeit.

Beachten Sie

Das Wissen um Stärke und inhaltliche Ausrichtung der Markenbeurteilung bildet eine notwendige Informationsgrundlage im Produktmanagement, und zwar in allen Branchen.

Die Markenkompetenz ist der Maßstab für das Produktprogramm, für die Frage, welche Produkte passen und welche nicht. Wir haben das gedanklich durchgespielt für B2C- und B2B-Produkte wie Kaffee, Traktoren, Autos. Kaufhandlungen beziehen die Markenpersönlichkeit mit ein.

Produktpositionierung

So lenken Aussehen und Leistung sicher nicht allein die Beurteilung und Entscheidung. Auch die Aufladung durch die Marke spielt eine herausragende Rolle. Manchmal macht die technisch-ästhetische Seite durchaus den Unterschied, in entwickelten Branchen ist das in aller Regel aber zu wenig. Die Funktionen des Produktangebots sind eher Mittel zum Zweck, also Begründungen – der **Reason Why.** Es kommt darauf an, welchen kommunikativen Rahmen das Unternehmen dem Produkt gegeben hat. Die Emotionen filtern im Gehirn die Eindrücke.

Zur Verdeutlichung dient als Beispiel die Mercedes-Benz AG.[47] Sicher eine angesehene Marke. Die Toplinie der Marke ist die S-Klasse – elegantes Design, überlegene Leistung –, ein klarer Charakter. Absender- und Produktmarke passen zusammen.

Wie in der gesamten Automobilwirtschaft steht die Herausforderung der E-Mobilität an. Ein technischer Sprung. Passt E-Mobilität zu Mercedes? Sicherlich. Es geht weiterhin um elegante und überlegene Fortbewegung, zeitgemäß. Das ist das Versprechen der Marke, technikunabhängig.

Beachten Sie

Es bildet einen großen Vorteil, eine technikunabhängige Kompetenz bei Kunden zu haben, idealerweise unterstrichen durch einen entsprechenden Slogan.

47 Vgl. www.mercedes-benz.com/de/unternehmen/.

Bei Mercedes lautet der Anspruch: »Das Beste oder nichts.« Der Slogan mag den Kunden häufig nicht bekannt sein, er stellt mehr eine interne Verpflichtung dar.

Das elektrische Topprodukt von Mercedes ist natürlich wieder eine S-Klasse, der EQS. Die Einordnung fällt den Kunden leicht, da gelernte Strukturen genutzt werden. Und selbst die Motivation des Produktmanagements war schnell erreicht: »Für die neue Stromlimousine EQS, so hatte Källenius seinen Truppen eingeschärft, sei nicht etwa Tesla die Benchmark, sondern die konventionelle S-Klasse. Der Daimler-Chef wollte, dass seine Leute sich selbst übertrumpfen, statt sich mit dem Rivalen aus Kalifornien zu messen.«[48] Die technisch-ästhetische Seite auf unübertrefflichem Niveau.

Doch das reicht selbst bei einem Mercedes nicht aus. Ohne emotionale Aufladung spricht das Auto die Zielgruppe nicht ausreichend an. Mercedes-Benz hat für die Zielkunden eine Botschaft, einen Produkt-Claim: »Der EQS. Das erste Elektrofahrzeug der Luxusklasse.«[49]

Damit wird dem Auto ein spezieller Platz in den Köpfen der Kunden gegeben: Luxusklasse. Es mag gute E-Autos geben – wer aber die Spitze sucht, ist hier richtig. Das neue Produkt erhält eine Alleinstellung, einen Rahmen zur Unterscheidung. Oft wird von einem **Frame** gesprochen. »Der EQS ist die erste vollelektrische Luxuslimousine von Mercedes EQ.«[50]

Beachten Sie

Das Produktmanagement hat die zentrale Aufgabe, den Produkten, den Produktmarken einen differenzierenden Rahmen zu geben, der für eine eigene Position im Kopf der Kunden sorgt. Das unterscheidet die Produkte im Wettbewerb. Die emotionale Komponente ist dabei wichtiger als die technische, da erst sie zum relevanten Unterschied führt.

Bevorzugung hat dabei zwei mögliche Gründe:

- Der Kunde empfindet das Produkt als Ergänzung oder Unterstreichung seines Selbstverständnisses.
  Beispiel aus der Managementberatung: »Ich arbeite lieber zusammen mit McKinsey Digital, das ist meine Liga für die digitale Transformation.«
- Der Kunde merkt, dass seine Umgebung Anerkennung für das zeigt, was er gemacht hat.
  Beispiel aus der Managementberatung: »Aha, Sie haben McKinsey Digital als Berater geholt, eben die Topliga für die digitale Transformation.«

48 Hage, Simon; Hesse, Martin, Tesla für Arrivierte, in: Der Spiegel Nr. 16 vom 17.04.2021, S. 64.
49 www.mercedes-benz.com/passengercars/mercedes-benz-cars/models/eqs-2021.
50 Ebenda.

Allgemein wird von der **Value Proposition** gesprochen, also dem Wert, den das Produktmanagement dem Kunden mit der Nutzung des Produkts verspricht. Die Value Proposition des Produkts hat für Kunden drei Seiten: eine technische, eine emotionale und eine selbstexpressive.[51] Und das Versprechen sollte glaubwürdig von dem Absender kommen.

Die Vorlage für die Produktpositionierung hat deshalb diese drei Seiten:

Functional Benefit	Emotional Benefit	Self-expressive Benefit
Welche konkrete Hilfestellung gibt das Produkt im Alltag oder im Betrieb?	Welche guten Gefühle sind mit dem Produkt verbunden?	Welchen Eindruck hat die Umgebung von Besitz und Nutzung des Produkts?

Wenn das Potpourri für einen Kunden passt, ist das Produkt für ihn interessant, es löst einen Antrieb aus. Die Produktmanagerin sollte sich zum besseren Verständnis mit den wichtigen Vorzügen (**Gains**) und den Nachteilen, Belastungen (**Pains**) aus Kundensicht in dem Produktfeld beschäftigen. Typischerweise bildet eines der drei Felder in der Kundenerwägung die ausschlaggebende Größe. Das ist fast immer entweder der Emotional oder der Self-expressive Benefit, auch im B2B-Bereich.

Die drei Bereiche des Positionierungsschemas entsprechen genau den drei Bereichen der Persona. Darüber hinaus haben wir für die Persona demografische Angaben für das Targeting hinzugefügt.

Auch bei der Value Proposition ist ein viertes Feld angeraten: Mit der Produktpositionierung will die Produktmanagerin den Kunden einen Mehrwert liefern. Das gelingt, wenn sie sich mit den gesuchten Vorteilen, Gewinnen und den befürchteten Belastungen auseinandersetzt.

Das ist zentrale Handlungsgrundlage im Produktmanagement, hergeleitet aus neurowissenschaftlichen Erkenntnissen: der passende Anreiz des Produktangebots für die Zielgruppe durch drei in sich abgestimmte Benefits.

Positionierungs-Canvas

Führen wir das Beispiel des Mercedes EQS weiter. Wer das neue Produkt mit neuer Antriebstechnik erfolgreich im Markt einführen will, spricht am besten die Innovatoren in dem Segment an. **Gains** sind die Freude an der neuen Technik, die unglaubliche Be-

51 Für die Value Proposition formuliert Aaker diese drei Bereiche, in: Aaker, David A., Building strong Brands, New York 1996, S. 95 ff.

schleunigung, insbesondere aber die Anerkennung der Umgebung, Vorreiter zu sein. **Pains** sind die Sorgen um Reichweite und begrenzte Lademöglichkeiten, auch die Anerkennung wird nicht bei allen erzielt werden.

Die Absendermarke Mercedes weist Kompetenz für beste Mobilitätsangebote auf. So wird das Mehrwert-Versprechen kalibriert. Im Beispiel: »Mercedes EQS. Der erste Vollelektrische der Luxusklasse mit der höchsten Reichweite.«[52]

Beachten Sie

Wenn das Angebot und die Wünsche der Persona übereinstimmen, ist die Wahrscheinlichkeit der Bevorzugung des Produkts in der Zielgruppe sehr hoch. Das bildet die Grundlage für große Kundenzufriedenheit, daraus resultierend hohe Marktanteile und hohe Loyalität. Das ist wiederum der stärkste Treiber der Wirtschaftlichkeit im Produktmanagement.

Eine Basisunterlage für die Strukturierung der Arbeit wird häufig als Leinwand, **Canvas**, bezeichnet, weil damit eine visuelle Grundlage für das Verständnis gegeben ist.

Positionierungs-Canvas im Produktmanagement

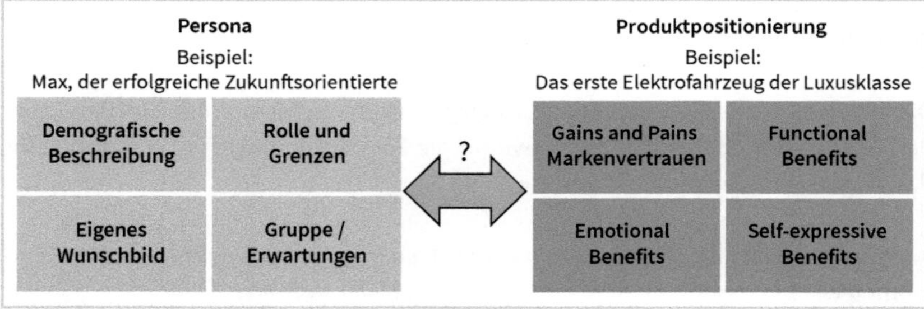

Abb. 7: Positionierungs-Canvas im Produktmanagement

Das Positionierungs-Canvas bildet die zentrale Arbeitsgrundlage im Produktmanagement:

- Eine PM kennt die Persona. Tiefe Kundenforschung hat die Grundlage geschaffen.
- Ein PM gestaltet die Produktpositionierung. Passende Kundenforschung zeigt die Resonanz.

Das ist einerseits die tragende Basis für das Neuproduktmanagement.

- Eine PM verfolgt die Kundenresonanz auf Entwicklungen, um Anpassungen vornehmen zu können. Gute Kundenforschung ermöglicht die erfolgreiche Steuerung der Produktentwicklung.

52 Vgl. www.mercedes-benz.de/passengercars/mercedes-benz-cars/models/eqs-2021.

Das ist andererseits die tragende Basis für das Marktmanagement.

- Ein PM hält die Einstellung zum Produkt nach, um frühzeitig auf Veränderungen zu reagieren. Gute Kundenforschung ermöglicht die erfolgreiche Steuerung der Maßnahmen.

Umsatzvoraussetzungen schaffen

Damit sind aus der inneren Verarbeitung im Kaufentscheidungsprozess die geeigneten Maßnahmen abgeleitet, um die Begehrlichkeit in der Zielgruppe zu erhöhen. Eine Erfolgsvoraussetzung! Im Kopf des Kunden existiert aber ein Gegenspieler: **Akzess** – Ist das machbar? Hier mag der Kopf sagen: Zu teuer. Dann ist der Antrieb erst einmal an eine Barriere gelangt. Die Frage ist: Was nun? »Emotionen sind Signale, die den Coping-Apparat informieren, wofür und wie lange er sich einzuschalten hat, wenn ein Antrieb auf eine Barriere stößt.«[53] Welche Emotionen werden also wie intensiv und wie lange wirksam?

Emotionen, die ins Bewusstsein gelangen, werden als **Gefühle** bezeichnet. Die beiden Begriffe **Emotion** und **Gefühl** werden umgangssprachlich in weiten Teilen gleich verwendet, es gibt aber auch Emotionen, die uns nicht bewusst werden.

Der Kunde fragt sich im Falle der Beispiele: Soll ich den Kaffeeautomaten vergessen? Soll ich das Auto vergessen? Soll ich mich um ein kleineres Produkt kümmern? Soll ich eine Ratenzahlung vereinbaren? Soll ich mieten oder leasen? Es gibt viele Möglichkeiten, mit der Barriere umzugehen. Das hängt zunächst davon ab, was den Kunden besonders bewegt und wie stark damit das Verlangen nach dem Gerät ist. Dient der Kaffeeautomat, dient das Auto eher als ein Vehikel zur Unterstreichung der eigenen Persönlichkeit oder zur Anerkennung in der Umgebung?

Zentrale Antriebe, die uns bewegen, die in der frühen Sozialisation ausgeprägt werden, sind **Bindung**, **Geltung** oder **Entdeckung**. Sie bewegen uns alle drei ein Leben lang, mehr oder weniger. Der Schwerpunkt kann sich verändern. Oft wird vom »psychologischen Pythagoras« als Entwicklungspfad gesprochen: in jungen Jahren entdecken, dann etwas erreichen, später als älterer Mensch besonders den Wert sozialer Verbindungen schätzen. Zielgruppen wandeln sich, die Persona zur Orientierung im Produktmanagement darf nicht statisch bleiben.

Wenn der Produktmanager die Kundengruppe kennt, weiß er, ob sie eher entdeckend – neue technische Benefits –, Geltung erstrebend – emotionale Benefits – oder mehr bindungsbezogen – self-expressive Benefits – aufgestellt ist. Was ist jeweils der entscheidende Wert? Einen emotionalen Wert braucht das Produkt, um gekauft zu werden. Dafür wird die Produktpositionierung passend vorgenommen. Eine Ausrichtung dominiert.

53 Bischof, Norbert, Psychologie, a. a. O., S. 335.

Im B2B-Bereich sind die Antriebe oft nicht so deutlich, sie lenken aber ebenfalls: Der schon angesprochene Produktionsleiter plädiert für einen anerkannten Maschinenlieferanten, mit dem gute Erfahrungen bestehen und die Anlass zur Zuversicht geben, dass seine Mitarbeiter damit gut arbeiten können. Dafür fühlt er sich zuständig und verantwortlich – erkennbar abteilungsorientiert. So formuliert er seinen Wunsch an die Einkaufsleiterin.

Wenn das Produktangebot passt, stellt sich vielfach die Frage, ob sich eine Kaufbarriere überwinden lässt: Das kann die Frage der Finanzierung sein, viel häufiger sind es Fragen der Verlässlichkeit oder Anerkennung, ob der Anbieter weiter an der Seite des Kunden bleibt, Services bietet. Eine Frage der Vermarktung.

Die PM-Aufgaben werden im Beispiel so deutlich: Welche Persona wünscht sich hochwertige Kaffeeautomaten? Diese bildet die erste Zielgruppe des Produktmanagers. Was ist deren Bedürfnis?

- Produktgestaltung und Ansprache müssen der Zielgruppe entsprechen, ihr Bedürfnis befriedigen. Wer seine Kunden kennt, kann ihnen das Passende bieten. Dann haben die Produkte die besten Marktchancen.
- Welche Barrieren existieren? Gibt es ein Budgetlimit für den Kunden oder mangelnde Akzeptanz des Umfelds?
  Für den Budgetfall: Kann dieses durch Finanzierung oder Miete überwunden werden?
  Für die Umfeldakzeptanz: Kann es durch Produktgestaltung oder Maßnahmen der Herausstellung überwunden werden?
  Kauffähigkeit im weiten Sinne bestimmt auch, wie sich die Umsätze entwickeln.

Damit ist schon ein großer Teil für ein Kundenforschungsprogramm skizziert: Das Produktmanagement spricht Zielgruppenpersonen an, ermittelt deren Beweggründe und Vorlieben, lotet deren Bereitschaft zum Kauf aus und verfolgt: Wie verändern sich deren Einstellungen im Zeitverlauf?

Die Kunden bilden das Maß des Handelns im Produktmanagement. In der Denkmatrix (vgl. Abb. 2) bildet die Seite der Kundenanforderungen den führenden Aspekt.

1.4 Produktmanagement als Schaltstelle für den Erfolg

Um das Selbstverständnis im Produktmanagement zu vervollständigen, wollen wir uns noch mit der Struktur, der Einordnung und der Rolle des Produktmanagements im Unternehmen befassen. Damit ist das Verständnis der Position abgerundet.

Die zentralen Gedanken sind inhaltlich: Produktmanagement existiert im Grunde bereits seit mehr als 90 Jahren und hat Unternehmen erfolgreicher gemacht. Deshalb ist es überall eingeführt worden. Es ist eine anspruchsvolle Managementaufgabe. Die Aufgabe hat sich im digitalen Zeitalter gewandelt, der zentrale Ansatz aber bleibt, heute und morgen passende Produkte für Kunden zu bieten. Das Produktverständnis hat sich in Richtung Lösungen entwickelt. Das Unternehmen gewinnt im Wettbewerb, dessen Produkte am besten bei den Kunden ankommen – zu jeder Zeit. Das ist die Grundregel.

Im Unternehmen tritt zur Verwirklichung immer die organisatorische Ebene hinzu. Ein guter Ansatz kann nur mit geeigneter Organisation realisiert werden. Und organisatorische Überlegungen haben die Aspekte **Aufbau** und **Ablauf**.

Produktmanagement als Organisationsform kann zunächst als Instanz zur organischen Weiterentwicklung für den Produktbereich aufgefasst werden. Das ist ein wichtiger Nukleus erfolgreicher Unternehmen. Denn die Unternehmen sind auf Dauer erfolgreicher, die einen längerfristigen Ansatz verfolgen.

Vertrauen wird erst nach und nach aufgebaut. Wer für eine bestimmte Leistung anerkannt ist, bleibt im Gedächtnis der Kunden. Man merkt sich die Marke. Das wirkt sich auch finanziell aus: »Als wir die Muster von Investitionen, Wachstum, Gewinnqualität und Gewinnmanagement von hunderten von Unternehmen über verschiedenste Industrien von 2001 bis 2014 untersuchten, fanden wir heraus, dass die Gesellschaften, deren Fokus mehr auf die lange Perspektive ausgerichtet war, eine deutlich höhere Gesamtrendite generierte. [...] In einer separaten Untersuchung haben wir herausgefunden, dass das langfristige Umsatzwachstum – insbesondere das organische Umsatzwachstum – der bedeutendste Treiber für die Rendite bei Unternehmen mit hoher Kapitalrentabilität ist.«[54]

Produkte sind die Geschäftsgrundlage. Sie bilden die konkrete Leistung für Kunden unter dem Dach der Markenkompetenz. Ihr wirtschaftliches Ziel erreicht eine Unternehmensleitung im strategischen Bereich, wenn sie die Fähigkeiten des Unternehmens stärkt und weiterentwickelt. Diese werden im operativen Bereich durch erfolgreiches Produktmanagement umgesetzt, das einerseits die Chancen des Produktbereichs im Markt im Blick hat (Marktmanagement) und das zweitens die Investition in neue Produkte und Services organisiert und steuert, um Erfolg am Markt zu erhalten und auszubauen (Innovationsmanagement).

Im PM befindet sich der mittelfristige Teil der Strategieumsetzung des Unternehmens. Durch dessen Tätigkeit werden dem Vertrieb auch in Zukunft Produkte höchster Verkäuflichkeit geliefert. Entscheidend ist der Vorlauf vor dem aktuellen Marktgesche-

54 Koller, Tim; Goedhart, Marc; Wessels, David, Measuring and Managing the Value of Companies, 7th Edition, Hoboken / New Jersey 2020, S. 6 (eigene Übersetzung, L.K.).

hen – mindestens in Länge der Produktentwicklung. So hat das Unternehmen eine gute Perspektive. Es ist auf die Zukunft vorbereitet.

Eine Unternehmensleitung ist für das Unternehmensergebnis insgesamt verantwortlich. Sie erreicht dieses, wenn jeder Produktbereich daran arbeitet, unter der Leitlinie der Markenkompetenz seinen Ergebnisbeitrag zu verbessern. Alle Produktbereiche zusammen bilden die Produkte des Unternehmens, das Produktportfolio des Unternehmens.

Umsetzung der Geschäftsstrategie

Produktmanagement kann somit als Vehikel zur Umsetzung der Geschäftsstrategie angesehen werden. Die Spitze des Produktmanagements ist organisatorisch konsequent meist der Unternehmens- oder Spartenleitung direkt unterstellt. Für große Unternehmen mit vielen PM-Bereichen gibt es oft einen Leiter Produktmanagement zur Koordination der Produktbereiche, der einem Vice President oder der Geschäftsführung berichtet.

Die Unternehmensleitung kann durch die Einsetzung und Ausgestaltung der Produktmanagementebene ihre Strategie und Schwerpunkte direkt umsetzen. Durch Formulierung von Zielsetzungen und insbesondere Budgetzuteilungen für die Produktbereiche steuert sie den Gang des Unternehmens.

Ein Produktmanagement kann den Ergebnisbeitrag natürlich nur verantwortlich erreichen, wenn es im Unternehmen mit diesem Auftrag versehen und eingeordnet ist. Deshalb ist eine Unternehmensleitung gut beraten, die Produktmanager mit dieser Autorität auszustatten.

Als aktuelles Beispiel für die Neuaufstellung einer Branche kann die Energiewirtschaft in Deutschland genommen werden: Nach der Liberalisierung des Energiemarktes dauerte es mehr oder weniger lange, bis auch bei Energieversorgern gleich welcher Größe Produktmanagementstrukturen eingeführt wurden. Es kann beobachtet werden, dass die Unternehmen aus der Branche, die frühzeitig und konsequent ein Produktmanagement installiert haben, heute am besten performen. Darüber hinaus kann festgestellt werden, dass Produktmanager mit Übertragung von Verantwortung Erfolg gebracht haben. Viele Unternehmensleitungen im Energiesektor waren zumindest im ersten Schritt nicht bereit, dem Produktmanagement diese Stellung einzuräumen mit der Folge, dass die vorteilhafte Wirkung ausblieb.

Neben der einleuchtenden Organisation der Umsetzung von Lösungen für Kunden hat sicher auch gerade dieser direkte Umsetzungshebel für die Unternehmensstrategie zur Beliebtheit der Organisationsform Produktmanagement geführt. Es passt ideal zusammen. Eine Unternehmensleitung berichtet den Aufsichtsgremien einerseits zu den erzielten Ergebnissen, andererseits zur Weiterentwicklung des Produktportfolios. Auf beide Aspekte kommt es an. Und an beiden Aspekten wirkt das Produktmanagement mit.

Die Führung des Unternehmens beinhaltet diese zwei Bereiche: ein gutes Ergebnis in diesem Jahr im Markt erzielen, für die nächsten Jahre eine Innovationspipeline haben, um die guten Ergebnisse fortzusetzen. So wird eine positive Zukunftsperspektive geschaffen. Durch die PM-Struktur wird die doppelte Aufgabe beherrschbar gemacht, die Gesamtkomplexität der Leitungsaufgabe wird reduziert. Insofern kann auch die Systemtheorie herangezogen werden, die gerade die Organisationsentwicklung mit dem Systemverständnis ausgebaut hat.[55] Sie hat Zweck-Mittel-Relationen formuliert: Die Unternehmensleitung hat die Aufgabe, das Unternehmen in eine gute Zukunft zu führen. Es geht um das Unternehmen insgesamt.

Die Leistungen des Unternehmens sollen von seinen Kunden zu jeder Zeit geschätzt werden, was Aufgabe der PMs ist.

Beachten Sie

Es gilt, dem Unternehmen eine Ausrichtung, einen Sinn zu geben, welcher die Leitlinie der PMs in der Umsetzung bildet.[56] Diese schaffen im Rahmen der Kompetenz Angebote für die Kunden, welche diese dauerhaft bevorzugen. Die Ebenen sind miteinander verbunden.

Kompetenzrahmen

Eine Unternehmensidentität kann nur entwickelt, nicht umgedreht werden. Eine krass veränderte Unternehmenspersönlichkeit wirkt für Kunden fremd, Kunden entfremden sich. Die Ursache für zahlreiche Abstürze in der Akzeptanz geht auf diese Nichteinhaltung des Kompetenzrahmens zurück. So gehört auch das Kompetenzmanagement als ein Kern in die Zusammenarbeit von Leitung und PMs.

Die Marke ist die zentrale Geschäftsplattform. Selbst die Unternehmensleitung ist gebunden an die Markenkompetenz. Die Strategie erfordert die Entwicklung und Ausgestaltung des Markenimages für die Zukunft, ist über die Produkte als reale Outputs für die Kunden erlebbar. Die akzeptieren aber nur, was sie der Marke zutrauen. Gleichzeitig verlangen sie, dass Produkte nicht nur die speziellen, sondern auch die gesellschaftlichen Anforderungen erfüllen.

Große Herausforderungen sind von allen Unternehmen zu stemmen. Digitalisierung wie Dekarbonisierung sind große Aufgaben. »Wie radikal der Wandel ist, lässt sich im Norden von Duisburg besichtigen. Der Stahlkonzern Thyssenkrupp will dort gerade

55 Vgl. Luhmann, Niklas, Einführung in die Systemtheorie, 8. Aufl., Heidelberg 2020.
56 Vgl. Keite, Lothar, Corporate Identity im digitalen Zeitalter, a. a. O., vor allem Kapitel 3.7 und 3.8, S. 137 ff.

einen der ersten klimaneutralen Hochöfen der Welt bauen.«[57] Die Dekarbonisierungsbeauftragte erläutert: »Es gilt, eine 200 Jahre alte Industrie auch im Ökozeitalter zu erhalten.«[58]

Diese Anforderung kann auf die meisten Unternehmen übertragen werden: Das Versprechen des Unternehmens ist auch im Digitalisierungs- und Dekarbonisierungszeitalter zeitgemäß zu erfüllen.

Was in den Köpfen der Kunden gespeichert ist, das ist ein unschätzbarer Wert, der gepflegt werden sollte.[59] Das sind tragende Gedanken und inhaltliche Vorgaben quer durch alle Produktmanagements.

Beachten Sie

Die Metaebene ist die Glaubwürdigkeit, die vom Branding in allen Bereichen sichergestellt werden muss. Am besten stellt ein zentrales Branding-Team die Einhaltung der Unternehmensversprechen in den Produktmanagements sicher. Das ist die notwendige inhaltliche Koordination.

Es gibt immer den Zusammenhang zwischen Einstellung und Ergebnissen. Das Unternehmen will wachsen, aber das funktioniert nur unter dem Dach, welches die Kunden akzeptieren. Insofern ist kritisch zu prüfen: Was passt darunter?

Das Verhältnis von Marke, Unternehmensstrategie und Produktmanagement lässt sich so veranschaulichen:

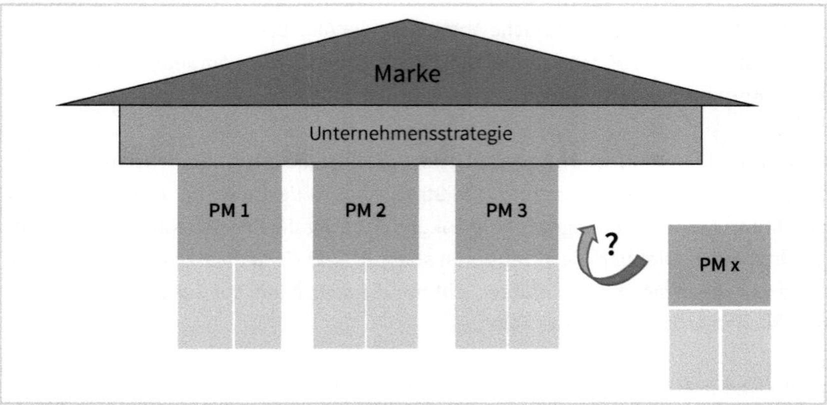

Abb. 8: Marke – Strategie – Produktmanagements

57 Sauga, Michael; Schultz, Stefan, Schnell und radikal, in: Der Spiegel, Nr. 28 vom 10.07.2021, S. 61.
58 Entnommen ebenda.
59 Vgl. Keite, Lothar, Corporate Identity im digitalen Zeitalter, a. a. O.

Die Markenvorstellung bildet das Dach, sie ist am besten im Prinzip zeitlos. Es gilt, sie in ihrer realen Ausgestaltung zeitgemäß weiterzuentwickeln und darunter jeweils aktuelle Antworten zu geben, sprich: Produkte anzubieten.

Das Zusammenspiel wird idealerweise wechselseitig angelegt: Die Impulse der Produktmanagements geben bottom-up wichtige Inhalte für die Unternehmensleitung, die Ergebnisse der Zusammenarbeit der Leitung mit den Aufsichtsgremien lösen top-down Impulse für die Produktmanagements aus. Das sichert das organische Wachstum, das die Grundlage einer langfristig guten Kapitalrendite darstellt.

Produktmanagement als Organisationsform

Die Organisationsform **Produktmanagement** ist damit die Kernumsetzung der Unternehmensstrategie. Dafür werden interne Instrumente zur Verzahnung von Unternehmensleitung und Produktmanagement benötigt.

Die Unternehmensstrategie kann darüber hinaus weitere Geschäftsfelder vorsehen. Die Unternehmensleitung wird prüfen, ob es weitere Produktbereiche geben soll, selbst aufgebaut oder als Zukauf. Die neuen Aktivitäten sollten zum Unternehmen passen: Unternehmen haben intern eine Kultur, die mit der Umsetzung des bisher gegebenen Versprechens gewachsen ist. Deshalb funktionieren die Eröffnungen ganz anderer Geschäftsfelder jeweils nicht.[60] Kunden sollten ein Unternehmen als kompetent für das Angebot ansehen.

Auch die Inhalte jedes neuen Geschäftsfelds münden am Ende in einem Produktmanagement. Am besten werden die PMs von vornherein in die Weiterentwicklung einbezogen.

Verlinkung von Unternehmensleitung und Produktmanagement

Insofern nutzt die Unternehmensleitung das Gremium der Produktmanager idealerweise auch als Strategiegremium. Ein Produktmanager bringt die zukünftigen Kundenanforderungen seines Produktbereichs in das Unternehmen, übersetzt sie in Produktentwicklungen, sorgt dafür, dass die Produkte eine zeitgemäße Lösung darstellen, den Kunden gefallen und fördert die Kundenbeziehungen. Das gebündelte Know-how des Produktmanagements ist ein Intelligenzverstärker für die Strategieentwicklung der Leitung.

Es ist eine endlose Spirale von Kundenkenntnis in Produktentwicklungen zu Kundenlösungen. Das Verfahren läuft gelenkt im Rahmen der Unternehmensstrategie unter dem Dach der Marke. Mit dieser Verlinkung können die Produktmanagements ihrerseits die Aufgaben »Innovationsmanagement« und »Marktmanagement« kollaborativ lösen.

60 Vgl. Keite, Lothar, Einen Schritt vor, zwei zurück, in: absatzwirtschaft 9/2001, S. 58 ff.

Wir hatten die Zusammenarbeit unter der Maßgabe, Führung ohne Weisungsbefugnis, mit geänderten Arbeitsweisen aufgrund der Digitalisierung angesprochen. Hier ist diese Herangehensweise gedanklich vervollständigt durch die notwendige Verbindung von Strategie und Umsetzung mit Wirkung quer durch das Unternehmen.

Die Ablauforganisation verfolgt somit das Ziel, die beiden Aspekte – aktuelles sowie zukünftiges Geschäft – zwischen Unternehmensleitung und Produktmanagements reibungslos zu verbinden. Im Unternehmen bedeutet das, Instrumente und wiederkehrende Termine, Jours fixes, zu nutzen.

Für das operative Geschäft, meist das Vorgehen im nächsten Jahr, wird häufig ein Marketing- und Vertriebsplan erstellt. Hier geht es um die Realisierung gesetzter Vertriebsziele im Markt. Eine Schwerpunktbildung für das Jahr führt zu einem koordinierten Vorgehen über alle PMs und alle Funktionsbereiche.

So wird ein abgestimmtes Vorgehen im aktuellen Markt erreicht. Der Marketing- und Vertriebsplan koordiniert die Absatzaktivitäten im Markt, gibt ihnen eine einheitliche Ausrichtung. Die großen Überschriften oder Rubriken können so formuliert werden:

Wo stehen wir heute?
Wo wollen wir hin? • mittelfristig • im nächsten Jahr: Schwerpunkte • Ergebnisplanung
Welche Maßnahmen sind zur Zielerreichung erforderlich? • Produktmanagement (Produkt und Preis) • Kommunikation • Vertrieb
Welche Ressourcen sind dazu notwendig?
Wie messen wir die Zielerreichung?

Tab. 2: Rubriken eines Marketing- und Vertriebsplans

Im Gegensatz zur taktischen Aufstellung für das nächste Jahr erfordert die Perspektive der zukünftigen Entwicklung ganz andere Regelungen. Unternehmensintern geht es um das Management der Fortschritte in den Neuproduktentwicklungen.

Sie sind notwendig intern zu handhaben, gehören noch nicht in den Markt. Die Verzahnung mit der Unternehmensleitung ist essenziell. Das bedarf einer Grundlage. Dafür eignet sich ein Plan für neue Produkte und Projekte, ein New Development Plan.

Hierbei handelt es sich um einen Planungsprozess, der unterschiedliche Realisationsstufen umfasst: von der Idee – zur Realisierung – zur Markteinführung. Die Realisierung umfasst zwei Entwicklungsstränge: die technische und die marktbezogene Verwirklichung; deshalb weist der New Development Plan vier Stufen auf. Es ist angeraten, einen Jour fixe mit der Unternehmensleitung für die Besprechung der Projektfortschritte zu haben, beispielsweise einmal monatlich. Das dient der Information und der schnellen Entscheidung.

	Suchfelder	**Aufgaben Produktmanagement**
Stufe 1	Ideen bis zu Ideenkonzepten zur Freigabe	Eigenverantwortliche Ideenentwicklung bis zur Projektentscheidung
Stufe 2	Neuprodukt-Projekte in technischer Vorbereitung	Bericht über Milestones der Projektarbeit
Stufe 3	Vorbereitung Vermarktung der Produktentwicklungen	Herbeiführen der Einführungsentscheidung
Stufe 4	Monitoring eingeführte Produkte	Bericht über Ergebnisse im Markt und Optimierungen

Tab. 3: Der New Development Plan

Für ein Produktmanagement wesentlich sind Instrumente und Absprachen zur Führung zum Produkterfolg ohne Weisungsbefugnis. Diese zwei Instrumente stellen grundlegende Verbindungen her: Der Marketing- und Vertriebsplan, der tatsächlich von den Produktmanagements geprägt wird, sowie ein New Development Plan, der die Grundlage der Verlinkung mit der Unternehmensleitung in der Neuproduktentwicklung ist, bilden zentrale Instrumente für die Produktmanagements in der Organisation.

Produktmanagement als Koordinationsaufgabe, die überall im Unternehmen wirkt, bedarf der Rückenstärkung. In Organisationen erfolgt dieses durch die Stellung in der Unternehmensstruktur und den Handlungsrahmen. Daraus ergibt sich die erforderliche Verbindung mit der Leitung und die Zusammenarbeit mit den Funktionen. Voll ausgestattet und verantwortlich ist es eine der interessantesten Aufgabenstellungen, die ein Unternehmen unterhalb des C-Levels zu vergeben hat.

Beachten Sie

Aus dieser Position heraus – letztes Wort für die Produktgruppe ohne Vorgesetzter derjenigen zu sein, die zum Erfolg beitragen müssen – kann ein Produktmanager als Initiator und Koordinator aller produktbezogenen Maßnahmen wirken.

Erfolgsbedingungen sind somit die Stellung in der Aufbauorganisation und die Verlinkung mit der Unternehmensleitung als Prinzip der Ablauforganisation. Dieses

Verständnis zieht sich durch das gesamte Schnittstellenmanagement des Produktmanagements. Nur so kann die Aufgabe auch wirklich erfüllt werden, so dass Stelleninhaber und Unternehmensleitung zufrieden sind.

Wer eine PM-Aufgabe sucht, will diese Verantwortung. Oft ist bei näherem Hinsehen der Handlungsrahmen so geschnitten, dass selbstständiges Arbeiten kaum möglich ist. Das sollte ein Kandidat meiden. Vorab sind klärende Vereinbarungen zu treffen.

Ein Kardinalfehler ist gegeben, wenn das Produktmanagement dem Vertrieb unterstellt wird. Der offensichtliche Gedanke dahinter lautet, schnell auf Kundenwünsche zu reagieren, die der Vertrieb erfasst. In Wirklichkeit handelt es sich um eine Serviceeinheit für Kunden, um das bestehende Produktprogramm kundenbezogen absetzen zu können.

Damit verliert das Produktmanagement die wichtigste Funktion im Unternehmen, nämlich vorlaufend die *zukünftigen* Kundenwünsche zu erkennen, sich intern darauf vorzubereiten, um auch morgen das richtige Angebot für einen erfolgreichen Vertrieb zur Verfügung zu stellen. Die Horizonte der einzelnen Funktionen sind durcheinander gebracht.

Im Vertrieb ist es dann nachlaufend eine After-Sales-Service-Einheit, Spielball der aktuell geäußerten Kundenwünsche wie der Vertriebsinitiativen, die niemals zu einer längerfristigen Ausrichtung kommt. Das Morgen ist offen, unbearbeitet. Das Unternehmen läuft im Markt hinterher.

Lieferanten für OEMs (Original Equipment Manufacturers, Originalgerätehersteller) folgen manchmal dem Gedanken, dass ja das Auftrag gebende Unternehmen bestimmt, was entwickelt wird. Das ist verbreitet so nicht die Erwartung des OEM. Es wird der mitdenkende Lieferant gesucht. Das bedeutet, neue Produktkonzepte zu bieten, also vorlaufend aktiv zu werden. Darin besteht die PM-Anforderung im anerkannten Lieferunternehmen.

Kundenorientierung ist Grundausrichtung des PM, aber im vorlaufenden Verständnis, um zur rechten Zeit die passenden aktuellen Produkte zu bieten. Es gilt, einen Vorsprung im Wettbewerb zu erzielen. Das ist allein über Vorausdenken möglich. Das ist der PM-Weg, um dauerhaft erfolgreich zu sein.

Jede Unternehmensleitung sollte im eigenen Interesse bestrebt sein, einen echten Wirkungsverstärker zu implementieren. Die Mittel der Anerkennung sind passende Organisation wie passende Stellenbesetzung wie passender Handlungsrahmen. Selbst der Vertrieb sollte höchstes Interesse haben, auch morgen wettbewerbsfähige Lösungen bieten zu können.

Beachten Sie

Mit dem Verständnis, dass ein Produktmanager einen Produktbereich ergebnisverantwortlich führt, wird eine Schaltstelle für den dauerhaften Unternehmenserfolg implementiert. Sie dient der Strategieumsetzung. Aus dieser Position heraus lässt sich die Koordination aller Funktionen bewerkstelligen.

Das gesammelte Verständnis soll noch einmal in verdichteter Weise zusammengestellt werden. Dafür wird die Form der Stellenausschreibung genutzt, hat doch die Auseinandersetzung mit realen Stellenausschreibungen das Selbstverständnis Produktmanagement unterfüttert. Vergleichen Sie gerne Ihre Stellenbeschreibung oder Stellenausschreibung, besser die Stellenwirklichkeit, mit dem Extrakt, der aus den Überlegungen in eine ideale Stellenanzeige eingeht. Diese Form des Produktmanagements ist auch das Verständnis der Position in den weiteren Überlegungen im Buch.

Position	Produktmanager (m/w/d)
Bericht an	Unternehmensleitung oder Spartenleitung Vice President Leiter/Leiterin Produktmanagement
Tätigkeits-schwerpunkte	• Verantwortliche Übertragung eines Produktbereichs mit Ergebnis- und Budgetverantwortung. • Lifecycle-Management der Produkte und Services des übertragenen Produktbereichs, also von der Initiierung neuer Produkte und Services über die Steuerung der Produktentwicklung bis zur Markteinführung und Marktdurchsetzung sowie der Unterstützung und Pflege der Angebote im Markt. • Strategische Entwicklung des Produktbereichs im Rahmen der Markenkompetenz, Auslotung von Entwicklungen und Trends, Erschließung der digitalen Möglichkeiten für die Produktlösung, Start von Neuproduktprojekten, Entwicklung ganzheitlicher Lösungen für die Kunden (Innovationsmanagement). • Zentraler Ansprechpartner für den Produktbereich und Schnittstelle zu internen Abteilungen wie R & D, Design, IT, Einkauf, Produktion, Marketing, Vertrieb, Customer Service sowie externen Dienstleistern wie Forschungsinstituten, Kundenforschungsexperten, verschiedenen Werbe- und Eventagenturen sowie Lieferanten und Kooperationspartnern. • Markt- und Wettbewerbsanalyse, Identifikation der Kernsegmente, aktive Zielorientierung, Planung und Umsetzung gemeinsam mit dem Vertrieb. • Steuerung der Marketingmaßnahmen für die Produkte und Services im Markt unter Wahrung und Ausbau der Markenkompetenz, Betreuung in den unterschiedlichen Phasen des Produktlebenszyklus (Marktmanagement). • Steuerung geeigneter Verfahren zur Kundenkenntnis als Grundlage und Maßstab für alle Maßnahmen des Produktmanagements.

Position	Produktmanager (m/w/d)
Fähigkeiten	• Voraussetzung ist im Allgemeinen der erfolgreiche Abschluss eines zielführenden Studiums. (Wenn der Abschluss eines Studiums als Befähigung zu fundiertem Arbeiten generell verstanden wird, kommt es auf die Fachrichtung weniger an.) • Kenntnisse in der Kosten- und Erlösrechnung mit Deckungsbeitragsrechnung als Grundlage zur ergebnisorientierten Steuerung. • Mehrjährige Berufserfahrung, um die Vorgänge in einem Unternehmen zu verstehen und damit zielführend für den Produktbereich koordinieren zu können, ohne selbst Vorgesetzter zu sein. • Eigenverantwortliche strukturierte Arbeitsweise, analytische Fähigkeiten, ausgeprägtes unternehmerisches Denken, Fähigkeit, crossfunktionale Teams zielführend zu moderieren oder zu steuern. • Ausgeprägte Kundenorientierung, die sich in gezielter Kundenforschung zeigt, um so die Vorgaben in Richtung Entwicklung, Marketing und Vertrieb geben zu können, sowie aktives Kundenbeziehungsmanagement zusammen mit den Vertriebsteams. • Offenheit für Trends, Vertiefung mit Experten, dabei kritische Sensibilität, Kunden mehr Bequemlichkeit (Convenience) zu bieten, und die Technik in den Dienst der Kunden zu stellen.

Tab. 4: Stellenausschreibung einer Produktmanagerin von heute

2 Zentrale Zielsetzung und Rahmenbedingungen im Produktmanagement

Produktmanagement haben wir als eine sehr verantwortliche Funktion in einem Unternehmen herausgearbeitet. Die Aufgabe lässt sich charakterisieren als Unternehmerin, als Unternehmer für einen Produktbereich. Die inhaltliche Grundlage dafür ist mit dem Verständnis der Stelle geschaffen.

Management bedeutet, eine Folge von Entscheidungen zu treffen. Dafür wird ein Kompass gebraucht. Gedankliches Grundinstrument zur Entscheidungsfindung bildet die Kundenanforderungs-Produkteigenschafts-Matrix. Der zentralen Denkmatrix fehlt aber noch die Ausrichtung, denn ohne Zielsetzung können keine zielführenden Entscheidungen getroffen werden:

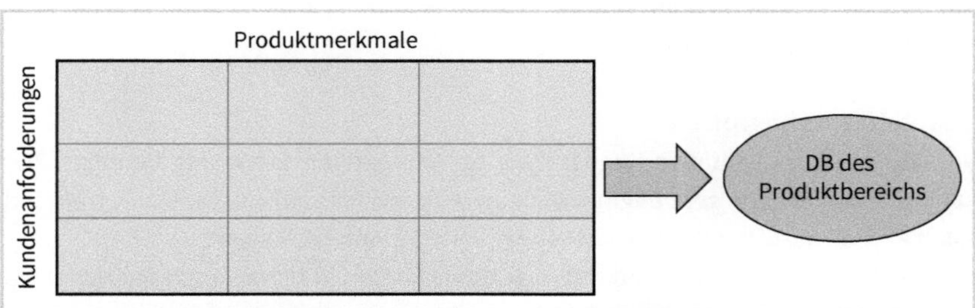

Abb. 9: Denkmatrix des Produktmanagements – erweitert um die zentrale Zielsetzung

Es geht darum, die Produkte für Kunden zu jeder Zeit so auszugestalten, dass die Zielgruppe diese gerne kauft. So wird doppelter Wert geschaffen, ein Nutzen für Kunden, die Realisation eines finanziellen Mehrwerts für das Ergebnis des Produktmanagements. Das primäre Ergebnis ist der Deckungsbeitrag.

Der Deckungsbeitrag des Produktbereichs wird durch den Vertrieb an Kunden realisiert. Es kann sein, dass diese Kunden die Produkte verwenden, es kann aber auch sein, dass diese Kunden sie weiter veräußern, sei es weitgehend unverändert als Handel, sei es als Komponente eines komplexeren Produkts.

Im Produktmanagement kommt es darauf an, den ganzen Weg bis zur Nutzung im Blick zu haben. Erst das Verständnis dieser Zusammenhänge erlaubt eine fundierte Beurteilung.

Quantitative Zielsetzung

Ein Unternehmen hat insgesamt das Ziel, einen Gewinn auszuweisen, und zwar Jahr für Jahr, am liebsten steigend. Mit der Erwirtschaftung eines *dauerhaften* Deckungsbeitrags trägt ein Produktmanagement zu den wirtschaftlichen Zielen des Unternehmens bei.

Damit stellen sich zwei Fragen:

- Was bedeutet die Größe **Deckungsbeitrag** und warum gerade diese?
- Wie kann diese Größe am besten erreicht werden? Gibt es Indikatoren auf dem Weg dorthin, die helfen?

Zum Management gehören Kennziffern. Sie lenken auf dem Weg zur zentralen Zielgröße. Am Ende möchte jedes Unternehmen Jahr für Jahr Gewinn erzielen.

Sämtliche Erfolgskennziffern sind von der Akzeptanz des Angebots durch die Zielgruppe abhängig und lassen sich nur über den Wertschöpfungsmechanismus der Kundenzufriedenheit erreichen. Es ist fahrlässig, mangelnde oder wachsende Zustimmung erst mithilfe der Ergebnisziffern zu ermitteln. Dann ist das Geschehen abgeschlossen, es ist ein nachlaufendes Urteil.

Qualitative Kenngrößen

Deshalb werden qualitative Kenngrößen zur frühzeitigen Steuerung benötigt. Der Kaufentscheidungsprozess beginnt mit einem Anreiz, der auf ein Bedürfnis trifft und einen Antrieb auslöst. Insofern gibt es zwei zentrale Anforderungen:

- Die Maßnahmen des Produktmanagements wirken in die angestrebte Richtung, erzeugen einen Anreiz. Es ist also eine jeweilige Überprüfung der Maßnahmen hinsichtlich der Kundenresonanz erforderlich. Das sind Einzeluntersuchungen.
- Die Kundeneinstellung stellt ein vorauslaufendes Urteil dar: Sinkt die Akzeptanz, folgt mit zeitlicher Verzögerung der Rückgang von Umsatz und Deckungsbeitrag. Steigt sie, folgt ein Anstieg der Erfolgsziffern.

  Insofern ist das Produktmanagement gut beraten, den Vorlaufindikator der Beurteilung und der Veränderung der Beurteilung der angebotenen Leistung für die Steuerung heranzuziehen.

Es sind die qualitativen Maßgrößen, welche dem Produktmanagement ein systematisches Vorgehen ermöglichen.

Noch weiter vorausgedacht wird es notwendig werden, rechtzeitig passende Angebote einzuführen. Hier kommt es auf eine Orientierung an zukünftigen Anforderungen und Märkten an. Das kann nur gelingen, wenn im Produktmanagement die Zielgruppe so tiefgreifend verstanden wird, dass eine Kombination mit Zukunftstrends möglich wird.

Entscheidungen werden im Management auf Basis einer Informationsgrundlage getroffen. Die ermittelten Informationen stammen notwendig aus der Vergangenheit oder Gegenwart. Das Management trifft aber Entscheidungen mit Wirkung in der Zukunft. Deshalb gehört neben die Informationsgrundlage ein Ansatz für die zukünftige Entscheidungssituation mit fundierter Annahme über die Reaktionen in diesem Rahmen. Die gesamte Managementgrundlage lässt sich so gliedern:

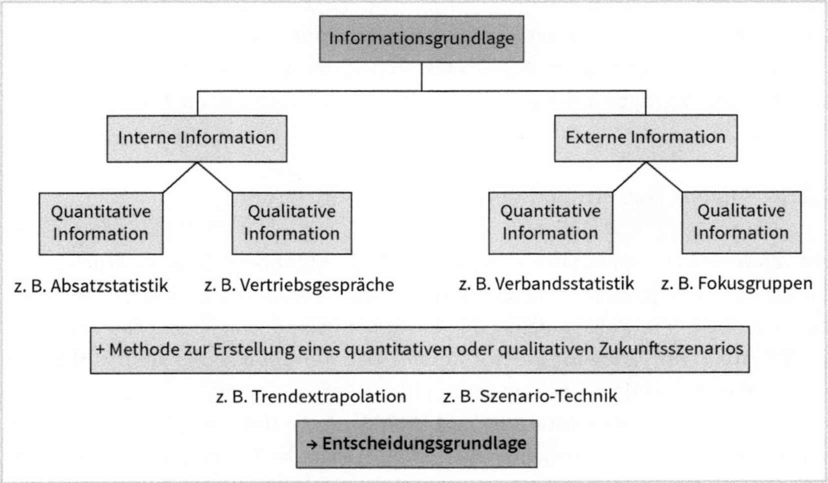

Abb. 10: Entscheidungsgrundlage für das Management

In diesem Kapitel werden wir den Weg von der Informations- zur Entscheidungsgrundlage gehen:

- quantitative Analyse des Produktbereichs (Kapitel 2.1)
- qualitative Analyse des Produktbereichs (Kapitel 2.2)
- Zukunftsszenario (Kapitel 2.3)

Auf der Basis kann es an die Arbeit gehen, können geeignete Maßnahmen ergriffen werden. Wenn von einer Toolbox des Produktmanagements gesprochen wird, besteht das entscheidende Vorgehen im Management darin, die Aufgabe im ersten Schritt zu strukturieren. Gut organisiert ist meist halb bewältigt und entschieden.

2.1 Quantitative Analyse des Produktbereichs

Die Arbeit des Produktmanagements lässt sich anhand des Lebenslaufs eines typischen Produkts von dessen Anfang bis zum Ausscheiden aus dem Markt verstehen: Erst wird eine Produktidee benötigt. Die ist zu einem Konzept zu formen, das in der

Zielgruppe ankommt. Dann ist das Konzept umzusetzen zu einer gelungenen Produktlösung, was immer wieder mit Kunden überprüft wird.

Wenn aus der Produktidee ein veritables Produkt geworden ist, werden für die Produkteinführung eine Einführungskampagne und vor allem die systematische Begleitung gerade der ersten Schritte im Markt erforderlich. Hat sich das neue Produkt im Markt etabliert, wächst es idealerweise bis zu einem Plateau, kann vielleicht noch einmal mit einem Relaunch angeschoben werden, muss irgendwann dann zur rechten Zeit durch ein aktuelleres Ersatzprodukt abgelöst werden. Der Lauf beginnt von Neuem – und hinterlässt Spuren: Das Produkt erzielt Umsätze, Deckungsbeiträge, kann sich in einer Zielgruppe durchsetzen. Das gilt es zu erfassen und auszuwerten.

2.1.1 Analyse des Produktlebenszyklus als Struktur

Starten wir mit der quantitativen Analyse des Produktbereichs. Einen ersten Informationsschatz enthält der Sales Report. Dahinter steht die interne Betriebsbuchhaltung, deren aufbereitete Zahlen häufig im Customer-Relationship-Management-System (CRM-System) zur Verfügung gestellt werden. Das ist nicht alles. Es gilt natürlich das Prinzip, dass nur verlässliche und verarbeitbare Daten informativ sein können. Insofern kommt es auf die Ausstattung und Mitwirkung im Unternehmen, vor allem im Vertrieb an. Typischerweise sollten hier schon Fragen des Produktmanagements beantwortet werden können (Welche Kunden kaufen was?), zusammen mit der Betriebsbuchhaltung (Welche Deckungsbeiträge werden mit welchen Kunden erzielt?).

»Ein Customer-Relationship-Management-System (CRM-System) unterstützt das Management von Kundendaten. Es erleichtert das Vertriebsmanagement [wie das Produktmanagement], liefert nützliche Erkenntnisse, kann mit sozialen Netzwerken integriert werden und vereinfacht die Teamkommunikation. Cloudbasierte CRM-Systeme ermöglichen komplett mobiles Arbeiten und bieten Zugang zu einem Ökosystem maßgeschneiderter Apps.«[61] Dieses bildet eine erste wichtige Quelle des Produktmanagements.

Sollten sich die Zahlen nicht für den verantworteten Produktbereich abgrenzen lassen, ist eine Anpassung erforderlich. Diese stellt typischerweise kein Problem dar, da die Betriebsbuchhaltung doch alle relevanten Informationen enthält. Es ist eine Frage der Aufbereitung. Das Produktmanagement benötigt eine PM-bezogene Grundlage.

61 www.salesforce.com/de/learning-centre/crm/crm-systems (Ergänzung in eckigen Klammern durch den Autor, L.K.; dies ist ein Beispiel für CRM-Software).

Bisher erzielte Ergebnisse

Meist handelt es sich um mehrere Produkte in einem Produktbereich. Dann stellt sich natürlich die Frage, welches Produkt wie viel zum Ergebnis beiträgt. Die folgende Tabelle stellt einen guten Einstieg in die Analyse dar:

Produkt 1	Umsatz 1	Deckungsbeitrag 1	Im Programm seit	Veränderung	Budget 1
...	...	...	...	...	...
Produkt x	**Umsatz x**	**Deckungsbeitrag x**	**Im Programm seit**	**Veränderung**	**Budget x**

Tab. 5: Analyse des Produktbereichs

Man kann sagen, Ziffern sprechen zu uns. Das gilt auch für die Informationen in dieser Tabelle:

- **Welches ist das umsatzstärkste Produkt?** (Reihenfolge vom höchsten bis zum niedrigsten Umsatz)
  Für das Unternehmen sind die umsatzstärksten Produkte von besonderer Bedeutung. Dabei ist Umsatz = Menge × Preis. So ist sicher einerseits die verkaufte Menge interessant, vor allem auch der erzielte Durchschnittspreis und die Streuung des Preises.
  → Das umsatzstärkste Produkt sorgt für die höchsten Einnahmen, oft auch für die höchste Kapazitätsauslastung.
  → Die Streuung des Preises zeigt, wie gut Preisleitlinien funktionieren.
  Ideal ist eine sehr geringe Streuung der Preise, denn dann ist eine Grundlage für einen klaren Preis-Qualitäts-Zusammenhang geschaffen. Bei großen Spreizungen kann es sich um zunehmende Rabatte in der Schlussphase eines Produkts handeln oder der Vertrieb verkauft über den Preis. Das wäre ein *Alarmsignal* für das Produktmanagement.
- **Welches ist das deckungsbeitragsstärkste Produkt?** (Reihenfolge vom höchsten bis zum niedrigsten Deckungsbeitrag)
  Lebenswichtig für das Produktmanagement ist zunächst das Produkt mit dem höchsten Deckungsbeitrag pro Jahr. Aufschlussreich ist der Anteil des Deckungsbeitrags am Umsatz der Produkte: die Deckungsbeitragsquote.
  → Das deckungsbeitragsstärkste Produkt ist notwendig das wichtigste Produkt für das PM-Ergebnis. Von dessen Weiterentwicklung hängt die Zielerreichung des PM ab.
  → Die Deckungsbeitragsquote zeigt Preisspielräume oder im Gegenteil zu geringe Nettopreise.
  (Der Umgang mit der Struktur der Deckungsbeitragsquote erfolgt gleich nach Klärung des Deckungsbeitrags.)

- **Welches ist das jüngste Produkt?** (Reihenfolge vom jüngsten bis zum ältesten Produkt)
  Wie ist die Altersstruktur? Einseitig jung, einseitig alt oder ausgewogen?
  → Hier zeigt sich möglicher Handlungsbedarf:
  - Viele junge Produkte: hohe Marktinvestition erforderlich.
  - Viele alte Produkte: hohe Dringlichkeit für Neuprodukte.

  Ausgewogene Struktur: ideal.
  Die Struktur bildet die Grundlage für die Lebenszyklus-Struktur des Produktportfolios, der Produkte des Produktbereichs.
- **Welches ist das Produkt mit dem höchsten Zuwachs?** (Reihenfolge vom höchsten Absatz- oder Umsatz-Zugewinn bis zum niedrigsten Zuwachs, wahrscheinlich sogar Umsatz-Rückgang)
  → Die Analyse ergänzt den Produktlebenszyklus: Hohe Zuwächse werden meist in der Anfangsphase erzielt, im Laufe des Produktlebens im Markt sinken sie.
- **Gibt es einen Zusammenhang – zeitverzögert – zwischen höchstem Deckungsbeitrag und höchstem Budget?**
  Unter der Rubrik Budget sind die speziellen Produktbudgets aufgeführt.
  → Ein ungeliebtes Produkt lässt sich kaum durch Werbung flott machen.
  Werden Leistungsdefizite festgestellt, sind Maßnahmen der Produktpolitik erforderlich.
  → Die andere Seite: Ist bekannt, wie hoch der Budgeteinsatz im Vergleich zum Wettbewerb ist?
  Der stärkste Treiber von Werbemaßnahmen ist die Kreativität innerhalb der Markenkompetenz.
  Aber auch die Zielgruppenerreichung spielt eine Rolle. Passen die Mediapläne?
  Die kritische Analyse zeigt die tatsächliche Wirksamkeit und bildet einen Fundus, um für zukünftige Aktivitäten zu lernen.
  Im Allgemeinen gibt es darüber hinaus Produktbereichsbudgets für alle Produkte des Produktmanagements. Und die Produktmanagements profitieren von Budgets des Unternehmens für alle oder mehrere Produktbereiche.

Produktlebenszyklus

Hinter allem scheint die Strukturüberlegung auf, die die gedankliche Grundlage des Handlungsprozesses sein soll: der Produktlebenszyklus. Theodore Levitt verwendete als Erster die Beschreibung eines Produktlebenszyklus.[62] Die Einteilung in Phasen ist in der Literatur nicht einheitlich, manchmal wird zu den hier beschriebenen Phasen noch eine Reifephase hinzugefügt. Das ist im Prinzip unerheblich. Das Modell stellt ohnehin nur eine Beschreibung dar, es geht um eine hilfreiche Strukturierung.

---

62 Vgl. Levitt, Theodore, Exploit the Product Life Cycle, in: Harvard Business Review 43/1965, S. 81 ff.

Die Darstellungen von Lebenszykluskurven beginnen meist mit einem Umsatz von null aufwärts. Streng genommen gilt das so nur für ganz neue Produktlinien. Mercedes beispielsweise stellte im September 2020 eine neue S-Klasse vor. Diese fängt aber nicht bei null an, sondern knüpft an den Status an, den die Modellvorgänger erzielt haben. Die neue S-Klasse ist für viele S-Klassen-Besitzer der natürliche Nachfolger, sobald eine Neuanschaffung ansteht.

Beachten Sie

Der Produktvorgänger ist Sprungbrett für den Produktnachfolger.

Aneinandergereihte Produktlebenszyklen für den Verlauf im Markt haben damit folgenden Charakter:

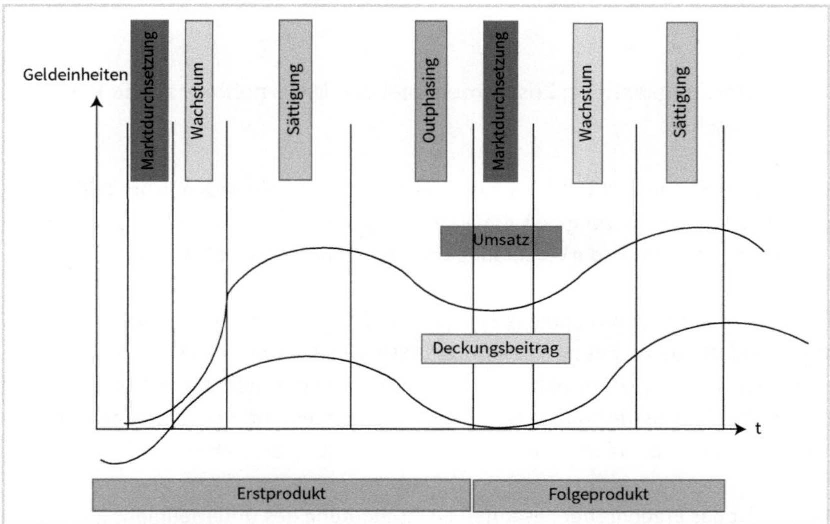

Abb. 11: Produktlebenszyklen

Die Grenzen der einzelnen Phasen werden in der Literatur ebenfalls unterschiedlich gezogen, oft erfolgt keine klare Abgrenzung. In dieser Abbildung geht es um folgende Grenzziehungen:

- **Marktdurchsetzung** ist gegeben, wenn der Break-even-Point erreicht wurde: Bei Absatz einer zusätzlichen Einheit wird der erste positive Deckungsbeitrag erzielt. Gedanklich ist diese Phase noch Teil des Innovationsmanagements. Sie ist Stufe 4 im New Development Plan.
- **Wachstum** ist gleichgesetzt worden mit zunehmenden Wachstumsraten. Da der Break-even-Point überschritten ist, werden zunehmende Deckungsbeiträge erzielt.

- **Sättigung** wird gekennzeichnet durch abnehmende Umsatzwachstumsraten bis zur Stagnation. Die Deckungsbeiträge sind hoch: die Hauptgewinnphase.
- **Outphasing** wird verstanden als Phase sinkender Umsätze bis zur Einführung des Nachfolgeprodukts. Die Deckungsbeiträge sinken, können negativ werden.

Die Deckungsbeitragskurve ist in ihrer Entwicklung gegenüber dem Umsatz nachlaufend aufgrund des zunächst erforderlichen Budgeteinsatzes zur Stimulation. Die Einordnung der Produkte in den Produktlebenszyklus bildet die Grundlage für jeweils passende Maßnahmen. Bei mehreren Produkten des Produktmanagements ist eine gleichmäßige Verteilung auf die Phasen des Lebenszyklus vorteilhaft.

Auf den folgenden Seiten soll die für das Produktmanagement wichtige Deckungsbeitragsrechnung vertieft werden.

2.1.2 Deckungsbeitrag: Zusammenspiel von Unternehmens- und PM-Ergebnis

Produktmanagement ist Teil des Motors im Unternehmen, ein wesentlicher Teilbereich, der zur Strategieumsetzung und zum Ergebnis beiträgt. Genau dieser Zusammenhang ist berührt, wenn es um die Verbindung von Unternehmens- und PM-Ergebnis geht.

Der Bericht eines Unternehmens erfolgt am Ende des Geschäftsjahrs über die **Gewinn- und Verlustrechnung.** Die Erfolgsgröße, wie das Unternehmen im abgelaufenen Geschäftsjahr gewirtschaftet hat, ist der Gewinn des Unternehmens, Ergebnis der Gewinn- und Verlustrechnung, des **Profit & Loss Statement**. Der versteuerte Gewinn oder Verlust wird als Jahresüberschuss oder -fehlbetrag bezeichnet.

Gewinn ist das Ergebnis der gesamten Wertschöpfung des Unternehmens im zurückliegenden Geschäftsjahr. Jedes Produktmanagement liefert durch Verkauf der betreuten Produkte seinen anteiligen Beitrag zum Unternehmensgewinn. Deshalb könnte jetzt gefragt werden, welchen Gewinn jeder Produktbereich erzielt.

Deckungsbeitrag als PM-Ziel

Dabei ergibt sich eine Schwierigkeit: Als ein Beispiel dient die Hauptverwaltung des Unternehmens, in der das Produktmanagement möglicherweise neben anderen Abteilungen untergebracht ist. Ein anderes Beispiel sind Produktionshallen, in denen Produkte von allen oder zumindest mehreren Produktbereichen erstellt werden. Die Gebäude dienen nicht nur einem Produktbereich. Sie sind errichtet, sie haben Kosten verursacht, sie stellen in Form von Abschreibungen fixe jährliche Kosten des Unternehmens dar. Wie sollen diese fixen Kosten einzelnen PMs zugeordnet werden? Gibt es einen Verteilungsschlüssel? Ist er starr oder wovon ist er abhängig?

Es wird schwierig, den wahren Beitrag jedes einzelnen Produktbereichs auf diese Weise bis zum Letzten zu ermitteln. Das Ergebnis des Produktbereichs sollte nicht von Verteilungsschlüsseln abhängen. Am Ende soll ja beurteilt werden, welcher Teil tatsächlich von welchem Produktmanagement beigesteuert wurde. Dafür wird besser eine andere Größe genutzt, die klar den Beitrag zum Ergebnis durch das Produktmanagement darstellt:

Deckungsbeitrag

Der **Deckungsbeitrag** (DB), **Contribution Margin**, des Produktbereichs, ist der Betrag, welcher zunächst aus den Produktgeschäften übrig bleibt. Dieser Beitrag bildet konsequenterweise die zentrale Steuerungsgröße für das Produktmanagement.

Damit liegen zwei Größen vor: Gewinn des Unternehmens – verantwortlich die Unternehmensleitung – und Deckungsbeitrag des Produktmanagements – verantwortlich die Produktmanagerin. Wie hängen beide Ergebnisgrößen zusammen?

Die Kosten- und Erlösrechnung unterscheidet zwischen Voll- und Teilkostenrechnung. Die Gewinn- und Verlustrechnung des Unternehmens insgesamt ist eine Vollkostenrechnung. Die Unternehmensleitung muss über die vollen Kosten berichten, denn erst wenn die vollen Kosten des Unternehmens im Geschäftsjahr gedeckt sind und die Erlöse diese überschreiten, wurde ein Gewinn erzielt.

Variable und fixe Kosten

Die vollen Kosten umfassen variable und fixe Kosten. Variable Kosten werden verursacht, wenn ein Produkt erstellt wird. Die Faustformel: Wird ein Produkt mehr erstellt, sind die dadurch verursachten zusätzlichen Kosten variabel, denn sie fallen erst durch das zusätzliche Stück an. Die fixen Kosten entstehen durch die generelle Produktions- und Verkaufsbereitschaft. Wird ein Produkt mehr produziert, bleiben die fixen Kosten fix. Dabei geht es um die Einbeziehung etwa der genannten Hauptverwaltung oder der Produktionshalle. Fix sind typischerweise auch Gehälter.

Variable und fixe Kosten

Variable Kosten sind abhängig von der Zahl der Produkteinheiten, weil für jede einzelne Einheit wieder variable Kosten anfallen – sie sind also stückabhängig. Fixe Kosten sind gleich, unabhängig von Produktion und Absatz – sie sind zeitabhängig.

Wenn alle Kosten einschließlich der Abschreibungen, die im Unternehmen im Geschäftsjahr verursacht wurden, von allen erzielten Nettoerlösen abgezogen werden, dann ergibt sich der Jahresgewinn oder -verlust des Unternehmens. Deshalb wird von Vollkostenrechnung gesprochen.

Gedanklich lässt sich die Entwicklung des Produktmanagements von den fixen Kosten trennen. Diese fallen unabhängig vom Erfolg des PM an. Die Verwaltung steht, die Produktionshalle ebenfalls. Für das einzelne Produktmanagement geht es um den separaten Beitrag, den dieses zur Gewinnerzielung leistet. Das ist der Betrag, der aus den Produktgeschäften übrig bleibt. Dabei werden die fixen Kosten des Unternehmens noch nicht berücksichtigt, da sie unabhängig vom PM-Ergebnis sind.

Deckungsbeitrag des Produktmanagements

Der Deckungsbeitrag des Produktmanagements ergibt sich aus der Differenz von (Netto-) Umsatz und Umsatzkosten des Produktbereichs, also der Kosten, die allein durch den Umsatz der Produkte verursacht worden sind. Es handelt sich um das primäre Ergebnis aus den Produktverkäufen, das ist der Deckungsbeitrag.

Erst in einer zweiten Stufe, wenn alle Deckungsbeiträge aller Produktmanagements gedanklich zusammengetragen worden sind, werden diese dazu verwendet, um die allgemeinen fixen Kosten des Unternehmens wie etwa die Hauptverwaltung oder die Produktionshalle zu decken. Der Betrag, der zum Schluss bleibt, ist der Unternehmensgewinn. Damit ergibt sich am Ende wieder die Gesamtrechnung der Gewinn- und Verlustrechnung.

Der entscheidende Analyseansatz liegt darin, schrittweise vorzugehen. Damit erkennt man den Beitrag jedes Produktmanagements vor der allgemeinen Zusammenrechnung.

Die Gewinn- und Verlustrechnung kann so aufgestellt werden, dass zunächst die Deckungsbeiträge der Produktmanagements zusammengetragen und danach die weiteren Kosten, die durch den Geschäftsbetrieb entstanden sind, abgezogen werden, um schlussendlich den Gewinn des Unternehmens auszuweisen. Der Zusammenhang lässt sich so veranschaulichen:

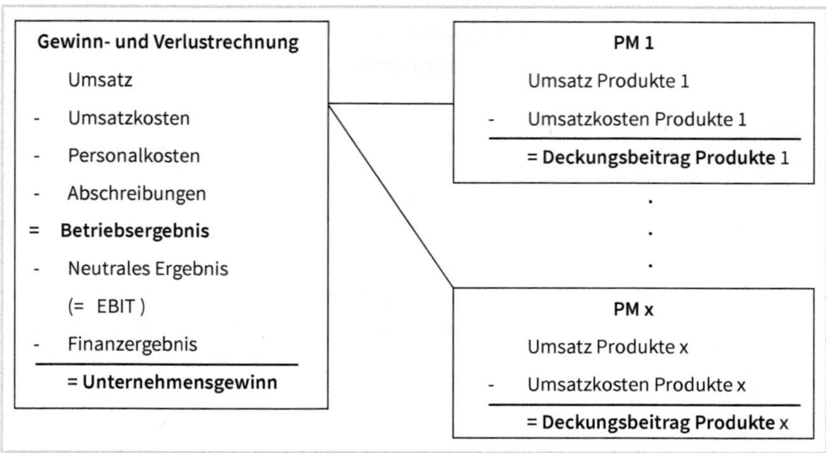

Abb. 12: Zusammenhang von Gewinn- und Verlustrechnung und Deckungsbeitrag der Produktbereiche

Da die Produktmanagementbereiche 1 bis x alle Beiträge zum Unternehmensergebnis liefern, werden diese Deckungsbeiträge genannt. Im Produktbereich stellt sich jeweils die Frage, was aus den Geschäften mit den Produkten im Markt übrigbleibt, um eben Beiträge zum Gesamtergebnis geben zu können.

Beachten Sie

Die Führungsgröße für das Produktmanagement ist mithin der Deckungsbeitrag, der Überschuss aus den Geschäften mit den Produkten des Produktbereichs.

Unabhängig von sonstigen Entwicklungen des Unternehmens gilt: Kann der Deckungsbeitrag von PM x erhöht werden, steigt der Unternehmensgewinn um diesen Betrag, fällt der Deckungsbeitrag von PM x, sinkt der Unternehmensgewinn entsprechend. Dadurch wird der unmittelbare Zusammenhang von Deckungsbeitrag im Produktmanagement und Unternehmensgewinn deutlich. Die Trennung von variablen und fixen Kosten hilft, den Erfolg der Produktmanagements separat zu beurteilen und zu vergleichen.

Kenner der Deckungsbeitragsrechnung wissen, dass es auch Deckungsbeitrag 1, 2, 3 usw. geben kann. Die Differenzierung dient der Analyse, ist allerdings von Unternehmen zu Unternehmen leicht unterschiedlich. Hier werden Kosten, die zwar nicht einzelnen Produkten zugeordnet werden können, aber nur von dem betreffenden Produktbereich verursacht wurden, noch vor Zusammenrechnung aller Produktmanagements dem jeweiligen Produktbereich zugewiesen, da er allein diese verursacht hat.

Allgemein wird vom internen Rechnungswesen gesprochen, das nicht genormt ist. Es ist vorteilhaft, sich bei Antritt des Produktmanagements die unternehmenseigene Rechnung erläutern zu lassen.

Beurteilung und Vergleich der PMs erfolgt auf Basis der Deckungsbeitragsebene, die auf Produktebene abschließt. Das ist der interne Vergleich. Veränderungen der Deckungsbeiträge eines Produkts schlagen sich unmittelbar im Unternehmensgewinn nieder. Insofern führt die Zielsetzung verbesserter Deckungsbeiträge der Produktmanagements direkt zur Erhöhung des Unternehmensgewinns.

So zeigt sich, wie passend die Steuerungsgröße ist.

Betriebsergebnis des Unternehmens

Stellen wir zur Einordnung die Zusammenhänge noch weitergehend her. Die Unternehmensleitung berichtet über das Gesamtergebnis des Unternehmens. Selbst dabei gibt es Stufen. Für die Unternehmensleitung ist die entscheidende Größe das Betriebsergebnis, da sie dieses direkt verantwortet. Das Betriebsergebnis des Unternehmens hat zwei Bestandteile:

1. Summe der Deckungsbeiträge aus allen Produktmanagements (Umsetzung der Strategie in PMs)
2. Davon werden Personalkosten und Abschreibungen abgezogen (Umsetzung von Aufbau- und Ablauforganisation).
   = **Betriebsergebnis**

Das Betriebsergebnis gibt an, welches Ergebnis das gesamte Unternehmen im letzten Jahr im *laufenden* Geschäft erzielt hat. Hier zeigt sich die zwangsläufige Erfolgsverbindung von Unternehmensleitung und PM-Ebene: Die Rechnung des Unternehmens beginnt mit dem Resultat der PMs.

Zur Gewinnberechnung des Unternehmens werden zum Betriebsergebnis noch hinzugefügt:

- das **neutrale Ergebnis** = Saldo aus außerordentlichen Erträgen und Aufwendungen und
- das **Finanzergebnis** = Saldo aus Kapitalerträgen und Zinsaufwendungen.

Ersteres wird neutral genannt, da außerordentliche Positionen definitionsgemäß nicht aus der üblichen Geschäftstätigkeit resultieren. Das Finanzergebnis ist abhängig von der Finanzierungsstruktur.

Gerne werden auch internationale Ergebnisgrößen verwendet: Das ermittelte Ergebnis aus Betriebs-, neutralem und Finanzergebnis ist der **Gewinn vor Steuern**, **Earnings before Taxes (EBT)**. Häufiger wird Bezug genommen auf das **EBIT**, **Earnings before Interests and Taxes (EBIT)**, **Gewinn vor Zinsen und Steuern**. EBIT ist die Summe aus Betriebsergebnis und neutralem Ergebnis (vgl. Abb. 12).

In Ländern außerhalb des deutschsprachigen Raums wird nicht unterschieden zwischen normalen und außerordentlichen Erträgen und Aufwendungen. Geschäft ist Geschäft. Das Prinzip ist ansonsten gleich, die Veränderung der Leistungsgröße meist auch nur gering. Hier kommt es im internationalen Dialog manchmal zu Unterschieden. So oder so: Die Erstellung des Unternehmensergebnisses beginnt mit den Deckungsbeiträgen der Produktmanagements.

Es bleibt die Stufenfolge:

- PMs erzielen im Laufe der Zeit idealerweise verbesserte Deckungsbeiträge in den Produktbereichen.
- Die Unternehmensleitung erreicht damit steigende Ergebnisse aus der Leistungserbringung des gesamten Unternehmens.
- Verbesserte Deckungsbeiträge in den Produktbereichen führen unter sonst gleichen Bedingungen direkt zur Erhöhung des Unternehmensgewinns.

Aus Sicht des Gesamtunternehmens und damit der Unternehmensleitung müssen alle Produktmanagementbereiche jedes Jahr genügend Deckungsbeitrag liefern, damit die Fixkosten gedeckt werden und ein Gewinn verbleibt.

Produktmanagement 1	...	Produktmanagement x
DB Produkt 1	...	DB Produkt x
Summe DBs aller Produktbereiche		
– Fixkosten		
= Gewinn des Unternehmens		

Tab. 6: Stufenweise Gewinnermittlung

Jedes Produktmanagement 1 bis x setzt sich erst einmal für die mittelfristige Verbesserung des Deckungsbeitrags seiner Produktgruppe im Markt ein. Das ist direkt förderlich für das Unternehmensergebnis.

PM-Controlling

Damit am Ende des Geschäftsjahrs das Ziel des geplanten Deckungsbeitrags erreicht wird, gilt es, die Entwicklung während des Geschäftsjahrs zu verfolgen: Die **betriebswirtschaftliche Analyse/Auswertung (BA)** zeigt den jeweiligen Stand auf dem Weg zum geplanten Deckungsbeitrag. Sie enthält alle bisher verbuchten Rechnungen, sowohl die von Lieferanten als auch die an Kunden. Die Differenz bildet die bisherige Wertschöpfung.

Kern der BA für das Produktmanagement ist die DB-Erfolgsrechnung (DBE). »Der Deckungsbeitrag ermittelt sich [...] aus der Gesamtleistung abzüglich der variablen Kosten. Man könnte ihn auch als ›generierten Mehrwert‹ interpretieren. Die DBE weist den Deckungsbeitrag für jeden Geschäftsbereich gesondert aus.«[63] Es ist wichtig, dass es die Abgrenzung gibt. Falls nicht, ist ein Gespräch mit dem Rechnungswesen über die Zuordnung für den Produktbereich angeraten.

Ein PM erhält idealerweise das aktuelle Zwischenergebnis für den eigenen Produktbereich. So hat es permanent eine frühzeitige Indikation, ob Maßnahmen zur Verbesserung zu ergreifen sind. Verbreitet wird die Information in das unterstützende CRM-System eingestellt und dort verfolgt.

63 Deffner, Gertrud K., Schnelleinstieg BWA, 4. Aufl., Freiburg 2015, S. 103.

Beachten Sie

Die Stelleninhaberin PM hat mit der Zielsetzung Deckungsbeitrag und der laufenden Verfolgung des Erreichungsgrads die Ergebnissteuerung für das operative Produktmanagement in der Hand.

Aus den erzielten Ergebnissen lassen sich auch Rückschlüsse für die einzelnen Produkte ziehen. Die Programmoptimierung kann durch Ordnung der Produkte nach Deckungsbeitragsquote erfolgen.

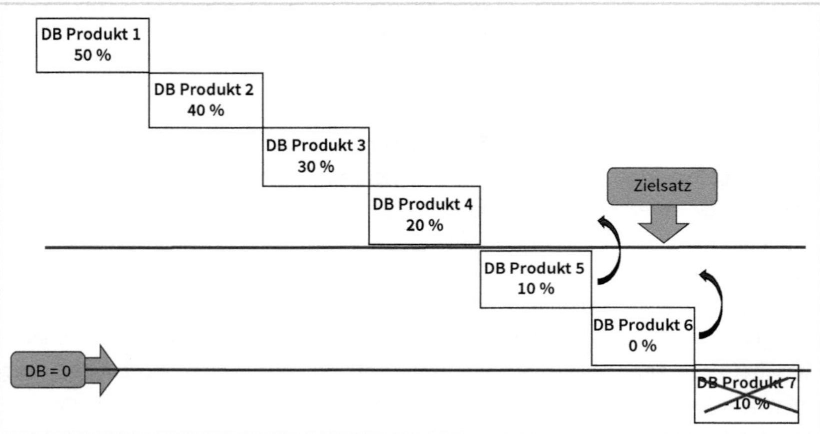

Abb. 13: Programmanalyse

Die Deckungsbeitragsquoten ergeben eine Ordnung: Je höher die Quote, desto mehr trägt der Absatz des betreffenden Produkts zum Deckungsbeitragsziel des PM bei. Im Falle von Produktionsengpässen ist es vorteilhaft, nach Deckungsbeitragsquote die Kapazitätsvergabe zu organisieren.

Die Hierarchie bildet die Grundlage für Programmentscheidungen. Es wird unternehmensweit eine Mindest-DB-Quote benötigt, in der Abbildung 20 Prozent, um die Fixkosten decken zu können. Produkte, welche diese nicht erreichen, aber eine positive Quote aufweisen, schaden dem Deckungsbeitragsziel des PM noch nicht, wenn es keine Kapazitätsengpässe gibt. Sie sind allerdings Kandidaten, um mit dem Vertrieb über eine Verbesserung zu sprechen.

Produkte mit negativer DB-Quote schaden dem PM-Ergebnis und sind damit Kandidaten für eine Elimination. Natürlich ist noch einmal hinzusehen: Ist es möglicherweise ein Produkt, welches kurzfristig ersetzt werden soll? So kann es Sondersituationen geben, die eine kurzzeitige Inkaufnahme rechtfertigen. Das darf allerdings nur kurze Zeit gelten!

Aussagekraft des Marktanteils

Der Stelleninhaber PM ist vor die Aufgabe gestellt, einen geplanten Beitrag zum nächsten Ergebnis zu erzielen. Insofern braucht er den Blick nach vorn, zunächst einmal bis zum Ende des Geschäftsjahrs mit der betriebswirtschaftlichen Analyse; die Systeme zeigen häufig auch eine voraussichtliche Zielerreichung an. Dafür erfolgen mehr oder weniger intelligente Hochrechnungen.

Der Blick im PM geht darüber hinaus, da das PM eine mittelfristige Perspektive hat. Zudem stellt sich die Frage, ob die Ansprüche überhaupt erreicht werden können. Die Aktivitäten erfolgen im Markt.

Was in den veröffentlichten Gewinn- und Verlustrechnungen zu sehen ist, ist das wirtschaftliche Resultat der Verkäufe im abgelaufenen Geschäftsjahr. Es ist Vergangenheit. Sicher lässt sich meist die Aussage treffen, dass ein gutes vergangenes Jahr eine positive Aussicht auch für das laufende Jahr gibt. Das kann, muss aber nicht sein. Wer nur Produkte in der Reifephase im Programm hat, steht aktuell sehr gut da, wird aber mehr und mehr zurückfallen im Markt. Es wird auch eine Prognoserechnung benötigt.

Zunächst ist die Frage zu beantworten: Wie groß ist der Markt? Damit erhält die interne Informationsgrundlage einen Bezug: Wie ist die eigene Marktstellung? Der interne Vergleich wird so auf den Vergleich mit den Wettbewerbern ausgeweitet, um die Leistung beurteilen zu können. Lässt sich das Marktvolumen (Verkäufe im Markt) bestimmen? Hier stellt sich die Herausforderung, woher die Markt- und Wettbewerbsdaten zu bekommen sind. Verschiedene Quellen wurden in Kapitel 1.3 genannt.

Marktgröße und Marktwachstum lassen sich in aller Regel bestimmen. Die Grundlage bilden häufig die Zahlen des Branchenverbands. Jede Produktmanagerin ist geübt, verschiedene Suchmaschinen zu nutzen, um auf frei zugängliche Informationen zurückzugreifen. Das ist nicht das Problem. Die Schwierigkeit besteht darin, die Güte der Daten zu bewerten. Es ist Verpflichtung und Grundlage im PM, sich ein belastbares Fundament zu verschaffen. Dann haben auch die Auswertungen Substanz.

Für das weitere Management ist ganz entscheidend, ob sich die eigenen Produkte besser oder schlechter als der Markt oder im Einklang mit dem Markt entwickeln. Erst Vergleiche erlauben Aussagen. Nur so kann gezielt vorgegangen werden. Die Kennziffer dafür ist der Marktanteil.

Ermittlung des Marktanteils

Der Marktanteil wird ermittelt, indem der eigene Umsatz oder Absatz auf den Umsatz oder Absatz der Branche bezogen wird.

Der *wertmäßige* Marktanteil nutzt die Umsatzgrößen, der *mengenbezogene* Marktanteil nutzt die Absatzgrößen. Bessere Vergleichbarkeit erlaubt der wertmäßige Marktanteil, weil der Wert, der Preis, Unterschiede vergleichbar macht. In Unternehmen wird allerdings sehr häufig der mengenbezogene Marktanteil verwendet.

Es gilt zudem die Annahme, dass der Marktführer eine vorteilhafte Stellung hat, eine Poleposition, die dauerhaft eine Grundlage für gute Ergebnisse darstellt. Das ergibt sich auch aus der Kostenstruktur: Mit zunehmender Kapazitätsauslastung sinken die Stückkosten. Zudem bestimmt in aller Regel der Marktführer die Branchenkonditionen.

Für digitale Produkte hat der Marktanteil oft zusätzliche Bedeutung. Einen großen Bereich bilden hier zweistufige Angebote. Das sei anhand von Onlinespielen verdeutlicht.

Digitalprodukt am Beispiel von Onlinespielen

Vielfach wird die Möglichkeit geboten, ein Spiel zunächst kostenlos herunterzuladen. Der erste Schritt ist also das Bestreben des Anbieters, möglichst viele Downloads zu erreichen. Wenn für ein Spiel eine große Usergruppe aufgebaut wurde, bestehen zwei weitergehende Geschäftsmöglichkeiten:

- Für höhere Spiellevel können Figuren oder Ähnliches hinzugekauft werden. Je mehr User gewonnen wurden, desto größer ist der Fundus für Folgegeschäfte.
- Die Plattform wird mit zunehmender Nutzerzahl für Werbung interessanter. Werbende Unternehmen suchen Werbeausspielungen für eine definierte Zielgruppe.

Manche Digitalprodukte zielen insofern im ersten Schritt nicht direkt auf Gewinn, sondern erst indirekt durch Folge- und Mediaabsätze. Voraussetzung für den indirekten Erfolg ist eine hohe Userzahl für das Ausgangsprodukt, somit ein hoher Marktanteil. Der Markt soll oft auch besetzt werden, bevor Alternativen von Wettbewerbern angeboten werden. The Winner takes it all.

Außerdem existiert bei digitalen Angeboten eine andere Kostenkonstellation: Jeder weitere Download verursacht nahezu keine zusätzlichen Kosten, er hat also Grenzkosten – jene variablen Kosten, die bei Absatz einer zusätzlichen Einheit entstehen – von nahezu null. Insofern gibt es in der ersten Phase das Bestreben, möglichst viele User zu gewinnen, oft sprichwörtlich koste es, was es wolle.

Am Ende werden auch hier nur positive Deckungsbeiträge erreicht, wenn in der zweiten Phase Umsätze generiert werden können, welche die Kosten übertreffen. Wenn alle User mit der kostenlosen Basisversion zufrieden sind, geht die Rechnung nicht auf. Viele Onlinegeschäftsmodelle erreichen die Stufe der Wirtschaftlichkeit trotz hoher Userzahlen nicht. Dann wird nur Geld verbrannt.

Das Produktmanagement ist verpflichtet, von Anfang an die End-Wirtschaftlichkeit als Ziel zu verfolgen.

Beachten Sie

Ein wichtiger Indikator war schon immer und ist in der digitalen Welt noch mehr die Größe **Marktanteil:** Wer Marktanteil gewinnt, dessen Marktposition hat sich im Wettbewerb verbessert, dessen Produkte haben sich stärker durchgesetzt.

Auseinandersetzung mit der Konkurrenz

Produktmanagement ist Auseinandersetzung mit der Konkurrenz. Die eigenen Zielgruppen sollen von den eigenen Produkten stärker überzeugt sein als von denen des Wettbewerbs. Idealerweise setzt eine Entwicklung konzentrischer Weiterverbreitung ein und weitere Kundengruppen werden von den Produkten sowie Services begeistert. Das psychologische Phänomen des Herdentriebs arbeitet für das PM.

Noch enger wird der Zusammenhang im Vergleich mit dem unmittelbaren Wettbewerb: Wenn der eigene Marktanteil im Vergleich zum härtesten Wettbewerber steigt, setzen sich die eigenen Produkte im Markt besser durch. Ein positives Zeichen für das Produktmanagement!

Wird der eigene Marktanteil ins Verhältnis zum Marktanteil des härtesten Wettbewerbers gesetzt, zeigt die Größe die Stärke des eigenen Angebots im unmittelbaren Wettbewerb. Sie wird **relativer Marktanteil** genannt, relativ zum härtesten Wettbewerber.

Die Leistung des Produktmanagements schlägt sich in einer Verbesserung des Marktanteils nieder – absolut oder relativ. Wie lassen sich die notwendigen Größen ermitteln?

Das Marktvolumen, die im letzten Jahr erzielten Umsätze oder Absätze der Branche, sind meist aus allgemein zugänglichen Quellen ersichtlich. Für die meisten Produktmanager dürften diese Zahlen aus Verbandsinformationen stammen. Eigener Umsatz oder Absatz im Verhältnis zum Marktvolumen ergibt dann den eigenen Marktanteil. Für die CRM-Software ist es so ein Leichtes, die Anteile zu bestimmen. Im Direktgeschäft also kein Problem.

Anders verhält sich die Situation im indirekten Absatz. Wenn die Produkte über Partner vertrieben werden, erfolgt in der Absatzforschung oft der Einsatz eines Panels, um einen Überblick über die Entwicklung im Absatzkanal zu erhalten. Ein Panel bildet eine regelmäßige, gleiche Feststellung von Gegebenheiten in einer definierten Gruppe. So können ein Verlauf und Änderungen festgestellt werden. Wesentliche Informationen bilden das Vorhandensein der Produkte im Handel (Distribution) sowie deren Absatz und Preisstellung an Endkunden. Es gibt klassische Ansätze, die das Preisverhalten im Handel erheben, und digitale Ansätze, die das Preisverhalten im Netz erheben.

Selbst wenn diese Informationen über Institute vorliegen, werden in guten Vertrieben zudem Informationen systematisch gesammelt. Hier kommt es auf die Bestimmung der wichtigen Größen und der Ermittlung durch den Vertrieb vor Ort an. Es gibt Vertriebe, die sehr engagiert an der Datenerhebung mitwirken. In diesen Unternehmen können dann mit diesen verlässlichen Daten Auswertungen vorgenommen werden.

Wenn Verhaltensdaten gesammelt und eingegeben werden, können sie im System mit Absatzdaten kombiniert werden. Dann können mögliche wichtige Faktoren der Kaufentscheidung generiert und Cluster gebildet werden. Damit ist eine Marktsegmentierung grundgelegt. Besonders vorteilhaft ist dann, gerade die Verhaltenstypik der wichtigsten Deckungsbeitragsbringer zu ermitteln. So können schon interessante Aussagen zu Segmenten und Strukturen allein aus den quantitativen Daten destilliert werden. Nie war es wichtiger, verlässliche Daten zu ermitteln.

Der Informationsstand zur Marktentwicklung, insbesondere Informationen zum härtesten Wettbewerber, sollte regelmäßig vom Produktmanagement mit der Vertriebsleitung besprochen werden. Beide Funktionen benötigen für ihr Handeln dringend diese Information. Die Erkenntnisse werden am besten auf wiederkehrenden Vertriebstagungen mit zwei Aspekten vertieft:

- Information der Vertriebskolleginnen und -kollegen über den Wissenstand der Zentrale und
- Einholen der Beobachtungen und Erkenntnisse aus der Vertriebsmannschaft.

So werden quantitative und qualitative Informationen verbunden, die zusammen erst die Stellung im Markt und die Erklärung dafür liefern.

Management auf Wissensbasis

Jeder Produktmanager ist verpflichtet, die Markt- und Wettbewerbsposition und deren Entwicklung zu ermitteln. Nur so lassen sich Aussagen über geeignete Maßnahmen und die Wirkung der Aktivitäten treffen sowie Schwerpunkte für weitere Maßnahmen bilden. Das ist Management auf Wissensbasis.

Zur Analyse einzelner Wettbewerber kann neben dem allgemein veröffentlichten Material in Deutschland auf die Jahresabschlüsse im Bundesanzeiger zurückgegriffen werden. AGs und GmbHs sind zur Veröffentlichung ihrer Jahresabschlüsse verpflichtet.[64] Auch wenn diese Informationen zeitlich nachlaufend und aggregiert sind:

64 Vgl. www.bundesanzeiger.de.

Sowohl der Lage- wie der Prognosebericht sind meist recht aufschlussreich. In der gesamten Europäischen Union gibt es eine Veröffentlichungspflicht, die allerdings unterschiedlich umgesetzt wird.

So lässt sich Material sammeln für die Entwicklung des oder der Marktsegmente.

- Welcher Umsatz wird in dem Produktbereich erzielt? Was wissen wir, was schätzen wir? Ist der Produktbereich in einem steigenden oder rückläufigen Segment tätig? Gibt es strukturelle Veränderungen?
- Die eigenen Zahlen sind bereits bekannt. Die Entwicklung des eigenen Marktanteils ist dann eine einfache Rechenoperation: eigener Umsatz durch Branchenumsatz.
- Am schwierigsten zu schätzen ist der Umsatz speziell des härtesten Wettbewerbers. Meist enthalten die Veröffentlichungen Anhaltspunkte. Darüber hinaus ist das eine Aufgabe zusammen mit dem Vertrieb.
- Viele Vertriebsorganisationen sammeln systematisch Daten aus ihren Vor-Ort-Beobachtungen. Durch mobile Datenerfassung lässt sich das gut organisieren.

Die Detailentwicklung der einzelnen Produkte des Produktbereichs sollte wiederkehrendes Thema auf Vertriebstagungen sein. Für das aktuelle Geschäft ist zwangsläufig die enge Verbindung zum Vertrieb die erste Informationsquelle.

Beachten Sie

Alle verfügbaren Quellen sollten erschlossen und die Resultate zusammengetragen werden. Die daraus entstehenden gemeinsamen Schätzungen sind meist recht zuverlässig.
Der Austausch mit dem Vertrieb bringt wertvolle quantitative und qualitative Einschätzungen. Das Produktmanagement darf auf keinen Fall im Blindflug agieren.
Alle vergleichbar strukturierten Daten lassen sich auswerten. Dafür steht im Allgemeinen die CRM-Software zur Verfügung.

2.1.3 Produkt-Portfolio-Matrix: Ordnung im Produktprogramm

Hinter dem, was heute beobachtet wird, steht eine Entwicklung. Die einzelnen Produkte eines Produktmanagements durchlaufen ein Leben im Markt, das zur Strukturierung in vier Phasen eingeteilt wurde (vgl. Abb. 11). Idealtypisch lassen sich Ableitungen für das Produktmanagement in den einzelnen Phasen treffen:

- In der **Marktdurchsetzung** kommt es auf das Fokussieren auf Innovatoren und das Gewinnen von Multiplikatoren an. Es gilt, Referenzen zu erreichen. Der Budgeteinsatz ist hoch.
- In der **Wachstumsphase** ist das Produkt, das sich durchgesetzt hat, in der anvisierten Zielgruppe zum Erfolg zu führen. Der Budgeteinsatz ist sehr hoch.

- In der **Sättigungsphase** empfiehlt sich sehr häufig ein Relaunch, eine Überarbeitung für einen Neustart, um gerade für die Kunden, die spät folgen, noch einmal sehr interessant zu werden. Der Budgeteinsatz liegt eher in mittlerer Höhe.
- Im **Outphasing** besteht die erste Verpflichtung darin, das Produkt trotz der langen Marktlaufzeit so attraktiv wie möglich zu halten, startet doch das Nachfolgeprodukt sozusagen von dieser Stufe aus. Der Budgeteinsatz ist relativ niedrig.

So gibt die Ordnung im Produktprogramm Hinweise für geeignete Maßnahmen im Produktmanagement und den Budgetaufwand. Gleichzeitig wird deutlich, dass oft erst im späten Leben des Produkts die entscheidenden Gewinne erzielt werden. Das Produktmanagement braucht unter den Produkten DB-Lieferanten, weil es auch förderbedürftige Produkte hat.

Das Thema Relaunch ist sicher ein typisches Thema für physische Produkte. Softwareprodukte erfahren gewöhnlich Updates im Laufe des Produktlebens. Trotzdem ist auch bei diesen Produkten zu überlegen, welchen Anschub zur Belebung es in der Marktlebensmitte geben kann. Ein Relaunch, ein Neustart nach einer Überarbeitung bildet allgemein eine gute Grundlage für einen Zwischenspurt im Produktleben.

Insgesamt stellt sich zudem die Frage nach der Breite und Tiefe des Programms. Seine Spannweite wird durch die Markenkompetenz vorgegeben. Typischerweise folgt die Erneuerung des Produktprogramms dem Schema von der Top-Linie an abwärts. Dann müsste die Verteilung auf die einzelnen Felder dieser Reihenfolge entsprechen. Deshalb stellt sich die Frage: Wo stehen die Produkte im Erneuerungsprozess? Und wie fällt der Vergleich zum härtesten Wettbewerber aus? Ist dieser in der Erneuerung voraus, parallel oder zurück? Ist das Produktprogramm breiter oder tiefer?

Bietet der Wettbewerber mehr Vielfalt, ist zumindest zu prüfen, ob eine Lücke existiert und geschlossen werden sollte. Ist im Gegenteil das eigene Programm umfangreicher, wird mehr Differenzierung geboten und es ist zu prüfen, ob jede Variante berechtigt ist. Es ist durchaus angebracht, den härtesten Wettbewerber als Vergleich heranzuziehen.

Analyse des PM-Produktportfolios

Für die Übersicht, ob das übernommene Produktmanagement eine gute Verteilung der Produkte aufweist, wird gerne die Produktportfolio-Analyse herangezogen. Auch hier wird von einem Produktportfolio gesprochen, und zwar des Produktbereichs, während der Begriff auch für alle Produkte des Unternehmens schon verwendet wurde. Der Bezug ist jeweils zu beachten.

Die Betriebswirtschaft arbeitet gerne mit Matrizen zur Veranschaulichung. Dabei geht es jeweils darum, einen Zusammenhang zwischen einer abhängigen, also beeinflussbaren Variable, und einer unabhängigen, also nicht beeinflussbaren Variable, grafisch darzustellen. Das erleichtert vielfach die Übersicht.

Die bekannteste Matrix ist sicher die Produkt-Portfolio-Matrix der Unternehmensberatung Boston Consulting Group (BCG). Sie beinhaltet implizit die Lebenszyklusbeschreibung. Die Einteilung der Produkte erfolgt nach zwei Dimensionen:

- **Marktwachstum** ist die unabhängige Variable: Es wird das Wachstum des Marktes betrachtet, in dem das Produkt einzuordnen ist. Basislinie ist das durchschnittliche Wachstum der Branche. Die Einordnung erfolgt danach, ob das Wachstum der Produkte ober- oder unterhalb des durchschnittlichen Branchenwachstums liegt.
- **Relativer Marktanteil** ist die abhängige Variable: Hier wird der Gedanke aufgenommen, dass es einen Hauptwettbewerber gibt. Kunden kaufen das Wettbewerbsprodukt, sollte das eigene die Erwartungen nicht oder nicht mehr erfüllen. Das ist die zentrale Wettbewerbsauseinandersetzung für das Produktmanagement:

$$\textit{Relativer Marktanteil} = \frac{\text{Marktanteil eigenes Produkt}}{\text{Marktanteil wichtigstes Wettbewerbsprodukt}}$$

Sind die Marktanteile vom eigenen und dem Wettbewerbsprodukt gleich, ergibt sich daraus als relativer Marktanteil der Quotient 1. Ist der eigene Marktanteil höher als der des Wettbewerbsprodukts, ist der Quotient größer als 1, wenn der eigene Marktanteil kleiner ist als der des Wettbewerbsprodukts, ist der Quotient kleiner als 1.

Die Unterteilung erfolgt mithilfe der magischen Eins: oberhalb stärker, unterhalb schwächer. Damit ergibt sich die Struktur der BCG-Matrix:

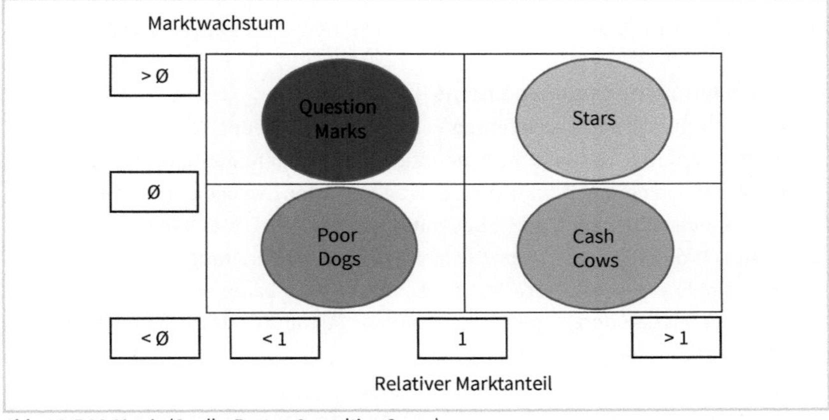

Abb. 14: BCG-Matrix (Quelle: Boston Consulting Group)

Amerikanische Autoren lieben das Bildliche, was dem Verständnis dient. Durch die Farbgebung ist der Lebenszyklus als Hintergrundgedanke verdeutlicht (Farben wie in der Lebenszyklusdarstellung in Abb. 11):

- **Question Marks:** Es gilt, Produkte mit hohen Erfolgschancen in den Markt zu bringen, die aber mit dem Fragezeichen versehen sind, wie und ob sie die Marktdurchsetzung schaffen. Sie brauchen Engagement zur Durchsetzung. Das erfordert Budget.
- **Stars:** Die Produkte in der Wachstumsphase sind die Stars des Programms. Sie sind im Vergleich zum Wettbewerbsprodukt stärker, brauchen nach wie vor Unterstützung, um die Position möglichst noch auszubauen. Im Saldo liefern sie bereits Deckungsbeiträge. Es gilt, das Maximale für das Produkt zu erreichen.
- **Cash Cows:** Die Produkte in der Sättigungsphase haben erobert, was zu erobern war. Sie sind in starker Position, benötigen nicht mehr die Unterstützung wie bisher. Sie liefern jetzt erhebliche Deckungsbeiträge, die auch für den Ausbau der jüngeren Produkte eingesetzt werden können.
- **Poor Dogs:** Im Outphasing geht es darum, die Position zu halten, die Verluste zu minimieren, aber auch den rechtzeitigen Absprung zum Nachfolgeprodukt zu finden.

Der ideale Verlauf eines Produktlebens ist somit der Weg vom Question Mark zum Star zur Cash Cow. Die Poor-Dog-Phase ist ein kurzes Zwischenstadium bis zum Produktersatz. Bei ausgewogener Verteilung gibt es Cash Cows, welche die Deckungsbeiträge liefern, die zum Teil eingesetzt werden für die Question Marks. Die DB-Ziele des Produktmanagements werden im Saldo erreicht.

Es gilt das Ideal der gleichmäßigen Verteilung im Lebenszyklus der Produkte des PM. Die Analyse erfasst die Verteilung der im Markt befindlichen Produkte des Produktmanagements. Dauerhaft sollte eine ausgewogene Verteilung der Produkte im Markt gegeben sein. Deshalb werden auch immer wieder neue Produkte erforderlich.

Stand des Innovationsmanagements

Wer kontinuierlich Produkte einführen will, um immer wieder den Start in der Produkt-Portfolio-Matrix zu realisieren, benötigt eine gut gefüllte Innovationspipeline. Regelmäßig sollen neue Produkte mit der Frage antreten, welchen Erfolg sie im Markt erzielen können (Question Marks). Das muss der zweite Blick neben der Strukturierung mittels Produkt-Portfolio-Matrix sein: Was ist in Vorbereitung? Wie gut ist die Innovationspipeline ausgestattet? Womit kann das PM im Laufe der nächsten Zeit die Matrix füllen? Mit den derzeitigen Angeboten werden auf Dauer rückläufige Umsätze und Deckungsbeiträge generiert werden.

Das Instrument zur Visualisierung ist die Gap-Analyse, das Aufzeigen von Lücken.

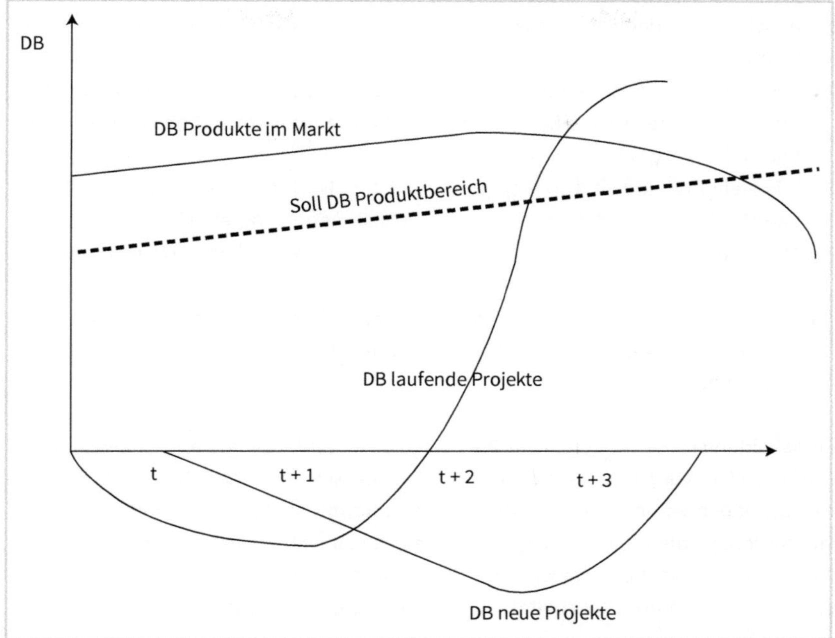

Abb. 15: Gap-Analyse

Im Grunde zeigt die Gap-Analyse einen Ausschnitt aus der Lebenszyklusbetrachtung. Sie verlängert und ergänzt diese. Es gibt eine Soll-Linie für den Deckungsbeitrag des Produktbereichs (dicke gestrichelte Linie). Die Zielerreichung wird mittelfristig erreicht durch Produkte im Markt, laufende und anschließende neue Produkte. Das DB-Soll ergibt sich als Resultierende aus positiven Deckungsbeiträgen in der Marktphase sowie negativen Deckungsbeiträgen in der Innovationsphase.

Die Konsequenz daraus: In dynamischer Betrachtung werden zunächst die aktuell im Markt befindlichen Produkte zunehmend Deckungsbeitrag erzielen. Es ist die Aufgabe des Produktmanagements, diese Entwicklung durch ein gutes Marktmanagement zu erreichen.

Die andere große Herausforderung besteht darin, rechtzeitig immer wieder neue Produkte für den Markt vorbereitet zu haben, um den Deckungsbeitragspfad nach oben weiterzuführen. Dafür wird ein professionelles Innovationsmanagement benötigt, das sich in drei sehr unterschiedliche Phasen unterteilen lässt:[65]

65 Vgl. Keite, Lothar, Akuter Handlungsbedarf. Langzeitstudie zur Neuproduktpolitik, a. a. O., S. 46 ff.

1. An wie vielen Ideen wird gearbeitet? Wer ist damit befasst? Gibt es schon Konkretisierungen bis hin zu einem ersten Businessplan?
2. Wie viele Projekte sind freigegeben? Welche Teams arbeiten daran? Wie weit sind die Arbeiten der Teams fortgeschritten? Welche Budgets stehen zur Verfügung? Wie viel ist verbraucht?
3. Wie viele Projekte sind so weit, dass bald eine Markteinführung geplant werden kann? Wie weit sind entsprechende Maßnahmen vorbereitet? Wie viel Budget steht zur Verfügung? Sind Dienstleister schon gebrieft und beauftragt worden?

Die Antworten auf diese Fragen zeigen den Zustand des Innovationsmanagements, des zweiten wichtigen Aufgabenpakets für das Produktmanagement, der in Kapitel 3 ausführlich behandelt wird.

Entscheidend ist der Gedanke der Dreistufigkeit: Ideenfindung, Projektmanagement, Marktdurchsetzung – drei Bereiche mit drei unterschiedlichen Fähigkeiten. Als Instrument haben wir in Kapitel 1.4 den **New Development Plan** eingeführt. Er umfasst vier Stufen, da die Projektmanagementphase oft zunächst einen technischen, später einen kommunikativen Schwerpunkt hat, wenn die Markteinführung ansteht. Beides sollte aber zusammen bearbeitet werden, denn die Technik soll in einem kundengerechten Design stecken.

Es ist angeraten, einen Jour fixe mit der Unternehmensleitung für die Besprechung der Projektfortschritte einzurichten, beispielsweise einmal monatlich oder einmal im Quartal – wie schon angesprochen. Der Rhythmus ist abhängig von der Dynamik des Entwicklungsprozesses. Das Meeting dient der Information und der schnellen Entscheidung.

Die oben ausgeführten Überlegungen stellen eine retrograde Betrachtung der Stufen dar:

- Stufe 3: laufende Neuproduktprojekte mit Einführungsperspektive,
- Stufe 2: neu angestoßene Neuproduktprojekte,
- Stufe 1: Ideen aus Zukunftsworkshops.

Auch für das Neuproduktmanagement gilt das Ideal der gleichen Verteilung über die Innovationsphasen.

Es gibt zwei besondere Punkte im Innovationsmanagement, auf die hingewiesen werden soll:

- **Projektfreigabe:** Ein Produktkonzept ist so weit konkretisiert und abgesichert, dass es zu einer Freigabe für die Umsetzung und damit zur Budgetfreigabe für das Projekt kommt – **Money Gate 1**.

- **Einführungsfreigabe:** Das Produkt ist fertig, eine erste Produktion erfolgt, die Einführungskampagne vorbereitet. Das Produkt kann in den Markt gehen, was wieder Budgets erfordert – **Money Gate 2.**

Beachten Sie

Wenn jede Produktmanagerin Projekte in jeder Phase hat, besitzt sie eine Innovationspipeline, die nie leerlaufen kann. Die aggregierte Form aus allen PM-Übersichten zeigt der Unternehmensleitung, ob insgesamt für die Zukunft hinreichend Vorsorge getroffen wurde. Das ist deren Berichtsgrundlage an die Anteilseigner.

Auf beiden Ebenen – Produktmanagement wie Unternehmensleitung – kann geprüft werden, ob die zukünftigen Einführungen Aussicht haben, die Erlöse und Deckungsbeiträge der ausscheidenden Produkte zu übertreffen. Das ist die Bedingung für eine positive Entwicklung. Deshalb wird typischerweise eine erste Businessplanskizze zur Projektfreigabe erstellt. Der Businessplan wird mit den Entwicklungs- und Erkenntnisfortschritten im Verlauf der Produktneuentwicklung weiter aktualisiert. So werden die Neuproduktentwicklungen in eine vorläufige und immer weiter verbesserte Quantifizierung überführt. Damit ist der Grundstein für einen rollierenden Planungsansatz gelegt.

Für die Erstellung vom ersten bis zum jeweils aktualisierten Businessplan gibt es verschiedene Software-Produkte zur Unterstützung.[66] Insgesamt wird in der Gap-Analyse (vgl. Abb. 15) deutlich, dass sich das Produktmanagement an einer mittelfristig aufsteigenden Entwicklung des Deckungsbeitrags orientiert. Dieses sollte mit Zahlen konkretisiert werden.

Die strukturierenden Überlegungen lassen sich zu einem erweiterten Produktlebenszyklus verbinden, der auch die Zeit bis zur Markteinführung beinhaltet. Ein vollständiges Produktmanagement umfasst sechs Phasen im Produktlebenszyklus, unterteilt in die beiden großen Aufgabenbereiche Innovations- und Marktmanagement.

66 Vgl. etwa www.fuer-gruender.de/wissen/existenzgruendung-planen/businessplan/businessplansoftware (es werden sechs Software-Angebote verglichen).

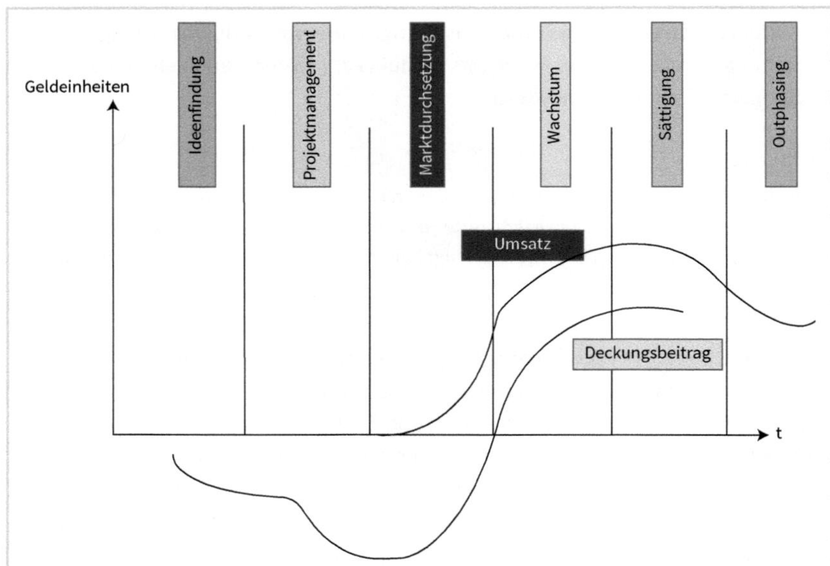

Abb. 16: Erweiterter Produktlebenszyklus

Steuerung des Produktmanagements

Die Struktur ordnet das Produktmanagement, Kennziffern ermöglichen eine Lenkung. Im Produktmanagement wird ein Steuerungstableau benötigt, um gezielt vorgehen zu können. Die gesamten Überlegungen bilden die Grundlage für den quantitativen Teil. Die Basisgröße ist ermittelt: Deckungsbeitrag des Produktbereichs, je nachdem für ein Produkt oder mehrere Produkte – Soll und Ist im Vergleich zum Vorjahr. Darüber hinaus zeigen Marktanteile – absolute und relative – die Stärke der Marktaktivitäten.

Im Laufe des Jahres zeigt die betriebswirtschaftliche Analyse, ob das PM das Jahresziel erreichen kann. Eine rollierende Planung der mittelfristigen Perspektive stellt sicher, dass die dauerhafte DB-Erzielung erreicht wird.

Damit ist der quantitative Kern für ein PM-Dashboard zur Steuerung der Arbeit erstellt:

	Produktmanagement A					
Umsatz t-1	Planumsatz laufendes Jahr t	Ist-Umsatz laufendes Jahr t	Hochrechnung Jahr t	Planumsatz t+1	...	Planumsatz t+x
DB t-1	Plan-DB laufendes Jahr t	Ist-DB laufendes Jahr t	Hochrechnung Jahr t	Plan-DB t+1	...	Plan-DB t+x

	Produktmanagement A					
DB-Quote t-1	Plan-DB-Quote laufendes Jahr t	Ist DB-Quote laufendes Jahr t	Hochrechnung Jahr t	Plan-DB-Quote t+1	...	Plan-DB-Quote t+x
Absoluter oder relativer Marktanteil t-1	Plan Marktanteil laufendes Jahr t	Ist Marktanteil laufendes Jahr t	Hochrechnung Jahr t	Plan Marktanteil t+1	...	Plan Marktanteil t+x
	Einzelne Produkte des Produktmanagements, aufgelistet in Reihenfolge des Deckungsbeitrags, in gleicher Weise					

Tab. 7: Quantitative Kennziffern im Produktmanagement

Das Tableau enthält die wichtigsten quantitativen Kennziffern zur Steuerung des Produktbereichs: Wie haben sich die Produkte verkauft, wie verkaufen sich die Produkte aktuell? Wie könnte es weitergehen? Was bleibt als Deckungsbeitrag? Wie hoch ist der Marktanteil, unter Umständen der relative Marktanteil? Das ist die quantitative Steuerung des Produktmanagements.

2.2 Qualitative Analyse des Produktbereichs

Zahlen sind wichtig – aber entscheidend ist, welche Beweggründe der Kunden zu den Zahlen geführt haben. Unentbehrlich für die PM-Steuerung ist der qualitative Aspekt, die Berücksichtigung der Kundenanforderungen. Auch in diesem Bereich beginnt die Informationsgewinnung intern. Im quantitativen Teil sind Marktsegmente gebildet worden. Die verfügbaren Daten sind strukturiert und bieten einen ersten Überblick. Dieses ist die Grundlage, um sich aus verschiedenen Perspektiven Erklärungen zu holen.

Hintergrundgespräche mit allen wichtigen Abteilungen sind für das Produktmanagement aufschlussreich. Zum Standard sollten Jours fixes gehören mit den relevanten Abteilungen:

- Kundendienst
- Forschung und Entwicklung (F&E)
- Marketing oder Kommunikation
- Marktforschung
- Vertrieb

Unternehmen sind unterschiedlich strukturiert. Welche Abteilungen sind es bei Ihnen?

Gesprächsgrundlage bilden Erfassungen von häufigen Vorkommnissen (Kundendienst), von Neuerungen im technischen Feld oder bei Wettbewerbsprodukten (F&E),

von durchgeführten Marketingaktivitäten (Marketing/Kommunikation), von Sekundärauswertungen und primären Studien (Marktforschung). Jegliche Kenntnis kann wertvolle Informationen liefern, welche den Erklärungsgrad gegenüber der reinen Auswertung erhöht.

Im Zentrum dieses qualitativen Radars steht der Vertrieb: Die Kolleginnen und Kollegen machen zuerst relevante Wettbewerbsbeobachtungen. Es ist vorteilhaft, diesen Punkt zu systematisieren. Auf regelmäßigen Vertriebstagungen sollte der härteste Wettbewerber jeweils Thema sein. Das allein setzt diese Auseinandersetzung schon in den gedanklichen Mittelpunkt.

Einerseits bringt das Produktmanagement die Ergebnisse der eigenen Recherchen mit – neben den Auswertungen das, was im Netz ermittelt werden konnte, was auf Veranstaltungen oder Messen beobachtet wurde, welche Informationen aus neuen Studien es gibt. Der Vertrieb seinerseits gibt einen Lagebericht über die Wettbewerbsauseinandersetzung. Die Fokussierung führt dazu, dass beide, PM und Vertrieb, den Blick darauf richten und gezielt Informationen sammeln. Die regelmäßigen Meetings dienen der besseren Information sowie der Vernetzung und Zusammenarbeit. Die Akzeptanz des Produkts bei den Kunden im Wettbewerb ist der Vorläufer für Kauf und Erzielung des Deckungsbeitrags:

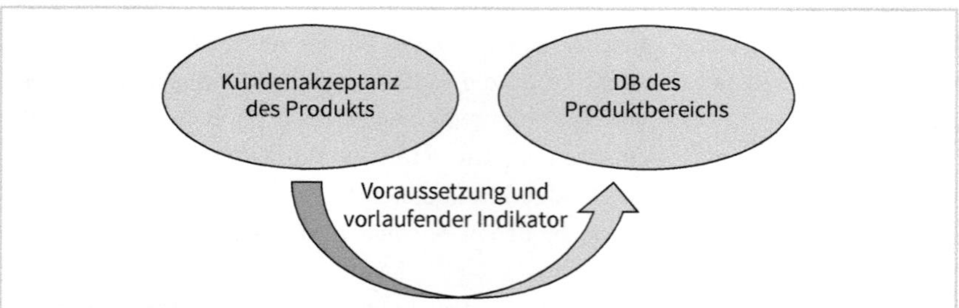

Abb. 17: Kundenakzeptanz als Hebel

Das Produktmanagement kann nur durch Veränderung der Kundenakzeptanz den Deckungsbeitrag beeinflussen. Das ist hoch relevant für den Vertrieb und dessen Ergebnisse. Die Kundenakzeptanz bildet den zentralen Hebel für Maßnahmen. Es beginnt mit Beobachtungen der Vertriebskollegen. Wenn sie zudem permanent geprüft wird, können Veränderungen schnell registriert und Maßnahmen eingeleitet werden. Sie bildet das vorausschauende Radar für alle Maßnahmen.

Kein Manager kann die Verantwortung an die Marktforschung abgeben. Das wäre ein Missverständnis. Es ist aber leichtfertig zu entscheiden, ohne dass Kundenreaktionen bekannt sind.

Beachten Sie

Die tragende Grundlage für passende Angebote ist die Entsprechung der Leistung für die Zielgruppe.

Kundenforschung stellt die Verbindung zwischen der Zahlenebene auf der einen Seite und der Wirkungs- wie Verhaltensebene auf der anderen Seite her. Nach diesen Überlegungen lassen sich aus Sicht des Produktmanagements zwei zentrale Ziele für die Kundenforschung setzen:

- **Zeitreihenanalysen:** Wie entwickeln sich Imagedimensionen von Unternehmens- und Produktmarke, wie entwickeln sich Zufriedenheitswerte im Zeitablauf? Entscheidend ist die Veränderung von wichtigen Kenngrößen im Laufe der Zeit.
  Das Ziel ist eine permanente Verbesserung der Akzeptanz. Abweichungen signalisieren geänderte Einschätzungen – positiv oder negativ.
  Und es stellt sich die Frage: Kann ein Zusammenhang zu Ergebniskennziffern – zeitversetzt – erkannt werden?
  Das ist insgesamt ein permanentes Post-Testing, weil ermittelt wird, was sich in den Köpfen der Kunden eingestellt hat.
  → Wo stehen die Produkte in der Einschätzung der Kunden?
- **Einzelprüfungen:** Bestimmte Schritte in der Produktentwicklung oder Maßnahmen in Vorbereitung für das Produktmarketing werden hinsichtlich ihrer Resonanz bei der Zielgruppe vor Durchführung überprüft. Immer steht die Frage an, ob gute Aussicht besteht, die geplanten Wirkungen zu erzielen. Entscheidend ist die Bestätigung oder Falsifizierung von einzelnen Annahmen zur Wirkung bei Kunden. Kreativität bleibt für die Wirkung das zentrale Zauberwort. Die darf nicht beeinträchtigt werden. Missverständnisse, unpassende Assoziationen oder andere Hindernisse für gewünschte positive Effekte werden idealerweise ausgefiltert.
  → Dabei helfen verschiedene Pre-Tests, um die zukünftige Resonanz in der Zielgruppe vorauszusagen.
  Die Pre-Test-Voraussagen bestätigen sich idealerweise nach einiger Zeit in den Post-Test-Besitzständen. Dieser Abgleich gibt Aufschluss über die Wirkung von Maßnahmen in der Zielgruppe.

Beachten Sie

Produktmanagement ist ein systematisches Management, das konsequent an der Kundenreaktion ausgerichtet wird.

Zusammenhang von Einstellung und Verhalten

Nun geht es um das Instrumentarium, um Imagedimensionen zu ermitteln und allgemein ein Begründungstableau für die Entwicklung der Zahlen zu erfassen, damit Sie gezielt eingreifen können. Veränderungen der ökonomischen Kennziffern entstehen aus dem Verhalten der Kunden und gehen immer auf Änderungen in den Einstellungen zurück. Damit gibt es zwei zentrale Erkundungsbereiche: das **Verhalten** und die **Einstellung** der Kunden.

Produkt- und Markeneinstellung des Kunden

Die Einstellung der Kunden ist zu unterscheiden in Produkt- und (Unternehmens-) Markeneinstellungen. Führungsgröße im Produktmanagement ist die Produkteinstellung. Da sie niemals unabhängig von der (Unternehmens-)Markeneinstellung ist, werden beide betrachtet und auf ihre Stimmigkeit untereinander in der Zielgruppe geprüft.

Bei der Marke – gleich ob Unternehmens- oder Produktmarke – wird auch von dem Markenimage gesprochen. Die beiden Begriffe **Einstellung** und **Image** werden im Folgenden synonym genutzt. (Die Psychologie bevorzugt den Begriff Einstellung, die Marktforschung den Begriff Image.) Wie aber hängen Einstellung und Verhalten zusammen? Verbreitet wird das SOR-Schema (Stimulus-Organismus-Response) herangezogen.

Abb. 18: Das SOR-Schema

Ein bestimmtes Verhalten auf einen Impuls wird beobachtet. So weit, so gut. Wir springen damit in der Kundenforschung aber nicht weit genug, wenn wir dieses voreilig als immer wieder eintretend annehmen. Häufig erfolgt in anderer Umgebung, selbst bei einfacher Wiederholung, ein anderes Verhalten. Das stellt noch keine gute Maßnahmengrundlage dar. Sie sollte verlässlicher sein.

Beachten Sie

Erst wenn die Einstellung als stabile Verhaltensgrundlage bekannt ist, lässt sich eine verlässliche Verbindung herstellen. Die Kenntnis von Einstellung und wichtigen Antrieben, im SOR-Modell der **Organismus Zielgruppe** – das, was sich im Inneren der Kunden abspielt – liefert ein belastbares Verständnis für die Zielgruppe. In diesem Zusammenhang wird auch von **Insights** gesprochen. Mit deren Erkundung lässt sich Verhalten besser vorhersehen und können die passenden Maßnahmen ergriffen werden.

Ein Gegenstand, ein Produkt, eine Marke wird von Kunden gefühlsmäßig bewertet. Wenn eine Kundin zu einem ihr bekannten Produkt gefragt wird, äußert sie eine Beurteilung. Dabei wird zurückgegriffen auf gespeichertes Wissen. Es ist jeweils eine Gesamtbewertung, ohne dass sie einzelne Teile ihrer Bewertung genau bestimmen könnte. Die Erfahrungen haben sich im Kopf zu einem Gesamturteil verdichtet. Psychologen sprechen von einem **Information Chunk**.

Zielgruppen

Zentral ist auch die Frage, wessen Einschätzung zur Steuerung dienen soll. Viele Kundenforschungsprojekte zielen auf einen Kundendurchschnitt. Doch wer will ein durchschnittliches Angebot? Alle Kunden wünschen eine spezielle Leistung. Deshalb ist ein Durchschnittsansatz zum Scheitern verurteilt.

Ein Audi-Kunde wechselt selten zu BMW, ein BMW-Kunde selten zu Mercedes, ein Mercedes-Kunde selten zu Audi. Keiner der drei Kunden möchte einen Audi-BMW-Mercedes-Durchschnitt. Nichts anderes stellt aber die Ausrichtung am Durchschnitt dar. Das ist für entwickelte Märkte ein systematischer Fehler. Die Kundengruppen je genannter Automarke unterscheiden sich, insbesondere hinsichtlich der emotionalen Komponente.

Jede Marke hat eine Kernzielgruppe, die für die Maßnahmen des Produktmanagements im Zentrum bleiben muss. Deshalb haben wir überlegt, ob mit den verfügbaren Daten aus Absatz- und Kundenverhalten Segmente gebildet werden können. Typisch sind aufgrund der Bevorzugung passender Produkte bestimmte Kundensegmente, welche für den überwiegenden Teil des Produkt-Deckungsbeitrags verantwortlich sind.

Unter einem Segment wird eine Kundengruppe verstanden, die ein sehr ähnliches Verhalten aufweist, das sich von anderen Kundengruppen erkennbar unterscheidet. Das Produktmanagement nutzt als Instrument für das wichtigste Segment, die hauptsächlichen Deckungsbeitrags-Bringer, die Persona als Prototyp zum vertieften Kennenlernen und füllt die vier Felder (vgl. Abb. 4) auf Basis von Ermittlungen immer wieder aktuell aus.

Im unteren Bereich der Persona-Matrix helfen die Erkenntnisse zu Persönlichkeiten. Eine Form von Segmentbildung gestatten Milieustudien[67]. »Die Sinus-Milieus® fassen Menschen mit ähnlichen Werten und einer vergleichbaren sozialen Lage zu ›Gruppen Gleichgesinnter‹ zusammen.«[68] Das ist sicherlich eine Möglichkeit der Segmentierung für das Produktmanagement. Die Anbieter der Milieuuntersuchungen bieten auch differenzierte Auswertungen ihrer Datengrundlage für bestimmte Fragestellungen an.

Wer die Maßnahmen noch genauer ausrichten will, beschäftigt sich eingehender mit der Persona, den Personae des eigenen Produktmanagements. Menschen greifen zurück auf Werte für ihre Entscheidungen. »Werte stellen Maßstäbe für die Beurteilung des eigenen Handelns dar (= Innenaspekt), und sie sind Leit- und Richtlinien für die Wahrnehmung der Umwelt des Einzelnen (= Außenaspekt). Werte ändern sich (wenn überhaupt) nur sehr langsam oder infolge drastischer Ereignisse.«[69]

---

67 Vgl. www.sigma-online.com und www.sinus-institut.de/sinus-milieus/.

68 www.sinus-institut.de/sinus-milieus/.

69 Vgl. Kroeber-Riel, Werner; Gröppel-Klein, Andrea, Konsumentenverhalten, 11. Aufl., München 2019, S. 249.

Als ein Hilfsmittel zur vertieften Kundensegment-Beschreibung dienen Persönlichkeitscharakterisierungen.[70] Damit bekommt die Persona persönliche Substanz.

Wie ist die zentrale Kundengruppe eingestellt und wie schätzt sie Unternehmen und Produkt ein? Diese beiden Seiten bilden den Kern der Erkundungsüberlegungen.

Ermittlungsgrundlage: explizite und implizite Einstellungen

Lange Zeit wurden Einschätzungen erfragt. Das funktioniert nur, wenn sich die Probanden ihrer Einstellung bewusst sind. Die Neurowissenschaft hat den großen Anteil unbewusst gesteuerten Verhaltens verdeutlicht. Die Entwicklung eines impliziten Assoziationstests ermöglichte es zu zeigen, dass es mehr gibt als die bewussten, **expliziten Einstellungen.**

Wie bei Emotionen gibt es auch einen unbewussten Teil, die **impliziten Einstellungen.** Dadurch wird die Entdeckung erschwert. Zu manchen Marken, den **Love Brands**, gibt es ein sehr enges Verhältnis, zu manchen ein nur leicht positives bei gleichzeitiger Offenheit gegenüber anderen Angeboten. Die stärkste Entlastung für Kaufentscheidungen bringen tief verwurzelte Einstellungen. Kaum ausgeprägte Images hingegen, die nur sehr flach sind, können sich situativ schnell ändern.

Das Phänomen lässt sich so visualisieren:

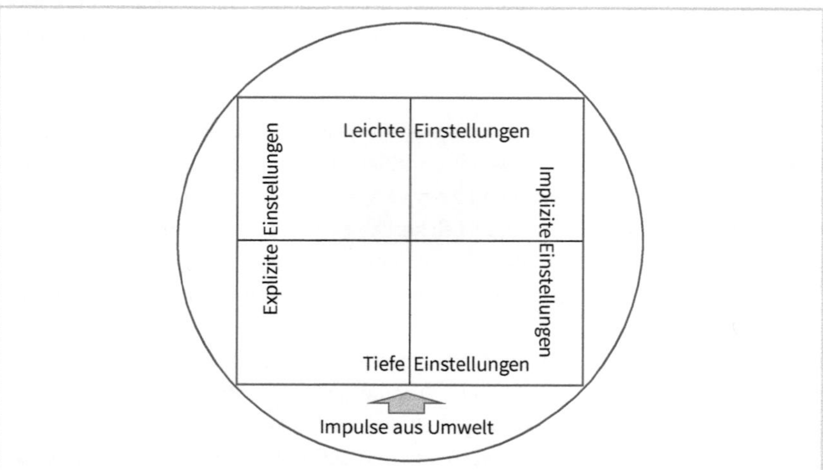

Abb. 19: Explizite und implizite Einstellungen

70 Vgl. Neyer, Franz J.; Asendorpf, Jens B., Psychologie der Persönlichkeit, 6. Aufl. Berlin 2018, oder Schwartz, Shalom H., An Overview of the Schwartz Theory of Basic Values, in: Online Readings in Psychology and Culture, Nr. 1, 2012, S. 1 ff.

Tiefe Einstellungen sind meist sehr stabil, auch gegen Impulse aus der Umwelt wie Wettbewerberaktivitäten. Wie tief Vorlieben, gespeicherte Einstellungen, sitzen können, zeigt sich, wenn Menschen mit beliebten Marken aus ihrer Jugend konfrontiert werden. Meist lässt sich das gar nicht erklären. Und die Vorlieben spielen im aktuellen Alltag ansonsten kaum eine Rolle. Doch sobald sie angesprochen werden, sind sie hoch wirksam.

Flache Einstellungen werden leicht geändert, wenn Anstöße aus der Umwelt das nahelegen. Das richtige Gegenangebot zur richtigen Zeit – und der Kunde unterschreibt. Die Intensität der Einstellung führt für das Produktmanagement zu unterschiedlichen Strategien: Im Falle nur flacher Einstellungen bedarf es eines ganz anderen Vertriebsniveaus als im Falle tiefer Einstellungen. Existieren tiefe positive Überzeugungen, ist das Handeln sehr stabil.

Beispiel

Der Produktionsleiter eines Getränkeunternehmens kann hinsichtlich einer Getränkeabfüllanlage in Stufen unterschiedliche Einstellungen aufweisen:

- »Wenn eine neue Anlage benötigt wird, dann nur von Krones, damit haben wir gute Erfahrungen gemacht.« – Er ist festgelegt auf eine Marke, sie ist vorverkauft. Wie gut.
- »Wenn eine neue Anlage, dann bevorzuge ich *Made in Germany*, das ist sicherer.« – Er ist festgelegt auf eine Herkunftsregion, die spezielle Marke ist offen. Überzeugungsarbeit durch den Vertrieb.
- »Wenn eine neue Anlage, dann vergleiche ich die Angebote.« – Er ist nicht festgelegt. Hier fällt in aller Regel die Entscheidung aufgrund eines situativ gegebenen Impulses. Vertriebsarbeit.

Zur Erklärung von Einstellung oder Image wurde die **Drei-Komponenten-Theorie** entwickelt, die zur Operationalisierung in der Kundenforschung herangezogen wird. Die Einstellung oder das Image umfasst danach:[71]

- eine *affektive* Komponente, also eine emotionale Seite (Beispiel: Ich mag Apple),
- eine *kognitive* Komponente, also eine Beteiligung von Wissenselementen (Beispiel: intuitive Bedienung ist Basis bei Apple),
- eine *Verhalten*skomponente (Beispiel: Mein nächstes Smartphone wird ein Apple iPhone).

»Einstellungen reflektieren […] zum einen unsere Selbsteinschätzungen, zum anderen alle Empfindungen/Haltungen in Bezug auf die gesamte Umwelt, also andere Menschen, Objekte [wie auch Produkte, Marken], reale und virtuelle Räume, Fiktionen und reale Begebenheiten.«[72]

71 Vgl. Kroeber-Riel, Werner; Gröppel-Klein, Andrea, Konsumentenverhalten, a. a. O., insbesondere S. 198 ff.

72 Ebenda, S. 199 (Ergänzungen in eckigen Klammern durch den Autor, L.K.).

Dabei entsteht eine Handlungsleitung – in unserem Beispiel, wenn der Kunde Apple mag, interessiert er sich für Neuerungen aus dem Unternehmen –, dann löst diese Aktivierung die Speicherung von Wissenselementen aus, die zusammen in der Kaufentscheidung wirken.

Beachten Sie

Menschen bevorzugen eine innere Stimmigkeit von Fühlen, Denken und Handeln. Sie lieben es, die Produkte zu kaufen, die sie mögen. Umgekehrt wirkt der Besitz eines Produkts auch auf das Fühlen und Denken. Einstellung lenkt Verkaufsentscheidungen, Nutzungserfahrung lenkt Einstellungen.

Kundenverhalten

Das ist die Grundlage für Messungen: Es gilt, dafür einen möglichen Instrumentenkasten der Kundenforschung zusammenzustellen. Wenn es gelingt, handlungsleitende Einstellungen oder Images aufzubauen, ist viel erreicht. Sie sollten erkannt und nachgehalten, die Maßnahmen entsprechend ausgesteuert werden.

Grundlage des PM-Handelns ist eine Korrespondenz zwischen Produktangebot und Kundenwünschen – das ist der Ansatz für Produkterfolg. Die Übereinstimmung geht zurück auf das basale menschliche Verhalten. Letztlich stellen die Bezugsgruppen für Menschen die entscheidende Orientierung dar. Verhalten resultiert aus der sozialen Motivation.[73] Damit schließt sich der Gedankenkreis. Zu manchen Menschen wird Nähe gesucht, zu manchen eher Abstand. Das gilt ebenso für die Artefakte der Menschen, und es lässt sich auf die Produktbeziehungen übertragen. »Unter der sozialen Nähe bzw. Distanz zweier Individuen [wobei eines auch gegenständlich oder eine Marke sein kann] verstehen wir die Gesamtheit der Bedingungen, die es beiden oder einem von ihnen erleichtern oder erschweren, miteinander zu interagieren.«[74]

Dieser Gedanke bildet die Brücke zur Erfassung von qualitativen Größen: Verbreitet wird mit Distanzmaßen gearbeitet. Im Kopf der Probanden gibt es eine Entsprechung von innerer und äußerer Entfernung. »So wie bei physikalischen Messungen ein Meterstab verwendet wird, um die Länge eines Gegenstandes zu messen, muss auch in der Marktforschung ein Maßstab angewendet werden, um beispielsweise den Grad der Einstellung einer Person gegenüber einem bestimmten Objekt, etwa der Marke X, zahlenmäßig zu erfassen.«[75]

---

73 Vgl. Bischof, Norbert, Psychologie, a. a. O., S. 401 ff.
74 Ebenda, S. 402 (Ergänzung in eckigen Klammern durch den Autor, L.K.).
75 Berekoven, Ludwig; Eckert, Werner; Ellenrieder, Peter, Marktforschung, 12. Aufl., Wiesbaden 2009, S. 64.

Doch auch dieser Punkt ist zu differenzieren: Menschen verbinden Marken im Kopf mit Bezugssystemen. Ein Produkt wird für unterschiedliche Einsätze unterschiedlich bewertet: feines Essen, feiner Wein – freundschaftliches Treffen, guter Wein. Es ist also darauf zu achten, den Bezug des Einsatzes herzustellen, sonst werden falsche Aussagen getroffen.

Es gibt meist eine Kette der Einstellungsvertiefung: Die Einstellung lenkt die Entscheidung. Nach der Lieferung wird die Leistung mit der Erwartung verglichen, bei Erfüllung der Erwartungen wird die Einstellung vertieft, ist beim nächsten Mal noch wirksamer. Psychologen sprechen von der **operanten Konditionierung**. Wird die Erwartung nicht erfüllt, wackelt die bisherige Einstellung. Wettbewerber können punkten.

Das zeigt die Bedeutung von zwei Konstrukten für das Produktmanagement:

- **Kundenzufriedenheit:** Viele Unternehmen messen die Kundenzufriedenheit. Hier geht es darum, in einem ersten Schritt die Faktoren für Zufriedenheit zu ermitteln und in Kundenzufriedenheitsbefragungen speziell die Resonanz darauf im Vergleich zum härtesten Wettbewerbsprodukt zu ermitteln. Das ist dann handlungsorientiert.
  Zudem holt sich der geschickte Produktmanager regelmäßig die aktuellen Ergebnisse aus dem Kundenservice. Dort tauchen Probleme zuerst auf.
- **Kundenloyalität:** Eine Auswertung der Absatzergebnisse zeigt die Wiederkaufquote bei Anbietern von Leistungen, die regelmäßig benötigt werden. Im B2B-Vertrieb gibt es häufig die **Preferred Supplier**, also diejenigen, die Erstlieferanten sind. Insofern können gerade die loyalen Kunden gut erfasst werden.
  Im Netz kann eine Verbindung beispielsweise durch interessante Newsletter hergestellt werden, um in ständigem Kontakt zu bleiben. Gleichzeitig können die Daten strukturiert werden, welche Gruppen die Verbindung akzeptieren.
  Immer ist in der Lieferantenbeziehung der Erhalt der Position **Preferred Supplier** existenziell, direkt im B2B-Bereich, gedanklich auch im B2C-Bereich.

Im Produktmanagement kommt es darauf an zu wissen, wie die Beurteilung ausfällt, welche Emotionen mit dem Produkt oder der Marke verbunden sind, welche Kenntnisse es zum Produkt gibt und ob und wie stark die Kaufabsicht gegeben ist – und dies im Vergleich zum härtesten Wettbewerbsprodukt. Damit sind die Aufgaben für die Kundenforschung formuliert.

Die Einstellungsaspekte sind nicht alle gleich wichtig. Der japanische Professor Noriaki Kano hat die Unterscheidung zwischen Basis-, Leistungs- und Begeisterungsanforderungen geprägt:

- **Basisanforderungen** müssen gegeben sein. Es gibt kein Verhandeln, andererseits eignen sich diese Anforderungen auch nicht zur Herausstellung. Sie bilden die Basis.

- **Leistungsanforderungen** unterscheiden die Angebote im Markt. Bei technisch ausgerichteten Zielgruppen oder bei Angebotsvergleichen im B2B-Bereich werden sie meist als Entscheidungsgrund genannt, auch wenn dieses nicht der eigentliche Grund ist. Es wird gerne objektiviert.
- **Begeisterungsanforderungen** bilden den wahren Kaufgrund. Es sind oft nur einzelne Aspekte, welche herangezogen werden für den inneren Vergleich. Meist entstammen die Aspekte dem Feld der Selbstdarstellung und der Umfeldresonanz.

Eine Unterteilung der Produktvergleiche anhand der drei Anforderungsgruppen hilft, die Wünsche zu strukturieren. Wenn die ersten beiden Komponenten zusätzlich dahingehend geprüft werden, wie sie für ein ideales Produkt aussehen, hat die Produktmanagerin eine Handlungsrichtung für die erforderlichen Maßnahmen. Was begeistert, ist eher indirekt zu ermitteln, das können Probanden in der wahren Tiefe nicht verbalisieren.

Das Urteil wird bei den eigenen Kunden ermittelt, schließlich will die Produktmanagerin diese doch überzeugender bedienen als der Wettbewerb. Das Vorgehen lässt sich so strukturieren:

Kriterium	Eigenes Produkt	Wettbewerbsprodukt	Idealprodukt
Begeisterung: …			
Leistung: …			
Basis: …			

Tab. 8: Faktoren im Produktvergleich

Insgesamt gewinnt das Produktmanagement so ein vollständiges Bild: Die Kennziffern der quantitativen Analyse zeigen die Entwicklung im Markt bis hin zu einer Planungsrechnung für die Zukunft. Das ist oft eine Trendextrapolation, genau genommen wird also die Zeit als erklärende Größe genommen. Sicher gibt es auch intelligentere Software für Prognosen.

Die wahre Steuerung der Maßnahmen erfolgt zielgruppenorientiert: Was sind die Beweggründe der Kernkunden, welche Motive stecken hinter dem Verhalten, welche Werte sind entscheidungsrelevant? Hier geht es um die noch bestehenden Differenzen als Aufgabe für das Produktmanagement. Damit kann eine Erklärung für die vergangene Entwicklung gegeben werden und es lassen sich aufgrund der tiefen Kundenkenntnis bessere Voraussagen treffen.

Jetzt zeigt sich einerseits, welcher Deckungsbeitrag aus dem Umsatz bleibt, andererseits zeigt sich, was sich auf der Einstellungsebene zusammenbraut. Das **PM-**

Dashboard zur Steuerung der Arbeit im Produktmanagement kann ergänzt und vervollständigt werden:

	Produktmanagement A					
Umsatz t-1	Planumsatz laufendes Jahr t	Ist-Umsatz laufendes Jahr t	Hochrechnung Jahr t	Planumsatz t+1	...	Planumsatz t+x
DB t-1	Plan-DB laufendes Jahr t	Ist-Deckungsbeitrag laufendes Jahr t	Hochrechnung Jahr t	Plan-DB t+1	...	Plan-DB t+x
DB-Quote t-1	Plan-DB-Quote laufendes Jahr t	Ist-DB-Quote laufendes Jahr t	Hochrechnung Jahr t	Plan-DB-Quote t+1	...	Plan-DB-Quote t+x
Absoluter oder relativer Marktanteil t-1	Plan Marktanteil laufendes Jahr t	Ist Marktanteil laufendes Jahr t	Hochrechnung Jahr t	Plan Marktanteil t+1	...	Plan Marktanteil t+x
Anzahl Kunden t-1 Darunter: wiederkaufende Kunden	Plan Kunden laufendes Jahr t Darunter: Plan wiederkaufende Kunden	Ist Kunden laufendes Jahr t Darunter: wiederkaufende Kunden	Differenzen im Jahr t	Plan Kunden t+1 Darunter: wiederkaufende Kunden	...	Plan Kunden t+x Darunter: wiederkaufende Kunden
Kundenresonanz für wichtigste Segmente	Qualitative Zielgrößen, insbesondere Einstellung, erwünschte Zuordnungen, Zufriedenheit	Tatsächliche Zuordnungen, Entwicklung Einstellung, tatsächliche Zufriedenheit, Wiederkaufrate, empfundenes Serviceniveau	Differenzen zwischen Ziel und Ist Jahr t	Beabsichtige Verbesserungen für das Jahr t+1		Bewertungsoptimum
	Einzelne Produkte des Produktmanagements, aufgelistet in Reihenfolge des DB, in gleicher Weise					

Tab. 9: PM-Dashboard zur Steuerung der Arbeit im Produktmanagement

2.2.1 Toolbox der Kundenforschung

Das PM-Dashboard ist idealerweise ein Teil des CRM-Systems. In vielen Unternehmen sind, meist ausgehend vom Vertrieb, CRM-Systeme etabliert. Gerade die Kundenbetreuung im Vertrieb kann so unterstützt werden. Alle im Kundenkontakt greifen auf eine Kundendatenbasis zurück, ebenso helfen die Systeme, den Kundenkontakt zu organisieren.

Aber auch ein Produktmanagement greift zurück auf die Auswertungen in den CRM-Systemen. Die Blickwinkel sind unterschiedlich: Im Vertrieb geht es um die gelungene Betreuung einzelner Kunden, im Produktmanagement um die Identifikation von wichtigen Kundensegmenten und deren Kaufverhalten. So soll es auf den unterschiedlichen Aggregationsstufen jeweils gelingen, den richtigen Kunden das Richtige anzubieten (Effektivität des Managements) und den richtigen Kunden das Richtige in passender Weise anzubieten (Effizienz des Managements).

Die Zielsetzung wird typischerweise maschinell unterstützt, eben mit CRM-Systemen. Damit werden als Einzelziele verfolgt:[76]

- höhere Qualität der Kundenbearbeitung
  → Unterstützung der Individualisierung und Mehrwertservices
- Verbesserung der internen Bearbeitungsprozesse
  → Schnelligkeit und Zuverlässigkeit der Prozesse
- verbessertes Kundendatenmanagement
  → Sammlung und Integration verlässlicher Kundendaten
- Verbesserung der Kundenkontakte
  → Mediamanagement im Kundenaustausch

Alle vier Ebenen sind für beide Funktionen relevant, für die Güte der Vertriebsarbeit, für das optimale Produktangebot des Produktmanagements. Und beide Ebenen sind verbunden: die Vertriebsarbeit ist deutlich erleichtert, wenn das Produktangebot auf die Kunden zugeschnitten ist. Es geht jeweils darum, das Lernen über Kunden zu verbessern, im Produktmanagement auf Segmentebene, im Vertrieb auf Individualebene.

Insofern sitzen die beiden Funktionen in einem Boot. Es ist gut, wenn deren Tätigkeit intelligent durch das CRM-System unterstützt wird. Das ist zunächst eine Frage der Datenqualität. Das Produktmanagement generiert durch Untersuchungen belastbare Daten, ein Vertrieb, der gerne auf Wissensgrundlage agiert, sammelt standardisiert Daten zu Vor-Ort-Beobachtungen. Wenn dann von Programmseite bei Zugriff auf diese

76 In Anlehnung an: Helmke, Stefan; Uebel, Matthias; Dangelmaier, Wilhelm, Grundlagen und Ziele des CRM-Ansatzes, in: Helmke, Stefan; Uebel, Matthias; Dangelmaier, Wilhelm, Effektives Customer Relationship Management: Instrumente – Einführungskonzepte – Organisation, 6. Aufl., Wiesbaden 2017, S. 8.

verlässlichen Daten funktionsgerechte Auswertungen erfolgen, bedeuten die eigenen Wissensressourcen einen Vorsprung für die Arbeit in der jeweiligen Aufgabe.

Praktisches Vorgehen

Wenn eine spezielle Aufgabenstellung der Kundenforschung anliegt und geklärt ist, wird jeweils gesichtet, welche Informationsgrundlage bereits verfügbar ist:

- interne Absatz- und Kundendaten
- durchgeführte Studien
- am Markt verfügbare Informationen

In der praktischen Kundenforschung wird begonnen mit den internen Absatzdaten: Gibt es eine Konzentration in der Kundenstatistik (Anteile Deckungsbeitrag der wichtigsten Kunden)? Die Kunden mit den höchsten Deckungsbeiträgen sind für das Produktmanagement entscheidend. Sie bilden den Kern der weiteren Betrachtung, denn dort schätzen die Kunden offensichtlich die Produkte.

Im quantitativen Teil werden Zahlen über den Markt und Marktanteile ermittelt. Im Laufe der PM-Arbeit stellen diese Größen Grundlagen dar. Damit ist ein Gesamtüberblick gegeben, wenn möglich, sind die Anteile des eigenen Unternehmens und die des härtesten Wettbewerbers bestimmt. Idealerweise gibt es gemeinsame Marktinformation als Business-Intelligence-System für den gesamten Absatzbereich, worauf das einzelne Produktmanagement zurückgreift.

Der Auftrag im Produktmanagement besteht darin, die eigenen Anteile zu verbessern. Dabei hat sich gezeigt, dass nur über die Kundenakzeptanz Änderungen möglich sind. Die Ausrichtung der Aktivitäten erfolgt auf eine Zielgruppe im Markt. Es gibt wenige Produkte für alle Haushalte oder Unternehmen. So brauchen zwar alle Menschen Strom, aber selbst hier gibt es Bevorzugungen: Ökostrom, Strom von einem regionalen Anbieter, günstiger Strom.

Deshalb sind Segmentierung und die Bestimmung des zuerst erreichbaren Segments so entscheidend. Denn nur so kann zielgruppenspezifisch angeboten werden, kann man einer Kundengruppe besonders nah sein, so dass diese das Angebot liebt. Die Erschließung der eigenen Daten und die Ermittlung von Clustern bilden die Grundlage. Welche Kundengruppe bringt dem Produktmanagement die höchsten Deckungsbeiträge?

CRM-Systeme nutzen erst einmal Daten der Betriebsbuchhaltung, werden ergänzt um systematisch erhobene Daten im Vertrieb. Zudem können externe Daten aus Studien abgelegt und kombiniert werden. Vor der Auswertung kommt es auf die Datenerfassung an.

Die wichtigste Anforderung besteht im Erkennen der Kundentypen, welche vor allem für die Deckungsbeiträge der Produkte verantwortlich sind. Dafür eignen sich auswertbare Beobachtungen. Hier sollten Produktmanagement und Vertrieb eng zusammenarbeiten.

Programme können durchaus relevante Faktoren finden, wenn die Informationen zur Verfügung stehen. Sie benötigen das Datenfutter. In vielen Vertrieben gibt es eine standardisierte Vorlage zur Informationsermittlung, die per Datenübertragung eingespeist werden und so als aktuelle Grundlage zur Verfügung stehen. Aktueller kann eine Datenbasis nicht sein.

Die eigentliche Ermittlung der im Kundenstamm vorhandenen Segmente erfolgt mithilfe einer Clusteranalyse: Hintergrund ist die Überlegung, dass Märkte nicht homogen sind, sondern unterschiedliche Nachfragergruppen existieren. So gibt es Variablen, ermittelt aus dem Kundenverhalten in Abgrenzung zum Wettbewerb, welche Marktsegmente abgrenzen.

Die Clusteranalyse wie die Faktorenanalyse sind Verfahren der Interdependenzanalyse, also der Ermittlung von Zusammenhängen zwischen Variablen.[77] Die Variablen können metrisch, also in Zahlen, oder nicht metrisch vorliegen; dann werden typischerweise Rating-Skalen genutzt, also die Ausprägungen in eine Rangreihe gebracht, etwa wie die früheren Schulnoten von 1 = sehr gut bis 5 = mangelhaft. Durch die Angabe der Stärke kann die Information für die Auswertung genutzt werden.

Die Clusteranalyse ermittelt Kundencluster. »Diese Gruppen sollen in sich möglichst homogen und untereinander möglichst heterogen sein.«[78] Das macht sie für das Produktmanagement wertvoll, die Maßnahmen können sich gezielt auf die Wünsche einer Gruppe richten. Wir können eine Persona erstellen. Die zur Verfügung stehenden Programme hinter den CRM-Systemen ermöglichen typischerweise Segmentierungen.

Es lassen sich fünf grundsätzliche Segmentierungsansätze unterscheiden:[79]

- **Soziodemografische Marktsegmentierung**
  Informationen für den ersten Quadranten der Persona (vgl. Abb. 6)
- **Geografische Marktsegmentierung**
  Informationen zu relevanten Regionen (für das Produktmanagement eher Länderunterscheidungen, Flächenvertriebe sind oft regional aufgeteilt)

77 Vgl. Homburg, Christian, Marketingmanagement, 7. Aufl., Wiesbaden 2020, S. 388 ff.
78 Ebenda, S. 401.
79 Ebenda, S. 402 ff.

- **Psychografische Marktsegmentierung**
  Informationen zu Unterschieden in Lebensstilen, Persönlichkeitsmerkmalen oder Einstellungen für den dritten Quadranten der Persona (diese kommen aus speziellen Erhebungen)
- **Verhaltensorientierte Marktsegmentierung**
  Informationen zu Kaufverhaltensweisen für den zweiten Quadranten der Persona (hier kann der Vertrieb die ohnehin notwendigen Kundeninformationen ergänzen)
- **Nutzenorientierte Marktsegmentierung**
  Informationen zu Nutzenkategorien und deren Gewichtung für die Produktpositionierung (vgl. Gains und Pains aus der Positionierung, Abb. 7)

Die Grundlage der Clusterbildung sind Distanzmaße. Mit ihrer Hilfe werden zunächst auf Basis der relevanten Daten die statistische Ähnlichkeit untereinander ermittelt. Im zweiten Schritt werden die Kundengruppen zu Segmenten zusammengefasst, so dass sich die Kunden innerhalb eines Segments möglichst ähnlich sind, während sich die Segmente untereinander möglichst stark unterscheiden. Entscheidend ist nun, welche Kriterien verwendet werden.

Beachten Sie

Es geht darum, dass die PM-Arbeit gezielter vorgenommen werden kann. Insofern sind psychografische und verhaltensorientierte Strukturierungen eher relevant als demografische oder geografische Unterscheidungen.

Inwieweit diese Abgrenzungen zur Verfügung gestellt werden, hängt einerseits von den Daten ab. Diese können nur begrenzt direkt im Vertrieb erhoben werden. Dafür bedarf es eigener Untersuchungen und eines Matchings mit den deckungsbeitragsstärksten Kunden. Das hängt von den jeweiligen Programmen und der Datenübernahme ab. Das Produktmanagement sollte bestrebt sein, dass der mögliche Datenschatz gesammelt, strukturiert gespeichert und gekonnt ausgewertet wird.

Mit dem Grundschema, dem Canvas (Abb. 7), ist der qualitative Aspekt strukturiert, und die Felder sind auf Persona- und der Positionierungs-Seite bestimmt. Diese Aspekte lassen sich nicht allein durch eine Datenauswertung ermitteln. Es gilt, die Felder fundiert mit Verfahren der qualitativen Kundenforschung zu füllen. Sie bilden das Basishandwerkszeug im Produktmanagement und die Felder im Canvas das Gliederungsmuster für Erkundungen.

Erste Anhaltspunkte kann eine Internetrecherche ergeben. Dabei werden oft Keywords oder Hashtags gewählt und die Ergebnisse ausgewertet. Dabei wird auf die vielen Informationen zurückgegriffen, die User bereitwillig in den Social-Media-Kanälen mitteilen. Benötigt wird eine Software für das Social Media Monitoring, die Ergebnisse zur Häufigkeit, zum Sentiment von Posts, zum Userprofil und zu den häufigsten Usern liefert.

Dieses **Social Listening** liefert erste Eindrücke. Dabei kommt es darauf an, die richtigen Fragen, sogenannte **Queries**, zu stellen. Immer geht es darum, eine Verbindung herzustellen von plausiblen Stichworten zu Usern. Idealerweise werden diese regional eingegrenzt. Die Auswertungen können in das CRM-System integriert werden.

Wer Social-Media-Dashboards nutzt, hat in aller Regel über eine API (Application Programming Interface) einen Austausch mit den Daten der sozialen Netzwerke für Auswertungen wie Häufigkeiten, Verteilungen oder Sentimentanalysen für Marken und Produkte. Das Programm greift oft auch auf Text- und Bildanalysen zurück. Das erlaubt eine Orientierung.

Darüber hinaus sollte die Produktmanagerin immer den Kontakt zu realen Kunden suchen. Wir interpretieren zu gerne zu viel in die Erhebungen hinein. »Ethnografische Marktforschung bedeutet, Menschen in ihrem natürlichen Habitus zu beobachten, zu begleiten.«[80] Unter der Bezeichnung **Netnographie** werden dabei Charakteristika der besonders aktiven User verstanden.

Die Beschreibung ist so sicher konsumgüterlastig. Im B2B-Bereich gilt es eher, die verschiedenen Publikationen der Kundenunternehmen auszuwerten. Viele Manager sind allerdings in Business-Netzwerken wie XING oder LinkedIn aktiv. Insofern gibt es damit auch einen Personenbezug.

Metasuchmaschinen wie MetaGer und Metasearch[81] können weiterhelfen, um zu sichten, welche Untersuchungen am Markt verfügbar sind.

Beachten Sie

Jede Kundenforschung beginnt mit der Sichtung dessen, was vorhanden ist und worauf verlässlich zurückgegriffen werden kann.

An dieser Stelle sind Hypothesen zusammenzutragen, die es zu überprüfen gilt. Sie beziehen sich auf einzelne Aspekte der PM-Instrumente:

---

80 Appleton, Edward, Oh Mensch – Neue Methoden in der qualitativen Marktforschung, in: Keller, Bernhard; Klein, Hans-Werner; Tuschl, Stefan (Hrsg.), Marktforschung der Zukunft – Mensch oder Maschine? Wiesbaden 2016, S. 150.

81 Vgl. www.metager.de sowie www.metasearch.com.

- die Persona oder Aspekte der Persona,
- die Einstellung zu Absender- oder Produktmarke oder einzelne Aspekte im Vergleich zum härtesten Wettbewerb,
- die Positionierung oder Aspekte der Positionierung im Vergleich zum härtesten Wettbewerb, Aspekte der Kundenzufriedenheit und ihre Entwicklung, Gains und Pains.

Es ist für die Handhabung wichtig, nun überprüfbare Detailhypothesen zu formulieren. Die Ausgangshypothese wird dahingehend analysiert, ob Zusammenhänge, Verteilungen oder Ausprägungen so ermittelt werden können.

Kern der Kundenforschung ist die Umsetzung einer Fragestellung in messbare Ermittlungen in der betrachteten Zielgruppe. Die Datenerhebung umfasst klassische Methoden wie Fragebögen und digitale Methoden wie Blickaufzeichnung. Da fast alle Menschen ein Smartphone nutzen, ist auch dessen Einsatz immer in Erwägung zu ziehen. Entscheidend ist die Möglichkeit, mit Auswertung der Daten eine belastbare Aussage zur Frage treffen zu können.

Repertoire der Kundenforschung

Die vielfältigen Fragestellungen in der Kundenforschung erfordern unterschiedliche Instrumente. Das Repertoire hat sich in den letzten Jahren durch die Digitalisierung deutlich erweitert, der Einsatz vereinfacht. Für eine erste Überlegung zur Strukturierung lässt sich die Unterscheidung heranziehen, ob es um Erkundung von **Verhalten** oder **Einstellungen** geht. Die Pole Verhalten versus Einstellung mit einem Mischbereich bilden die erste Dimension einer Übersichtsmatrix.[82]

Wer Verhalten erkennen will, kann zunächst beobachten. Die teilnehmende Beobachtung ist ein bewährtes Vorgehen der Sozialwissenschaften. Wer Einstellung messen will, muss in das Innere der Probanden vordringen. Das ist schwieriger, da sich die meisten Menschen nicht in ihre »inneren Karten« sehen lassen möchten. Vielfach bewegen sich die Instrumente in einem Zwischenraum: Sie versuchen, zumindest in Ansätzen hinter das Verhalten zu sehen. Deshalb wird ein Mischbereich zwischen den Ausprägungen Verhalten und Einstellung benötigt.

Die **Beobachtung** bezieht sich auf Verhalten beim Kauf oder im Entscheidungsprozess oder in der Nutzung. Das lässt sich durch optische oder digitale Aufzeichnung erfassen. Durch apparative Einsätze ist es möglich, am Geschehen teilzunehmen. Damit werden verzerrende Effekte vermieden.

82 Vgl. Rohrer, Christian, When to Use Which User-Experience Research Methods, in: www.nngroup.com/articles/which-ux-research-methods/, 12.10.2014.

Ziel der Kundenforschung im Produktmanagement sind vor allem möglichst verzerrungsfreie Aussagen zum Erkennungsgegenstand in der Zielgruppe, die helfen, zielgerichtet zu arbeiten.

Befragungen sind die häufigste Methode der Kundenforschung. Umfragen sind dahingehend zu unterscheiden, ob sie repräsentativ sind, also eine Übertragung auf eine Gesamtheit angestrebt wird, oder ob sie einfach bestimmte Zusammenhänge plausibel in definierten Gruppen hinterfragen.

Aus der Psychologie werden Instrumente wie qualitative oder Tiefeninterviews eingesetzt. Diese Methoden nutzen meist kleine Gruppen, die ihrerseits nicht repräsentativ sind. Es sind Wege, um Insights für die Zielgruppe zu ermitteln.

Experimentelle Ansätze der Kundenforschung werden verbreitet mit dem Ziel gewählt, eine weitgehend beeinflussungsfreie Ermittlung von Reaktionen vorzunehmen. Ein Weg dahin sind oft apparative Verfahren, die sowohl Verhaltenserkundung wie Einstellungsmessung unterstützen.

Damit sind neben den Polen Verhalten und Einstellung mit dem Mischbereich auf der einen Seite hier drei Vorgehensweisen auf der anderen Seite identifiziert: **Beobachtung, Befragung, Experimente.** So ergibt sich eine 3 × 3-Matrix für das Repertoire der Kundenforschung.

Die Produktmanagerin sollte die Möglichkeiten der verschiedenen Verfahren für anstehende Fragestellungen kennen, um gezielt auswählen und steuern zu können. Sie wird für anspruchsvolle Erhebungen meist ein Institut beauftragen. Es steht also eher die Aufgabe an, die richtigen Dienstleister auszuwählen und zu steuern.[83] Unter Umständen gibt es im Unternehmen selbst auch qualifizierte Marktforscher.

Wir gehen hier auf die gebräuchlichsten Verfahren der Kundenforschung im praktischen Produktmanagement ein. Die Verfahren werden in Tabelle 10 spaltenweise erläutert. Ergänzen Sie gerne die Methoden in der Tabelle, die in Ihrem Unternehmen zusätzlich genutzt werden.

Beachten Sie

Es kommt darauf an, das geeignete Instrument zur jeweiligen Fragestellung einzusetzen.

83 Vgl. die Berufsverbände www.adm-ev.de und www.bvm.org.

	Beobachtung Verhalten aufzeichnen	Befragung Verhalten erkunden	Experiment Verhalten erforschen
Verhalten	Begleitende Beobachtung Tracking/Panel/Click-Stream-Analysen		Eyetracking Virtual und Augmented Reality/Spectacles
	A/B-Testing Heuristic Evaluation	Umfragen Experteninterviews/ Delphi-Methode Market Research Online Communities Methode des lauten Denkens Persönlichkeit/Werte	EDR-Messung (stationär und begleitend) Facial Decoding Tachistoskop Conjoint-Measurement
Einstellung		Exploration: strukturierte oder qualitative und (Tiefen-)Interviews	Brand Sculpture Fokusgruppen/Workshops

Tab. 10: Kundenforschungsmethoden im Überblick (Auswahl)

Nehmen wir eine kurze Schilderung gängiger Methoden vor.

Beobachtung

Die **regelmäßige Begleitung** von Vertriebskollegen ist die einfachste Form der Beobachtung für eine Produktmanagerin. So ergeben sich Einblicke und Möglichkeiten, Themen vor Ort zu erfragen. Jede Produktmanagerin weiß sicher auch, dass ein gewiefter Vertrieb es sich nicht nehmen lässt, die Tour für die Begleitung nach seinen Interessen zu gestalten. Trotzdem gibt es wertvolle Impulse, aber auch die Notwendigkeit, weitere Erkundungen vorzunehmen.

Beachten Sie

Die Vertriebsbegleitung hat den positiven Effekt, dass sich Produktmanagement und Vertrieb besser kennenlernen. Deshalb ist sie als regelmäßige Einrichtung für die Produktmanagerin sehr empfehlenswert.

Im B2B-Bereich gibt es ohnehin oft die direkte Zusammenarbeit mit Kundenunternehmen für eine Lösung. Dort ist es typisch, für weiterführende Aufgaben Experten aus Lieferunternehmen einzubeziehen oder sich mit ihnen im Projekt zu verbinden. Dann sind die Vertriebsingenieure des Lieferantenunternehmens vor Ort beim Kunden. Die Produktmanagerin sollte gezielt dazustoßen.

Es kommt auf die Vertriebsstruktur an, wie vorzugehen ist. Wenn es Intermediäre gibt (Handel oder Installateure), sind die Gesprächspartner des Vertriebs nicht die Nutzer, sondern die Weiterverkäufer.

Für das Produktmanagement sind die Verwender die entscheidenden Akteure, denn sie sollen am Ende die Produkte kaufen. Insofern hat die Produktmanagerin zu überlegen, welche Möglichkeiten es gibt, die Endkunden in Aktion mit dem Produkt zu beobachten.

Beispiele

Bei der Aral AG gab es für einige Jahre die Übung, dass die Mitarbeiter der Zentrale, angefangen beim Vorstand, einmal pro Jahr für eine Woche an eine Tankstelle gingen, um sich am Geschehen vor Ort zu beteiligen. Die Tankstellen wurden nicht frei gewählt, sondern ausgelost.
Bei McDonald's beginnt der Karriereweg typischerweise in Form einer Mitarbeit in den Restaurants. In der Zentrale sind die Produktmanager stolz, am Anfang ihres Weges auch vor Ort Erfahrungen gesammelt zu haben.

Hier handelt es sich um Beispiele im verbundenen Handel, aber auch nicht verbundener Handel ist häufig offen für eine Teilnahme.

Eine Beobachtung ist auch auf neuen Wegen möglich. Da Kunden das Smartphone ständig mit sich führen, kann es auch für Einblicke genutzt werden. »Mobil hilft, [...] Momente situativ und zeitnah zu erfassen, zu Hause wie unterwegs, wo die Präsenz eines Studienleiters weder möglich noch wünschenswert wäre. [...] Forscher wie Auftraggeber kommen damit ans wirkliche Leben näher heran.«[84]

Eintauchen in die Kundenwelt

Begleitende Beobachtung gibt es in vielen Varianten in zeitgemäßer Form. Es wird auch von **Immersion**, das Eintauchen in die Kundenwelt, gesprochen. Ein Grundansatz im PM.

Die begleitende Beobachtung als Standardinstrument aus den Sozialwissenschaften ist in verschiedenen Formen leicht in den Arbeitsablauf zu integrieren. Deshalb heißt Kundenorientierung im ersten Schritt, sich selbst immer wieder mit dem Kundenverhalten vertraut zu machen, damit alle weiteren Ableitungen mit Verständnis interpretiert werden. Die Kundenforschung umfasst darüber hinaus systematische Beobachtungsinstrumente.

Ein Produktmanager hält idealerweise einen guten Kontakt zum Kundenservice. Hier können Gespräche manches verdeutlichen. Verbreitet sind heute Ticketsysteme, mit denen ein Vorgang Kunden und Produkten zugeordnet werden kann. »Um Erkenntnisse aus Daten zu gewinnen, müssen diese in eine auswertbare Form gebracht werden.«[85] Vorteilhaft ist eine gemeinsame Erarbeitung der Informationserfassung.

84 Appleton, Edward, Oh Mensch – Neue Methoden der qualitativen Marktforschung, a. a. O., S. 148.
85 Ebenda, S. 285.

Mittels **Tracking** werden Entwicklungen außerhalb des eigenen Aktionsbereichs beobachtet. Mit dem Handel ist eine wesentliche Ebene für den Erfolg vieler Produkte genannt: In zahlreichen Branchen werden sie abgesetzt über den (Fach-)Groß- und Einzelhandel, aber auch über E-Commerce-Plattformen, eigene wie fremde. Ein wesentlicher Blick im Produktmanagement richtet sich auf das Geschehen im Handelsbereich. »Zur eigentlichen Tracking-Forschung (to track = (ver)folgen, nachspüren) zählen die mehr oder weniger regelmäßig durchgeführten Erhebungen zum selben Inhalt und mit demselben Erhebungsdesign.«[86] Sie werden als **Panel** bezeichnet.

Entsprechend des Wegs der Produkte vom Hersteller über den speziellen Handel zum Kunden gibt es:

- Handelspanel (verschiedenster Ausrichtungen),
- Onlinepanel und
- Kundenpanel (Haushalts- und Individualpanel).

»Panels lassen sich also im Prinzip überall dort installieren, wo eine laufende, individuelle Berichterstattung interessiert, also auch bei Gewerbetreibenden, Freiberuflern, nicht-kommerziellen Institutionen. In großem Umfang wird z. B. bei Ärzten und Krankenhäusern deren Behandlungs- und ›Verschreibeverhalten‹ (Rezepte) erhoben.«[87] Es ist angeraten, sich einen Überblick über bestehende nützliche Panel zu verschaffen.

Der Anteil des E-Commerce hat für PMs aus dem Konsumgüterbereich und für C-Produkte im B2B-Bereich deutlich zugenommen. Auch dafür stehen Business-Intelligence-Ansätze zur Verfügung. Als Beispiel: »PreisHoheit® liefert Herstellern und Händlern Übersichtlichkeit und Transparenz über das eigene Produktportfolio und die Wettbewerbssituation im dynamischen E-Commerce.«[88]

Auch auf der Ebene der Endkunden werden wichtige Daten erhoben. »Das Panel berichtet dabei zunächst einmal über den Istzustand, also über die Ergebnisse der betreffenden Berichtsperiode. Zum Weiteren lässt sich durch einen Vergleich mit den Ergebnissen der Vorperiode(n) die Marktentwicklung ermitteln, also etwa hinsichtlich Marktanteilsverschiebungen zwischen einzelnen Markenprodukten, Preisen und/oder Einzelhandelsformen.«[89]

Die Absatzkanäle haben sich in den letzten Jahren strukturell und nach Gewicht verändert und werden sich weiterentwickeln. Ein PM, dessen Produkte über viele Wege abgesetzt werden, schafft sich ein integriertes Modell für die Absatzstufen:

86 Berekoven, Ludwig; Eckert, Werner; Ellenrieder, Peter, Marktforschung, a. a. O., S. 120.
87 Ebenda, S. 131.
88 www.preishoheit.com/de/preishoheit.
89 Berekoven, Ludwig; Eckert, Werner; Ellenrieder, Peter, Marktforschung, a. a. O., S. 129.

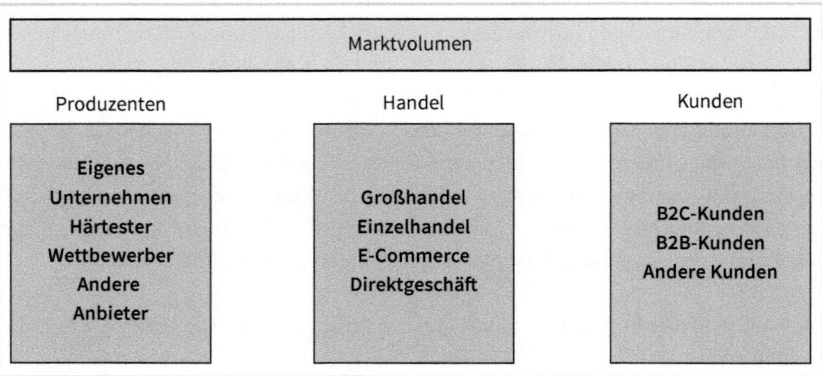

Abb. 20: Integriertes Modell für Absatzstufen

Ein Produktmanagement baut sich den Absatzkanal aus den beteiligten Modulen als Modell auf. Auch der Im- und Export oder Landesgesellschaften, eigene oder Kooperationen, lassen sich ergänzen. Manch ein PM ist für die DACH- oder die EMEA-Region[90] zuständig. Es gilt, sich eine Struktur der Umsätze auf den verschiedenen Absatzwegen für den verantworteten Bereich zu erstellen.

Beachten Sie

Das integrierte Modell der Absatzwege ist für die Arbeit des PM – seine Maßnahmen und Handlungsmöglichkeiten – eine essenzielle Grundlage, um sich den Handlungsraum zu vergegenwärtigen.

Eine andere Form des Tracking betrifft das **Userverhalten** im Netz. Dafür stehen verschiedene kostenlose – wie die Basisversion von Google Analytics – oder kostenpflichtige Tools zur Verfügung. Anbieter wie »etracker Analytics bieten: Web, App, Shop, UX & Marketing Analytics für erfolgreiches Online-Marketing im Einklang mit allen rechtlichen Anforderungen.«[91] Das Produktmanagement ist an einem vollständigen Überblick interessiert.

Inzwischen hat Facebook die Notwendigkeit zu einer gezielten Öffnung gesehen und sich mit der GfK verbunden, um eine crossmediale Wirkungsmessung von Brandkampagnen zu ermöglichen. Über eine externe Plattform erfolgt ein Datenaustausch, ein Third Party Measurement. Die Daten des Facebook-Universums (Facebook und Instagram) werden kombiniert mit den Daten im GfK-Universum und insgesamt ausgewertet.[92] Der Blick weitet sich.

90 DACH = Deutschland, Austria, Schweiz; EMEA = Europe, Middle East, Africa.
91 www.etracker.com.
92 Vorgestellt auf GfK Insight Summit Germany am 13. Oktober 2021.

Mit diesen Instrumenten legt das Produktmanagement die Basis für ein Vorgehen in der Kundenkommunikation, das an der Wirksamkeit ausgerichtet ist.

A/B-Tests und heuristische Evaluationen

A/B-Tests gehören zum Standardrepertoire vor allem im Webdesign. Die digitale Ausspielung macht es leicht, unterschiedliche Gestaltungen und Interfaces von Websites für verschiedene User auszuprobieren. Die Reaktion auf die Veränderung wird dann registriert: Erzeugt das neue Design längere Verweilzeiten oder mehr Conversions? Das sind einzelne Tests.

In Prozessen wäre es schön, laufend zu optimieren. »Stattdessen bieten wir die Möglichkeit zum maschinengesteuerten Multivariate Testing. Das bedeutet: Tausende Kombinationen von Beratungsprozessen werden automatisch getestet, die Auswirkungen auf das Userverhalten sowie die für die Kaufentscheidung relevanten Faktoren werden in Echtzeit sichtbar.«[93] Es ist eine permanente Reaktion auf das registrierte Userverhalten. Reaktionen werden ausgelöst durch Handlungsvorschriften, Algorithmen. Darin steckt die Qualität des Ansatzes. Ob es wirklich passt, sollte ab und an überprüft werden.

Heuristische Evaluationen[94], plausible Erklärungen, stehen dahinter, häufig mit lernenden Funktionen. Medienvermarkter forschen zur Verbesserung der Wirksamkeit von Werbung. So stellte die Ad Alliance GmbH der RTL-Gruppe im Bertelsmann-Konzern Ergebnisse zu kontextuellen Effekten vor und eine Werbewirkungsanalyse mittels KI für Bewegtbildspots in Aussicht. [95] Es geht darum, die digitalen Möglichkeiten für die Erzielung von Wirksamkeit einzusetzen. Dabei laufen Metainformationen, als »Tag«-Etikett bezeichnet, mit, die nach einem Muster interpretiert werden. Im Netz gibt es verbreitet das Schließen vom Verhalten auf die Einstellung, da durch das Tracking eben das Verhalten registriert wird. Das stößt im PM auf Interesse, geht es doch um die Gegenleistung für die eingesetzten Budgets.

Beachten Sie

Immer wieder gibt es Fragestellungen im Produktmanagement, die sich damit befassen, wie das Verhalten der Kunden, offline wie online, ausfällt. Dafür stehen viele passende Instrumente zur Verhaltensbeobachtung und -aufzeichnung für unterschiedliche Einsatzgebiete zur Verfügung. Die Digitalisierung hat die Beobachtung smarter gemacht. Idealerweise werden die Daten in strukturierter Form gespeichert und stehen für gezielte Auswertungen zur Verfügung.

---

93 Lucas Kronibus von Zoovu zitiert in: Sturm, Anja, KI für Sattelfeste, in: absatzwirtschaft 3/2021, S. 35.

94 Vgl. Nielsen, Jakob, How to Conduct a Heuristic Evaluation, Summary, in: www.nngroup.com/articles/how-to-conduct-a-heuristic-evaluation/, 01.11.1994 (eigene Übersetzung, L.K.).

95 Vgl. www.adnow/ad-alliance.de/innovation-now-digital/best-of-video, abgerufen am 24.09.2022.

Befragung

Das häufigste Verfahren der Marktforschung sind Befragungen, die online, telefonisch, persönlich oder schriftlich erfolgen können. Heute wird wegen der Praktikabilität meist der digitale Weg genutzt. Wie der Begriff **Befragung** schon aussagt, wird gefragt. Dabei gibt es unterschiedliche Formen.

Klassische Umfragen meinen eine repräsentative Erhebung für eine definierte Grundgesamtheit. Sie bedürfen sorgfältiger Vorbereitung, Durchführung und Auswertung. Im PM wird in der Regel zurückgegriffen auf zur Verfügung stehende Umfragen von Verlagen oder Verbänden. Eigene repräsentative Befragungen sind teuer und eher selten. Wer eigene ergänzende Fragen in einer repräsentativen Erhebung benötigt, kann auch einzelne in **Mehrthemenumfragen** mitlaufen lassen, sogenannten **Omnibussen.**[96] Die GfK etwa bietet einen eBus zum Zustieg an.[97]

Inzwischen sind die Menschen überwiegend mobil im Netz. Deshalb werden Umfragen auch über das Smartphone organisiert. Das Unternehmen Civey stellt eine Alternative für Umfragen zu klassischen Meinungsforschungsinstituten dar und »[...] bietet digitale Markt- und Meinungsforschung und erhebt Daten im größten Open-Access-Panel Deutschlands«[98]. Hier wird ein Pool Auskunftswilliger gepflegt und weiterentwickelt. Es ist ein **Quota-Verfahren**, bei dem auf Quoten in der betrachteten Grundgesamtheit zurückgegriffen wird.

Umfragen müssen professionell sein. Nur gekonnt erhält man Antworten auf die Fragen. Im Netz werden verschiedene Marktforschungstools angeboten à la »Befragungen leicht gemacht«. Wer diese Software bedienen kann, ist noch kein Marktforscher. In den Reigen gehören auch die angebotenen »Google Surveys«[99]; allerdings kann bei Google auf eine große Datenbasis zurückgegriffen werden. Befragungen hängen ab von den Fragen, den Befragten, der Datenerhebung und -auswertung. Wer sich über Marktforschung und deren Qualitätsanforderungen informieren will, kann sich an dem Leitfaden des Bundesverbands Deutscher Sozial- und Marktforscher orientieren.[100]

Das Institut für Demoskopie Allensbach[101], eines der angesehensten Institute, schaltet beispielhaft immer eine Fragebogenkonferenz vor die eigentliche Feldarbeit, in der Ergebnisse einer Vorstudie zu den Fragen ausgewertet werden, um sicherzustellen, dass sie richtig verstanden werden. Das sollte allgemeine Übung sein.

96 Vgl. www.bvm.org (Bundesverband Deutscher Markt- und Sozialforscher).
97 Vgl. www.gfk.com/de/produkte/gfk-omnibus.
98 Vgl. www.civey.com/ueber-civey/unsere-methode.
99 Vgl. www.surveys.withgoogle.com.
100 Vgl. www.bvm.org/praxishilfen-qualitaet/leitfaeden/.
101 Vgl. ifd-allensbach.de.

Zudem zeigen verlässliche Erhebungen das Vorgehen auf und weisen die Aussagekraft aus. Gesucht werden in aller Regel repräsentative, quantitative Erhebungen, also ein Vorgehen, bei dem jedes Mitglied der Grundgesamtheit die gleiche Chance hat, in die Stichprobenauswahl zu gelangen. Zentral sind im PM einige schon genannte Erhebungen, die seit vielen Jahren durchgeführt werden:

- die Allensbacher Werbeträger Analyse[102],
- die Studie Best for Planning (b4p)[103] der GIK (Gesellschaft für integrierte Kommunikationsforschung) oder
- die ARD/ZDF-Online-Studie[104].

Hier haben sich Verlage und/oder Rundfunkanstalten als Auftraggeber zusammengeschlossen, um ausgehend von der Mediennutzung Kundenverhalten mit fundierten Daten abzubilden. Sie haben dafür angesehene Institute beauftragt, die für die Einhaltung von Kriterien geradestehen, um verlässliche Aussagen treffen zu können. Deshalb bilden diese drei Studien auch ein wichtiges Grundlagenmaterial für das Produktmanagement.

Darüber hinaus gibt es in fast jeder Branche weitere angesehene Studien, die meist von den Branchenverbänden in Auftrag gegeben werden. Auch viele Forschungsinstitute veröffentlichen Studien zu aktuellen Themen. Regelmäßige Erhebungen im Unternehmensbereich helfen, die Wirtschaftsentwicklung einzuordnen.[105] Es sind Stiftungen zur Erforschung spezieller Fragestellungen etabliert worden.[106] Mit guter Recherche lassen sich die Marktzahlen im Allgemeinen aus guten vorhandenen Informationen ermitteln.

Natürlich liegt es bei zunehmender Automatisierung nahe, überschaubare Erhebungen direkt durchführen zu wollen. »Es gibt eine Reihe von Standardprojekten wie Verpackungs-, Konzept- und Werbemitteltests, die sehr gut automatisierbar sind. Nutzende müssen lediglich ihre Materialien wie Verpackungsbilder, Konzeptboards oder Werbemittel in eine Befragungsvorlage hochladen und die Zielgruppe ihrer Befragung definieren, ehe die DIY-Plattform alle übrigen Projektschritte bis hin zur Bereitstellung der Ergebnisse im Online-Reporting-Tool übernimmt.«[107]

102 Vgl. ifd-allensbach.de/awa/ergebnisse/.
103 Vgl. gik.media/best-4-planning.
104 Vgl. ard-zdf-onlinestudie.de.
105 Vgl. etwa www.ifo.de oder www.hwwi.org.
106 Vgl. etwa www.stiftungfuerzukunftsfragen.de.
107 Drewes, Frank, DIY mit Rückenwind – Full-Service-Research auf Toluna Start, in: www.marktforschung.de/marktforschung/a/diy-mit-rueckenwind-full-service-research-auf-toluna-start/, veröffentlicht am 06.09.2022.

Eine geschickte Lösung besteht darin, intern Know-how aufzubauen und auf gebotene Services zurückzugreifen. »Eine Do-it-together-Spielart ist beispielsweise die institutsseitige Erstellung kundenspezifischer Templated Solutions, die dann selbstständig von lokalen Teams auf Kundenseite eingesetzt werden können.«[108] Wer im Produktmanagement die Kunden selbst immer besser erkunden möchte, kann sich immer besser ausrüsten und qualifizieren. Nur in wenigen Unternehmen steht eine spezielle Marktforschungsabteilung zur Verfügung. Das Thema Kundenforschung kann ein Kompetenzfeld der Gruppe der Produktmanagerinnen und Produktmanager werden. Alle benötigen das Know-how, gemeinsam lässt sich daraus immer mehr Wissen schaffen.

Für die zentralen Aufgaben im Produktmanagement – interessantes Produktangebot und passende Vermarktung – werden spezielle Instrumente benötigt. Im Produktmanagement gibt es mehrere Horizontreichweiten, angefangen mit der Hochrechnung des Jahresergebnisses (vgl. PM-Dashboard Tab. 9) über den Zeitbedarf für ein Neuproduktprojekt, um am Ende ein dann attraktives Produkt einzuführen, bis zu einem Blick darüber hinaus, um neue Projekte zu generieren.

Delphi-Ansätze werden zur Auslotung der zukünftigen Entwicklung eingesetzt. Den längsten Horizont, den für Produktideen, erreicht die Produktmanagerin am besten mit Experten unterschiedlicher, aber für das Produktfeld relevanter Bereiche. Sie werden zu ihren Zukunftsvorstellungen für den Produktbereich befragt. Die eingebundenen Experten erhalten die Vorstellungen der anderen Experten und werden gebeten, ihre eigenen Vorstellungen daraufhin zu überprüfen. Es werden verschiedene Runden durchgeführt, so lange, bis niemand mehr eine Änderung vornimmt. Das so quer geprüfte Ergebnis hilft dem Produktmanagement meist sehr, die zukünftige Entwicklung im Produktbereich auszuleuchten.

Produkte und Projekte werden in den früheren Phasen kritisch geprüft:

»**Market Research Online Communities** sind eine der meistgenutzten und bedeutendsten ›neueren‹ Methoden der qualitativen Marktforschung. [...] Die Moderation läuft asynchron: Aufgaben werden vom Moderator verteilt, häufig täglich wechselnd, die Teilnehmer antworten, wann und wo es ihnen am besten passt.«[109] Wer Testgruppen aufgebaut hat, kann diese bitten, den Umgang mit einem Produkt aufzuzeichnen, also Tagebuch oder Diaries zu führen. Das wird verbreitet auch mit Fotos via Smartphone dokumentiert. Gerne wird auch eine Resonanz beispielsweise unter den Abonnenten von Newslettern ermittelt. Das sind Antworten verbundener Kunden.

---

108 Ebenda.

109 Appelton, Edward, Oh Mensch – Neue Methoden in der qualitativen Marktforschung, a. a. O., S. 146.

Mit dem **Mittel des lauten Denkens** wird versucht, den Vorgängen im Inneren der Kunden ein Stück näher zu kommen. In einem Entscheidungsprozess gibt es verschiedene Überlegungen und Stufen. Es wird versucht, den Ablauf nachzustellen. Ein Proband wird aufgefordert, alles, was in seinem Inneren während des simulierten Entscheidungsprozesses abläuft, begleitend laut auszusprechen. Das wird protokolliert und ausgewertet. Es ist eine Möglichkeit zu erkennen, was die Probanden mit dem Produkt verbinden.

Beachten Sie

Im Unterschied zur Meinungsumfrage, bei der eine repräsentative Gruppe aus der Zielgruppe befragt wird, werden für tiefere Untersuchungen wenige Probanden aus einer homogenen Teilzielgruppe eingeladen. Wichtig ist, dass alle Teilnehmer *einer* Teilzielgruppe angehören.

Einen Schwerpunkt der PM-Arbeit bildet die **Justierung der Zielgruppen-Persona**. Das erfordert die tiefe Kenntnis der speziellen Zielgruppe. Es interessieren keine Durchschnitte, sondern spezielle Zielgruppen-Insights.

Das Handeln von Kunden wird geprägt durch Einstellungen, hinter denen Werte des Einzelnen stecken. »Anders ausgedrückt sind Werte stark verfestigte (internalisierte) Einstellungen, die für das eigene persönliche Leben relevant sind, bzw. präskriptive Erwartungen, die an die Gesellschaft gestellt werden.«[110]

Zielgruppen-Insights bedeutet, die Felder des Persona-Schemas fundiert ausfüllen zu können. Dafür werden im Allgemeinen psychologische Verfahren eingesetzt. Da die User so viele Informationen über sich in den sozialen Medien mitteilen, bieten sich Auswertungen an. »Mit Zielgruppen-Insights von Facebook erhältst du aggregierte Informationen zu zwei Personengruppen: Personen, die mit deiner Seite verbunden sind, und Personen auf Facebook. [...] Sieh dir Aufschlüsselungen nach Altersgruppe, Geschlecht, Bildungsstand, Beruf, Beziehungsstatus und mehr an. [...] Finde heraus, wie du anhand der Interessen und Hobbies deiner Nutzer*innen deine Kampagnen optimieren und deine Marketingziele erreichen kannst. [...] Zielgruppen-Insights kombinieren Beziehungsstatus und Standort. So kannst du herausfinden, welche Personen sich für dein Unternehmen interessieren.«[111]

Werte und Persönlichkeitsmerkmale helfen die Persona substanziell auszufüllen. Die Bedeutung von Werten für die Entscheidung hat die Verhaltensforschung zu Ansätzen angeregt, auf die das Produktmanagement zurückgreifen kann.

110 Kroeber-Riel, Werner; Gröppel-Klein, Andrea, Konsumentenverhalten, a. a. O., S. 249.

111 De-de.facebook.com/business/insights/tools/audience-insights, abgerufen am 08.09.2022.

Im Personalbereich gehen viele Instrumente zurück auf die **Big Five**, auch als **OCEAN-Modell** bezeichnet, die auch für die Persona herangezogen werden können.[112] Denn es lässt sich feststellen, dass ähnliche Personen Gruppen mit ähnlichem Verhalten bilden. Das gilt auch für die Käufersegmente. Und die Persona wird verstanden als Prototyp einer Kundengruppe.

Auch das **Wertemodell nach Schwartz**, das aus zehn Gruppen von Grundwerten besteht, wird viel verwendet.[113] Menschen richten sich nach inneren Überzeugungen und einer angenommenen Reaktion aus der Umwelt. Die zehn Werte lassen sich in zwei Gruppen einteilen, die diese beiden Aspekte spiegeln:

1. **eher kollektivistische Ausrichtungen:** Universalismus, Humanismus, Tradition, Konformität, Sicherheit.
2. **eher individualistische Ausrichtungen:** Macht, Leistung, Hedonismus, Stimulation, Selbstbestimmung.

Alle Persönlichkeitsermittlungen überschreiten die Möglichkeiten der reinen Befragung. Immer wenn direkt gefragt wird, ist es kaum möglich, unverzerrte Antworten zu erhalten. Menschen sind sich über ihre Werte im Rahmen von Kaufentscheidungen oft nicht im Klaren, andererseits wollen sie auch nicht alles preisgeben. Deshalb haben sich alle Verfahrensvertreter tiefgehend mit der Erfassung auseinandergesetzt. Typisch ist ein bildlicher Zugang.

Schwartz selbst hat das **Portrait Value Questionnaire** entwickelt, bei dem Typbeschreibungen eingesetzt werden.[114] »Am Institut für Konsum- und Verhaltensforschung (IKV) wurde daher eine Bilderskala entwickelt, die basierend auf den zehn Basiswerten nach Schwartz feine Facetten der übergeordneten Werte nach Schwartz mit Bildcollagen visualisiert. Bilderskalen fördern intuitives Antwortverhalten und verringern damit Rationalisierungsprozesse und in der Folge sozial erwünschtes Antwortverhalten.«[115]

Damit liegt ein fundiertes Verfahren vor, das erfolgreich eingesetzt wurde und als Vorbild dienen kann. »Durch Implementierung der Bildcollagen in eine eigens dafür entwickelte Software wird es den Probanden möglich, die Relevanz verschiedener

---

112 Vgl. Asendorpf, Jens B., Persönlichkeit: was uns ausmacht und warum, Berlin 2018. Das Akronym OCEAN ist zusammengesetzt aus den Anfangsbuchstaben der englischen Persönlichkeitsdimensionen Openness, Conscientiousness, Extraversion, Agreeableness, Neuroticism.

113 Vgl. Schwartz, Shalom H.; Sagiv, Lilach, Identifying Culture-Specifics in the Content and Structure of Values, Journal of Cross-Cultural Psychology, January 1, 1995.

114 Vgl. Schwartz, Shalom H.; Melech, Gila; Lehmann, Arielle; Burgess, Steven; Harris, Mari; Owens, Vicky, Extending the Cross-Cultural Validity of the Theory of Basic Human Values with A Different Method of Measurement, in: Journal of Cross-Cultural Psychology, 32, September 2001, S. 519 ff.

115 Kroeber-Riel, Werner; Gröppel-Klein, Andrea, Konsumentenverhalten, a. a. O., S. 252 (Klammer ergänzt; das IKV ist ein Institut der Universität des Saarlandes in Saarbrücken, L.K.).

Wertefacetten intuitiv auf einem Touchscreen-Monitor anzugeben. Das Verfahren basiert auf Distanzdaten.«[116]

Das IKV hat zusammen mit der GfK ein Instrument zur Erfassung der emotionalen Wirkungen von Vermarktungsimpulsen entwickelt: »Mit dem GfK EMO Sensor liegt nun ein bildhaftes, sorgfältig und umfassend validiertes Instrument vor, das eine differenzierte Erfassung emotionaler Reaktionen auf Werbung ermöglicht.«[117] Insgesamt werden 22 Emotionen destilliert, deren Ansprache gemessen wird.[118] So können die emotionalen Ausrichtungen ermittelt werden.

Im Neuromarketing wird auch die **Limbic Map®** von Hans-Georg Häusel genutzt. Dabei geht es um die Visualisierung grundsätzlicher emotionaler Ausrichtungen der Kunden, von dem Autor Stimulanz, Dominanz und Balance genannt – prägende Antriebe, die auf der limbischen Karte mit Werten verbunden werden. So kann eine Produktmanagerin für bestimmte Ausrichtungen konkret emotionale Aufladungen wählen.[119] Ist die Ausrichtung klar, können korrespondierende Werte für die Positionierung zugewiesen werden.

Welcher Ansatz auch gewählt wird: Die Modelle bieten eine gute Möglichkeit, die beiden unteren Felder der Persona im Austausch mit der Produktpositionierung fundiert zu füllen. Es werden also Untersuchungsweisen eingesetzt, die mehr in die Tiefe als in die Breite gehen. Dafür werden jeweils Wege gewählt, die eben nicht allein auf sprachliche Wiedergabe abheben.

Die **Exploration**, grundsätzliche Erkundung, ist gerade im Produktmanagement mit dem großen Bereich Innovationsmanagement, aber auch der Kreativitätsanforderungen für verschiedenste Maßnahmen ein wichtiger Ansatz. Hier geht es um das Öffnen von Optionen.

Auf dem Weg der Produktentwicklung wird in Kapitel 3.1 das **Design Thinking** vorgestellt. In der Frühphase der Vertiefung von Produktideen kennt dieses Vorgehen das qualitative Interview. Dabei geht es um das vertiefende strukturierte Gespräch über das Betrachtungsfeld mit Zielgruppenpersonen.

Gegenüber der Produktseite steht die Persönlichkeitsseite der Zielgruppe: Welche tiefen Empfindungen lösen bestimmte Signale aus?

---

116 Ebenda.

117 Dieckmann, Anja; Gröppel-Klein, Andrea; Hupp, Oliver; Broeckelmann, Philipp; Walter, Kathrin, Jenseits von verbalen Skalen. Emotionsmessung in der Werbewirkungsforschung, in: Jahrbuch der Absatz- und Verbrauchsforschung 4/2008, S. 344.

118 Ebenda, S. 325 ff.

119 Vgl. Häusel, Hans-Georg, Limbic, Das Navigationssystem für erfolgreiche emotionale Markenführung, a. a. O., S. 47 ff. und www.nymphenburg.de/limbic-map.

Tiefeninterview

Die Königsdisziplin im Bereich der Customer Insights ist sicher das **Tiefeninterview.** Dabei handelt es sich um ein ein- bis zweistündiges Intensivgespräch, um un- und unterbewusste Aspekte zu einem Bereich oder Produkt zu ermitteln.

In der Zwischenzeit werden zahlreiche digitale Instrumente ergänzend eingesetzt: »Es wird kombiniert mit quantitativen Methoden, Mobile Research, Social Analytics und VR-Laboren.«[120] Gerade in der Produktentwicklung ist es in einer Folgephase nach dem initialen qualitativen Interview geeignet, Reaktionen auf die finale Konzeptskizze vor Projektfreigabe zu ermitteln. Auch darauf werden wir im Innovationsmanagement (Kapitel 3) noch intensiver eingehen.

Die Neurowissenschaften mit ihrer Verdeutlichung von un- und unterbewussten Entscheidungsauslösern haben eine Veränderung des Verständnisses der Beweggründe und damit des Erhebungsdesigns in der Kundenforschung bewirkt: weniger vordergründige Antworten, mehr tiefgründige Motive. Das Verständnis gehört notwendig zum modernen Produktmanagement.

Experimente

Um dem Aspekt der Insights und der unverfälschten Ermittlung von Antrieben in der Kundenforschung gerecht zu werden, haben besonders experimentelle Vorgehensweisen in den letzten Jahren stark zugenommen. Dabei wird zunehmend auf apparative Verfahren gesetzt, die durch die Digitalisierung mehr Anwendungsmöglichkeiten bieten und gleichzeitig günstiger geworden sind. Apparative Verfahren sind ohne Zweifel die genaueste Kundenforschung.[121]

Die Neurosciences, die Neurowissenschaften, setzen als Grundlageninstrument die funktionelle Magnetresonanztomografie (fMRT) ein. So könnte man auf die Idee kommen, sie auch im Produktmanagement zu nutzen. Im praktischen Unternehmensalltag ist das aber viel zu aufwendig. Die Erkenntnisse haben Ansätze inspiriert, welche meist Teilaspekte mit einfacheren Mitteln vergleichbar erheben. Digitalisierung und Neurowissenschaften sind oft eine Verbindung eingegangen, so dass viele Messverfahren entwickelt wurden, die immer ausgereifter sind und werden, welche relevante Aspekte hinter dem Verhalten zeigen, ohne dass die Probanden sie beeinflussen können.

Grundlage apparativer Verfahren sind die Ergebnisse der **Embodiment-Forschung.** Hintergrund ist die evolutionäre Entwicklung des Gehirns: Es hat sich im Grunde als

---

120 www.rheingold.de/unsere-leistungen / VR = Virtual Reality.

121 So auch Briesemeister, Benny B., Neuromarketing – Der Weg von der neurowissenschaftlichen Marketingforschung zum neurowissenschaftlich fundierten Marketing, in: Briesemeister, Benny B. (Hrsg.), Die Neuro-Perspektive, Freiburg 2016, S. 19.

Zweitsystem im Körper entwickelt. Das Gehirn beinhaltet ein Abbild des Körpers, steuert das Körpersystem und verbindet dieses über die Sinne mit der Umgebung.

Beachten Sie

Entscheidend ist, dass neuronale Aktivitäten jeweils mit körperlichen Aktivitäten verbunden sind.

Wenn wir uns freuen, weiten sich die Adern, Blut zirkuliert schneller. Wenn wir Angst haben, äußert sich das auch mit einer Gänsehaut. Wenn wir etwas sehr Saures essen, verziehen wir unser Gesicht. Sinneswahrnehmung geht einher mit körperlicher Reaktion. Dieser Zusammenhang ist Grundlage verschiedener Verfahren.

Die Vorgehensweisen unterscheiden sich danach, ob die Messgröße direkt als Wirkungsvariable anzusehen ist oder ob ein indirekter Ansatz gewählt wird, um die entscheidenden Beweggründe hinter dem Verhalten zu ermitteln. Die direkte Messung überwiegt im Bereich des Verhaltens, die indirekte bei Einstellungshintergründen.

Direkte Messung

Eyetracking ist sicherlich das am häufigsten eingesetzte Instrument. Es wird direkt aufgezeichnet, was das Auge sieht, genauer, was auf die Fovea gelangt. Das Auge fixiert jeweils kurz und springt dann weiter. Nur die Fixationen stellen also Aufnahmen dar, die ins Gehirn gelangen. Das Eyetracking ist ein verbreitetes Prüfverfahren für alles Bildliche. Was nicht betrachtet wurde, kann auch nicht im Gehirn gelandet sein.

Optimierungen unterschiedlicher Vorlagen werden so möglich gemacht. Als Beispiel: Auf Landingpages gilt oft, dass der User möglichst schnell den Call-to-Action-Button erreicht, sonst ist er schon wieder weg. Kann das bei der Aufzeichnung des Blickverlaufs auch festgestellt werden? Falls nicht, sollte verbessert werden.

»Heute messen wir Blickverläufe online mit Menschen, die zu Hause vor ihren PCs sitzen. Diese erlauben uns vorübergehend Zugriff auf ihre Webcam. Mit der Webcam messen wir ihre Blickverläufe.«[122]

Virtuelle Realitäten werden zunehmend geschaffen, um Verhalten auf bestimmte Entwicklungen beobachten zu können. Wenn etwa die Automobilindustrie Fahrzeuge, Fahrzeuginnenräume, Fahrsituationen simuliert, dann können viel leichter und schneller als mit erst zu erstellenden Prototypen Reaktionen auf die erst einmal virtuellen Gestaltungen erfasst werden.

122 www.eye-square.com/de/webcam-eye-tracking/.

Hier hat sich das Vorgehen deutlich geändert. Es verbreitet sich – ausgehend von den Erfahrungen im Automobilbereich. Wir nehmen das Thema im Design-Thinking-Prozess auf, wenn es um den Umgang mit Prototypen (Kapitel 3.1.5) geht.

Elektrodermale Reaktion (EDR)

Die EDR, die Hautwiderstandsmessung, ist ein seit Langem bewährtes Verfahren, um die Wirkung einzelner Maßnahmen zu erfassen. Aktivierung ist Voraussetzung für Verarbeitung im Gehirn, die EDR-Messung bietet dafür eine verlässliche Überprüfung. Durch Weiterentwicklung bis hin zu mobilen Geräten werden dargebotene Impulse – Produkte, Werbung, Displays – in verschiedensten Umgebungen untersucht.[123]

Die aufgezeichnete Aktivierungskurve wird besonders zur Optimierung von Filmen und Videos genutzt. Sie ermöglicht nicht nur die Beurteilung, wie aktivierend ein Video ist, sondern durch die aufgezeichnete Aktivierungskurve auch, ob im Verlauf der Filmbetrachtung die Aktivierung sinkt, steigt oder gleich bleibt. Durch eine geschicktere Abfolge mittels neuer Schnitte wird es möglich, Aktivierungsrückgänge in Videos zu vermeiden – ein kleiner Eingriff für höhere Wirksamkeit.

Aktivierung ist Voraussetzung für Verarbeitung und Speicherung. Insofern ist die Messung der elektrodermalen Reaktion oft angeraten. »Ein Vorteil der Nutzung psychophysiologischer Messungen in der Marketingforschung ist, dass die Konsumenten nicht willens sind, ihre Motive für den Kauf eines Produkts offenzulegen, falls das sozial nicht akzeptiert wird. In letzter Zeit werden EDA (Elektrodermale Aktivität)-Aufzeichnungen auch als Kernmessung in der Ermittlung von Produkten während des Designprozesses genutzt.«[124]

Allerdings kann die Aktivierung eine unterschiedliche Valenz aufweisen: Sie kann ausgelöst werden durch positive oder negative Emotionen – doch welche werden gerade ausgelöst? Die Frage ist nicht leicht zu beantworten, weil sich Probanden darüber nicht klar sind. Emotionen laufen nicht nur bewusst ab. »Bilder können es Befragten erleichtern, Empfindungen spontan und offen zu äußern. [...] Die Testpersonen wählen die Fotos, die ihrem Empfinden, beispielsweise beim Betrachten einer Anzeige, entsprechen.«[125]

Facial Decoding nutzt die unvermeidliche Begleitung von Handlungen mit beobachtbarer Mimik. Die meisten Menschen haben kein Pokerface. So kann einerseits im Studio die ganzheitliche Reaktion auf Vorlagen erfasst werden. Es wird auch in Super-

123 Vgl. Kroeber-Riel, Werner; Gröppel-Klein, Andrea, Konsumentenverhalten, a. a. O., S. 68 f.

124 Boucsein, Wolfram, Electrodermal Acivity, 2nd Edition, New York 2012, S. 473 (eigene Übersetzung, L.K.).

125 www.nim.org/forschung/forschungsfelder/erfassen-von-emotionen/gfk-emo-sensor.

märkten eingesetzt, um nicht nur Verhalten, sondern auch die innere Reaktion, wie sie in das Gesicht geschrieben wird, zu beobachten.

Es zeigt sich: Die Möglichkeiten für einen Blick dahinter sind groß. Das ist sicher auch beängstigend. Es geht um eine verantwortliche Nutzung.

Indirekte Messung

Dem Produktmanagement stehen im experimentellen Bereich weitere komplexe Ansätze zur Verfügung, um den un- und unterbewussten Reaktionen nahezukommen.

Vier Methoden sollen hier genannt werden:

- **Das Tachistoskop** ist ein erster möglicher Weg zu unbewussten Reaktionen: »Bildliche Vorlagen von Objekten (z.B. Produkte, Anzeigen, Logos, Verpackungen) [werden] in beliebig kurzen Zeitabschnitten und für beliebig kurze Zeitintervalle dargeboten [...] (griech. táchistos = schnellstes Gerät). [...] Heute wird das Tachistoskop durch den Computer ersetzt. Zentral für die Online-Marktforschung ist das Virtuelle Tachistoskop, mit dessen Hilfe Werbung auf Websites oder Anzeigenmotive im Rahmen eines Online-Folder-Tests durch Variation der Darbietungslänge und anschließende Befragung experimentell auf ihre Wirkung hin getestet werden kann.«[126]
  - Gerade auf mobilen Devices sind die Werbeausspielungen klein und die Betrachtung meist sehr kurz. Facebook hat sogar empfohlen, deshalb das Logo ganz früh in einem Film zu zeigen. Was bleibt aber wenigstens hängen? Das kann so besser beantwortet werden.
- **Das Conjoint-Measurement** ist ein Verfahren zur Optimierung von Produkt und Preis. »Das zentrale Anliegen [...] besteht darin zu beantworten, welchen Nutzen und welche daraus resultierende Zahlungsbereitschaft ein Kunde mit einem bestimmten Produkt verbindet. Die Versuchsperson wird nicht direkt zum Preis oder Produktmerkmalen befragt, sondern mit alternativen Produkt-Preis-Profilen, das heißt Kombinationen unterschiedlicher Merkmalsausprägungen inklusive unterschiedlicher Preise, konfrontiert.«[127] Unterstützt durch ein Rechnerprogramm können indirekt die Präferenzen der Probanden bestimmt werden.
- **Brand Sculpture**[128] ist ein interessantes Tool, um die Verbundenheit von Probanden zu bestimmten Marken oder Produkten zu ermitteln. Es nutzt die Technik des psychologischen Ansatzes der Familienaufstellung, bei der Relationen über das Verhältnis von Personen zueinander Aufschluss geben ohne verbale Erklärung.
  - Dieses Verfahren wird übertragen auf Marken und Produkte. Durch die Aufstellung wird das ganzheitlich bestimmte Verhalten deutlich, es illustriert Aversio-

126 www.marktforschung.de/wiki-lexikon/marktforschung/Tachistoskop/.
127 Simon, Hermann; Fassnacht, Martin, Preismanagement, 4. Aufl., Wiesbaden 2016, S. 131.
128 Vgl. www.ad-alliance.de.

nen und Vorlieben. Es werden auch Distanzen gemessen, um Abstufungen zu erhalten. Es passt gut als Sequenz in Fokusgruppen.
  - Inzwischen ist Brand Sculpture zu einem Onlinetool weiterentwickelt worden, so dass auch repräsentative Untersuchungen durchgeführt werden können.[129]
- **Fokusgruppen** bilden sicherlich ein Basisinstrument im Produktmanagement. Darunter werden kleine Teilnehmergruppen aus der Zielgruppe verstanden, die Einzel- und Gruppenaufgaben durchführen. Die Geschicklichkeit liegt darin, die Gruppendynamik zu nutzen, um versteckte Assoziationen freizulegen.
  - Die Sitzung der Fokusgruppe enthält verbreitet zunächst Einzelelemente, um Zuordnungen wie demografische Daten und Mediennutzung vornehmen zu können, und ist in weiten Teilen eine moderierte Gruppendiskussion. Der Verlauf ist so zu planen, dass Insights zur Fragestellung ermittelt werden können. Das erfordert indirekte Herangehensweisen.
  - Der Ablauf sollte sich orientieren an den vier Feldern der Zielgruppen-Persona (vgl. Abb. 6) und den erforderlichen Informationen dafür: Fragen zum Medien- und Informationsverhalten (Einzelinterviews) sowie Fragen zum Einsatz des Untersuchungsgegenstands helfen, die oberen beiden Felder der Persona auszufüllen. Assoziative und projektive Verfahren sowie Experimente helfen beim Füllen der beiden unteren Felder der Persona (Gruppendiskussionen). Fokusgruppenansätze können gut zugeschnitten werden auf die beiden Seiten des Positionierungs-Canvas (vgl. Abb. 7).

»Eine sinnvolle, weiterentwickelnde Reaktion auf die radikal geänderte digitale Kommunikationslandschaft sind neue Workshop-Formate, die jenseits eines teilweise laborhaften Settings (wie bei Studios) agieren.«[130] Zeit und Ort können flexibel gehandhabt werden. Mithilfe des Smartphones können vorbereitend Fotos des Produkteinsatzes gesammelt, dann in einer Zusammenkunft Auswertungen vorgenommen und Assoziationen ermittelt werden. Im Anschluss können virtuelle Erfahrungsaustausche stattfinden, von jedem Ort.

»Das Ganze ist äußerst produktiv, voller positiver Spannung – eignet sich für Innovationsaufgaben, Markenpositionierungsfragen, sowie auch in Fragen der Kommunikationsstrategie. [...] Durch solche neuen Mafo-Tools entsteht natürlich ein neuer Anspruch an den qualitativen Marktforscher – die Fähigkeit, einen Workshop zu moderieren.«[131]

Gerne werden bildliche Verfahren eingesetzt, um Assoziationen sichtbar zu machen. Die Verfahren gehen oft zurück auf die **Zaltman Metaphor Elicitation Technique (ZMET).**[132]

---

129 Ebenda.
130 Appelton, Edward, Oh Mensch – Neue Methoden in der qualitativen Marktforschung, a. a. O., S. 151.
131 Ebenda, S. 152.
132 www.olsonzaltman.com/zmet.

Beachten Sie

Eine Marke, die klare positive Assoziationen hervorruft, besitzt Markenstärke. Assoziationen können strukturiert werden, um die wichtigsten Verbindungen zu erkennen. PM-Maßnahmen können genau diese positiven Zuordnungen aufnehmen und verstärken.

Fokusgruppen bilden einen Standard im Produktmanagement, sie werden am häufigsten eingesetzt. Wenn die Produktmanagerin dieses Instrument regelmäßig nutzt, wird die eigene Erkenntnis zu Persona und Produktpositionierung permanent verbessert.

Bei der Fülle von Instrumenten sollte es keine Schwierigkeit bereiten, mit geeigneten Verfahren die notwendigen Fragen zu beantworten. Es besteht eher die Schwierigkeit, die passenden Methoden und Institute auszuwählen.

2.2.2 Kundenforschung im Produktmanagement

Die umfangreichen Forschungsmethoden sollten Ansporn sein, für die eigene PM-Aufgabe geeignete – valide und bezahlbare – Verfahren zielgerichtet einzusetzen. Gültig sind Methoden, die möglichst verzerrungsfrei Ergebnisse liefern. Dabei haben technische Messungen einen Vorteil. Viele Produktmanager meiden allerdings apparatives Vorgehen. Das ist zu bedauern. Über die Brücke der verbundenen Reaktion von Körper und Gehirn lassen sich Erkenntnisse nutzen, die auf neurowissenschaftlichen Forschungen beruhen.

Und das apparative Vorgehen hat zwei weitere Vorzüge:

- Probanden nehmen gerne an ungewöhnlichen Experimenten teil, während es sonst einen ziemlichen Widerwillen gegen die Beteiligung an Marktforschung gibt.
- Manager aller Ebenen akzeptieren apparative Ergebnisse, während sie Umfragen gerne auch anzweifeln.

Die Digitalisierung hat bereits und wird immer mehr dazu führen, systemunterstützt vorzugehen. Diese Entwicklung dient der Präzision und der schnellen Verfügbarkeit von Auswertungen. Alle Datensätze, die vorliegen, können auch gezielt verarbeitet, die Untersuchungsergebnisse direkt in das CRM-System eingestellt werden. So haben sie Nutzen und Bedeutung.

Wenn von einer Toolbox für das PM gesprochen wird, liegt in der richtigen Wahl der Methoden zur Kundenforschung ein PM-Schwerpunkt. Die Aufgabe erfordert es, sich im Repertoire der Kundenforschung gut auszukennen, um die zu treffenden Maßnahmen zu fundieren. Trial and Error sind zu teuer.

Es gilt, geeignete Markforschungsinstrumente für die drei Haupteinsatzbereiche **Persona**, **Produktpositionierung** und **Wirkungsanalysen** einzusetzen.

Kundenforschung für das Positionierungs-Canvas

Grundlage der PM-Arbeit bildet das Positionierungs-Canvas. Auf der einen Seite steht die Persona als personalisierte Zielgruppe, um deren Entscheidungsverhalten zu verstehen und deren weiteres Handeln möglichst genau vorherzusagen.

Eine Persona wird über vier Themenfelder beschrieben, die mit Ermittlungen ausgefüllt werden sollen:

- **Demografische Beschreibung**
  Die direkten Informationen über die Kernkunden aus der Absatzstatistik oder, wenn ein indirekter Absatz vorliegt, die Ermittlung der Kernkunden über Befragungen oder Panel gehören in dieses Feld. Es wird ein typischer Kunde beschrieben: Wenn es sich beispielsweise mehrheitlich um Personen im Alter von 30 bis 50 Jahren handelt, Männer 75 Prozent, Frauen 25 Prozent, dann ist es vorteilhaft, daraus konkret einen 40-Jährigen als Persona zu destillieren. Menschen können am besten mit konkreten Personen umgehen, weil sie dazu eine natürliche Verbindung entwickeln. Mittels eines Moodboards wird die Person visualisiert. Hier wird die persönliche emotionale Beziehung geschaffen.
  Besonders wichtig ist die Erfassung des Medienverhaltens. Wenn die von der Kernzielgruppe genutzten Medien bekannt sind, können sie gezielt eingesetzt werden. Ein weiterer wichtiger Punkt ist die Aktivität des typischen Kunden in den Medien: Handelt es sich um Meinungsführer oder Meinungsfolger? Damit lassen sich Mediapläne aufbauen.
- **Rolle und Grenzen**
  In diesem Feld geht es um den Einsatzbereich des Produkts durch die Kunden – im Beispiel Kaffeeautomaten zu Hause oder im Büro. Die Anforderungen und Budgets sind jeweils deutlich unterschiedlich. Wer Produkte und deren Positionierung passend ausrichten will, muss sich mit der Einsatzsituation beschäftigen. Erst dann sind zielgerichtete Maßnahmen ableitbar. Dafür wird im Studio gerne das Mittel des lauten Denkens eingesetzt, vermehrt auch begleitende Diaries über einen Zeitraum mit festgehaltenen Handhabungen.
  Allein der Vertriebsweg setzt oft schon Beschränkungen für den Einsatz: Einzelhandel verkauft an Haushalte, Fach(groß)handel verkauft an Unternehmen. Wenn beide Bereiche – Haushalte und Unternehmen – über E-Commerce bedient werden, ist eine Lenkung für die Produktspezialität (besonders geeignet zu Hause, besonders geeignet im Büro) vorzunehmen, damit die Interessenten beim passenden Angebot landen. Klappt das? Eyetracking kann Antworten geben.
- **Eigenes Wunschbild, soziale Gruppe und Erwartungen**
  Der sozialpsychologische Bereich (sozial: Gruppe und Erwartungen, psychologisch: eigenes Wunschbild) der beiden unteren Felder der Persona (vgl. Abb. 6) wird am besten zusammen behandelt. Es gibt Zielgruppen, die mehr selbstbezogen sind und andere, die eher gruppenbezogen sind. Es geht um Werte und Persönlichkeitsmerkmale. Die zehn aufgeführten Werte von Schwartz (Kapitel 2.2.1)

sind aufgeteilt in eher kollektivistische und eher individualistische. Damit steht eine Grundlage zur Verfügung.
Keines der beiden unteren Persona-Felder ist leer. Es gibt typischerweise einen Schwerpunkt – selbst- oder gruppenbezogen. Grundlage ist die soziale Motivation. So kann die Produktmanagerin den Hut des Kunden aufsetzen, sich in dessen Erlebniswelt begeben. Das ist die notwendige Immersion.

Die Produktpositionierung auf der anderen Seite hat wie die Persona vier Felder. Dadurch wird die notwendige Entsprechung der beiden Seiten noch deutlicher. Das Produktangebot für die Persona wird mit der Positionierung entsprechend ausgerichtet. Es erhält ein wirksames, differenzierendes Framing.

Die **Produktpositionierungswelt** wird zunächst geschaffen durch die Absendermarke, denn die Produktrezeption ist nicht frei von der Beurteilung der Absendermarke: Die S-Klasse von Mercedes, der 7er-BMW wie der Audi A8 lösen ein Gesamtempfinden aus, das sich aus Absender- wie Produktmarke ergibt. »Ein bekannter Markenname aktiviert ein Qualitäts- und Erlebnisschema: Er beeinflusst automatisch die gesamte Produktwahrnehmung. In der Informationsökonomie wird dies auch als ›Signaling‹ bezeichnet.«[133]

Der erste Schritt ist also die Sichtung des Markenverständnisses. Dieses wird deutlich durch Projektionstechniken, wenn Probanden etwa die Person **(Unternehmens-) Marke** zeichnen.

Der Übergang zum Produkt lässt sich über das Instrument **Brand Sculpture** gut ganzheitlich vollziehen. Damit wird dem Umstand Rechnung getragen, dass es sich auch im realen Leben um eine Gesamtbewertung handelt, um einen **Information Chunk**. Hier zeigt sich Nähe oder Distanz der Produkte zum Probanden.

Für das praktische Produktmanagement wird eine Spezifizierung benötigt: Zur Erkundung der Position eines eigenen Produkts im Vergleich zum härtesten Wettbewerbsprodukt und einem gemeinsam entwickelten Idealprodukt kann die Struktur von Kano mit den Ebenen der Begeisterungs-, der Leistungs- und der Basis-Anforderungen eingesetzt werden. Die oberen beiden Felder der Produktpositionierung können damit ausgefüllt werden. Die Gains und Pains ergeben sich aus dem interpretierenden Vergleich mit dem idealen Produkt.

Die emotionalen Aufladungen des Produkts, der wirksame emotionale Frame, ergeben sich durch die Begeisterungsfaktoren. Sie werden durch die Ermittlung ausgelöster Emotionen erreicht. Diese sind eher individualistisch oder kollektivistisch – wie es

133 Kroeber-Riel, Werner; Gröppel-Klein, Andrea, Konsumentenverhalten, a. a. O., S. 325.

eben der Persona für den Einsatz in der Rolle entspricht. Hier kann die Limbic Map© eingesetzt werden, die je nach emotionaler Ausrichtung Werte aufweist, die gezielt genutzt werden können.

Die Beurteilung des Produktmanagements besteht darin, Defizite zu identifizieren oder gewünschte vorteilhafte Emotionen, die fehlen, zu benennen. Beide Aspekte bilden Anknüpfungspunkte für Produkt- oder Vermarktungsmaßnahmen. Insgesamt lässt sich so die Arbeitsgrundlage, das Positionierungs-Canvas, im Produktmanagement fundiert erstellen. Damit werden die Maßnahmen passender und folglich wirksamer.

Gehen wir im Folgenden noch auf das basale Instrument Fokusgruppe ein.

Fokusgruppen

Ein Instrument, mit dem die unterschiedlichen Aspekte der Vertiefung von Zielgruppen-Persona, Markencharakter und Produktpositionierung umfassend vorgenommen werden können, bilden Fokusgruppen oder Workshop-Formate, die hybrid das Meeting der Gruppe mit anderen Techniken vorher und nachher kombinieren. Dieses Format sollte im Produktmanagement als Basiswerkzeug für die Steuerung und Kommunikation implementiert werden.

Mit Fokusgruppen wird das Ziel verfolgt, tiefere Einblicke in das Metier und speziell das Produkterlebnis zu erhalten. Sie sind schnell umsetzbar, geben die erforderlichen Einblicke. Bei regelmäßigem Einsatz lassen sich auch Veränderungen im Zeitablauf erkennen.

In aller Regel werden sechs bis acht Kunden im B2B-Bereich bzw. acht bis zwölf Kunden im B2C-Bereich eingeladen, und zwar sorgfältig ausgewählt aus nur *einer* Kundengruppe. Nur dann sind die Ergebnisse brauchbar.

Werden die Endkunden durch den Vertrieb betreut, handelt es sich um ein Gemeinschaftsprojekt: Kunden werden vom Vertrieb angesprochen, Know-how wird vom PM geliefert sowie von der unterstützenden Marktforschung. Mit Clusteranalysen zur Absatzstatistik können Vorbereitungen bezüglich der relevanten Kundengruppen erfolgen.

Im Falle von Endkunden, die über den Handel bedient werden, wird das Produktmanagement die Probanden meist über ein eingeschaltetes Marktforschungsinstitut rekrutieren. Selten gibt es Konstellationen, dass ein Handelspartner bereit ist, Kunden für Workshops des Lieferanten zu gewinnen. Es kommt aber auch vor.

Wichtig ist die Professionalität von der Einladung über die Durchführung bis zur Nacharbeit. Es geht um einen geschickten Moderationsplan für einen abwechslungsreichen, auf die Fragestellung zugeschnittenen Ablauf. Günstig ist die Integration technischer Elemente, bevorzugt der Einsatz des Smartphones. Zur Qualität gehört auch der Rahmen für die Zusammenkunft – alles wirkt. Und Teilnehmer sollten unbedingt informiert werden, wie es mit den Informationen, die generiert wurden, weitergeht. Kontraproduktiv ist eine Entlohnung oder die Aussicht auf Belohnung. Den Kunden sollen keine Kosten entstehen, aber wenn Verdienst im Kopf ist, werden nur mäßige Ergebnisse erzielt. Es geht also um die altruistische Bereitschaft, bei einem fundierten Vorhaben mitzuwirken. Der Kunde schenkt Zeit und kreativen Input, das Unternehmen zeigt sich entsprechend wertschätzend.

Variable Elemente für das Instrument Fokusgruppe

- Begrüßung, Willkommen
- nähere Kenntnis des Kunden
- Mediennutzung und -verhalten des Kunden
- Vorbereitungen (ggf. bildliche Einblicke in die Nutzung geben)
- strukturierte Interviews zu einzelnen Bereichen der drei Nutzenkategorien (vgl. Positionierungsschema) sowie Gains und Pains
- Gruppenarbeiten zur Vertiefung des Anliegens durch wechselseitige Impulse in der Gruppe
- Experimente, Handhabungen
- Diskussionen
- Nachbereitungen (ggfs. Resultate nach Probierphase geben)
- Information über weiteres Vorgehen

Es bedarf einiger Erfahrung, die Elemente geschickt auf die Fragestellung hin zu mischen. Insofern nutzt das Produktmanagement typischerweise Experten qualitativer Marktforschung. Doch auch hier kann ein Lernen beginnen.

Entscheidend ist die Form der Aufzeichnung: Audio, Video, Foto, Protokoll? Immer ist das Einverständnis einzuholen. Wer Ton- oder Bildaufzeichnungen einsetzt, sollte eine Gewöhnungszeit im Ablauf einkalkulieren.

Fokusgruppe

Eine Fokusgruppe liefert eine vertiefende Sicht der Kunden einer speziellen Zielgruppe und ihrer umfassenden Produktbeurteilung.

Fokusgruppen-Ansätze sind variierbar, auch erweiterbar, je nachdem, was im Produktmanagement gerade anliegt. Wenn Prototypen für neue oder überarbeitete Produkte zur Verfügung stehen, kann das Prozedere fortgesetzt werden. In den Unternehmen der Teilnehmer wird das Testprodukt aufgestellt, die Teilnehmer werden gebeten, Bilder vom Einsatz zu machen.

Auswertung und Kommunikation der qualitativen Ergebnisse

Nach den Fokusgruppensitzungen werden die Ergebnisse intern ausgewertet. So mögen beispielhaft für das Thema Kaffeeautomaten im Büro bestimmte Punkte auf dem Tisch liegen:

- Kaffeegenuss hat große Bedeutung, wird meist mit besonderen Momenten verbunden. Oft werden bestimmte Getränke in bestimmten Situationen oder bei Herausforderungen bevorzugt. Diese Momente können für eine emotionale Ansprache genutzt werden. Gemeinsames Kaffeetrinken ist ein wichtiger sozialer Aspekt.
- Die Person **Unternehmen und ihre Marke** hat Eigenschaften, die sehr gut zu Kaffeegenuss passen. Sie ist aber heute schon etwas älter, was gerade für die erwartete Dynamik abträglich ist. Erneuerung durch moderne Produkte kann die Kompetenz stärken.
- Wer im Büro im Unternehmen arbeitet, hat eine andere Verbindung zur Kaffeeversorgung als derjenige, der in der eigenen Agentur arbeitet.
  - Im Unternehmen gibt es meist separate Besprechungsräume. Das wird als besonderer Rahmen empfunden. Geräte und Ansprache sollten dem entsprechen.
  - Im eigenen Büro spielen die Rituale im Verlauf der Arbeitsprozesse die wichtigste Rolle, Gäste sind eher selten und erhalten, was selbst gefällt.
- Genusseinschränkend sind die Stoppmomente: kein Kaffee im Bohnenbehälter, kein Wasser im Tank, Aufforderung zur Reinigung, zum Filterwechsel, zur Entsorgung des Kaffeemehls, zur Entkalkung. Zu viele Stopppunkte, die besser vermieden werden.

Alle Aspekte verdeutlichen entweder Einstellungen oder geben Resonanz zu einzelnen Aspekten wieder. Sie begleiten den Produktmanager in allen Phasen des Produktlebenszyklus-Managements. So werden die tiefer sitzenden Bewertungen herausgearbeitet.

Die Resultate lassen sich am besten im Unternehmen einsetzen, wenn sie strukturiert kommuniziert werden. Dazu eignet sich etwa ein Polaritätenprofil für die Eigenschaftsübersicht, also die Zusammenstellung der Kundenkriterien und ihrer Ausprägungen für die Produkte im Wettbewerb:

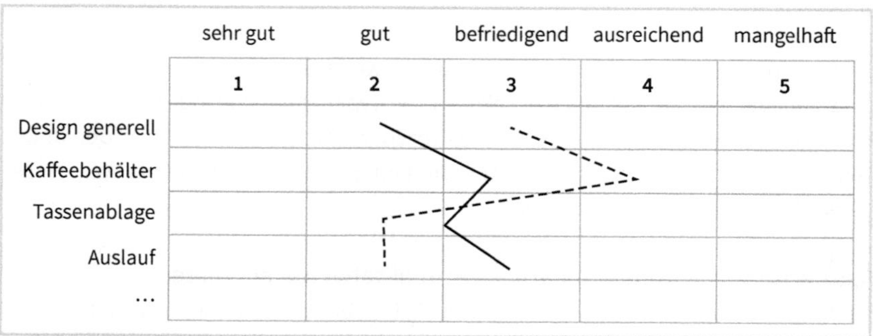

Abb. 21: Polaritätenprofil (Beispiel) (durchgezogene Linie = eigenes Produkt; gestrichelte Linie = Wettbewerbsprodukt)

Das beispielhafte Polaritätenprofil verdeutlicht, dass der imaginäre eigene Kaffeeautomat dort gut ist, wo das Wettbewerbsgerät schlecht ist und umgekehrt. Technische Nachteile werden sichtbar. Die Aufgaben im Produktmanagement liegen auf der Hand.

Eine Spezialform des Polaritätenprofils ist das **semantische Differenzial**[134], das gerade für die Messung von Imagedimensionen eingesetzt wird.

Wesentliche Emotionen und Assoziationen werden festgehalten, die meist über die Arbeiten in Gruppendynamik sichtbar werden. Es empfiehlt sich eine strukturierte Übersicht – die Auswertung erfolgt im Vergleich zum härtesten Wettbewerber.

- **Positive Emotionen:** Welche am häufigsten? Marke oder Produkt?
- **Negative Emotionen:** Welche am häufigsten? Marke oder Produkt?

Dadurch lassen sich leicht Schlussfolgerungen ziehen:

- Welche Emotionen unterscheiden die eigenen Produkte positiv vom Wettbewerber?
  → Diese eignen sich besonders gut zur Verstärkung durch Produkt wie Vermarktung.
- Welche Emotionen unterscheiden die eigenen Produkte negativ vom Wettbewerber?
  → Da die eigene Zielgruppe geantwortet hat, sind hier meist Produktmaßnahmen erforderlich.
- Beim Blick in die Zukunft können auch gewünschte Emotionen noch fehlen.
  → Für diese wird ein Vorgehen zur Etablierung durch Produkt und Vermarktung erstellt. Aktuell stellt sich sicherlich die Frage der Nachhaltigkeit und eines Material-Kreislaufs.

Tipp

Die Entwicklung der Kundenbeurteilung bleibt das permanente Thema zur Steuerung des Produktmanagements: Das, was heute noch als besonders gilt, ist morgen schon Standard. Es empfiehlt sich, Fokusgruppen in regelmäßigen Abständen einzuladen.
So wie Fokusgruppen bei dem Thema Produktaktivitäten helfen können, so auch hinsichtlich der Kundenzufriedenheit. In einer Folge von Fokusgruppen zeigt sich, ob die Kunden mit Produkt und Service einverstanden sind, ob der Zuspruch wächst, gleich bleibt oder sinkt.

Viele Unternehmen gehen berechtigterweise weiter und erheben die Kundenzufriedenheit explizit in einem separaten Ansatz. Es gilt die Wertschöpfungsgrundlage: Passende Produkte für die Zielgruppe führen zur Zufriedenheit mit Produkten und Services, woraus Loyalität entsteht. In einer Branche sind typischerweise immer die Unternehmen wirtschaftlich am erfolgreichsten, welche die höchste Kundenloyalität für ihre Produkte aufweisen.

134 Vgl. auch Kroeber-Riel, Werner; Gröppel-Klein, Andrea, Konsumentenverhalten, a. a. O., S. 230.

Dezidierte Erhebungen zur Kundenzufriedenheit sind dann wertvoll, wenn sie handlungsorientiert angelegt sind. Das kann erreicht werden, wenn in einer Vorstudie – etwa durch Fokusgruppen – die Treiberfaktoren der Zufriedenheit ermittelt werden. Beispiele können sein: Aussehen, Service, Leistung, Benutzerfreundlichkeit, Erläuterung, Inbetriebnahme. Die meisten Produktmanagerinnen sind nach einer Vorstudie überrascht, welche Parameter für die Beurteilung relevant sind.

Nur wenn das Produktmanagement Hinweise oder Maßstäbe für die Beurteilungsparameter erhält, sind die Erhebungen handlungsorientiert. Das bedeutet, zuerst zu erforschen, was zur Zufriedenheit führt. Allgemeine Hinweise helfen kaum weiter, weil der Bewertungsgrund unerkannt bleibt.

Fallweise **Wirkungsanalysen** stehen per se unter der Maxime der Handlungsorientierung. Die unterschiedlichen Instrumente haben eine Gemeinsamkeit: Sie dienen der optimalen Ausgestaltung der beabsichtigten Maßnahmen. Hier gibt es drei große Kategorien:

- **Website:** Zentral ist in den meisten Unternehmen die Website, auf welche die anderen Medien typischerweise hinarbeiten. Die Website bildet somit oftmals den zentralen Hub.
- **(Werbe-)Maßnahmen:** Im Marktmanagement werden fördernde Maßnahmen, vor allem Werbung, online und offline eingesetzt. Diese sollen in der Zielgruppe wirksam sein.
- **Produktentwicklung:** Das Innovationsmanagement haben wir in Stufen der Produktentwicklung eingeteilt. Wenn jede Stufe mit einem Test abschließt, sollte eine optimale Leistung den Weg in den Markt finden.

Datenintegration

Alle Informationen zu Kunden, deren Wünschen und Produktbeurteilungen sollen ein solides Gesamtbild für das PM ergeben. Die Ermittlungen werden verdichtet und in Beziehung gesetzt. Mittels Data Mining lassen sich Muster und Trends ermitteln. Sie werden genutzt, um die psychologischen und verhaltensorientierten Segmentierungen durchzuführen.

Wenn diese Informationen ausgewertet werden können, lassen sich maschinell auch Vorhersagen treffen. Damit geht Data Mining über in Predictive Analytics. Um die Vorhersagen zu verbessern, lassen sich Modelle wie das Lebenszyklusmodell integrieren. Der Algorithmus kann nach vergleichbaren Entwicklungsmustern für die verschiedenen Produkte suchen, um sie auf eine Vorhersage der im Markt befindlichen Produkte zu übertragen. Letztlich kann auch prognostiziert werden, wann die Nachfrage so weit zurückgegangen sein wird, dass keine Wirtschaftlichkeit mehr erzielt werden kann. Dann sollte das Nachfolgeprodukt zur Verfügung stehen.

Besonders interessant sind Muster im Verhalten der Kundensegmente und erkennbare Gründe der Bevorzugung der Produkte. Dazu bedarf es einer Software, um die Erkenntnisse zu integrieren und auszuwerten. Die Ergebnisse liegen in unterschiedlicher Form vor, insbesondere hinsichtlich ihrer statistischen Skalen. Intelligente Datenanalyseprogramme kombinieren die Daten unterschiedlicher Skalen durch Transformation. Durch intelligente Kombination entsteht Kundenwissen, ist die Stimme der Kunden hörbar.

Voice of Customer

Analysen	Kundenservice
Social-Media-Dashboard Vertrieb	Fokusgruppen Erhebungen

Abb. 22: Kundenwissen

Je nach Fragestellung geht es um beschreibende, deskriptive Auswertung, um Zusammenhänge zu ermitteln und darzustellen. Diese Grafiken sind Teil der Visualisierungen des CRM-Systems. Sie können daraufhin geprüft werden, inwieweit die Zusammenhänge generell existieren; das ist die inferenzielle Statistik. Sie arbeitet mit Wahrscheinlichkeitsaussagen.

Für bestimmte Annahmen über Verbindungen ermitteln die Programme, ob diese und in welchem Ausmaß sie gegeben sind; das ist ein konfirmatorischer Ansatz. Die Software kann aber auch untersuchen, ob es in den Daten Zusammenhänge gibt, also explorativ suchen. Die Schwierigkeit kann in der Bezeichnung der erkannten Faktoren stecken.

Der Vorteil der digitalen Speicherung und Auswertung liegt auf der Hand: Wer verlässliche Daten erhoben hat, dem steht die Intelligenz zur Verfügung, Aussagen in unterschiedlicher Form zu generieren. Hier unterstützt Business-Intelligence-(BI)-Software. »Diese Tools konzentrieren sich auf Self-Service-Funktionen, reduzieren IT-Abhängigkeiten und ermöglichen es Entscheidungsträgern, Lücken in Leistungen, Markttrends oder neue Umsatzmöglichkeiten schneller zu erkennen. BI-Anwendungen werden häufig verwendet, um fundierte Geschäftsentscheidungen zu treffen und die Position eines Unternehmens im Markt zu verbessern.«[135] Das kön-

135 O. V., Was ist Business Intelligence?, in: www.ibm.com/de-de/analytics/business-intellingence.

nen Bestandsaufnahmen sein, deren Zusammenhänge erkannt werden, das können aber auch Szenarien sein, was in Zukunft im Falle unterschiedlich unterstellter Entwicklungen sein könnte. Damit erweitert sich der Beurteilungsraum, die Auswertungen können als Sensitivitätsprüfungen genutzt werden. Die Interpretation führt am Ende die Produktmanagerin durch, die sich tief, emersiv in die Zielgruppe hineinversetzt hat.

Beobachtetes Kundenverhalten spricht jeweils eine schnörkellose Sprache. Das Produktmanagement ist angehalten, den Finger am Puls des Geschehens zu haben. Das geschieht mithilfe regelmäßiger Analysen, beispielsweise als Fokusgruppen. Bei Absinken der Nachfrage ist der Grund dafür schon eingetreten. Gegenmaßnahmen kommen dann etwas spät. Ein früher Indikator ist vorteilhaft. Er ergibt sich aus Einstellung vor Verhalten. So können die Maßnahmen im Produktmanagement systematisch vorgenommen und in der Wirkung nachverfolgt werden. In einer Zeitreihe zeigen sich Veränderungen, positive wie negative.

Produktmanagement erfolgt fundiert

Insgesamt ist Produktmanagement eben ein Management, ein systematisches Vorgehen auf guter Informationsbasis. Wenn von der Toolbox des PMs gesprochen wird, dann beinhaltet dieser Werkzeugkasten in ganz hohem Maße Instrumente der Kundenforschung, um Maßnahmen mit deren Hilfe fundiert zu ergreifen und zu steuern. Kundenkenntnis ist die Arbeits- und Steuerungsgrundlage im Produktmanagement. Deren Beherrschung entscheidet über Effektivität und Effizienz der PM-Arbeit. Die Wirkung der ergriffenen Maßnahmen ist die Bewertungsgrundlage, ob die geplanten Aktivitäten das gesteckte Ziel erreichen können und im Nachhinein erreicht haben.

Beachten Sie

Wichtig für das Produktmanagement ist die Kundenforschung als Lenkungsinstrument, aber auch als internes Durchsetzungsinstrument. Es gilt immer wieder deutlich zu machen, dass der Kunde der alleinige Maßstab ist. Mit der Kundenforschung hat die Produktmanagerin das Beurteilungsinstrument in der Hand.

2.3 Integration der Analyse und Vorausschau

Management bezieht sich immer auf die Zukunft. Mit der Analyse ist ein intensiver Blick auf die Vergangenheit geworfen worden. Wie aber wird es weitergehen? Wir haben in der Auswertung Szenarien durchgespielt, Sensitivitäten geprüft. Das ist Grundlage der rollierenden Planung für die nächsten Jahre. Dadurch lassen sich Charakteristika wie Trendentwicklung oder Zyklen besser in die Rechenoperationen einbeziehen. Es ist die erste Grundlage für einen Blick in die Zukunft.

Beachten Sie

Zukunft ist nicht nur eine Fortsetzung der Vergangenheit über die Gegenwart nach vorn. Das ist gerade die zusätzliche Anforderung an das PM: sich vorstellen zu können, was die Zukunft bringen kann, und sie selbst mitzugestalten.

Aufgabe des Produktmanagements ist die rechtzeitige Einführung von neuen Produkten. Wir alle nutzen das Stichwort **Digitalisierung** und meinen damit, dass durch die direkte elektronische Verbindung die Alltagsdinge und -handlungen deutliche Änderungen erfahren haben und werden. Alle Experten sind sich sicher, dass Geräte und Services intelligenter werden. Aber wie? Was wird den jeweiligen Produktbereich beherrschen? Das ist komplizierter als eine einfache Verlängerung. Und sind die Entwicklungen kundenorientiert? Das ist immer das erste Kriterium im PM.

Breit wird über die erforderliche ökologische Orientierung diskutiert. Viele Regierungen haben sich ehrgeizige Ziele gesetzt, die vor allem Auswirkungen auf Unternehmen haben werden. Digitalisierung und Ökologie werden einen nicht linearen Fortschritt verursachen. Die Auswertungen sind kreativ zu erweitern.

2.3.1 Instrument Zukunftsworkshop

Mögliche zukünftige Entwicklungen werden verbreitet als Szenarien ausgestaltet. Dafür ist es erforderlich, deutlich über die Gegenwartsvorstellungen hinauszugehen. »Szenarien sind also alternative Zukunftsbilder; sie bestehen aus in sich stimmigen, logisch zusammenpassenden Annahmen und einer Beschreibung bzw. Begründung der Entwicklungspfade, die zu diesen Zukunftsbildern hinführen.«[136] Um eine tragfähige Vorstellung des zukünftigen Geschehens zu bekommen, bedarf es eines gekonnten Vorgehens. Dazu gehört, Menschen mit Expertise einzubeziehen.

Wie bei allen Projekten hängt die Güte der Ergebnisse von der Vorbereitung ab. Es ist ratsam, Schritt für Schritt immer weiter in die Zukunft zu gehen. Dafür eignet sich der sogenannte **Zukunftsworkshop.**[137] Bezogen auf die Arbeit des PMs bedeutet das:

Beachten Sie

Zeitliche Freiräume gehören in die Aufgabenbewältigung des Produktmanagements, um sich dem Anspruch verantwortlicher Entwicklung gerecht zu erweisen. Diese Räume sind zu reservieren. Ein Produktmanager darf nicht in der Falle des Tagesgeschäfts steckenbleiben.

136 Berekoven, Ludwig; Eckert, Werner; Ellenrieder, Peter, Marktforschung, a. a. O., S. 252.

137 Der Zukunftsworkshop wurde 2015 vom Bundesamt für Naturschutz (BfN) als Instrument eingeführt, um komplexe Themen zu diskutieren.

Jedes PM steht im Wettbewerb. Der erste Schritt des Produktmanagements ist eine Statusanalyse: Wie ist unser Stand im Wettbewerb? Dieser Punkt ist zwar Teil des täglichen Erlebens, es ist aber vorteilhaft, sich die Stärken und Schwächen gegenüber dem härtesten Wettbewerber noch einmal zu verdeutlichen. Bei einem weitergehenden Blick in die Zukunft ist Wettbewerb mehr als der Wettbewerb in der Branche. Es können auch ganz neue Angebote aus anderen Branchen aufkommen.

Zur Strukturierung der Gedanken eignen sich die fünf Wettbewerbskräfte, die Michael Porter beschrieben hat: Zuerst besteht eine Rivalität unter den am Markt operierenden Unternehmen, vor allem zum härtesten Wettbewerber. Darüber hinaus benennt er eine horizontale Achse – die Macht von Lieferanten und Abnehmern – und eine vertikale Achse – mögliche neue Wettbewerber und mögliche Ersatzleistungen.[138] Der Ansatz bildet eine gute Struktur, um die Herausforderungen durch den Wettbewerb in den Griff zu bekommen:[139]

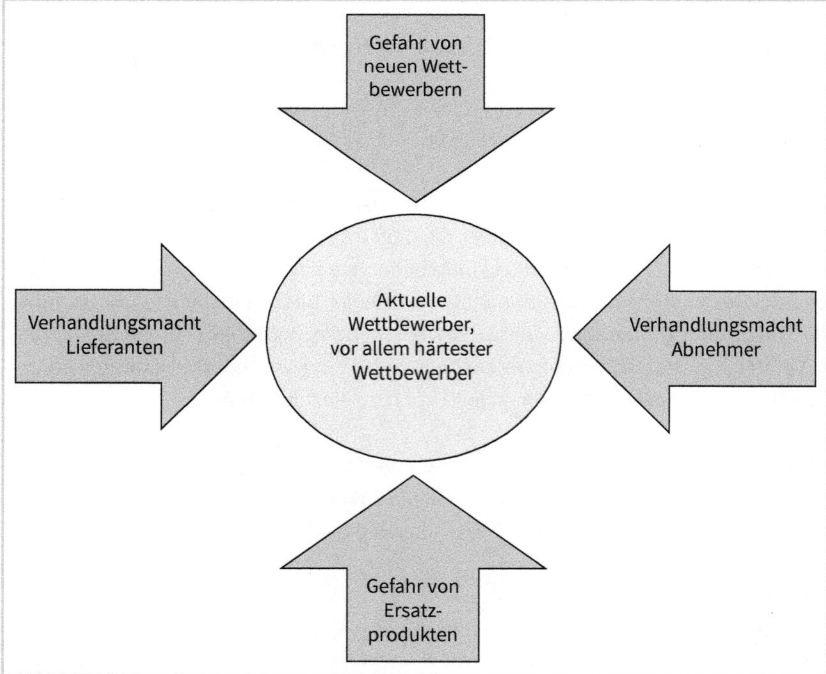

Abb. 23: Wettbewerbskräfte nach Porter (2013)

138 Vgl. Porter, Michael E., Wettbewerbsstrategien, 12. Aufl., Frankfurt/Main 2013, S. 38.
139 Abbildung in Anlehnung an ebenda.

Im Mittelpunkt der Wettbewerbsanalyse steht zunächst »die Rivalität unter den bestehenden Unternehmen«[140]. Und da herrschen sehr unterschiedliche Usancen. In manchen Branchen gibt es keine Gesprächskultur, in anderen – oft in Koordination durch den Branchenverband – ist eine allgemeine Gesprächsbereitschaft im Rahmen des Wettbewerbs vorhanden.

Immer häufiger ist es erforderlich, bestimmte Standards zu verabreden. Michael Porter weist ausdrücklich auf **Coopetition** hin: kooperativ konkurrieren.[141] Gerade in Zeiten der digitalen Transformation kommt es vor, dass die Verbreitung von Entwicklungen und Standards auch durch Wettbewerber für die Sache insgesamt vorteilhaft ist. Deshalb ist eine kooperative Beteiligung etwa in Ausschüssen im Branchenverband angeraten.

Von Gewicht für die weitere Produktentwicklung sind neben der Beherrschung des aktuellen Markts auf Dauer auch die weiteren vertikalen Wettbewerbskräfte, die Porter nennt: »Bedrohung durch neue Konkurrenten« und »Bedrohung durch Ersatzprodukte und -dienste«.[142]

Damit wird auch deutlich, warum das Versprechen eines Unternehmens idealerweise zeitlos sein sollte: Know-how aus einer anderen Branche kann zum entscheidenden Wettbewerbsfaktor werden – zur zeitgemäßen Erfüllung des Markenversprechens. Es kann passieren, dass Unternehmen, die dieses Know-how beherrschen, in die Branche drängen. Wenn das Produktmanagement selbst weniger produkt- und mehr lösungsfixiert agiert, ist das Risiko geringer. Dann kommen auch ganz andere Lösungsansätze in die Spezifizierung zeitgemäßer Produktumsetzungen. Das gilt ebenso für die Vermarktung, welche den Aspekt der Ersatzdienste verdeutlichen kann. Vertrieb erfolgt mit zunehmenden Anteilen online statt über den etablierten Handel. Ein wichtiges Stichwort ist D2C, Direct to Consumer. Durch die digitale Anbindung werden Stufen im Markt überprüft. Wer die Zukunft in alle fünf Richtungen auslotet, springt eben weit genug.

Die **Five Forces**, die fünf Wettbewerbskräfte von Porter, umfassen auch eine horizontale Linie: »Verhandlungsmacht des Lieferanten« und »Verhandlungsmacht des Abnehmers«.[143] Das betrifft die Position in der Supply Chain, die für ein Produktmanagement von herausragender Bedeutung ist: Sind wir Lieferant in einem System oder der Organisator der Lösung? Wie ist die Vertriebsstruktur und wie wird sie sich entwickeln?

140 Ebenda.
141 Vgl. Porter, Michael E., Wettbewerbsvorteile, a. a. O., S. 12.
142 Porter, Michael E., Wettbewerbsstrategien, a. a. O., S. 38.
143 Ebenda.

So vorbereitet lässt sich ein Austausch mit Expertinnen und Experten beginnen. Gespräche mit der eigenen Entwicklungsabteilung sind ein erster Schritt. Das sind die internen Fachleute. Dort steht die Frage an, welche zukünftigen Lösungen überlegt und geprüft werden. Was sind eigene zukünftige Stärken? Gibt es bemerkenswerte Aktivitäten des Wettbewerbs oder generell Entwicklungen in den technischen Lösungsmöglichkeiten?

Die Antworten werden idealerweise im Vorfeld weiter vertieft. Die internen Experten werden zu dem Zukunftsworkshop eingeladen mit der Bitte, vorbereitend noch einmal die Entwicklungen zu recherchieren. Eine weitere gute Möglichkeit besteht darin, Fachkundige ausfindig zu machen, die sich mit der anstehenden Materie Tag für Tag beschäftigen. Auch hier steht die Überlegung an, welche zukünftigen Entwicklungen sich die Experten vorstellen, in Bearbeitung haben und wo ihnen welche Ergebnisse aufgefallen sind. Anschließend werden auch die externen Experten zum Zukunftsworkshop eingeladen.

Oft ist es weiterführend, aufgeschlossene Diskussionspartner ohne unmittelbaren Themenbezug, aber mit großer Offenheit einzubeziehen. Wie Hefe in dem Prozess eines Zukunftsworkshops können unbeteiligte *konstruktive* Gesprächspartner wirken. So gibt es möglicherweise in anderen PMs des Hauses oder im Marketing Kollegen, die geeignet sind und gerne mitwirken.

Interessant ist die Beteiligung von Künstlern, Designern oder Studierenden (künstlerisch orientierter Studiengänge).[144] Sie nehmen Neues gerne auf, da sie es für ihre Arbeiten brauchen. Ausgewählte Künstler, Designer oder Studierende werden zum Zukunftsworkshop eingeladen. Kreative ergänzen das Team.

Die Produktmanagerin bereitet am besten mit einem externen Moderator den Zukunftstag vor. Eine gute Ergänzung bildet die Sichtung der Veröffentlichungen von Trendforschern.[145] Diese suchen nach Megatrends. Wenn diese für das PM eine Rolle spielen, ist die Analyse um einen Blick erweitert und sie können Impulse im Teamprozess setzen. So vorbereitet kann ein Ablauf für den Zukunftsworkshop erstellt werden. Teilnehmende sind Kolleginnen aus der Entwicklungsabteilung, aus dem Produktmanagement und gegebenenfalls dem Marketing, externe Experten und eventuell Studierende oder Künstler. Die Teilnehmerzahl sollte höchstens zwölf Personen betragen. Stellen Sie für Ihre Aufgabe ein passendes Team zusammen.

---

144 Vgl. Engel, Dirk, An den Grenzen der Marktforschung, in: Keller, Bernhard; Klein, Hans-Werner; Tuschl, Stefan, Marktforschung der Zukunft – Mensch oder Maschine? a. a. O., 29 ff.

145 Vgl. etwa www.zukunftsinstitut.de, dessen Gründer hat auch eine eigene Site: www.horx.com oder www.trendbuero.com, dessen Gründer ebenfalls eine Site hat: www.peterwippermann.com.

Es ist im Allgemeinen nicht zu empfehlen, den Vertrieb hinzuzuziehen. Vertriebsmitarbeiter bringen häufig eine Schranke im Kopf aus ihren Erfahrungen mit Kunden in die Workshops. Das führt schnell zu unbewussten Blockadehaltungen. Hier gilt es erst einmal, für alle Gedanken frei zu sein.

Zwei wichtige gedankliche Ausrichtungen sind erforderlich:

- Orientierung von den heutigen auf die morgigen Kunden. → Kundenperspektive
- Sprung in Vorstellungen über mögliche Zukunftswelten. → Lösungsraum

Damit ist die Denkmatrix des Produktmanagements auch hier die Grundlage.

Gerade bei einem Zukunftsworkshop kommt es auf die Devise an: Form fördert Inhalt. Wer elektronische oder interaktive Tafeln zur Verfügung hat, sollte diese einsetzen. Selbst leise, sphärische Musik kann helfen. Doch Vorsicht: Mögen die Teilnehmer die Musik nicht, behindert das deren Entfaltung. Wenn möglich, können zukunftsaffine Umgebungen dienlich sein. Das menschliche Sensorium leitet uns so zu einer Disposition, zu einem Priming, das den Gang in die Zukunft öffnen soll.

Das Instrument Zukunftsworkshop ähnelt einer Fokusgruppe. Der Unterschied: Kunden geben Resonanz zu aktuellen Erfahrungen. Versuche, mit Kunden in weitere Horizonte vorzudringen, sind durchweg fehlgeschlagen. Fokusgruppen mit Kunden dienen also der Analyse. Ein Zukunftsworkshop baut darauf auf. Die Ergebnisse der Kundenworkshops bilden einen guten Anfangsimpuls für die Expertenrunde. So wird sie besser vertraut mit der *aktuellen* Zielgruppe.

Zuerst wird das Ziel formuliert. Greifen wir zurück auf das Beispiel Kaffeeautomaten: Lassen Sie uns alle denkbaren Möglichkeiten für unbeschwerten Kaffeegenuss in der Zukunft für unsere Kunden überlegen. Hier ist entscheidend, um welches Feld es geht – Arbeits- oder Privatleben – und um welchen Horizont, der abhängig von der Entwicklungszeit ist, die überschritten werden sollte. Solche Präzisierungen helfen, verwertbare Ergebnisse zu produzieren.

Es soll hier um den Bürobereich gehen: Die Entwicklung dauert etwa drei Jahre, das Team versetzt sich gedanklich in die Büroarbeit in vier Jahren.

Zur Orientierung werden die Kunden-Personae – Mitarbeiter im Unternehmensbüro bzw. im Homeoffice – vorgestellt. Produkte ziehen in aller Regel ähnliche Käufer an. Deshalb lässt sich die Zielgruppe mit einer oder zwei Personae überwiegend abdecken.

Nun erfolgt eine Gruppenarbeit mit den Experten: Wie arbeitet die jeweilige Persona in vier bis fünf Jahren? Zur visuellen Unterstützung kann entweder ein Hut der Persona aufgesetzt werden oder der Persona-Name auf einem Etikett auf die eigene Kleidung geklebt werden. Alle Möglichkeiten, in der Umgebung Artefakte der Persona zu platzieren, sind vorteilhaft.

Die unterschiedlichen Gruppen stellen ihr Bild der Persona in der Zukunft vor. Vergleich und Austausch vertiefen den gedanklichen Gang in die Zukunft der Zielgruppe. So beginnt die Gruppe mit den Wünschen der Kunden. Sie hat damit den ersten Sprung vollzogen, sich den zukünftigen Kunden auszumalen.

Im zweiten Schritt geht es um den künftigen Lösungsraum. Es ist immer ratsam, bei der Suche nach zukünftigen Entwicklungen eine Thematik als Überschrift für den Suchprozess zu wählen, damit sich das Team nicht im Allgemeinen verliert und nur im Abstrakten landet. Zur Erweiterung des Horizonts für die Markt- und Wettbewerbsüberlegungen eignet sich eine STEP-Analyse (social, technological, economical und political).

Nach der Darstellung der Thematik und den Impulsen sind alle Teilnehmer des Workshops im Gedankenfluss und finden entscheidende Stichworte zu den Begriffsfeldern:

Gesellschaft	Technik	Wirtschaft	Politik
Welche sozial-gesellschaftlichen Entwicklungen werden Einfluss haben? z. B. Wert des persönlichen Austauschs: Onlinemeetings oder in Präsenz Gestaltung der Arbeit: Kaffee als soziales Medium	Welche technischen Entwicklungen werden Einfluss haben? z. B. sich selbst reinigende und reparierende Kaffeeautomaten sprachgesteuerte Geräte mit Speicherung der Vorlieben	Welche wirtschaftlichen Entwicklungen werden Einfluss haben? z. B. Entwicklung der Rohstoffpreise Arbeitsweise: Büro und Homeoffice, Mensch-Roboter, Klimaneutralität	Welche politischen Entwicklungen werden Einfluss haben? z. B. Green Deal der Europäischen Kommission: Kreislaufwirtschaft Internationale Zusammenarbeit: Lieferkettengesetz

Tab. 11: Mögliche Themen für die STEP-Analyse am Beispiel von Kaffeeautomaten

Schon die wenigen Nennungen zeigen auf, dass Unternehmen in der Branche der Kaffeevollautomaten von den Entwicklungen in allen vier Feldern beeinflusst werden. Einzelne Teilnehmer haben unterschiedliche Schwerpunkte als Hintergrund, die sie speziell vertiefen. Das ist gerade die Absicht, aus verschiedenen Blickwinkeln zu kombinieren.

In Gruppenarbeit wird die Zukunfts-Zielgruppen-Persona konfrontiert mit jeweils einem der vier Themenbereiche: Was sind die Erwartungen und Wünsche von morgen? Die Ergebnisse der Gruppen werden vorgestellt. Es ergibt sich eine Spontandiskussion. Danach geht es in die zweite Runde. Die jeweils drei anderen Gruppen greifen einen Input auf und versuchen, ihn weiterzuführen – Kreativität lebt von den Impulsen aller. Für die Ideen wird jeweils eine Lösungsskizze formuliert.

Aufgabenvertiefung

Teams neigen dazu, möglichst rasch zu Ideen zu kommen, um zügig von dem Aufgabenfeld zur Idee und zu einem Produkt zu kommen, damit dieses bald in den Markt gebracht werden kann. Oft werden hier weitergehende Überlegungen unterlassen, um besonders schnell zu sein. Das ist allerdings ein Kardinalfehler für das Produktmanagement.

Beachten Sie

Es ist ganz wichtig, dass Sie sich an diesem noch sehr unbestimmten Anfang des Entwicklungsprozesses Zeit nehmen. Das ist die Zeit, die Sie brauchen, um das Feld zu durchdringen, um es weit auszuleuchten, um später zielgerichteter und mit hohen Marktchancen vorangehen zu können. Dann wird die investierte Zeit leicht wieder zurückgeholt.

Englisch wird vom **Fuzzy Front End**[146] der Entwicklung gesprochen, weil in dieser Phase nur eine Gelegenheit an sich zu sehen ist, diese noch viele Lösungen bereithält, also noch unbestimmt und offen ist. Jetzt gibt es noch alle Freiheitsgrade. Diese gilt es zu nutzen. Je weiter die Entwicklung umgesetzt ist, desto aufwendiger sind Korrekturen.

Idealerweise erfährt der Zukunftsworkshop deshalb eine Fortsetzung. In der zweiten Stufe geht es um die Aufgabenerweiterung. In der Zwischenzeit können die Teilnehmenden weiter recherchieren. Es ist das Prinzip des Delphi-Ansatzes.

Die größte Gefahr in der Produktentwicklung liegt darin, nicht weit genug zu springen. In sich schnell entwickelnden Märkten darf es nicht passieren, dass die eigene Entwicklung während der Schaffensphase vom Wettbewerber überholt wird. Das sollte nicht mit Eile beantwortet werden. Wer jetzt zu schnell voranschreitet, verzichtet auf weitergehende Prüfungen, erhält meist ein Projekt auf dem Stand der Technik von heute. Das ist morgen zu wenig.

Von dem Design-Unternehmen IDEO[147], einem Spin-off der Stanford University, wird beispielhaft berichtet, dass sie gerade die Thematik am Anfang eher auf ein höheres Abstraktionsniveau führen. Das ist ein passendes Vorgehen auch im PM. Als Beispiel: IDEO hatte den Auftrag, das Bahnfahren zu verbessern.[148] Die Beratenden gingen aber nicht hin, kurzum die Zugfahrt zu verbessern. Das wäre zu kurz und zu isoliert gedacht.

---

146 Der Begriff wurde von Preston G. Smith und Donald G. Reinertson geprägt, Developing Products in Half the Time, New York 1991.

147 Vgl. www.ideo.com.

148 Vgl. Gassmann, Oliver; Schweitzer, Fiona, Managing the Unmanageable: The Fuzzy Front End of Innovation, in: Gassmann, Oliver; Schweitzer, Fiona (Hrsg.), Management of the Fuzzy Front End of Innovation, Zürich 2013, S. 6.

Abstrakt geht es allgemeiner um die Mobilität von A nach B. Es gilt, größer zu denken, die Alternativen umfassend inklusive der Wettbewerber zu sehen. Bei genauem Hinsehen mit Kundenaugen sind das nicht nur andere Bahnunternehmen. Die bedeutendste Alternative zur Bahn in der Mobilität ist das Auto: Abfahrt am Standort, Ausstieg am Zielort, eventuell unterbrochen durch Regenerations- oder Tank-/Ladepausen, unter Umständen Staus. Es herrscht das Gefühl der Selbstbestimmung und Kontrolle.

Eine Zugfahrt läuft ganz anders: Es beginnt mit der Planung, wann der passende Zug fährt, es gilt, rechtzeitig zum Bahnhof zu kommen, gegebenenfalls (mehrmals) umzusteigen, vom Bahnhof zum Ziel zu kommen. Der Komfort ist geringer: weniger Flexibilität, volle Waggons und zugige Bahnhöfe, verpasster Zug beim Umsteigen, Taxisuche am Zielort. Der Bahnvorteil: Ich lasse mich fahren, benötige keine Aufmerksamkeit, kann etwas anderes machen. Das Gefühl der Anpassung dominiert.

Es zeigen sich große Unterschiede, tatsächlich und emotional. Erst mit dieser Gesamtsicht ist es möglich, eine Aufgabe zu lösen. So ist es immer ratsam, den größeren Zusammenhang zu suchen.

Vorbereitend für die zweite Runde der Zukunftsworkshops werden alle Experten gebeten, Entwicklungen in dem Gebiet zu recherchieren, sie aufzubereiten, um sie im Workshop präsentieren zu können. Die Gruppendynamik bildet meist einen Ansporn, noch weiter nach vorn zu denken.

Das öffentlich Bekannte sollte durchaus noch erweitert werden. Denn auch in den Laboren der Wettbewerber wird weitergedacht. Wenn die Gruppe durch die gesammelten Impulse Fahrt aufgenommen hat, werden schnell futuristische Ideen entwickelt.

Beachten Sie

Eine Zukunftslösung sollte alle Entwicklungen einbeziehen und weiterdenken. Erst durch die Abstraktion des Aufgabeninhalts und mit der Horizonterweiterung werden Antworten ermöglicht, die nicht in der Zwischenzeit überholt werden. Erste Anforderung für die frühe Phase eines Innovationsprojektes ist also die Ausleuchtung des Horizonts auf allen Ebenen. Das Produktmanagement will in der Projektlaufzeit nicht vom Wettbewerb eingeholt werden!

2.3.2 Latente und konkrete Kundenwünsche identifizieren

Damit stehen wir vor der Thematik, welche Wünsche unsere Kunden haben. Das lässt sich gar nicht so einfach beantworten, geht es doch um Produktlösungen in einer mehr oder weniger entfernten Zukunft. Die Telekommunikationswelt etwa wurde durch die Einführung des iPhones mit Touch Screen verändert. Wie ist Apple auf diese überzeugende Lösung gekommen?

Bei Betrachtung des iPhone-Beispiels wird deutlich, dass es sich um bis dahin nicht geäußerte Wünsche handelt, die aber latent vorhanden gewesen sein mussten, denn sonst hätte es diese spontane Akzeptanz nicht gegeben. Ist es nur die Intuition eines visionären Kreativen, auf die hier zurückzugreifen ist?

Zur Beantwortung betrachten wir noch einmal das kybernetische Modell (Abb. 5 in Kapitel 1.3) der inneren Verarbeitung von sichtbaren Impulsen bis hin zu einer Kaufentscheidung. Es hatte gezeigt, dass ein Impuls einen Antrieb auslöst, weil er auf ein Bedürfnis trifft. Manchmal gibt es sehr allgemeine, manchmal konkrete Bedürfnisse.

Latente Wünsche	Konkrete Wünsche	
Aus der Einstellung gibt es allgemeine Handlungsanleitungen, wie ästhetisch, sozial u. Ä., und allgemeine Erwartungen wie Abwechslung. Eintreffende Impulse werden interpretiert und abstrakt eingeordnet.	Verschlossene Wünsche, die aufgrund eines Mechanismus wie Budgetrestriktion, erwartete Umfeldreaktion etc. bisher nicht realisiert werden.	Offene Wünsche, die erkannt wurden, die verfolgt und bei passender Gelegenheit realisiert werden. Emotionen lassen den Coping-Apparat arbeiten.

Tab. 12: Latente und konkrete Kundenwünsche

Die Unterteilung hat für die Erkundung Auswirkungen: Die offenen konkreten Wünsche lassen sich durch geschicktes Fragen, selbst durch Beobachten beispielsweise des Suchverhaltens meist ganz gut ermitteln. Diese sind allerdings selten Gegenstand des Innovationsmanagements. Sie beziehen sich auf im Markt befindliche Produkte.

Verschlossene konkrete Wünsche lassen sich durch psychologische Verfahren, in Grenzen auch durch Tracking, eruieren. Das Internet liefert zusätzliche Möglichkeiten, Bedürfnisse zu erschließen, die heute noch nicht gelöst sind. Das Unternehmen Vivere GmbH[149] wertet Google-Suchanfragen aus. Die Unternehmens-Researcher ermittelten beispielsweise, dass immer wieder nach Möglichkeiten gefragt wurde, den Hundegeruch in der Wohnung zu dämpfen. Damit endete die User-Suche.

Demnach existiert ein Verlangen, das durchaus konkret ist, für das es bisher kein Produkt gibt: ein verschlossenes konkretes Bedürfnis. Wer parallel nach der Entwicklung der Anzahl von Hunden in Haushalten guckt, stellt schnell fest, dass diese Zahl zunimmt. Insofern gibt es nicht nur ein Bedürfnis, sondern einen potenziell wachsenden Markt. Wie lässt sich dieses Potenzial heben? Hier hilft wieder eine Vertiefung: Wann

149 Vgl. www.vivere.io/what-we-do/.

kommt es zur Geruchsbelästigung, wodurch entsteht sie, gibt es Gerüche, die stärker sind? Am besten spricht man mit Experten, Tierärztinnen oder Biologen.

Der iPhone-Fall gehört in den Bereich der latenten Wünsche. Im PM ist die Königsdisziplin, das zu entdecken, was – bisher unerkannt – zu einer deutlichen Verbesserung für die Kunden führen kann. Bis dahin passen sich Kunden typischerweise an das an, was zur Verfügung steht. Hier ist Entdeckung gefragt.

Deshalb wird ein ganz spezieller Zugang zum Verhalten in dem betrachteten Bereich benötigt, um die darin schlummernden Optimierungspotenziale zu entdecken. Ein Verfahren ist die **Critical-Incident**-oder **Critical-Event-Technik.**[150] Dabei wird das heutige Gesamtprodukt oder die Gesamtleistung in die Bestandteile oder Prozessschritte aufgeteilt. Jeder Bestandteil oder Prozessschritt wird auf Optimierungsmöglichkeiten durch ein Expertenteam abgeklopft.

Im iPhone-Fall spielte hier sicherlich der Prozessteil *Bedienung* eine große Rolle. Wer sich erinnert: Die Tastaturen wurden immer filigraner und waren oft nur noch mit einem mitgelieferten Stift zu bedienen. Damit ist das Problemfeld im Fokus. Und der kreative Prozess, Lösungen zu entwickeln für das Problemfeld, kann beginnen. So startet eine gelenkte Exploration.

Es beginnt mit der Identifikation von Stärken und Schwächen in den einzelnen Prozessschritten. Nach der Strukturierung werden die einzelnen Stufen betrachtet und gemeinsam Lösungen erarbeitet, die den jeweiligen Prozessschritt aus dem immersiven Verständnis der Zukunfts-Persona-Sicht verbessert. Zudem wird geprüft, ob die Weiterentwicklungen auch mit deren Einstellung und Werten übereinstimmen.

Damit lässt sich erreichen, dass
- die aktuelle reale Situation verbessert und
- eine neue, bisher nicht vorgestellte Lösung erreicht wird.

Das Phänomen latenter Wünsche bezieht sich auf Konsumenten wie auf Unternehmen. Für die Konsumentenangebote kann die Thematik in einer Gruppenarbeit der Expertenteams im Folge-Zukunftsworkshop kreativ angegangen werden.

In Betrieben wird dagegen oft selbst stärker an Möglichkeiten für Prozessverbesserungen gearbeitet. Dabei ist die Critical-Incident-Technik verbreitet, sie wird jedoch oft anders bezeichnet.

150 Vgl. beispielsweise: Hemmecke, Jeanette, Eine Einführung in die Critical Incident-Technik, in: www.hemmecke.com/material/Hemmecke-Jeanette_Einführung-Critical-Incident-Technik_2007.

Die Critical-Incident-Technik lässt sich am Beispiel der Kaffeeversorgung veranschaulichen (Abb. 24). Ergänzen Sie gerne die einzelnen Stufen, fügen Sie welche hinzu! Überlegen Sie auch, welche Umgestaltungen zur Erzielung von Fortschritten möglich wären.

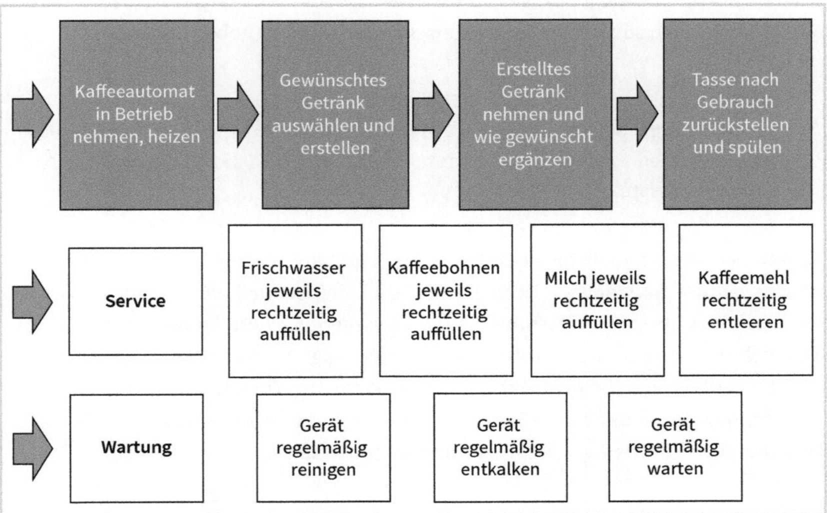

Abb. 24: Critical-Incident-Technik am Beispiel von Kaffeeautomaten

Es wird erkennbar, dass es sich um ein Gesamtsystem handelt, das in Teilsysteme unterteilt werden kann. »Das Abgrenzen von Systemen ist eine zentrale Aufgabe in der Modellierung.«[151] Die Handhabbarkeit entsteht durch die Aufschlüsselung in Teilsysteme.

Der Hauptprozess des Kaffeegenusses ist abhängig von den zwei Nebenprozessen Service und Wartung mit Störpotenzial. Das ist typisch und zeigt eine Architektur, die für das Zusammenspiel der Prozesse erforderlich ist. Es lassen sich einzelne Prozessschritte verbessern. Wer einen echten Fortschritt anstrebt, sollte ein überarbeitetes Gesamtsystem angehen, also auf Basis der Architektur hinter der Lösung. Wenden Sie die Critical-Incident-Technik auch für Ihr Leistungsangebot an.

Beachten Sie

Der abstrakte Zugang zur Thematik zeigt neue Ebenen zur Lösung. Das entspricht dem umfassenden lösungsorientierten Denken, welches die Kunden erwarten.

Erst in einer späteren Phase, wenn die Thematik umfangreich durchdrungen ist, geht es um das Finden von Lösungen. In dem realen Fall von Vivere: Die Aspekte des Hunde-

151 Lewrick, Michael; Link, Patrick; Leifer, Larry (Hrsg.), Das Design Thinking Playbook, a. a. O., S. 214.

geruchs führten zur Entwicklung eines Hundesprays, das den Hundegeruch überdeckt. Eine Kundin lässt sich zitieren: »Ich liebe die Neat Dog Sprays. Sie riechen wirklich gut und jetzt, wo ich mehr als sonst zu Hause bin, ist es praktisch, Rudy damit einfach zu besprühen, anstatt ihn die ganze Zeit zu waschen. Danke.«[152] Die digitalen Medien haben hier Informationen zu offenen Themen erschlossen, die sich heben lassen.

Tipp

Nehmen Sie sich im Produktmanagement Zeit für die Phase zwischen dem Aufleuchten einer Gelegenheit und dem Beschreiten des Wegs zu Produktideen. In dieser Phase finden die Expertengespräche statt.

Führen Sie unterschiedliche Perspektiven zusammen: In dem Beispiel des Hundegeruchs lag der Gedanke an Tierärzte und Biologen schnell nah; Lösungen können aber auch von Designern, Parfümeuren, Softwareentwicklern kommen. Diese Phase lässt sich nur schwer strukturieren. Sie ist abhängig von den beteiligten Personen. Grundgedanken sind die Abstraktion und die Weite des Denkraumes. Zum PM gehören regelmäßige Zukunfts- und Expertenworkshops, die eher eine Folge von Terminen darstellen, um die Thematik immer weiter auszudehnen.

Für die Rückführung auf das Wesentliche gibt es das Instrument der **progressiven Abstraktion**. Durch das Hinterfragen (warum?) steigt man auf zu den wahren Werten, der wahren Thematik. Lassen Sie uns das am Beispiel der Kaffeeversorgung im Zukunftsbüro darlegen:

- Wir wollen die Kaffeeversorgung automatisieren. → Warum?
- Weil die Menschen, die im Büro arbeiten, angenehme Arbeitsbedingungen ohne Beeinträchtigung haben sollen. → Warum?
- Weil die Menschen dadurch Wirksamkeit erleben und gerne arbeiten.

Und damit ist die wahre Thematik erkannt: Menschen möchten Wirksamkeit erleben, das gibt der Tätigkeit Sinn. Das ist der eigentliche Nutzen. Produkte sind Mittel zum Zweck.

Tipp

Machen Sie das psychologische Thema zum Suchfeld und schaffen Sie einen Mehrwert für das wahre Grundbedürfnis. Das ist immer der entscheidende Erfolgsfaktor.

Idealerweise endet eine Zukunftsworkshop-Reihe mit der Formulierung von Aufgabenfeldern. Diese sollen generelle Möglichkeiten für die Lösung des erkannten Bedürfnisses beschreiben.

152 www.bellydog.de.

2.3.3 Vorgehen abstimmen

Mögliche Aufgaben für die Verbesserung der Kaffeeversorgung sollen als Beispiel dienen:

- Wir wollen das Arbeiten dadurch angenehmer machen, dass die Arbeitenden immer auf Zuruf ihren Wunschkaffee erhalten.
- Wir wollen den Nachschub an Materialien so organisieren, dass die Arbeitenden niemals Getränkemangel erleben.
- Wir wollen die Wartungsarbeiten so durchführen, dass die Arbeitenden diese gar nicht bemerken (keine Unterbrechungen).

Dieses Vorgehen – zu unterteilen, Aufgaben zu spalten – bildet ein Scharnier vom Abstrakten zum Konkreten.

Beachten Sie

Alle Ergebnisse sind auf Markenkompatibilität zu prüfen. Das geschieht ausnahmsweise zum Schluss, um vorher keine Grenzen zu setzen. Es macht allerdings nur Sinn, sich im weiten Imagerahmen der Marke fortzubewegen. Alles andere wäre nicht glaubwürdig.

Zukunftsworkshops bilden einen heuristischen Ansatz, von der Analyse über den Trend hinauszusehen auf erkennbare Entwicklungen, die nicht geradlinig weiterlaufen werden. Gleichzeitig ist der notwendige Dreisprung in der Konzeptvorbereitung getätigt:

- quantitative Analysegrundlage,
- Erklärungen für die Entwicklung durch Kundenforschung,
- Weiterdenken auf Basis der Analyse: anstehende Herausforderungen erkennen.

Damit ist eine gute Entscheidungsgrundlage geschaffen. Jetzt kommt es auf die Schlussfolgerungen an, was konkret gemacht werden soll. Die Recherchen lassen sich in eine Übersicht bringen:

Quantitative Analyse	Qualitative Analyse	Perspektive	Ziel und Handlungen
Marktentwicklung Wettbewerbstendenzen Eigene Entwicklung	Zielgruppen-Persona Ergebnisse Fokusgruppen Struktur nach Kano	Kunden-Persona der Zukunft Ergebnisse Zukunftsworkshop Wichtige Herausforderungen	

Tab. 13: Entscheidungs-Tableau

Offen ist noch das Feld **Ziel und Handlungen**. Es ist die eigentliche Aufgabe des PMs, nun im Rahmen der Markenkompetenz einen Ansatz für das weitere Vorgehen zu formulieren, der zu einzelnen Handlungen durchdekliniert wird. So lässt sich auch eine Präsentation für die Unternehmens- oder Produktmanagement-Leitung gut gestalten: ein klares Ziel auf guter Grundlage, konsequent abgeleitete Handlungen.

Führen wir das Beispiel fort. Hinter allen Ergebnissen ist ein zunehmender Wunsch nach hochwertigen Kaffeespezialitäten erkennbar, begleitend zur Arbeit. Gerade Büroarbeit kann zu Hause oder im Unternehmen stattfinden und auch zwischen beiden Orten. Sie ist im Grunde örtlich flexibel. Dabei ist die Büroumwelt zu beachten, welche mehr und mehr digitalisiert wird. Eine Zukunfts-Lösung ist eine systemintegrierte Lösung.

Die mittelfristige Zielsetzung ist eine neue Lösung mit höchstem Bedienkomfort für die Versorgung zwischen den Bürowelten. Die Antworten müssen eben zum Leben der Kunden passen. Damit ist ein Ideenfeld benannt, das nun als erste Stufe in den vorgestellten New Development Plan aufgenommen wird. So sind wir im formalen Ablauf für die Produktentwicklung angekommen. Der Plan bildet die Grundlage für ein regelmäßiges Jour fixe, die Verzahnung im weiteren Verlauf mit der Unternehmensleitung.

Arbeiten mit dem Entscheidungs-Tableau

Das Entscheidungs-Tableau bildet eine immer wieder nutzbare Unterlage für entscheidende Präsentationen. Wer so vorgeht, wer so eine Thematik darlegt, verwendet ein generelles Managementdenken: von der Analyse, quantitativ und qualitativ, zum Verständnis und zur Projektion, um auf der Grundlage die geplanten Maßnahmen abzuleiten und das weitere Vorgehen darzulegen. Die Produktmanagerin sollte immer wieder darauf zurückgreifen.

Für das operative Geschäft bildet das Instrument Marketing- und Vertriebsplan die Grundlage. Das Entscheidungs-Tableau hilft auch dafür, Maßnahmen im Produktmanagement fundiert herauszuarbeiten. Das ist das Grunddenken im Produktmanagement.

Der New Development Plan verbindet Unternehmensleitung und Produktmanagement, der Marketing- und Vertriebsplan bündelt die Ausrichtung der verschiedenen Funktionen, insbesondere führt er zur Verlinkung im Absatzbereich: Produktmanagement mit Marketing und Vertrieb sowie Produktion und Logistik.

Nach der Implementierung geeigneter Instrumente zur Koordination der Produktmanagement-Aufgaben mit anderen Funktionen und insbesondere der Leitung im Unternehmen können wir in die Betrachtung der einzelnen Maßnahmen im Produktmanagement einsteigen, die uns in Kapitel 3 beschäftigen. Der Rahmen ist fixiert, die Grundlage der Kundenforschung gelegt, Ziel und Vorgehen sind festgelegt.

3 Innovationsmanagement

Jetzt ist die Zeit gekommen, den Regelmodus des Produktmanagements durchzugehen. Im Mittelpunkt steht die positive Entwicklung des Produktbereichs. Diese setzt sich zusammen aus den beiden Teilen Produktentwicklung und Produkte im Markt. Gedanklich geht jedes Produkt den Weg von der Idee bis zur Markteinführung, von der Marktdurchsetzung bis hin zum Ausscheiden aus dem Markt. Dann folgt das nächste Produkt, das rechtzeitig aus einer Produktentwicklung hervorgegangen ist.

In der inneren Optimierung des Produktprogramms ist es hilfreich, den Deckungsbeitrag pro Produktvariante kritisch zu prüfen. Angebote mit negativen Deckungsbeiträgen sind immer Kandidaten für die Programmbereinigung. Das wurde im Kapitel 2.1.2 angesprochen. Der Ablauf für zusätzliche oder Nachfolgeprodukte ist im Prinzip gleich. Jeweils startet ein weiteres Angebot, das den Weg von der Idee bis zur Marktreife, der Markteinführung und seinen Weg im Markt geht.

Der Produktlebenszyklus, der hinter dieser Programmentwicklung jeweils erkennbar wird, soll die Struktur für die Behandlung der aufeinander folgenden Aufgaben im Leben eines Produktmanagements vorgeben.

Lösungen werden im Zeitablauf oft umfassender, Wachstum resultiert auch aus zusätzlichen Produkten oder Services. Bessere Auswertungen von Kundendaten unterstützen zunehmend die Produktintelligenz. Für den Vertrieb handelt es sich um die Möglichkeiten für Up-Selling oder Cross-Selling, also für wertigere oder zusätzliche Lösungen. Es hat sich gezeigt, dass diese Quelle oft ergiebiger ist als die Neukunden-Akquisition.

Das berührt die Frage des **Produktprogramms:** seine Breite, also wie viele verschiedene Linien, und seine Tiefe, also wie viele Varianten pro Linie. Oft wird ein Programm im Laufe der Zeit mehr und mehr differenziert. Eine Grenze setzt die Markenkompetenz: Nur wenn neue Produkte unter einer Marke als glaubwürdige zusätzliche Lösungen im Rahmen der Kompetenz akzeptiert werden, genießen sie den Vorteil der Förderung durch die Marke.

Versetzen wir uns gedanklich in ein etabliertes Produktmanagement. Der Status ist ermittelt, die Gap-Analyse (vgl. Abb. 15) zeigt, welche Lücken sich im Laufe der nächsten Jahre ergeben werden, wenn nichts getan wird. Damit stellt sich die Anforderung, immer rechtzeitig neue Produktentwicklungen zu starten, um niemals Lücken im Markt Wirklichkeit werden zu lassen. Die Innovations-Pipeline ist immer wieder auf der ersten Stufe zu füllen, um vorbereitet zu sein, und immer wieder aktuelle Produkte im

Markt der Zukunft anbieten zu können. Wer wachsen will, benötigt mehr als die im Markt befindlichen Produkte.

Beachten Sie

Im Hintergrund des Produktentwicklungsprozesses wird der Kompetenzrahmen zeitgemäß formuliert, das zentrale Versprechen reflektiert. Alle Aktivitäten sind nur dann glaubwürdig und erfolgreich, wenn sie sich innerhalb des zugeordneten Profils der Marke befinden. Das ist so auch mit der Unternehmensleitung abgestimmt.

Wer nun der Reihe nach vorgehen will, dessen erste Aufgabe besteht darin, den New Development Plan, beginnend auf der ersten Stufe, mit Nachschub zu versorgen, zunächst in Form von Ideen. Starten wir damit.

Im Falle eines Start-up gibt es den selteneren Fall, dass die Lebenszykluskurve beginnt. Auch hier geht es um die Entwicklung eines neuen Produkts – eben zum ersten Mal. Es ist der gleiche Prozess, allein dass es noch keine definierte Kompetenz gibt. Die internen Fähigkeiten allerdings sollten geklärt sein, denn ein Start-up tritt mit einer speziellen Fähigkeit an.

Es geht jeweils um den Produktbereich, der dem Produktmanager verantwortlich zugeordnet ist. Management bedeutet aktives zielgerichtetes Handeln. Konsequent beginnt die Initiative am Anfang des Produktlebenszyklus. So hat die Produktmanagerin das Heft von Anfang an in der Hand. Diesen Aufgabenbereich gilt es zu vertiefen, auszubauen, um dann Ideen zu produzieren. Die Grundeinstellung muss Offenheit sein. Die erste Phase ist eine gedankliche **Experimentierphase**. Sie stellt ein besonderes Spielfeld für die Produktmanagerin, den Produktmanager dar.

Sicher gibt es aus dem strategischen Gesamtzusammenhang oder aus einer Kundenverbindung auch Produktentwicklungsaufträge. Der Produktmanager sollte das Selbstverständnis haben, die Innovations-Pipeline selbst zu füllen.

	Suchfelder	In der Hand des Produktmanagements	
Stufe 1	Ideenkonzepte vor Freigabe	Vorbereitet von Produktmanagern zur Projektentscheidung	**Projektfreigabe**

Tab. 14: Neuer Produkte-und-Projekte-Plan Stufe 1

Im Rahmen der Reihe Zukunftsworkshops (vgl. Kapitel 2.3.1) ist eine Thematik intensiv behandelt worden, um weit genug in die Zukunft zu denken und auch zunächst verborgene Aspekte einzubeziehen. Dann sind Aufgaben abgeleitet worden, um den

Weg zur Ideenfindung zu nehmen. Diese Aufgaben stellen nun die jeweilige Herausforderung dar, die Challenge. Nun geht es darum, für diese Herausforderungen handhabbare Ideen zu entwickeln, die ein Produkt, Teil eines Produkts, ein System, Teil eines Systems werden sollen. Am Ende so konkret, dass ein Produkt für Kunden daraus gestaltet werden kann. Für diesen Entwicklungsprozess wollen wir der Methode des Design Thinking folgen, die sich in den letzten Jahren als besonders wirkungsvolles Verfahren verbreitet hat.

Um im Sprachgebrauch der Methode zu bleiben, wir starten mit der **Design Challenge.**

3.1 Design Thinking

3.1.1 Was ist Design Thinking?

Unter Design Thinking wird eine Denkhaltung verstanden, durch eine gezielte schrittweise Vorgehensweise innovative Lösungen für Kunden zu schaffen. Das Design Thinking stellt sich in die Tradition der Bauhaus-Denkweise. An drei Prinzipien hat sich die Bauhaus-Bewegung orientiert:

- Es gibt keinen Unterschied zwischen Handwerk und Design. Es geht um eine gute Lösung in Sachen Funktion, aber auch in puncto Ästhetik. Beides gehört zusammen.
- Die Funktion ist dominierend, sie darf nicht beeinträchtigt werden. Gerade in digitalen Zeiten ist das hoch aktuell.
- Was ist schön? Zunächst das, was funktioniert. Aber nicht nur: Menschen sind immer emotional beteiligt. Die Lösung muss den Kunden also auch emotional etwas geben.

Wichtig ist die Sichtweise: Es geht um eine offene Herangehensweise mit dem Ziel einer kundenorientierten Lösung, die funktioniert und erfreut.

Der wesentliche Motor für die Verbreitung des Ansatzes war das schon erwähnte Spinoff der Standard University, das IDEO. »Design Thinking ist ein Menschen-zentrierter Ansatz der Innovation, der gezogen wird vom Toolkit der Designer, um die Bedürfnisse der Menschen, die Möglichkeiten der Technologie und die Anforderungen für Geschäftserfolg zu integrieren.«[153] Dafür wird ein Team von kreativen Personen zusammengestellt.

Der Grundgedanke des Design Thinking ist die **Multiperspektivität**, die durch bewusst unterschiedliche Personen mit verschiedenen Fachgebieten erreicht wird. »Eine Innovation ist umso erfolgreicher, je besser sie die verschiedenen Facetten des Problems

153 www.ideo.com/about, Zitat von Tim Brown, Chair of IDEO (eigene Übersetzung, L.K.).

und des Nutzerbedürfnisses berücksichtigt.«[154] **Damit wird auch deutlich, wie passend Design Thinking zum PM-Denken ist.**

Die Produktmanagerin, der Produktmanager betritt mit der Ideenentwicklung eine spezielle Sphäre im Unternehmensalltag: Es geht darum, für ein Team Bedingungen zu schaffen, um Innovationen zu kreieren. Dafür bedarf es hinreichender Freiräume und der Möglichkeit, auch zum Anfang zurückzugehen, auch Ideen zu verwerfen. Es soll um eine wirkliche Innovation gehen. Am Ende soll aus Ideen eine Lösung für Kunden entstehen, die überzeugt und dadurch erfolgreich im Markt ist. Denn das ist erst eine Innovation. Dafür wird ein geeignetes Vorgehen gebraucht.

In Unternehmen steht damit auch die Frage an, wer die Aufgabe übernehmen soll. Im Allgemeinen wird ein Kernteam vom Produktmanagement geformt, das in der Lage ist, die Herausforderung zu lösen oder – im Falle hoher Komplexität – die Entwicklung der Lösung zu steuern. Da es um den Produktbereich einer Produktmanagerin, eines Produktmanagers geht, ist dies der Product Owner, der den Prozess steuert.

Vorteile von diversen Teams

Diverse Teams sind bei richtiger Führung vorteilhaft, sie können die besten Ergebnisse erzielen. Das ist zu schaffen, wenn die Vielfalt aktiv genutzt wird. Hier handelt es sich um eine Gruppe, die Ideen finden, auswählen, bewerten und so weit beurteilen soll, dass am Ende eine Projektfreigabe beantragt werden kann. Dafür kommen am besten viele Perspektiven in einen fruchtbaren Austausch.

Das Ziel dieses Prozesses besteht darin, eine Idee zu finden, die tragfähig und so aussichtsreich ist, dass sie eine Projektfreigabe erwirken kann.

Zusammensetzung des Teams

Die Zusammensetzung des Teams ist erfolgsbestimmend. Sie unterscheidet sich teilweise von den Zukunftsworkshops, das Ergebnis soll ein Produkt sein. Oft wird ein Experte aus Forschung & Entwicklung vom Produktmanagement hinzugezogen. Denken Sie aber auch an eine weitere Forcierung der Kreativität: Oft finden Sie kreative Köpfe im Marketing, der Werbung oder dem Design. Das kommt auf die Unternehmensstruktur an. Ziehen Sie durchaus auch Externe hinzu: einen Experten des Fachgebiets und einen Experten in puncto Kreativität; das ist oft jemand aus einer Agentur. Alle Teammitglieder werden verpflichtet, Stillschweigen zu bewahren.

Der Produktmanager achtet darauf, einen Teamgeist zu schaffen, der wertschätzend ist und Fehler nicht sanktioniert. Im Team geht es um unkomplizierte Zusammen-

154 Kerguenne, Annie, Einführung. Was ist Design Thinking?, in: Zeit-Akademie zusammen mit Hasso-Plattner-Institut (Hrsg.), Design Thinking, Begleitheft, Hamburg 2017, S. 18.

arbeit. In Unternehmen bestehen typischerweise Hierarchien. Es ist vorteilhaft, keine großen Hierarchieunterschiede in das Team einzubeziehen, alle sollten unbeschwert miteinander arbeiten, ja, auch Fehler machen können.

Beachten Sie

Die Produktivität eines Teams hängt in höchstem Maße davon ab, dass sich die Mitglieder in der Gruppe gut aufgehoben fühlen.

Es gibt im Unternehmen und im Laufe der Zeit auch unter den Externen, mit denen das Produktmanagement zusammenarbeitet, immer Personen, die Spaß daran haben, sich an der Ideenfindung zu beteiligen. »Es sind Menschen wie wir, die mit Visionen im Kopf, großer Tatkraft und unermüdlichem Engagement neue Ideen entwickeln. Für den Erfolg benötigen wir in aller Regel ein (Kunden-)Bedürfnis, ein interdisziplinäres Team, das richtige Mindset und den nötigen Spielraum für Experimente, Kreativität und Mut, Bestehendes zu hinterfragen.«[155] Es ist vorteilhaft, in der täglichen Arbeit den Blick dafür zu haben, wer beim nächsten Design-Thinking-Prozess mitwirken könnte. Oft gibt es dabei auch ein Zusammenwirken von Produktmanagern.

Das Team zieht sich für den Projektstart und später für die Ideenfindung am besten aus dem Tagesgeschäft zurück. Günstig ist eine Umgebung, die zu der Aufgabe passt. Schaffen Sie förderliche Rahmenbedingungen. Sie sollten weniger Tradition ausstrahlen, sondern innovativ und »futuristisch« sein, um in Richtung Zukunft zu primen. Und dann geht es erst einmal darum, sich als Team zusammenzufinden. Cross-funktionale Teams benötigen immer erst eine Warming-up- oder Teambuilding-Phase, bevor fruchtbar gearbeitet werden kann.[156]

Die Teilnehmer werden unterschiedliche Erfahrungen mit dem Design Thinking gemacht haben. So ist zunächst ein gleicher Wissenstand für die Methode zu schaffen.

Drei Punkte sind für den Projektstart wichtig:

- Die Teilnehmer lernen sich ungezwungen kennen und identifizieren sich mit der Aufgabenstellung.
- Die Teilnehmer lernen das Vorgehen im Design Thinking kennen und probieren einzelne Elemente aus.
- Die Teilnehmer strukturieren die Aufgabenstellung und bestimmen die nächsten Schritte des Vorgehens nach Inhalt, Zeit und teilnehmenden Personen.
  - Verabreden Sie eine Erkundung der Thematik. Wer kann helfen?
  - Haben Sie Marktforschungsdaten, quantitative und vor allem qualitative?

155 Ebenda, S. 10.

156 Vgl. Keite, Lothar, Corporate Identity im digitalen Zeitalter, a. a. O., S. 146.

- Beauftragen Sie Datenanalysten, um die Analysemöglichkeiten des Netzes gleich einzubeziehen. Das kann live integriert werden. Impulse können zu Recherchen genutzt werden und umgekehrt, es sitzt »eine KI mit am Tisch«[157]. Fragen lassen sich beantworten: »Was sind positive Assoziationen, auf die wir bauen können? [...] Natürlich kann eine KI nicht in die Zukunft blicken [...]«[158]. (Zudem ist eine nahtlose Integration zwingend, sonst ist es nur hinderlich.)
- Verschaffen Sie sich selbst einen Eindruck.
  → Hier kommt es auf die Vertriebsweise an: Begleiten Sie Ihre Vertriebskollegen.
  → Oder falls der Vertrieb anders strukturiert ist: Nutzen Sie Möglichkeiten der begleitenden Beobachtung.

Was Design Thinking ist, lässt sich erkennbar schwer in einem Wort sagen. Die Anwendung zeigt den Vorteil. Wie beim frühen **Fuzzy End of Innovation** geht es auch jetzt darum, die Ausgangsfrage zunächst zu vertiefen. Der Unterschied ist, dass es nun konkreter wird.

Divergente und konvergente Phasen

Der Design-Thinking-Prozess wird in zwei große Phasen unterteilt: die Definitions- und die Umsetzungsphase. Hintergrund dafür sind die Forschungen zur Kreativität. Im täglichen Leben arbeiten Menschen mit bewährten Lösungen, die naheliegen und immer wieder genutzt werden. Das Denken entspricht einem bewährten Strom, es handelt sich um *konvergentes* Denken. Das ist für die tägliche Arbeit der richtige Ansatz. Erfahrung hilft.

Es ist aber auch leicht erkennbar, dass man auf ausgetretenen Pfaden kaum zu neuen, ungewöhnlichen Ideen kommt. Dafür sind die gewohnten Trampelpfade zu verlassen und ist neues Terrain zu betreten. Die Gedanken sollen in Bereiche vordringen, die anders, die *divergent* sind.

In diesem Verständnis mischt das Design Thinking divergente und konvergente Phasen:

- **Divergente Phasen**, in denen der Rahmen gesetzt wird, um *out of the box* zu denken und bisher nicht Gedachtes in Erwägung zu ziehen.
- **Konvergente Phasen**, in denen die ungewöhnlichen Gedanken daraufhin abgeklopft werden, wie man sie umsetzen könnte.

157 Ewald, Isabelle, Technologie, die passt, in: absatzwirtschaft 7/8 2021, S. 7.
158 ebenda.

Beachten Sie

Beide Phasen, divergente und konvergente, werden gebraucht. Da das menschliche Gehirn nicht gleichzeitig in beiden Modi arbeiten kann, geht es darum, konsequent jeweils entweder dem divergenten oder dem konvergenten Modus zu folgen.

Idealerweise soll eine wirkliche Innovation entwickelt werden. Übersetzt in diese Phasen bedeutet das: Den Kunden soll etwas geboten werden, das anders, das aber auch gut und besser ist, was funktional ist und funktioniert. So überzeugend, dass eine Projektfreigabe erreicht werden kann. Das soll der Output des Prozesses sein.

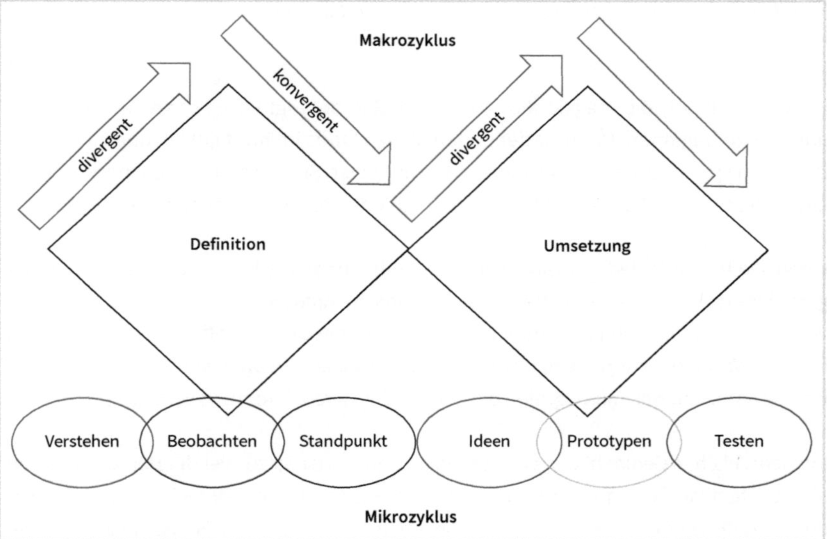

Abb. 25: Struktur des Design Thinking

Auf der **Makroebene** besteht der Prozess des Design Thinking aus zwei Blöcken, dem »doppelten Diamanten«: Die Herausforderung definieren, erst anschließend in die Lösung eintreten, also erst den Raum erweitern (divergente Phase) und dann die Aufgabe konkretisieren (konvergente Phase), danach in die Umsetzung gehen, die Ideen zur Aufgabe finden (divergente Phase), sie danach zu einem konkreten geprüften Projekt für die Freigabe führen (konvergente Phase).

Auf der **Mikroebene** sind es sechs Stufen. Diese Stufen bilden die folgenden sechs Abschnitte für den Innovationsprozess im Produktmanagement, die wir der Reihe nach durchgehen wollen. Als Ziel soll eine Produktidee entwickelt und aufbereitet werden, um die Projektfreigabe durch die Unternehmensleitung zu erreichen.

Marschieren wir los zu diesem Ziel!

3.1.2 Stufe 1: Herausforderung verstehen

Das ausgewählte Team trifft sich zum Auftakt, um die Design Challenge besser zu verstehen. Die Teilnehmer haben sich vorab idealerweise vor Ort bei Kunden mit der Materie vertraut gemacht. Alle wissen, dass es in dieser Anfangsphase nicht um Lösungen geht, sondern um ein erweitertes Verständnis. Das Vorgehen wird im Startmeeting geklärt. Der erste Schritt lautet: Haben alle ein gleiches Verständnis der Aufgabe? Und wenn ja, wird dieses vertieft. Zuerst wird die Design Challenge deutlich sichtbar aufgeschrieben. Greifen wir auf das Beispiel »Kaffeeversorgung im Büro« zurück und stellen uns als Aufgabe vor:

»Wie können wir erreichen, dass die Kaffeeautomaten im Büro durchgängig einsatzbereit sind?«

Es ist vorteilhaft, die Fragestellung mit dem Satzanfang: »*Wie können wir erreichen, dass ...*« zu beginnen. Dann ist der gedankliche Modus im Kopf auf Lösung eingestellt. Das Team spricht zunächst darüber, was gemeint ist. Sie werden schnell merken, ob es einheitliche Vorstellungen gibt oder unterschiedliche Auffassungen bestehen.

Wenn alle Teammitglieder ein ähnliches Verständnis haben, geht es um die Vertiefung. Eine gute Herangehensweise ermöglicht die **semantische Analyse.** Darunter verstehen wir das Vorgehen, Verbindungen zu sammeln, die mit den zentralen Begriffen verknüpft werden. Es ist ein Verfahren aus der Linguistik, um über die einzelnen Substantive herauszufinden, welche Assoziationen mit Begriffen oder Teilen der Herausforderung verknüpft sind.

Im menschlichen Gehirn bilden beim Lesen geschriebener Sätze, hier der Herausforderung, die Substantive die zentralen Fixationen für das Auge. Diese natürliche Aufnahme wird durch die Zerlegung unterstützt. Gehen Sie am besten so vor, dass Sie die entscheidenden Substantive der Design Challenge unterstreichen. Rufen Sie dann die einzelnen Substantive auf. Jedes Teammitglied schreibt alle Assoziationen zu dem Substantiv auf Karten oder Post-its, die ihm zu dem Begriff einfallen. Anschließend sammeln Sie diese und ordnen sie gemeinsam, indem Sie gedanklich Kästen mit ähnlichem Sinn bilden und fragen, ob die aufgerufene Assoziation einer begrifflichen Gruppe zugeordnet werden soll oder gedanklich einen neuen Raum öffnet. Es ist das Verfahren des Brainstorming mit Karten (oder Post-its). Wir kommen im Abschnitt zur Ideengewinnung (Kapitel 3.1.5) noch einmal darauf zurück.

Nehmen wir das Beispiel:

*»Wie können wir erreichen, dass die **Kaffeeautomaten im Büro durchgängig einsatzbereit** sind?«*

Es sind vier zentrale Begriffe, die hier fett hervorgehoben sind: Die Substantive »Kaffeeautomaten« und »Büro«, die Adjektive »durchgängig« und »einsatzbereit« haben eine so herausragende Bedeutung für den Gesamtsinn, dass sie am besten substantiviert und dazu genommen werden als »Durchgängigkeit« und »Einsatzbereitschaft«.

Schreiben Sie doch einfach selbst einmal auf, was Sie mit den vier Begriffen assoziieren:

Begriff	Meine Assoziationen
Kaffeeautomat	Viele heiße und kalte Getränke, Koffein, ...
Büro	Arbeit in Agentur, Arbeit zu Hause, Vernetzung, ...
Durchgängigkeit	Frühzeitiges Erkennen möglicher Unterbrechungen, Selbst-Anpassungen, Veranlassung Wartung, ...
Einsatzbereitschaft	Reagieren auf meine Wünsche, Timing Wunscherfüllung, rechtzeitiges Befüllen, ...

Tab. 15: Tableau von Assoziationen zu zentralen Begriffen

Die Gruppierungen zu den wesentlichen Begriffen erweitern den Gedankenraum. Gleichzeitig lassen sich meist Muster erkennen, die Bedürfnisse sichtbar machen. Zwei Punkte sind heute typisch:

- Die Begriffe drehen sich um die datengestützte Erkenntnis der Kundenwünsche, die quasi von den Augen (aus den Daten) abzulesen sind.
- Die Begriffe drehen sich um intelligente Services, welche sicherstellen, dass das eigentliche Erlebnis ungestört erfolgt.

Formulieren Sie gerne eine eigene Ausgangsfrage und erstellen Sie zu Ihrer Frage ein vergleichbares Tableau.

Das Design Thinking ist nutzerorientiert. Konsequent werden die Bedürfnisse im nächsten Schritt auf die möglichen Nutzer bezogen. Zunächst wird gefragt, wer mögliche Nutzer sind. In dem Beispiel waren es Büroarbeitende in Unternehmen und Agenturen. Das Team nimmt die Perspektive der unterschiedlichen Zielgruppen ein. Bilden Sie Stellvertreter für die Zielgruppen, welche die Gruppe identifiziert. Sammeln Sie diese in einem ersten Schritt.

Dann lässt sich die jeweilige Nutzerrolle einnehmen, um in dieser Perspektive zu überlegen, was der jeweilige Nutzer wünscht: »Ich möchte ...«. Nehmen Sie die Rolle der Person ein. Und das gesamte Team unterstützt die Person in ihrer Rolle. Hinter den Wünschen der Nutzer stecken wichtige Themen. Diese sollen herausgefiltert werden.

Das Vehikel zur Aufnahme dieser Gedanken wird **Design-Charrette** genannt, also der Wagen, der die Nutzer und ihre Wünsche aufnimmt. Gehen Sie am besten gemeinsam vor.

Abbildung 26 zeigt den Aufbau einer Design-Charrette:[159]

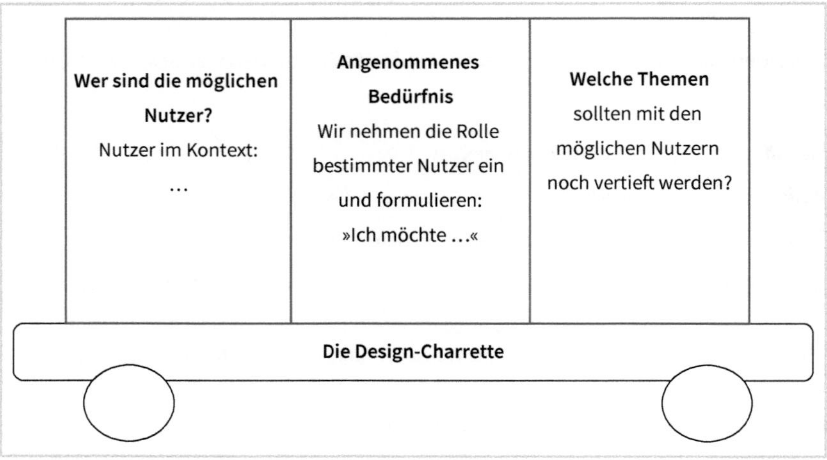

Wer sind die möglichen Nutzer? Nutzer im Kontext: …	**Angenommenes Bedürfnis** Wir nehmen die Rolle bestimmter Nutzer ein und formulieren: »Ich möchte …«	**Welche Themen** sollten mit den möglichen Nutzern noch vertieft werden?

Die Design-Charrette

Abb. 26: Die Design-Charrette

Nehmen wir ein Beispiel, um die Vorgehensweise im Design Thinking zu veranschaulichen:

Beispiel

Lisa ist 30 Jahre alt und beheimatet in einem Vorort von Düsseldorf. Sie ist als Grafikdesignerin Freelancerin und arbeitet für Werbeagenturen in Düsseldorf. Sie ist diszipliniert, arbeitet von 9.00 Uhr bis 12.30 Uhr und von 14.00 bis 19.00 Uhr. Sie startet den Tag mit einer Tasse Kaffee, gönnt sich eine kurze Pause am Vormittag mit einem Cappuccino, trinkt am Nachmittag zum Durchhalten noch einmal eine Tasse Kaffee. Das anregende Getränk hat also feste Plätze in ihrem Arbeitsrhythmus.

Lisa: »Ich möchte gleich zu Arbeitsbeginn eine Tasse dampfenden Kaffees mit schöner Crema, am liebsten serviert wie durch einen Sekretär – der Kaffee steht schon da, wenn ich am Schreibtisch Platz nehme.

Ich möchte am Vormittag einen schönen Cappuccino mit tollem Milchschaum. Der Automat sollte gleich einen Cappuccino-Becher nehmen, denn Getränk und Gefäß gehören zusammen.

Ich möchte, dass nachts alle Funktionen überprüft und so in Schuss gehalten werden, dass mein Kaffeevergnügen am Tag niemals beeinträchtigt wird.«

159 In Anlehnung an Bleuel, Flavia, Verstehen, in: Zeit Akademie zusammen mit Hasso Plattner Institut (Hrsg.), a. a. O., S. 30 f.

Bei Betrachtung der Herausforderung kommt es auf die zentralen Zielgruppen an. Weitere Büroarbeitende werden aufgerufen. Schnell werden Bereiche erkannt, die wichtig sind. Hier ist es der Wunsch nach Heinzelmännchen in der Nacht, besten Zutaten, also Kaffeebohnen und Milch, und eine Automatisierung der Wunscherfüllung. Das ist regelmäßig so: Schnell wird erkannt, dass es relevante Bereiche gibt, die es genauer zu erforschen gilt. Hinter den Verbindungen sind Muster erkennbar, die herausgearbeitet werden. Sie stellen Themen dar, die genauer mit wirklichen Nutzern zu vertiefen sind. Es ist wichtig, das Thema dahingehend aufzubereiten, welche Fragen sich ergeben. Diese sollen anschließend Probanden aus den Zielgruppen gestellt werden. Denn bisher sind alle Aussagen nur Annahmen im Team.

Im nächsten Schritt steht an, die möglichen Kunden und ihre Wünsche wirklich kennenzulernen. In der Design Charrette (vgl. Abb. 26) sind die Themen versammelt, welche die nächsten Erkundungsbereiche bilden.

3.1.3 Stufe 2: Nutzer beobachten

Damit geht es auf die nächste Stufe des Design Thinking: die Kundenwünsche besser kennenlernen. Die Design Charrette bildet die gedankliche Grundlage für die neue Phase. Um bildlich zu sprechen, der beladene Wagen wird zur nächsten Station gezogen. Die zentrale Zielsetzung besteht in der Aufgabe, die Thematik aus den eigenen Annahmen und Vorstellungen herauszulösen und sich mit den Nutzern intensiv zu befassen, um deren Wünsche und Gefühle zu verstehen.

Beachten Sie

Produktmanagement ist generell kundenorientiert. Passend dazu befasst sich die zweite Stufe im Design-Thinking-Prozess mit der Entwicklung einer großen Empathie für die Nutzer.

Da es um Zukunftsthemen geht, lässt sich kein Verhalten beobachten, es existiert ja noch nicht. Es geht um die Erkundung, die Exploration von Wünschen, die in der Tiefe der Motivlage der Kunden zu entdecken sind. Es ist vorteilhaft, Auswertungen aktuellen Kundenverhaltens erst nach dieser Erkundung hinzuzunehmen.

In der ersten Spalte der Design-Charrette »Wer sind die möglichen Nutzer?« (vgl. Abb. 26) sind Kundengruppen identifiziert worden. Für jede Kundengruppe wird eine Persona gebildet. Grundlage ist das Vier-Felder-Persona-Modell (vgl. Abb. 6). Das Team sollte offen dafür sein, ob wirklich schon die relevanten Zielgruppen entdeckt wurden. Pragmatisch werden zunächst die ermittelten Zielgruppen betrachtet – gleichsam als Einstieg. Versuchen Sie, sich so gut wie möglich in diese hineinzuversetzen. Design Thinking ist immer iterativ angelegt; es kann passieren, dass das Team mit zunehmender Erfahrung bei der Erkundung der Motivlage der Kunden bemerkt, dass die Zielgruppen anders zu beschreiben sind.

Beachten Sie

Es geht genau darum, sich immer besser in die Kunden hineinzuversetzen. Denn das Team soll in die Lage versetzt werden, das Wunschset der Kunden, wie es sich in einigen Jahren darstellt, vorherzusehen.

In der zweiten Spalte der Design-Charrette »Angenommenes Bedürfnis« ist bereits ein persönlicher Bezug hergestellt worden: »Ich möchte …«; dabei stand das »Ich« stellvertretend für eine Kundengruppe. So sind deren Wünsche und Bedürfnisse formuliert worden. Anschließend wurden Muster dahinter identifiziert. Das ist der natürliche Schritt zur Charakterisierung der Zielgruppen-Prototypen.

Damit lässt sich die erste Skizze einer Persona vornehmen; im angesprochenen Beispiel:

Lisa • 30 Jahre alt • Wohnhaft in Kaarst bei Düsseldorf • Grafikdesignerin, Freelancerin • Besucht Messen, um sich zu informieren • Internet-affin	**Rolle und Grenzen** • Erhält durchgehend gute Aufträge von Werbeagenturen • Verfügt über die Fähigkeit, sich für beste Umsetzungen immer weiter zu entwickeln, insbesondere im dynamischen Online-Bereich • Liefert einmalige Arbeiten ab, um gute Honorare dauerhaft zu erzielen • Verhandelt dafür die richtigen Bedingungen
Eigenes Wunschbild • Wunsch nach beruflichem Erfolg. Lebt gerne gut • Stil ist ihr wichtig, gehört zum Selbstverständnis • Dazu gehören auch der Genuss und das Anbieten-Können bester Kaffeevariationen • Bevorzugt Unabhängigkeit	**Gruppe/Erwartungen** • Anerkennung in Unternehmen, in Agenturen • Stellt gerne zusammen mit Kunden Arbeitsergebnisse auf Veranstaltungen vor • Hat gerne umfangreiches berufliches und privates Netzwerk. Dazu gehört auch die Anerkennung für die Bewirtung durch die Gäste

Tab. 16: Beispiel für eine Persona (erste Skizze)

Die bisherigen Angaben sind noch sehr bruchstückhaft. So ist noch kein wirklich gutes Gefühl für die Persona erreicht. Setzen Sie sich nach Erstellung der ersten Skizze gedanklich den Hut der jeweiligen Persona auf und beobachten Sie vergleichbare Personen in der Nutzung der Produktkategorie. Versuchen Sie, sich noch tiefer in die jeweilige Person hineinzudenken. Betrachten Sie anschließend die gesammelten Themen in der dritten Spalte der Design-Charrette. Sollte nach den jüngsten Erfahrungen noch ein Thema ergänzt werden?

Mit allen relevanten Themen wird ein qualitatives, strukturiertes Interview mit Probanden aus den Personae-Gruppen vorbereitet.

»Warum sprechen wir mit einzelnen Nutzern? Weil es den Durchschnittsnutzer nicht gibt. Der Durchschnitt ist eine mathematische Kennzahl, die hilft, Komplexität zu reduzieren. Mit einem Durchschnitt Empathie aufzubauen und sich inspirieren zu lassen, funktioniert hingegen nicht.«[160] Datenanalysten verweisen gerne auf die Möglichkeit, durch Internetrecherche die Vorlieben zu ermitteln. Zwei Punkte sind dabei zu bedenken:

- Das Vorgehen mit komprimierten Daten aus dem Netz entspricht immer der Heuristic Evaluation[161] (vgl. Kapitel 2.2.1), bedeutet also, dass vorher Heuristiken, typische Verhaltensweisen ermittelt sein müssen, um die Verhaltensdaten zu interpretieren. Wir suchen hier aber nach ersten Erkenntnissen.
- Bei allen Möglichkeiten der Auswertung gibt es nur einen Weg, um Gefühle und sinnliche Empfindungen der Kunden zu verstehen; dieser eine Weg ist das persönliche Gespräch. Verständnis entsteht aus einem Zusammenspiel aller Sinne. Allein das menschliche Gehirn hat diese Fähigkeit, den Sinn dahinter so gut zu erkennen.[162]

»Es leuchtet ein, dass eine Innovation nur funktioniert, wenn wir die Bedürfnisse unserer Nutzer verinnerlicht und ein Verständnis für sie entwickelt haben. Dies gelingt, wenn wir dort sind, wo sie sind. Indem wir vor allem den Teil ihres Lebens miterleben, den wir verbessern möchten.«[163]

Bedürfnisfindung oder Needfinding ist das Thema. Am besten in entsprechender Umgebung. Vielleicht kennt jemand aus dem Team eine vergleichbare Grafikdesignerin. Oder es wird im Netz recherchiert. Mögliche Kandidaten werden angefragt, ob ein Interview möglich ist.

Strukturierte Interviews haben zwei Seiten:

- Sie sind strukturiert, um alle relevanten Themenbereiche zu behandeln, am besten in gleicher Reihenfolge.
- Sie sind strukturiert und nicht detailliert als Fragebogen, um die Probanden erzählen zu lassen, da es um die Geschichten rund um das Thema geht, um ein besseres Verständnis zu gewinnen.

---

160 Bleuel, Flavia, Beobachten, in: Zeit Akademie zusammen mit Hasso Plattner Institut (Hrsg.), a. a. O., S. 36.
161 Vgl. dazu: Nielsen, Jacob, How to Conduct a Heuristic Evaluation, a, a. O.
162 Vgl. dazu auch das Linda-Phänomen (Linda: less is more) in: Kahneman, Daniel, Thinking fast and slow, New York 2013, S. 156 ff.
163 Lewrick, Michael, Link, Patrick, Leifer, Larry (Hrsg.), Das Design Thinking Playbook, a. a. O., S. 59.

Im Team erfolgt auf Basis der Design-Charrette und der bisherigen Erfahrungen die Vorbereitung auf die Gespräche, insbesondere gilt es, die wichtigsten Themen zu erarbeiten. Die Interviews selbst werden am besten von zwei Personen durchgeführt:

- Ein **aktiv Interviewender**
  Diese Person fragt zu den Themen, hört aktiv zu, geht also auf den Interviewten ein, vertieft durch Nachfragen und Paraphrasieren. Ein aktiv Interviewender kann oft nicht so gut auf das Verhalten seines Interviewpartners achten.
- Ein **passiv Interviewender**
  Diese Person greift nur gelegentlich mit Fragen ein. Ihre Hauptaufgabe ist die Erfassung des begleitenden Verhaltens, der Körpersprache. Ein passiv Interviewender kann eingreifen, insbesondere wenn körperliche Reaktionen erfolgen, etwa: Ihr Gesicht zeigt gerade helle Freude, was ist so erfreulich? Oder: Ihr Gesicht zeigt gerade Entsetzen, was ist so schrecklich?

Ein Blick hinter die Kulissen auf die wahre Einstellung lässt sich mit beiden Perspektiven erreichen. So ist es von Bedeutung, ob es Widersprüche zwischen Worten und der Gestik oder Mimik gibt. Halten Sie am besten den Interviewpartner auch bildlich fest, wenn dieser es erlaubt. Das menschliche Gehirn zündet mit einem Bildimpuls am leichtesten die Erinnerung.

Im Produktmanagement ist es immer eine gute Übung, vorab zu testen. In diesem Falle geht es darum, das qualitative Interview vorab durchzuspielen, um zu prüfen, ob die angestrebten Intentionen damit auch erreicht werden können.

Die Themenbehandlung soll Tiefe erreichen. Dafür eignet sich das folgende Vorgehen:

1. Thema in Gedanken aufrufen
2. Offene W-Fragen dazu stellen
3. Nach konkreten Erlebnissen dazu fragen
4. Aspekte aus der Schilderung aufrufen

Am besten bereitet sich das Team mit einem Schema vor. Es hat nicht die Form eines Fragebogens, sondern stellt eine Vorabstrukturierung dar, um im Interview einem roten Faden zu folgen (vgl. Tab. 17).

Ziel ist, ein gutes und authentisches Verständnis der Persona zu bekommen. Insgesamt geht es um die Einstellung der Probanden zur Thematik. Damit können die Personae viel besser und typgerechter beschrieben werden. Vor allem eigene Wünsche und die Umgebungsresonanz aus Sicht der Probanden werden erkennbar. Das darf für ein gutes Verständnis nicht fehlen. So kann sich das Team besser in die Person hineinversetzen.

Vorstellung der Interviewenden und des Projekts Einverständnis zur Aufzeichnung einholen			
Vorstellung des Probanden mit Bezug zum Projektthema	Bei interessanten Aspekten nachfragen		
Thema 1 des Themenspeichers ansprechen	Offene Fragen stellen	Nach Erlebnissen rund um das Thema fragen Zitate festhalten	Bei interessanten Aspekten nachfragen Zitate festhalten
Themen 2 bis x in gleicher Weise ansprechen	Offene Fragen stellen	Nach Erlebnissen rund um das Thema fragen Zitate festhalten	Bei interessanten Aspekten nachfragen Zitate festhalten
Abschluss des Interviews ankündigen und Aspekte, die dem Probanden noch einfallen, erfragen	Offene Frage stellen	Zitate festhalten	
Bedanken und weiteren Umgang mit dem Interview darlegen			

Tab. 17: Vorabstrukturierung eines Interviews. Notieren Sie sich durchaus Fragen oder kurze Einstiegstexte!

Interview-Dokumentation

Auch qualitative Interviews wollen am Ende vergleichend ausgewertet werden. Deshalb wird entlang der Themen strukturiert. Darüber hinaus ist es vorteilhaft, unmittelbar nach dem Interview wichtige Punkte festzuhalten. Hier hilft eine von allen Interviewenden gemeinsam genutzte Interview-Dokumentation.[164] Notieren Sie Zitate, die zur ergänzenden Beschreibung der jeweiligen Persona verwendet werden können. Wenn möglichst viele eigene Worte der Probanden aufgezeichnet werden, kommt man nicht in Gefahr, zu viel an eigenen Interpretationen hinzuzugeben.

Die drei mittleren Punkte in der folgenden Arbeitskarte für die Interview-Dokumentation werden am besten Thema für Thema aufgerufen.

164 In Anlehnung an: Zeit Akademie zusammen mit Hasso-Plattner-Institut (Hrsg.), a. a. O., Arbeitskarte Interview-Dokumentation.

Angaben zur Person ______ ______ (Auszüge aus der demografischen Beschreibung der Persona; es wird nicht in jedem Interview nach Einkommen gefragt. Interessant ist die Mediennutzung.)
Was war überraschend? ______ ______ (Ungewöhnliche oder neue Statements, aber auch Differenz zwischen Gesagtem und Körpersprache)
Interessante Zitate ______ ______ (Mindestens drei, so wörtlich wie möglich)
Was war besonders anregend? ______ ______ (Einlassungen zu bestimmten Themen, aber auch situative Besonderheiten)
Gibt es offene Themen? ______ ______ (Wurden Themen angesprochen, die wir nicht im Fahrplan haben, aber bei folgenden Interviews einbezogen werden sollten)

Tab. 18: Arbeitskarte Interview-Dokumentation

Auswertungs-Workshop

Setzen Sie am besten einen Auswertungs-Workshop an, der von den Interviewenden-Teams vorbereitet wird. Jedes Team sichtet die eigenen durchgeführten Interviews und führt eine Gruppierung nach erkennbaren Zielgruppen durch. Die Gemeinsamkeiten der Probanden aus einzelnen Zielgruppen werden herausgearbeitet. Für jede Zielgruppe wird eine Persona erstellt.

Im Auswertungs-Workshop stellen die Interviewenden-Teams ihre Zielgruppen und ihre Erkenntnisse zu den Zielgruppen vor. Es wird im Allgemeinen schnell erkennbar, dass bestimmte Zielgruppen auch bei anderen Interviewenden-Teams vertreten sind. Die Diskussion über die einzelne Persona kann beginnen, die Erfahrungen können zusammengetragen werden und so vertiefte gemeinsame Personae entstehen.

Selbstverständlich können auch andere Formen qualitativer Marktforschung in dieser Phase genutzt werden. Insbesondere das Basisinstrument im Produktmanagement, die Fokusgruppen, bilden eine Alternative. Entscheidend ist, dabei ein Verständnis für die Zielgruppen aufzubauen, das es ermöglicht, deren Einstellung bei Einführung des Produkts möglichst genau zu kennen.

Design Thinking ist bewusst iterativ angelegt. In dieser Phase kann reflektiert werden, ob die Aufgabenstellung angesichts der Erkenntnisse so beibehalten werden soll oder ob es sinnvoll ist, Modifikationen vorzunehmen. Einen Vorteil des Design-Thinking-Ansatzes bilden gerade diese ersten Phasen des »Verstehens« und »Beobachtens« der Zielgruppen, um einen echten Mehrwert für die Kunden schaffen zu können. Als Abschluss ist nun eine Synthese zu finden.

3.1.4 Stufe 3: Standpunkt festlegen

Die Erfahrung lehrt, dass sich das Ausgangsverständnis durch die Vertiefung und insbesondere die Bobachtung geändert hat. Ein tieferes, umfassenderes Empfinden für die Situation der Zielgruppe(n) wird entwickelt. Das genau war zu erreichen. Manchmal führt der Weg auch zu einem modifizierten Verständnis, was positiv zu werten ist, denn die knappe Ausgangsformulierung beinhaltet versteckt viele eigene Annahmen. Diese treffen nicht notwendig zu.

Die Beschäftigung mit den Interviews führt meist dazu, dass Muster erkennbar sind. Jetzt geht es genau auch darum, wieder zu verdichten, konvergent zu agieren. »Es gibt unzählige Methoden, um die Insights in eine Struktur zu bringen, z. B. Venn-Diagramme, Mind-Maps, Systems Maps, Cluster-Analysen, Customer Journeys etc.«[165] Gemeinsam ist allen Methoden das Ziel, Muster herauszuarbeiten.

»Es geht zunächst allein um die Frage, auf welche Nutzerbedürfnisse Sie gestoßen sind; Nutzerbedürfnisse, die Sie für so relevant halten, dass sie es wert wären, hierfür neue Produkte, Dienstleistungen oder Prozesse zu designen ...«[166] Deshalb stehen die Nutzer im Mittelpunkt.

Typischerweise besteht am Anfang das Bestreben, möglichst zahlreiche Personae zu bilden. Tatsächlich haben die meisten Produkte im Markt wenige Zielgruppen, von denen sie nachgefragt werden. Meist gibt es sogar eine Kernzielgruppe, die für den überwiegenden Deckungsbeitrag verantwortlich ist. In heutigen Märkten ist ein fokussiertes Vorgehen angeraten, um gerade eine Kernzielgruppe in hohem Maße zu überzeugen.

Die Analyse von Wunschmustern und Zielgruppen führt erfahrungsgemäß zu Kundengruppen, die besondere Resonanz zeigen. Das ist im Sinne der Fokussierung vor-

165 Lewrick, Michael; Link, Patrick; Leifer, Larry (Hrsg.), Das Design Thinking Playbook, a. a. O., S. 85.
166 Rhinow, Holger, Synthese definieren, in: Zeit Akademie zusammen mit Hasso-Plattner-Institut (Hrsg.), a. a. O., S. 43.

teilhaft. Im Team schildern einzelne Mitglieder ihre Erlebnisse mit ganz typischen Vertretern der betreffenden Persona. Dabei sind zwei Aspekte wichtig:

- Produkte sind für Menschen in einer bestimmten Rolle oder Aufgabe Mittel zum Zweck; deshalb geht es um Geschichten aus diesem Feld. Es darf nicht um generelle Einschätzungen, sondern nur um rollenbezogene gehen, sonst agiert das Team nicht passgenau.
- Der Kontext, das Umfeld ist von hoher Bedeutung. Deshalb wird der jeweils Erzählende aufgefordert, Umfeldwahrnehmungen unbedingt auch zu schildern.

Füllen Sie dazu alle vier Felder des Persona-Schemas aus (vgl. Abb. 6). In dieser Phase sollten jetzt die Felder »Eigene Wünsche« und »Gruppe/Erwartungen« ausführlich gefüllt werden können. Nun erst sind die Teilnehmer wirklich in die jeweilige Persona hineingeschlüpft.

Geschichten aus realen Erlebnissen helfen zu verstehen. Schon die Zusammenführung der Ergebnisse der verschiedenen Interviewenden-Teams wird hier Anekdoten herausgekitzelt haben. Das Team versteht die Zielgruppen und auch deren Wünsche immer besser. Gleichzeitig sind es erste User Stories, die später in der Anforderungsentwicklung für das Projektmanagement genutzt und weiterentwickelt werden können (vgl. Kapitel 3.2.2.2). Oft gibt es auch gleiche Vorlieben in verschiedenen Zielgruppen. Das ist ein starker Hinweis für eine notwendige Leistungseigenschaft.

Beachten Sie

Es soll eine Leistung kreiert werden, die erst in einiger Zeit auf den Markt kommt. Entwicklungen dauern mitunter. Die Idee soll sich an den Menschen in der Zukunft orientieren, wie sie dann aufgestellt sein werden.

Durch das gute Verständnis schafft es das Team zu überlegen, wie die Persona in fünf oder zehn Jahren zu beschreiben sein wird. Es wird ein Zeithorizont gewählt, der bis zu einer möglichen Markteinführung vergeht.

Nehmen wir die Persona Lisa. Sie ist heute 30 Jahre, in zehn Jahren ist sie also 40 Jahre alt. Was macht eine 40-jährige Grafikdesignerin in zehn Jahren? Gemeinsam wird eine Kaffeegenuss-Traumwelt für Lisa in zehn Jahren formuliert. Lisa mag Mutter geworden sein. Ihre Aufgaben sind nun einerseits weiterhin grafische Leistungen, andererseits aber auch Familienaufgaben. Noch vorteilhafter wäre es, sich für die Kaffeeversorgung um nichts mehr kümmern zu müssen. Sie steht einfach zur Verfügung. Der Entlastungsdruck wird noch gestiegen sein.

Jetzt sollte das Team die Person in ihrer Rolle mit der Aufgabe so gut verstehen, dass sich daraus Schlussfolgerungen ziehen lassen. Das Team extrahiert die Essenz, die dann die Plattform für die Ideengewinnung bildet. Es geht also um die Bildung eines

Standpunkts, englisch *Point of View*, kurz POV. »Wir empfehlen, den POV in einem griffigen Satz zu formulieren. Hierzu existieren verschiedene Formulierungsvarianten.«[167]

Zwei unterschiedliche Ansätze sollen genannt werden:[168]

Ansatz	POV-Satz
How might we ...	Wie könnten wir Nutzer ... helfen oder überzeugen von der Leistungsfähigkeit ... Beispiel: Wie können wir Lisa den Full-Service bieten, dass der Kaffeeautomat nachts durchgecheckt und gewartet wird?
Stanford POV	Nutzer ... hat das Bedürfnis nach ... in einer Umgebung ... Beispiel: Nutzerin Lisa hat das Bedürfnis in einer herausfordernden Lebensphase nach Entlastung durch unmerkliche Hintergrund-Services für Ihren Kaffeegenuss.

Tab. 19: Bildung eines POV-Satzes

Am Ende bilden Aspekte der relativ allgemein gehaltenen Ausgangsfrage Anknüpfungspunkte für die Ideengewinnung wie etwa:

»Wie können wir erreichen, dass der Kaffeeautomat von Lisa in einer Umgebung zunehmender Digitalisierung jeden Tag ohne Unterbrechung läuft?«

Es werden weitere Fragen zu erkannten Aspekten formuliert. Damit sind Ausgangsformulierungen geschaffen, um Ideen zu gewinnen. Zu jeder Zeit besteht die Möglichkeit, auf den PoV zurückzukommen, um sich noch einmal mit der Traumwelt auseinanderzusetzen, sie zu erweitern, unter Umständen den Standpunkt neu zu justieren. Jetzt liegen idealerweise erst einmal Ausgangsfragen für die nächste Stufe vor.

3.1.5 Stufe 4: Ideen finden

Nach der Klärung des Aufgabenbereichs startet nun die Phase der Ideengewinnung. Es geht um Ideen für Aspekte der *Point of Views* (PoV). Diese sollten so konkret sein, dass auch konkrete Ideen gefunden werden. Sollte der PoV noch recht abstrakt sein, empfiehlt es sich, Teilaspekte zu formulieren. Erfahrungsgemäß werden auf allgemeine Fragen allgemeine Ideen, auf konkrete Fragen konkrete Ideen genannt. Diese Ideen

167 Lewrick, Michael; Link, Patrick; Leifer, Larry (Hrsg.), Visualisierung Langensand, Nadia, Das Design Thinking Playbook, a. a. O., S. 88.

168 In Anlehnung an: ebenda.

sind wieder Impulse für weitergehende Ideen zur Gesamtaufgabe oder zur Formierung eines Systems.

Beachten Sie

Die Forderung ist einfach: Wir brauchen kreative Ideen. Möglichst viele. Möglichst ungewöhnliche.

Erster Punkt ist die Frage: Wer soll in die Ideengewinnung einbezogen werden? Wenn es ein Kernteam der Entwicklung gibt, so hat dieses die Definition der Aufgabenstellung vorgenommen. Es wird typischerweise auch weiterhin Organisator und Moderator des Prozesses sein. Wer tief in der Materie steckt, kann durchaus viel beitragen.

Es ist oft von Vorteil, auch »unbedarfte« Teilnehmer hinzuzunehmen, um wirklich andere, neue Ideen zu bekommen. Nehmen Sie Externe oder Studierende hinzu; diese Personen haben weniger geistige Scheren im Kopf als verantwortliche Manager des Unternehmens.

Eine Ideengewinnungs-Gruppe sollte nicht mehr als zehn Teilnehmer umfassen. Das Kernteam übernimmt Moderationsaufgaben und die Auftragsformulierung. Es erweist sich als günstig, wenn etwa fünf bis sieben Teilnehmer für die Ideenproduktion sorgen. Typischerweise gibt es drei Rollen für alle Methoden:

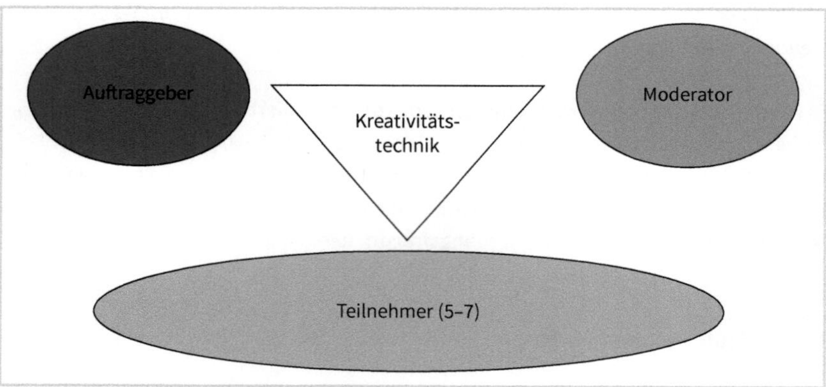

Abb. 27: Aufbau der Ideengewinnungs-Gruppe

Der **Auftraggeber** formuliert die Auftragsfrage und nennt die Kriterien zur Beurteilung der Lösungsgüte. Es ist darauf zu achten, dass es eine konkrete Frage ist, die Ideen auslösen kann. Oft passiert es, dass Auftraggeber alle Aspekte, die sie schon gesammelt haben, in die Frage hineinpacken möchten. Das ist zu viel. Dann funktioniert der Prozess der Ideengewinnung nicht. Unterteilen Sie die komplexe Frage in einfache Teilfragen. Starten Sie besser mit einer überschaubaren konkreten Frage und gehen Sie schrittweise vor.

Der **Moderator** stellt sicher, dass es eine entspannte Atmosphäre gibt, er informiert über das Vorgehen, erklärt das Verfahren der jeweils gewählten Kreativitätstechnik, moderiert den Ablauf. Für den Moderator ist in allen Verfahren die Unterscheidung zwischen Anforderungen und Ideen wichtig.[169] Anforderungen sind meist Adjektive wie beispielsweise »intuitiv«; damit ist aber keine Lösung gefunden. Wenn beispielsweise etwas genannt wird wie »Die Seiten auf dem Smartphone blättern«, dann ist das eine Idee. Viele Teilnehmer neigen am Anfang dazu, Allgemeinplätze oder Anforderungen zu nennen. Der Moderator sollte dann geschickt intervenieren: Wie könnte das aussehen? Und schon beginnt das Denken in Ideen.

Die **Teilnehmer** sollten in angenehmer Umgebung alle Bedingungen vorfinden, um frei und ungezwungen in die Ideenproduktion zu gehen. Es sollte eine Gruppe von konstruktiv offenen Teilnehmern sein. Hier ist wieder daran zu denken, die geeigneten Rahmenbedingungen zu schaffen. Frische offene Räume abseits der täglichen Arbeitswelt fördern die Ideengewinnung. Kreatives Material wie Metaplan-Karten, Post-its, Flipcharts oder Whiteboards, unter Umständen Lego-Steine, Klebematerialien sollten zur Verfügung stehen. Wenn Teilnehmer Freude und Spaß haben, wird Dopamin ausgeschüttet mit der Folge, dass die grauen Zellen viel besser arbeiten.

Jetzt ist auch die Zeit für den Moderator gekommen, auf das konstruktive Verhalten während des gesamten Ideenfindungs-Ablaufs hinzuweisen:

- Im ersten Schritt sollen sehr viele Ideen entwickelt werden. Die divergente Phase. Sie läuft nur, wenn
  - alle miteinander wertschätzend umgehen,
  - keine Bewertungen, keine Kritik geäußert werden,
  - jede Idee als möglicher Ausgang für eine Ideenansteckung angesehen wird.

  Abgetrennt von der Ideengewinnungsphase wird erst eine Auswahl von Ideen vorgenommen. Das ist ein separater Teil des Ideentages. Zwischen beiden Teilen gibt es eine dicke Wand, eine Zäsur (vgl. Abb. 28).

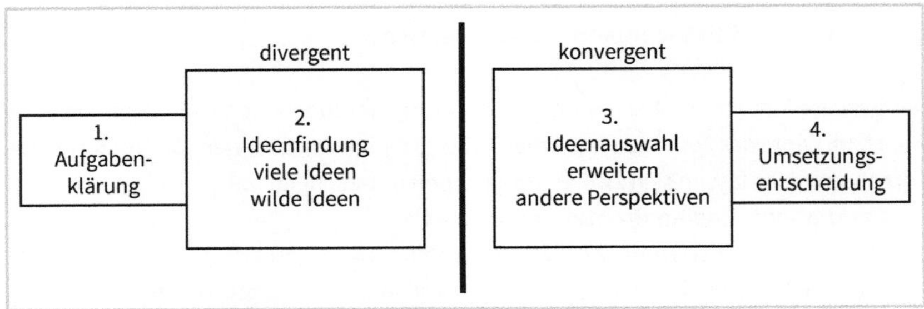

Abb. 28: Ablauf der Ideenfindung

169 Vgl. Lewrick, Michael; Link, Patrick; Leifer, Larry (Hrsg.), Das Design Thinking Playbook, a. a. O., S. 93.

Der Moderator beginnt am besten mit einleitenden Vorstellungen und Bildern aus futuristischen Welten: Wie würden Astro Alex oder Matthias Maurer an das Thema gehen? Was zeichnet die expressionistische Malerei aus? Wie sehen die Städte der Zukunft aus? Solche Themen versetzen die Teilnehmer in einen experimentellen Modus. Es gibt viele mögliche Fragestellungen, um diesen Weg in Richtung der anstehenden Thematik zu gehen.

Für die konkrete Ideengewinnung können verschiedene Kreativitätstechniken eingesetzt werden. Es ist empfehlenswert, unterschiedliche Verfahren zu nutzen. Erfahrungsgemäß entwickeln die Teilnehmer Vorlieben für einige, Vorbehalte gegenüber anderen Methoden.

Immer sollte die Ausgangsfrage vom Auftraggeber eindeutig formuliert werden. Es empfiehlt sich, eine einheitliche Ausgangsweise zu nehmen in der Form:

»Wir können wir erreichen, dass ...?«

Lassen Sie uns das Beispiel von den Kaffeeautomaten aufgreifen:

»Wie können wir erreichen, dass Lisa zur rechten Zeit ihren gewünschten Kaffee erhält?«

Der Moderator stellt das Verständnis der Ausgangsfrage sicher. Er bittet den Auftraggeber zusätzlich, Kriterien für die Güte der Idee zu nennen. Kriterien könnten im Beispielfall sein:

- automatische Erledigung
- passend zu den Tagesabläufen
- Getränke in vorzüglicher Qualität

Anschließend kann eine Kreativitätstechnik eingesetzt werden.

Exkurs: Kreativitätstechniken – eine Übersicht

Der gezielte Einsatz von Verfahren zur Förderung der Ideenentwicklung hat sich bewährt. Im Laufe der Zeit sind viele Kreativitätstechniken entstanden. Orientiert an der Vorgehensweise lassen sich zwei Hauptgruppen unterscheiden:

- **Assoziations- und Konfrontationsverfahren**
  In Assoziationsverfahren werden frei Verbindungen gesucht, in Konfrontationsverfahren werden Impulse gegeben, um gedanklich anzustecken und Verbindungen zu erzeugen.
- **intuitive und analytische Verfahren**
  Bei intuitiven Verfahren werden spontane Gedanken gesammelt, bei analytischen Verfahren werden Strukturierungen zur Lenkung vorgenommen.

Die beiden Kriterien formen eine Matrix mit vier Feldern:

	Assoziationsverfahren	Konfrontationsverfahren
Intuitive Verfahren	Brainstorming Brainwriting	Reizwort- und Umkehr-Methode Synektik
Analytische Verfahren	Mindmapping Morphologischer Kasten	Progressive Abstraktion Bisoziation

Tab. 20: Matrix zu Verfahren der Ideenentwicklung

In der Matrix sind einige gängige Verfahren aufgeführt, die sich bewährt haben. Ergänzen Sie gerne weitere, wenn Sie darüber hinaus Techniken im Einsatz haben. Die Übersicht beinhaltet nützliche Verfahren, sie erhebt keinen Anspruch auf Vollständigkeit. Gehen wir sie der Reihe nach durch.

a) Intuitive Assoziationsverfahren

Brainstorming

Brainstorming ist sicherlich die bekannteste Kreativitätsmethode. Gleichzeitig ist es ein Begriff, der für verschiedene Techniken, die eingesetzt werden, verwendet wird. Erst einmal ist es begrifflich ein Sturm im Gehirn, um zu Ideen zu kommen. Das Verfahren kann unterschiedliche Formen aufweisen. Der Erfinder dieser Methode ist Alex F. Osborn, ein Großer der Kreativität, der im Werbebereich tätig war.

Meistens erfolgt die Durchführung des Brainstorming in Gruppen. Jeder Teilnehmer äußert laut Verbindungen, die im Kopf zur Ausgangsfrage entstehen. Diese Begriffe werden aufgeschrieben. Durch das Äußern von Worten durch einen Teilnehmenden werden wieder neue Assoziationen bei anderen angeregt. Die Methode lebt von der Ansteckung der Begriffe, es ist ein Assoziationsverfahren.

Das wichtigste Prinzip ist Disziplin. Kein Teilnehmer darf Bemerkungen machen, die sich auf eine Person oder einen geäußerten Begriff beziehen. So interessant das Verfahren ist, dieser Punkt ist seine Schwäche. Die Disziplin wird sehr oft nicht eingehalten. Deshalb wird meist von enttäuschenden Ergebnissen berichtet. Daraufhin wurde die Methode weiterentwickelt.

Beliebt als Einstieg in die Ideengewinnungsphase ist deshalb das **Silent Brainstorming**: Erst werden Ideen still gesammelt, dann vorgestellt. »Jedes Teammitglied bekommt einen Block mit Haftnotizen. Jede Idee kommt auf eine Haftnotiz. Wenn möglich, sollen die Mitglieder ihre Ideen visualisieren. Nach Ablauf der Zeit sammeln die Teilnehmer ihre Notizen und stellen die Ideen den anderen vor.«[170] Der Moderator fordert die anderen Teammitglieder auf, jede Idee, die durch die vorgestellte Idee ausgelöst wird, auf einer Haftnotiz zu notieren und dazu anzuheften. So wird aktiv das Prinzip der Ideenansteckung genutzt.

Andere Varianten arbeiten wegen der Nachteile der offenen Sitzung noch stärker mit der Verschriftlichung: Brainstorming mit Karten oder Notizen.

Brainstorming mit Karten oder Notizen

Die Teilnehmergruppe nutzt Karten. Jeder notiert pro Karte einen Begriff. Der Moderator sammelt nach einiger Zeit die Karten mit den Ideen-Begriffen ein und bittet die Teilnehmer, die Karten zu Gruppen zu ordnen. Nach Einordnung aller Karten werden Obergriffe für die Gruppen bestimmt. Es ergeben sich Themenbereiche.
Geht es Ihnen manchmal auch so, dass Ihnen zu ungewöhnlichsten Zeiten Ideen einfallen. Es wäre schade, diese wieder zu vergessen. Stattdessen ist es besser, diese Ideen sofort zu notieren. Das Smartphone als permanenter Begleiter macht das leicht möglich. Das Verfahren heißt **Hemmingway-Notizbuch**, heutzutage in digitaler Variante. Teilnehmer können sich aber auch verabreden, eine Zeitlang Ideen zu sammeln, die in einem finalen Workshop wie beim **Silent Brainstorming** vorgestellt werden.

Brainwriting

Brainwriting ist die Weiterführung der schriftlichen Ideenfindung. Hier werden wieder die anderen Teilnehmer einbezogen, um einen Weg zu finden, den Zustand der Ideenansteckung zu erreichen. Am bekanntesten ist das 6-5-3-Verfahren. Sein Erfinder ist Bernd Rohrbach, der Kreativitätstechniken aus den USA nach Deutschland brachte und einen Lehrstuhl für Kreativität in Frankfurt erhielt.

Ursprünglich ergibt sich die Zahlenfolge daraus, dass

- **6** Teilnehmer jeweils (drei) Ideen zur Ausgangsfrage auf ein Blatt schreiben,
- jeder Teilnehmer sein Blatt fünf Mal kopiert und an die **5** anderen Teilnehmer weiterreicht,
- diese sich durch die Ideen inspirieren lassen und **3** weiterführende Ideen dazu notieren.

Das Verfahren ist ausgesprochen produktiv. Es gibt bei sechs Teilnehmern 18 Ausgangsideen, bei jeweils 5 x 3 weiterführenden Ideen weitere 270 Ideen. Die Methode folgt konsequent der Vorgabe, möglichst viele Ideen zu produzieren.

170 Ney, Steven, Ideen finden, in: Zeit Akademie zusammen mit Hasso Plattner Institut (Hrsg.), a. a. O., S. 56.

Häufig wird auch folgendes Vorgehen empfohlen:[171]

1. Jeder Teilnehmer erhält drei Blätter mit sechs Feldern.
2. Jeder Teilnehmer schreibt eine erste Idee in das erste Feld des Blattes und reicht das Blatt mit der Idee an den Sitznachbarn (am besten im Uhrzeigersinn).
3. Der Empfänger lässt sich von den Ideen, die bereits auf dem Blatt notiert sind, inspirieren und entwickelt die Ideen weiter.
4. Der Vorgang wird fünf Mal wiederholt, bis alle Kästchen ausgefüllt sind.

Andere Vorgehensweise, gleicher Effekt: Zunächst werden viele Ideen gesammelt. Die Teilnehmer lassen sich davon anstecken und erzeugen Assoziationen. Dieses Verfahren ist leicht anwendbar und sehr ergiebig.

Inzwischen gibt es verschiedene Variationen des Brainwriting. Anstatt sich nur zu weiterführenden Ideen inspirieren zu lassen, kann der Moderator auch eine weiterführende Frage für die zweite Runde stellen. Dann lösen die Ausgangsideen nicht nur weitere Ideen aus, sondern geben Impulse für möglicherweise Anwendungen. Das kann auch wie das digitale Hemmingway-Notizbuch (s. o.) gehandhabt werden, also mit einer Zwischenphase der individuellen Sammlung.

b) Intuitive Konfrontationsverfahren

Reizwort-Methode

Die Reizwort-Methode »ist eine typische Konfrontationstechnik: Die Gruppe setzt sich bewusst einem zufällig gewählten Reizwort aus und versucht, anhand dieses Wortes Ideen zur Fragestellung zu generieren.«[172] Je mehr die Gruppe in Fahrt kommt, desto ergiebiger wird das Ergebnis.

Zunächst klingt das Vorgehen verrückt. Es gibt zwei Möglichkeiten:

- Als Hardcore-Methode kann ein Duden genommen werden. Dann wird zufällig eine Seite aufgeschlagen und ein Wort ausgewählt.
- Im Allgemeinen hat der Moderator eine Liste mit Reizworten parat, eines davon wird ausgewählt und für Ideen zur Ausgangsfrage genutzt.

»Setzt man sich diesem Reiz aus, macht das Gehirn einen Gedankensprung und dies führt zu teilweise sehr ungewöhnlichen Ideenansätzen. Dieser Gedankensprung entsteht, indem man eine Verbindung zwischen Reizwort und Fragestellung herstellt, wo

171 In Anlehnung an Hartschen, Michael; Scherer, Jiri; Brügger, Chris, Innovationsmanagement, 2. Aufl. Offenbach 2012, S. 28.

172 Ebenda, S. 29.

es eigentlich gar keine Verbindung gibt.«[173] Die meisten Teilnehmergruppen sind am Anfang sehr skeptisch, wenn sie zum ersten Mal mit dieser Technik in Berührung kommen. Durchweg ist die Resonanz anschließend sehr positiv.

Umkehr-Methode

Die Umkehr-Methode oder auch Kopfstandmethode[174] bildet ein ebenso ungewöhnliches Vorgehen. Die Ausgangsfrage wird einfach umgedreht: Wie können wir erreichen, dass genau unser Anliegen *nicht* gelöst wird? Diese Methode wurde von Edward de Bono erfunden, ebenfalls ein Großer auf dem Feld der Kreativität.

Das Prinzip lautet, sich aus dem Gleichgewicht zu bringen, indem wir »kontrolliert verrückt« sind. Wir gehen ganz einfach erst einmal vom Gegenteil aus. Das Vorgehen:

- Die Ausgangsfrage wird in ihr Gegenteil verkehrt formuliert.
- Es wird nach Lösungen für das Gegenteil gesucht.
- Die gefundenen Lösungen für das Gegenteil werden wieder umgekehrt und die Frage gestellt: Wie können wir erreichen, dass das nicht eintritt? Bringt uns das auf eine Lösung?

Das Gegenteil konfrontiert das Gehirn mit einer Ungewöhnlichkeit, die oft zu Ideen führt, die ganz praktikabel sind.

Synektik

Synektik ist vielleicht das anspruchsvollste, aber sicher ein besonders ergiebiges Verfahren. Der Begriff Synektik kommt aus der griechischen Sprache und bedeutet das Zusammenfügen verschiedener Elemente zu Verbindungen, die es bisher noch nicht gegeben hat. Der Erfinder dieser Methode ist William J. J. Gordon, Berater und Schöpfer verschiedener Kreativitätstechniken. Nach Deutschland brachte Bernd Rohrbach das Verfahren als **Basic Synectics** mit folgendem Ablauf:

- **Schritt 1:** Die Ausgangsfrage »Wie können wir erreichen, dass ...« wird von den Teilnehmern immer wieder umgeformt unter Beibehaltung des Eingangs-Halbsatzes »Wie können wir erreichen, dass ...«
  Es werden ungefähr zwölf bis fünfzehn Umformulierungen gesucht, die der Moderator notiert.
  Der Auftraggeber wird gebeten, nun die einzelnen Umformulierungen danach zu beurteilen, ob die Formulierung für ihn »neu« (N) und dann, ob die Formulierung für ihn »attraktiv« (A) ist. Der Moderator notiert entsprechend ein N und/oder ein A hinter der umformulierten Frage. Er bittet den Auftraggeber, die für ihn interessanteste umformulierte Frage zu nennen.

173 Ebenda, S. 30.

174 So in: Lewrick, Michael; Link, Patrick; Leifer, Larry (Hrsg.), Visualisierung Langensand, Nadia, Das Design Thinking Playbook, a. a. O., S. 93.

- **Schritt 2:** Die ausgewählte interessanteste umformulierte Frage wird als neue Ausgangsfrage notiert und die Teilnehmer werden gebeten, Ideen, die sie dazu haben, in der Form zu nennen: »Das bringt mich auf das Stichwort ...«
  Es werden ungefähr zwölf bis fünfzehn Stichworte bzw. Ideen gesammelt, die der Moderator aufschreibt.
  Der Auftraggeber wird gefragt, ob er alle Ideen verstanden hat. Wenn das für ein Stichwort nicht der Fall ist, wird der Ideenproduzent gebeten, das Stichwort zu erläutern.
  Wieder werden die Ideen danach bewertet, ob sie für den Auftraggeber »neu« und/oder »attraktiv« sind, entsprechend mit »N« und/oder »A« gekennzeichnet. Er wird gebeten, die für ihn attraktivste Idee auszuwählen.

Nach der interessantesten Umformulierung wird die zweitinteressanteste Umformulierung gewählt. Das Vorgehen läuft erneut ab. Insgesamt eignet sich die **Synektik** zur Ansteckung mit vielen Ideen. Das Verfahren bedarf einiger Übung, wird dann aber von Auftraggebern und Teilnehmern sehr geschätzt und produziert neue Ansätze für verschiedenste Aufgabenstellungen.

c) Analytische Assoziationsverfahren

Mindmapping

Mindmapping ist besonders populär zur Strukturierung von Themen mit der Möglichkeit, neue Ideen zu finden. Der hohe Zuspruch geht auf die verständliche Vorgehensweise zurück, aber auch auf die Online-Varianten: Es gibt kostenlose Software und so können auch Personen zu unterschiedlichen Zeiten an unterschiedlichen Orten miteinander daran arbeiten. Der Erfinder ist Anthony Peter »Tony« Buzan, ein Autor und Trainer. Es geht um Stichwörter für den Geist. Das Verfahren lässt sich so visualisieren:

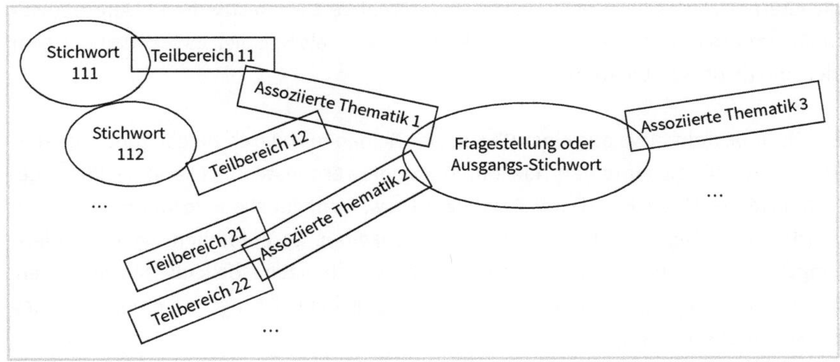

Abb. 29: Mindmapping

Die Teilnehmer schreiben die Ausgangsfrage auf ein Blatt oder Whiteboard, suchen zunächst nach wesentlichen damit assoziierten Themenbereichen, die ihrerseits wieder relevante Teilbereiche enthalten, und notieren Stichworte, die sie mit dem jeweiligen Teilbereich verbinden. So kann ein Redner seine Rede vorbereiten und dabei seine wichtigen Teilbereiche herausarbeiten. So können aber auch Dienstleistungen strukturiert werden. Es eignet sich zur Einzel- wie zur Gruppenarbeit.

Das Vorgehen kann mit einem Baum verglichen werden: Der Stamm der Ausgangsfrage erhält erst Äste, dann Zweige, zum Schluss Blätter, Ideen.

Morphologischer Kasten

Morphologischer Kasten ist in erster Linie ein Verfahren zur Optimierung von Produkten oder Dienstleistungen. Systematisch werden Möglichkeiten durchgespielt. Es ist also ein analytisches Vorgehen. Die Critical-Incident-Technik wurde in Kapitel 2.3.2 bereits angesprochen; sie stellt eine Abwandlung dar. Der Erfinder dieser Methode ist der Astrophysiker Fritz Zwicky, weshalb im englischen Sprachraum auch von der Zwicky-Box gesprochen wird:

Bestandteile	**Bestandteil 1**	**Bestandteil 2**	**Bestandteil 3**
Alternativen 1 ...	Alternative 1 für Bestandteil 1 ...	Alternative 1 für Bestandteil 2 ...	Alternative 1 für Bestandteil 3
Alternativen x	Alternative x für Bestandteil 1	Alternative x für Bestandteil 2	Alternative x für Bestandteil 3

Tab. 21: Morphologischer Kasten

Eine Leistung wird systematisch in ihre Bestandteile oder Prozesse zerlegt. Anschließend werden Alternativen für die Bestandteile zur aktuellen Umsetzung gesucht und die Alternativen werden neu kombiniert: Alternative 1 für Bestandteil 1, Alternative x für Bestandteil 2 und Alternative 1 für Bestandteil 3 – als Beispiel. Es ergeben sich sehr viele mögliche Kombinationen.

Ein Tisch besteht etwa aus einer Platte, vier Beinen und deren Befestigung. Materialien können für die einzelnen Teile durchgespielt werden. Woraus kann die Platte gefertigt werden? Holz, Kunststoff, Glas, Metall usw. Wenn für alle Teile Ideen gesammelt wurden, bestehen viele Kombinationsmöglichkeiten. So entstehen manchmal leistungsfähigere Lösungen. Das Verfahren erlaubt auch, nach Möglichkeiten zu suchen, wertige Teile durch günstigere zu ersetzen, bei gleicher Leistung. Es dient mithin auch zur Kostenüberprüfung.

d) Analytische Konfrontationsverfahren

Progressive Abstraktion

Progressive Abstraktion ist ein Verfahren, um in größeren Zusammenhängen zu operieren. Der Gedankenraum für Ideen wird erweitert. Der Erfinder ist Horst Geschka, der sich der Innovationsplanung widmete.

In diesem Verfahren wird immer wieder die Frage »Warum?« gestellt. Wer sie beantworten will, wird notwendig zu dahinterliegenden, oft noch unerschlossenen Wünschen und Vorstellungen geführt. Die Teilnehmer werden immer wieder mit der Warum-Frage konfrontiert. Es hilft dabei, nicht im Klein-Klein stecken zu bleiben. Wir haben sie in Kapitel 2.3.2 im Zusammenhang mit den Kundenwünschen schon einmal eingesetzt.

Eine vergleichbare Methode sind im Qualitätsmanagment die fünf W-Fragen (5 × Warum), um Wirkungszusammenhänge zu ergründen. Es geht in gleicher Weise darum zu sehen, was sich hinter einer Sache befindet.

Bisoziation

Bisoziation stellt die Verbindung von zwei verschiedenen Bereichen dar. Die Methode geht zurück auf Arthur Köstler in *The Act of Creation.*

Eine Produktmanagerin sucht nach guten Lösungen im abstrakt verstandenen Aufgabenfeld. Die Aufgabe an sich gibt es in dieser abstrakten Form wahrscheinlich auch an anderer Stelle, in anderen Branchen etwa. Ist die Lösung aus einer anderen Branche möglicherweise ein guter Impuls für die eigene Problemlösung? So kann die Produktmanagerin Lösungen suchen, die sich schon bewährt haben.

Immer wieder gibt es Auszeichnungen für gelungene Ansätze, für Vermarktungsansätze beispielsweise die Effie Awards.[175] Sie zeichnen sich dadurch aus, dass sie besonders wirksam waren; der Nachweis ist Bedingung für die Vergabe der Auszeichnung. Die Preisträger sind mitunter in einer ganz anderen Branche tätig. Deren prämiertes Vorgehen mag aber durchaus übertragbar sein.

Deshalb wird der beachtenswerte Fall (beispielsweise aufgrund des Effie Awards) zunächst analysiert: Wie war die vermutete Aufgabenstellung? Lassen sich bestimmte kritische Punkte erkennen? Wie wurden Aufgabenstellung und kritische Punkte gelöst? Man versetzt sich zunächst in den anderen Produktmanager. Dann erfolgt der Sprung: Haben wir eine vergleichbare Aufgabenstellung? Ist sie in Teilen anders aufgrund der speziellen Branchenbedingungen? Sind die kritischen Punkte vergleichbar? Hier werden Gemeinsamkeiten und Unterschiede herausgearbeitet.

175 Vgl. gwa.de/effiegermany/.

Anschließend wird die Lösung betrachtet: Gibt es im Hinblick auf die Gemeinsamkeiten Ansätze, die für uns auch gut geeignet wären? Sind die Ansätze zu modifizieren aufgrund der anderen Branchenbedingungen? Sind sie dann noch interessant? Wie gehen wir mit den Unterschieden um? Unter Umständen ist das ein schneller Weg zu einer vielversprechenden Lösung gewesen.

Die Matrix mit den verschiedenen Kreativitätstechniken (vgl. Tab. 20) bildet ein Toolkit, aus dem Sie geeignete Methoden auswählen können, um Ideen zu unterschiedlichen Fragestellungen zu gewinnen. Im Produktmanagement sollten zumindest einige dieser Methoden beherrscht werden. Erfahrungsgemäß haben die meisten Manager bestimmte bevorzugte Techniken. Um für Abwechslung sorgen zu können, sollte mehr als ein Verfahren beherrscht und eingesetzt werden. Das hilft bei der Arbeit, erfüllt andererseits aber auch das Vorstellungsbild des kreativen Produktmanagers.

Spielen wir das Kaffeeautomaten-Beispiel weiter durch. Die Ausgangsfrage lautet: »Wie können wir erreichen, dass Lisa zur rechten Zeit ihren gewünschten Kaffee erhält?«

Basic Synectics

Unter den verschiedenen Methoden scheint **Basic Synectics** ein geeignetes Verfahren zu sein, um neue Ideen zu entwickeln. Es geht in zwei Schritten vor: Zunächst wird die Ausgangsfrage umformuliert, um dann im zweiten Schritt für eine aussichtsreiche Umformulierung Stichworte zu suchen. Das Ergebnis einer Ideengruppe sei in der folgenden Abbildung beispielhaft skizziert.

Schritt 1:

„Wie können wir erreichen, dass …“

(Ausgangsfrage)

„… Lisa zur rechten Zeit ihren gewünschten Kaffee erhält?“

(Umformungen der Fragestellung)

- sich der Automat Lisas Wunschzeiten merkt?
- der Automat auf Lisas Zuruf ihr Getränk erstellt? A
- der Automat nachts gewartet wird und tagsüber einsatzbereit ist? A
- sich der Automat Lisas jeweiliges Wunschgetränk merkt?
- eine kleine Drohne den gewünschten Kaffee bringt? A N
- Roboterarme jeweils eine Tasse greifen und gefüllt hinstellen? A N
- ein Gong zur rechten Zeit ertönt? A
- der Automat Lisas Stimme erkennt?
- der Automat eine passende Tassenrutsche für die Getränke erhält? A N
- das Handy bei Lisa vibriert, wenn das Getränk fertig ist? A
- der Automat mit Lisas Smartphone verbunden ist?
- der Kaffee über ein Rollband zum Tisch gebracht wird?

Schritt 2:

„Wie können wir erreichen, dass …“

(Ausgangsfrage)

„… eine kleine Drohne den gewünschten Kaffee bringt?“

Das bringt mich auf das Stichwort …

- Drohne mit Greifarmen.
- Drohne bildet Halteeinheit im Automaten für Tasse. A N
- Sensoren helfen, Zusammenstöße zu vermeiden.
- Tasse wird nach Getränkerstellung vor Transport geschlossen. A
- Mini-Drohne braucht Akku.
- Drohne muss Lisas Position kennen.
- Kaffee wird wie gewünscht vom Smartphone aus bestellt. A
- Drohne kann sprechen.
- Drohne reagiert auf Zuruf. A N
- Drohne muss Tasse sicher abstellen. A N
- Drohne kann auch genereller Haushaltshelfer sein.
- Drohne bringt nicht nur fertiges Kaffeegetränk, sorgt auch für das Nachfüllen der Bohnen. A N

Abb. 30: Basic Synectics (Beispiel) (A = Attraktiv; N = Neu)

In Schritt 1 (linke Spalte) gab es drei Ideen, die als »Neu« und »Attraktiv« eingestuft wurden. Der Auftraggeber hat zuerst die neue Ausgangsfrage: »Wie können wir erreichen, dass eine kleine Drohne den gewünschten Kaffee bringt?« ausgewählt, um dafür Stichworte zu generieren (rechte Spalte). Unter den Stichworten gab es sogar vier, welche die Bewertung »Neu« und »Attraktiv« von dem Auftraggeber erhielten. Es zeigt sich beispielhaft, wie ergiebig diese Methode ist. Aber wie das immer so ist: Es führen verschiedene Wege nach Rom.

Ideenpool und Ideen-Steckbrief

In allen Verfahren gibt es die gleiche Konstellation von Auftraggeber, Moderator und Teilnehmern. Der Weg zu den Ideen ist unterschiedlich. Das Festhalten der Ideen sollte aber immer auf die gleiche Weise erfolgen; alle Ideen werden in einem Ideenpool gesammelt. Interessante Ideen gilt es zu vertiefen und festzuhalten. Für jede Idee sollte ein Ideen-Steckbrief fixiert werden:

<table>
<tr><td colspan="3">Wie lautet die Idee? Geben wir der Idee einen Namen.</td></tr>
<tr><td colspan="3">Wie ist die Idee zu beschreiben?</td></tr>
<tr><td colspan="3">Wie kann die Idee umgesetzt werden?</td></tr>
<tr><td colspan="3">Welche Stärken/Chancen beinhaltet die Idee?</td></tr>
<tr><td colspan="3">Welche Schwächen/Risiken beinhaltet die Idee?</td></tr>
<tr><td colspan="3">Erstes vorläufiges Fazit:</td></tr>
<tr><td>+</td><td>0</td><td>-</td></tr>
</table>

Tab. 22: Ideen-Steckbrief

Werden alle Ideen in die gleiche Form überführt, fällt der spätere Vergleich der Ideen leichter. Zudem hat die kurze Skizze am Ende der Ideenfindung jeweils dazu geführt, den kreativen Modus zu nutzen, um der Idee etwas mehr Substanz hinzufügen. Wenn ein entsprechendes Template erstellt wird, kann überall einheitlich damit umgegangen werden.

Führen wir auch diese Phase in unserem Beispiel weiter. Der Auftraggeber nahm zuerst die zwei Lösungsideen:

- Die Drohne bildet Halteeinheit im Automaten für Tasse.
- Die Drohne kann auch genereller Haushaltshelfer sein.

Die Gruppe hat dazu zwei Ideen-Steckbriefe entwickelt:

Wie lautet die Idee?
Tasse unter Getränkeauslauf in Einheit, die als Drohne fliegen kann
Wie ist die Idee zu beschreiben?
Anstatt der bisherigen Tropfablage gibt es eine Ablage, in die eine Flugeinheit integriert ist. Sobald das Getränk erstellt wurde, löst sich die kleine Drohne und bringt das fertige Getränk zu dem angeforderten Platz. Um nichts zu verschütten, wird die Tasse im ersten Schritt mit einem Deckel geschlossen. Es werden kompatible Tassen gebraucht.
Wie kann die Idee umgesetzt werden?
Die Tassenablage erhält in der Mitte eine Box, in die eine Halteeinheit integriert ist, die freigegeben werden und mit kleinen Rotoren fliegen kann. Sobald das Getränk erstellt ist, wird die Tasse geschlossen und eingefasst, die Halterungen gelöst, die Rotoren in Betrieb genommen.
Welche Stärken/Chancen beinhaltet die Idee?
Die Technik steht zur Verfügung, es bedarf einer entsprechenden Konstruktion. Mit dem Smartphone kann die Steuerung erfolgen, ggfs auch über Alexa o. Ä., je nach Ausrüstung.
Welche Schwächen/Risiken beinhaltet die Idee?
Es bedarf eines hohen Aufwands für einen überschaubaren Vorteil. Dadurch wird der gesamte Kaffeeautomat deutlich verteuert.
Erstes vorläufiges Fazit:
+ (0) –

Wie lautet die Idee?
Mini-Watson für den Haushalt
Wie ist die Idee zu beschreiben?
Vorbild ist der IBM Watson, der als kleiner Roboter Hilfe leistet. Diese beschränkt sich nicht auf die Ver- und Entsorgung des Kaffeeautomaten. Vorteilhaft ist eine Gesamtlösung, nicht eine Einzellösung.
Wie kann die Idee umgesetzt werden?
Es wird ein Miniroboter konstruiert, der Geräte wie automatischen Staubsauger und andere enthält, der aber auch programmiert ist, sich um den Kaffeeautomaten zu kümmern. Getränke werden auf Zuruf erstellt und an den auslösenden Platz gebracht.
Welche Stärken/Chancen beinhaltet die Idee?
Ein passender Universalhelfer erleichtert die Hausarbeit und stellt die Pflege auch des Kaffeeautomaten sicher. Es gibt eine All-in-one-Lösung.
Welche Schwächen/Risiken beinhaltet die Idee?
Die All-in-one-Lösung führt zur Abhängigkeit; bei Ausfall steht der Haushalt still. Zudem hat jeder Haushalt andere Wünsche, es bedarf mithin einer individuellen Auslegung.
Erstes vorläufiges Fazit:
(+) 0 –

Abb. 31: Zwei Ideen-Steckbriefe am Beispiel des Kaffeeautomaten

Ergänzen Sie gerne den Fall als Einstieg für Ihre eigene Aufgabenstellung. Hier wird die universelle Hauslösung als aussichtsreich eingestuft.

Ideenauswahl

Getrennt von der Ideengewinnungsphase wird eine Strukturierung und Auswahl der Ideen vorgenommen. Es ist meist vorteilhaft, diese Phase zeitlich eindeutig zu separieren, beispielsweise am Vormittag Ideengewinnung, am Nachmittag oder sogar an einem anderen Tag Ideenauswahl. Die beiden Phasen *Gewinnung* und *Bewertung* von Ideen sollten so klar getrennt werden.

Am Ende werden neue Produkte für eine Zielgruppe gesucht. Deshalb erfolgte die Auseinandersetzung mit der Persona. Die Ideenauswahl erfolgt konsequent weiter im Hinblick auf die Zielpersonen. Die Persona wird aufgerufen, es wird vertieft, welchen Mehrwert, welchen Eigenwert und welchen Wert in der Umgebung die Leistung erbringen soll: die drei Positionierungs-Felder.

Beginnen wir mit einer **Strukturierung**. Ging es um eine oder mehrere Ausgangsfragen? Die Ideen den jeweiligen Fragen zuzuordnen bildet die erste Ordnung. Ideen, die bei dieser Durchsicht zu keiner Ausgangsfrage passen, werden separat platziert.

Die zweite Ordnung bezieht sich auf den **Inhalt**. Sehr häufig sind es unterschiedliche Wege, die hinter den Ideen erkennbar werden. Vergleichbar dem Brainstorming mit Karten erfolgt eine Gruppierung zu gleichen Gedankenfeldern.

Wenn auch Teilaspekte behandelt wurden oder in den Ideen stecken, kann eine **Verbindung** zwischen Ideen für Teile gesucht werden. Daraus können Konzeptskizzen oder Systeme werden.

Es ist hilfreich, die Zusammenhänge zu visualisieren. Es beginnt damit, die verbundenen Ideen nebeneinander zu platzieren. Es sollte darüber hinaus auch eine Skizze des Systems erstellt werden. Oft werden Systemansätze und Systembestandteile gebraucht. Das kann in Gruppenarbeit ausgestaltet werden.

»Teammitglieder ordnen die Ideen nach folgenden Kriterien:
- Welche sind die radikalsten Ideen?
- Welche Ideen lassen sich am leichtesten und schnellsten umsetzen?
- Welche Ideen würden den Nutzern am besten gefallen?«[176]

Der Neuigkeitsgrad bildet oft eine Untergruppierung zu der Struktur.

Wenn das Team diese Stufen genommen hat, ist damit eine weitere Vertiefung und Konkretisierung verbunden. Das ist jetzt der konvergente Pfad.

Die Klärung sollte jetzt so weit erfolgt sein, dass nun ausgewählt werden kann, welche Ideen besonders interessant sind. Das heißt genau: Welche Ideen sollten bei der betrachteten Zielgruppe in fünf oder zehn Jahren überzeugen können? Oft erhalten die Teilnehmer Klebepunkte, die sie für ihre bevorzugten Ideen verwenden können. Es sollte nur eine begrenzte Anzahl von Klebepunkten verteilt werden, etwa: Jeder Teilnehmer kann der von ihm am meisten bevorzugten Idee drei, der zweiten zwei und der dritten einen Klebepunkt geben. Es zeigen sich sehr schnell Häufungen.

Die Auswahl kann allerdings auch etwas systematischer mithilfe eines Mini-Scoring durchgeführt werden:

176 Ney, Steven, Ideen finden, in: Zeit Akademie zusammen mit Hasso-Plattner-Institut (Hrsg.), a. a. O., S. 58.

Kriterien	Ausprägungen				
Passt zum Unternehmen und seinem Versprechen	Gar nicht	Kaum	Etwas	Gut	Sehr gut
Ist originell und einmalig (Unterschied zum Wettbewerb)	Gar nicht	Kaum	Wenig	Ist anders	Deutlich anders
Erfüllt Kundenwunsch heute und vor allem morgen	Gar nicht	Gering	Ausreichend	Wirklich gut	Mehr als gut

Tab. 23: Mini-Scoring zur Bewertung der Ideen

Wenn weitere Kriterien von Bedeutung sind, kann das Mini-Scoring leicht erweitert werden. Hier erfolgt ein Blick auf Unternehmensversprechen, Kundenwunsch und Differenzierung im Wettbewerb, Kernanliegen für das Angebot des Produktmanagements.

3.1.6 Stufe 5: Prototypen erstellen

Es ist ein großer Moment in der Ideenentwicklung, wenn Ideen entwickelt wurden, für ausgewählte Ideen ein Steckbrief erstellt wurde, die so schon im Kopf Gestalt angenommen haben und schließlich als recht aussichtsreich eingestuft wurden. Jetzt sollen diese bevorzugten Ideen weiter ausgefeilt werden.

Konzepte ausloten

Die favorisierten Ideen sollen so weit ausgestaltet werden, dass ihr gesamtes Potenzial erschlossen wird und sie als Konzeptskizze möglichen Nutzern vorgestellt werden können, um deren Rückmeldung zu erfahren. Dafür sind fünf Stufen angeraten:

1. Zunächst werden die aussichtsreichen Ideen genommen und weiter ausgeschmückt. Das Ziel ist, ihre ganze Vielfalt zu erschließen. Die divergente Seite wird gestärkt.
2. Eine Skizze der erweiterten Idee wird vom Team erstellt. Durch die bildliche oder gestalterische Umsetzung erfolgt eine Konkretisierung. Die konvergente Seite führt zum Realen.
3. Dann werden alle Teilideen genommen und zu einem Gesamtsystem zusammengefügt. Oft gibt es notwendige Ergänzungen, um wirklich ein Mosaik des Gesamtsystems zu erhalten. Hier handelt es sich erneut um einen divergenten Ansatz.
4. Das gesamte System wird visualisiert. Dabei helfen am besten Web-Designer, die am Bildschirm erste Darstellungen erstellen. Die Web-Designer wollen genau wissen, was sie wie gestalten sollen. Das ist wieder der konvergente Pfad.

5. Wenn es sich um größere Einheiten handelt, sollten Möglichkeiten zur Übertragung in virtuelle Räume geprüft werden. Hier ist eine Form zu wählen, die möglichen Probanden eine Vorstellung der Gesamtlösung so vermittelt, dass diesen eine belastbare Reaktion darauf möglich ist.

Die Stufenfolge endet nach dem zweiten Schritt bei kompakten Produkten. Geht es um ein zusammengesetztes Produkt, wird ein Vorgehen bis zur vierten Stufe benötigt. Wenn es sich um Lösungssysteme handelt, werden alle fünf Stufen durchlaufen.

Wir greifen noch einmal auf die Zukunfts-Personae zurück, also diejenigen, welche in die Zukunft transferiert wurden. Für sie sollen in fünf oder zehn Jahren neue Lösungen angeboten werden, die sich vom Wettbewerb unterscheiden. Insofern ist es wichtig, die innere Vorstellung der Teammitglieder in die Zukunft zu verschieben. Dann soll ein Angebot auf den Markt kommen, das einen Wettbewerbsvorteil in der Zukunft verschafft. Als Abschluss dieser Phase steht die Positionierung an, also die erste Formulierung des Mehrwerts auf den Punkt (Produkt-Claim) und ein Mix aus »technical«, »emotional« und »self-expressive« Benefits.

Starten wir mit dem ersten Schritt. Weiterhin wird das Prinzip verfolgt, nicht zu schnell abzuschließen, weil dies dazu führen könnte, dass Aspekte übersehen oder vernachlässigt werden. Deshalb wird nun eine Phase der Ideen**weiter**entwicklung gestartet. Ein gutes Instrument dafür bilden die drei Denkstühle von Walt Disney:

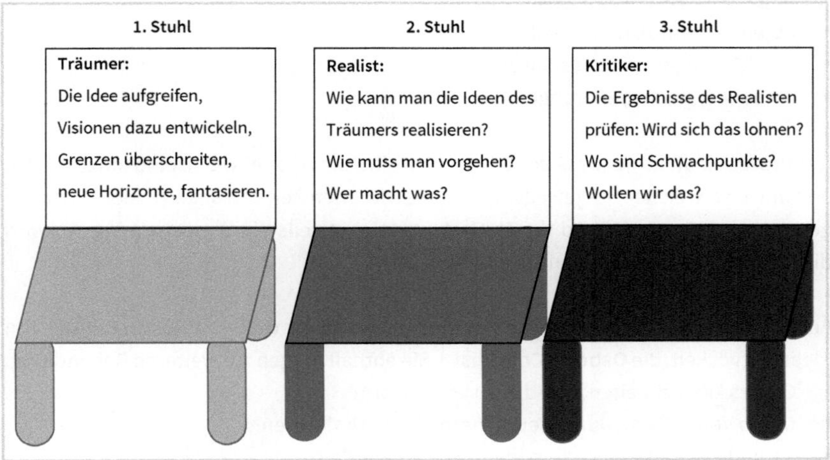

Abb. 32: Die drei Denkstühle nach Walt Disney

Gehen Sie bei der Anwendung unbedingt in der gezeigten Reihenfolge vor:

1. Der **Träumer** überlegt, welche weiteren Möglichkeiten, welche über alle Horizonte hinausgehenden Gedanken noch in der Idee stecken, damit sie noch visionärer wird.
   → Im Ideen-Steckbrief wird die Idee selbst unter »Wie ist die Idee zu beschreiben?« erweitert.
2. Der **Realist** versucht, die noch weitergehenden Gedanken in die Realität zu bringen. Er befasst sich mit der Umsetzung.
   → Im Ideen-Steckbrief wird die Verwirklichung ausgedehnt unter »Wie kann die Idee umgesetzt werden?«
3. Der **Kritiker** spießt Schwächen und Risiken auf, um zu veranlassen, dass sich alle überlegen, ob und wie man die kritischen Punkte lösen kann.
   → Meist führt das zu Ergänzungen unter »Wie kann die Idee umgesetzt werden?«

Am Ende sollen realisierbare Ideen entstehen und dabei helfen alle drei Rollen.

Es ist vorteilhaft, sich jetzt Zeit für die **Erweiterung und Ausgestaltung der Ideen** zu nehmen. Alle Teilnehmer sind nach wie vor in einem kreativen Modus, der so konstruktiv genutzt werden kann.

Es gibt durchaus andere Tools für die Erweiterung: Zunächst hat auch Edward de Bono einen Ansatz entwickelt: die **sechs Denkhüte**. Ein Teilnehmer wird der Dirigent des Prozesses der Weiterentwicklung; er erhält einen blauen Hut, den Dirigentenhut. Allen anderen Teilnehmer werden die fünf anderen Hüte zur Verfügung gestellt. Es sind farbige Hüte mit Bezeichnungen:

- subjektiv emotional, meist rot
- objektiv positiv, meist gelb
- objektiv neutral, meist weiß
- objektiv negativ, meist schwarz
- innovativ, grün oder orange

Der Prozess läuft so ab, dass der Dirigent vorgibt, die Hüte abwechselnd aufzusetzen, und anweist, welcher Hut jeweils zu einer bestimmten Zeit von allen Teilnehmern aufgesetzt wird. Entsprechend der Hutfarbe erfolgt jeweils ein Brainstorming. So wird die Idee in alle Richtungen ausgeleuchtet.

Auch der Kreative Alex F. Osborn hat ein Verfahren zur weiteren Ausgestaltung von Ideen entwickelt, die **Osborn-Checkliste**. Sie enthält Fragen zur weiteren Behandlung:

- Gibt es Möglichkeiten, die Idee zu verbessern?
- Durch Vergrößern, durch Verkleinern, durch Umformen?
- Kann die Idee durch andere Ideen ersetzt werden?
- Kann die Idee für andere Anwendungen verwendet werden?
- Gibt es bereits Ähnliches, von dem wir dabei lernen können?

Tipp

Geben Sie sich mit dem Ergebnis niemals zu früh zufrieden. In Kreativprozessen gilt es, Geduld zu haben. Erfahrungsgemäß kommen die besten Ideen oft ganz zum Schluss.

Danach erfolgt eine Ausformulierung der Idee; typischerweise ist die Vorstellung jetzt schon recht konkret. Deshalb kann nun die Phase folgen, in der die Idee mit Leben gefüllt, sie gestaltet wird.

Visualisierung des Konzepts

Hier kommt es auf die Materie an. Eine Dienstleistung ist in aller Regel in ihrem Ablauf zu beschreiben, unter Umständen lässt sich die gefundene Dienstleistung an möglichen Probanden probehalber durchführen. Für Produkte können Zeichnungen erstellt werden. Für Räume lassen sich Grundrisse aufzeichnen.

Tipp

Versuchen Sie zu erzählen, was geschieht oder abläuft. Halten Sie die Geschichten fest. Für die Identifikation von Anforderungen werden gerne Epics oder User Stories eingesetzt, also Beschreibungen von Anforderungen oder Anwendungen. In der Vermarktung wird viel mit Storytelling gearbeitet, also das Geschichtenerzählen rund um das Angebot. Erzählungen begleiten Produkte, Systeme und Lösungen. Wir werden darauf im Kapitel 3.2 »Projektmanagement Neuproduktentwicklung« zurückgreifen.
Beginnen Sie in dieser Phase damit, um auch die emotionale Seite einzubeziehen. Es fördert das Verständnis, denn so wird die Idee mit Inhalt angereichert.

Jetzt gilt es, der Idee so weit Gestalt zu geben, dass eine Resonanz bei möglichen Kunden ermittelt werden kann. Es ist zu überlegen, ob zu einzelnen Elementen die Resonanz erfasst werden kann oder die Einzelelemente erst durch den Zusammenhang zu ihrem Sinn finden.

Je nach Beurteilungsmöglichkeit kann im Testansatz nur das Gesamtsystem thematisiert werden, weil einzelne Teile von Kunden nicht bewertet werden können, oder es lassen sich im zweiten Schritt auch einzelne Teile thematisieren. Es kommt auf eine Vorlage an. Da das menschliche Gehirn jeweils mit einem Gesamteindruck beginnt, ist es ratsam, dieses im Test ebenfalls so vorzusehen.

Beachten Sie

Als psychologischer Hintergrund ist zu bedenken, dass Menschen abstrakte Ideen als weit entfernt erleben. Hinweise erfolgen dann auch auf einer abstrakten Ebene und helfen wenig weiter. Erst wenn ein Betrachtungsgegenstand realer ist, gibt es einen Bezug, werden die Hinweise konkreter.[177] Dieser Hintergrund legt eine möglichst nutzungsgleiche Darstellung nahe.

177 Vgl. die Darlegungen zur Construal-Level-Theorie bei Harz, Nathalie, Virtual Reality in Erfolgsprognosen vor Neuprodukteinführung, Wiesbaden 2020, S. 19 ff.

Die Idee eines Produkts kann man oft zusammen mit den Entwicklern zumindest in einer Basisversion gestalten, oft als »Minimum Viable Product« (MVP) bezeichnet. Dabei handelt es sich um »ein Instrument zur Risikominimierung im Zuge der Entwicklung von Produkten, Dienstleistungen oder Geschäftsmodellen. Eric Ries, einer der Erfinder der sogenannten Lean-Startup-Methode, definiert es als »... die Version eines neuen Produkts, welche einem Team erlaubt, das maximale Maß an validem Lernen über die Kunden mit dem geringsten Aufwand zu sammeln«.[178] Entscheidend ist hier, dass etwas so vorstellt wird, dass Probanden eine gute Idee davon haben, was gemeint ist, um deren Resonanz zu erfassen.

Virtual Reality

Die Digitalisierung hat diese Phase mit viel mehr Möglichkeiten ausgestattet. Häufig wird von **Immersion** gesprochen: Probanden erhalten die Möglichkeit, in die geplante Welt einzutauchen. Dafür eignet sich besonders eine Virtual Reality, die lebensecht ausgestaltet werden kann. Es beginnt mit 3D-Visualisierungen. Mithilfe von Webdesignern lassen sich erste Bilder erstellen. Immer mehr verbreitet sich die Übersetzung in eine umfassendere virtuelle Realität. Probanden sollen eine wirklichkeitsnahe Vorstellung erhalten, um belastbare Reaktionen zu gewinnen. »Virtual Reality bezeichnet eine simulierte Umgebung, die Interaktion zulässt und dabei realistisch wirkt.«[179]

Die Programme lassen sich inzwischen sehr gut handhaben, so dass sie etwa schon für das Einrichten von Wohnungen empfohlen werden. »Viele der Einrichtungsplaner gibt es inzwischen auch als praktische App für Tablet und Smartphone.«[180] Häufig werden Vorstellungen in einer bestimmten Umgebung benötigt. Es kommt darauf an zu recherchieren, welche Software für die Gestaltung der eigenen Idee eingesetzt werden kann.

Die Visualisierung wird mit einem realitätsnahen Abbild unterstützt. Digital erstellt besteht auch ganz leicht die Möglichkeit, die grafische Umsetzung an verschiedenen Orten einzusetzen, sie elektronisch zu verschicken, wenn die Teilnehmer an verschiedenen Standorten ansässig sind.

Head-Mounted Displays (HMD)

Eine weitere Variante des Eintritts in virtuelle Räume sind entsprechende Brillen, es wird auch von Head-Mounted Displays (HMD) gesprochen. Mit ihnen können sich die Probanden in künstlich erstellten Räumen umsehen. Das Gehirn hat die Illusion eines Raumes, wie er vom Webdesigner erstellt wurde. Dabei geht jeder einzeln in diese Vorstellungsräume. Es ist in einer Fokusgruppe insofern eher eine Einzelarbeit.

---

178 www.t2informatik.de/wissen-kompakt/minimum-viable-product/ (eigene Übersetzung, L.K.).

179 Harz, Nathalie, Virtual Reality in Erfolgsprognosen vor Neuprodukteinführung, a. a. O., S. 15.

180 www.selbermachen.de/wohnen/mit-kostenlosen-3d-raumplanern-clever-einrichten.

Für eine gemeinsame Vorstellung wird ein CAVE, eine Vorstellungshöhle, durch Projektion erschaffen. Das Wort CAVE setzt sich zusammen aus »Cave Automatic Virtual Environment«. »Es ist ein Raum virtueller Realität, wo die Wände, der Boden und die Decken als Oberflächen durch große Projektionen erzeugt werden, um eine hoch immersive virtuelle Umgebung zu schaffen.«[181] Dieses kann in einer Fokusgruppe die Grundlage für eine Gruppenarbeit sein.

Beachten Sie

Der Begriff **Immersion** beschreibt das Eintauchen in andere Welten, sei es, dass es uns gelingt, in die Welt der User einzutauchen, sei es hier, dass es möglichen Kunden gelingt, in die neu gedachte Umgebung einzutauchen. Die Kundenzentrierung wird so klar gestärkt. Dadurch gelingt es besser, die Lösung oder das Produkt in der Anwendungsumgebung in dieser frühen Phase zu behandeln. Die Digitalisierung erleichtert die Simulation, was gleichzeitig eine verbesserte Beurteilung erlaubt.

Diese Möglichkeiten unterstützen auch den notwendigen Integrationsschritt. Für die Ideenfindung sind meist Fragestellungen zu einzelnen Themen oder Bereichen formuliert worden, weil für die Ideenentwicklung das Aufbrechen der Gesamtfragestellung vorteilhaft ist. Die vielen Einzelideen gilt es nun, zu einer Gesamtlösung zusammenzufügen. Deshalb ist nach der Ausgestaltung der Einzelideen eine zweite Phase durchzuführen, in der die Teile zu einem Gesamten verbunden werden. Auch in dieser Phase können Techniken wie die drei Denkstühle von Walt Disney (vgl. Abb. 32) eingesetzt werden: Lässt sich das Gesamtsystem noch optimieren? Wie ist es zu realisieren? Wo gibt es kritische Punkte?

Bei der Visualisierung des Gesamtprojekts fördert die virtuelle Umsetzung weiter die Kreativität. Die Teammitglieder beginnen mit Anleitungen zur Ausgestaltung, um die ganze Tiefe ihrer Vorstellungen aufzunehmen. Damit wird die Grundlage immer detaillierter, um dann schrittweise dazu überzugehen, Kunden einzubeziehen. Was sagen einzelne mögliche Kunden aus der Zielgruppe dazu? Die Kunden bilden am Ende den Spiegel für die Ideen.

Die Erstellung von Prototypen ist wichtig, um das bildliche Denken anzuregen. Da wir in dieser Phase allerdings noch mit vereinfachten Mustern umgehen, sollte immer wieder doppelt geprüft werden:

- Welche Resonanz der Kunden ist zu registrieren?
- Hängt diese Resonanz von der Unzulänglichkeit des Prototypen ab?

181 www.blog.laval-virtual.com/en/vr-cave-system-an-immersive-technology/ (eigene Übersetzung, L.K.).

Es dürfen auf keinen Fall Chancen übersehen werden, weil sich die Kunden nicht in die Lösung hineindenken konnten.

Das Design Thinking ist iterativ angelegt. Deswegen sollte diese Phase bewusst in Steps vollzogen werden. Die Schaffung virtueller Welten erleichtert gerade die Präsentation von Prototypen. Bei bedeutenden Produktkonzepten sollten Sie diese Umsetzungsform prüfen.

Im Laufe der Zeit und des Umgangs mit den Prototypen werden diese immer besser, vor allem in dem Sinne, dass die Probanden die Vorstellungen teilen können. Diese Resonanz lässt sich wie eine Vorstudie ansehen, damit das Team im Rahmen von Abschlusstests sicher sein kann, dass die Probanden ein gutes Verständnis des Konzeptes bekommen.

Positionierung erarbeiten

Je mehr sich die Teammitglieder mit der Vorstellung befassen, desto mehr Gedanken und Erzählungen gibt es dazu. Diese sollen nicht so allgemein im Raum stehen bleiben. Sie werden zur ersten Positionierung verdichtet:

- Können wir den Mehrwert auf den Punkt bringen?
- Können wir die Benefits formulieren? Ist es ein kongruenter Mix?

Im Produktmanagement wird von vornherein auch an die spätere Vermarktung gedacht. Es gilt, ein Angebot zu schaffen, das im Markt profitabel ist. Dafür kommt es auf die richtige Positionierung an. Berühmt ist der Vergleich von Coca Cola und Pepsi Cola. Immer wieder gibt es die Annahme, dass eine bestimmte Qualität an sich überzeugt. Wenn etwas im Blindtest als gleich angesehen wird, dann gibt es doch keinen Unterschied! Falsch! Tatsächlich überzeugt nur das Gesamtkonzept aus technischen, emotionalen und selbstexpressiven Vorteilen. Selbst im Hirnscanner jubiliert das Belohnungszentrum erst bei der richtigen Marke.

Das bekannteste Beispiel für einen Marktdurchbruch ist wahrscheinlich der Erfolg des iPod: Innerhalb von 4 ½ Jahren waren 50 Millionen Exemplare abgesetzt.[182] »Tatsächlich verkauften, als der iPod im November 2001 eingeführt wurde, mindestens 50 Unternehmen tragbare MP3-Geräte in den Vereinigten Staaten; viele waren asiatische Unternehmen, die auf das Internet zur Vermarktung ihrer Produkte setzten.«[183] Nur ein Unternehmen schaffte diese gigantischen Absatzzahlen! Apple bot ein hippes Design und eine extravagante Bewerbung.

Menschen können nicht wahrnehmen, ohne zu interpretieren. So nehmen Kunden auch die Produkte nicht als rein sachliche Leistungserfüllung wahr. Alle Produkte lö-

182 Vgl. Cooper, Robert G., Winning at New Products: Creating Value Through Innovation, 5. Aufl., S. 2.
183 Ebenda, S. 3.

sen Assoziationen aus. Sie bilden ein mentales Konzept. »Der Schlüssel zum Verhalten der Kunden liegt in der impliziten Verknüpfung der physischen Eigenschaften eines Produktes und den damit verbundenen mentalen Konzepten.«[184] Das Produktmanagement ruht auf dem umfassenden Produktverständnis.

Es wird einmal mehr deutlich, dass die Vermarktung entscheidend für den Erfolg von Innovationen ist. Deshalb ist die Aufgabe im Produktmanagement gebündelt.

Zum guten Schluss kommt es immer darauf an, die Gültigkeit des Ansatzes zu überprüfen.

3.1.7 Stufe 6: Prototypen testen

Am Ende kann nur das in die Umsetzung gelangen, was die Kunden überzeugt. Deshalb wird der Design-Thinking-Prozess folgerichtig mit einem Kundentest abgeschlossen. Erst positive Ergebnisse in dieser Testphase versetzen das PM in die Lage, eine Projektfreigabe zu beantragen, die ja am Ende des Prozesses stehen soll. Das war zu Beginn das Ziel. Die wichtigste Grundlage dafür ist, dass der Fortschritt in dem Produkt von der Zielgruppe akzeptiert und es voraussichtlich gekauft wird. Das ist die entscheidende Frage an diesem Punkt: Wie lässt sich das an dieser Stelle voraussagen?

Überlegungen zur Diffusion

Zunächst wollen wir uns überlegen, wie sich ein neues Angebot im Markt verbreitet. Beschrieben wird der Verlauf in Form eines **Diffusionsprozesses:** Es gibt im Markt potenzielle Kunden, die gerne früh Innovationen kaufen, um Vorreiter zu sein. Manche warten etwas ab, folgen nach den ersten Erfahrungen der Innovatoren. Die Mehrheit wartet länger, folgt später. Erkennbar haben die Überlegungen große Ähnlichkeit mit dem Produktlebenszyklus. Hier geht es jetzt um das Handeln der potenziellen Käufer im Markt, deren Verhalten ja hinter dem Produktlebenszyklus steht. Vor dem Hintergrund der Annahme von verschiedenen Kunden im Markt ist ein Modell der Verbreitung von Innovationen, der Diffusion, entwickelt worden:[185]

184 Scheier, Christian; Held, Dirk; Schneider, Johannes; Bayas-Linke Dirk, Codes, 2. Aufl., Freiburg 2013, S. 32.
185 Vgl. Rogers, Everett M., Diffusion of Innovations, 5. Aufl., New York 2003.

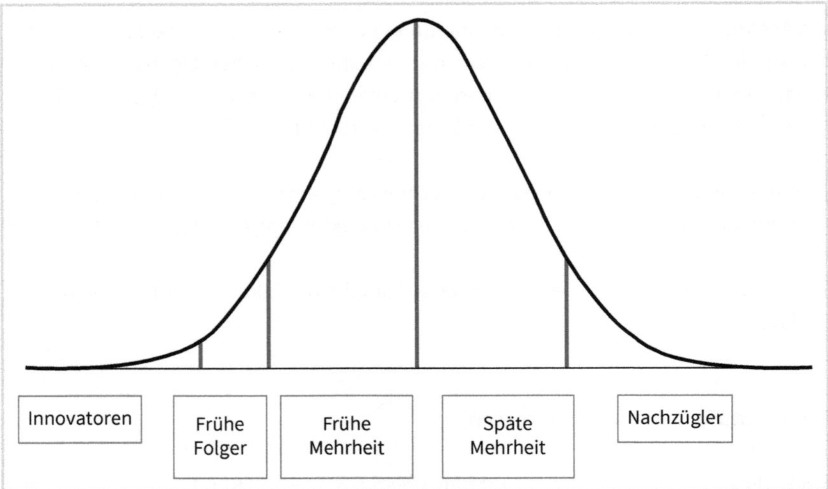

Abb. 33: Modell der Verbreitung von Innovationen

Das Diffusionsmodell ist wie das Lebenszyklusmodell eine plausible Beschreibung des Prozesses, wie sich Innovationen verbreiten. Natürlich sind die Verläufe im Einzelfall oft anders. Hier wird eine Normalverteilung gezeigt. »Die Empirie beobachtet eher asymmetrische anstelle von symmetrischen Diffusionsverläufen.«[186] Das ist für das praktische Produktmanagement nicht entscheidend. Die Erfahrung lehrt, dass es Kunden gibt, die Neuerungen sofort oder sehr bald übernehmen. Wenn diese Kunden gewonnen wurden, folgen andere. Dann kann der Prozess der Verbreitung des neuen Angebots anlaufen.

In der Perspektive des Produktlebenszyklus: Wenn die Innovatoren und frühen Folger für die Marktdurchsetzung das Produkt annehmen, bildet das den Anstoß für die frühe Mehrheit zu folgen und der Produktabsatz gelangt in die Wachstumsphase. Damit wird deutlich, dass die Zukunftsaussichten kaum über die späte Mehrheit oder die Nachzügler beurteilt werden können. Dies gelingt nur mit Probanden aus frühen Übernahmegruppen, die für die Initialzündung sorgen könnten. Sie entscheiden, wie schnell die Akzeptanz erreicht wird. Wie sehr überzeugt das neue Produkt gerade die aufgeschlossene Kundschaft?

Das ist die erste Überlegung.

Allerdings nicht nur das Kaufverhalten der Menschen ist unterschiedlich, die Innovationshöhe der Entwicklungen ist ebenfalls verschieden. Wir hatten zwischen latenten und konkreten Kaufwünschen unterschieden. Die Kundenseite lässt sich wieder kombinieren mit dem Entwicklungskonzept: Manche Produkte sind gänzlich neu, richten

186 Herrmann, Andreas; Huber, Frank, Produktmanagement, a. a. O., S. 269.

sich auf einen latenten Bedarf, manche Produkte sind Nachfolger erfolgreicher Produkte, die sich auf einen konkreten Bedarf richten. Sie ist deshalb wichtig, weil Menschen Konkretes leichter, Abstraktes schwerer beurteilen können.[187]

Das ist die zweite Überlegung.

Menschen wählen gerne aus Alternativen. Bei absoluten Entscheidungen (»Wollen Sie nun das Produkt oder nicht?«) fühlen sie sich unwohl. In Situationen, in denen die Auswahl zu komplex ist, kann meist eine Denkblockade beobachtet werden. Lieber wird eine Auswahl aus einem Set getroffen: Soll ich A oder B oder C nehmen? Am liebsten aus einer bipolaren Alternative.

Das ist die dritte Überlegung.

Beachten Sie

Wenn diese drei Überlegungen zur Verbreitung von Innovationen im Markt zusammengeführt werden, sollten in dieser Phase Probanden aus den Gruppen »Innovatoren und frühe Folger« ausgewählt, sollten die Prototypen so konkret wie möglich visualisiert – virtuelle Darstellungen können gut helfen – und die Auswahl aus Alternativen für die Probanden relativ und übersichtlich gestaltet werden.

Wahl des Vorgehens

Damit ist unter den Kundenforschungsverfahren sicher die **Conjoint-Analyse** ein Vorgehen, das sich empfiehlt. »In der Choice-Based Conjoint-Analyse werden Konsumenten in mehreren Choice-Sets Alternativen von Produkten [...] angeboten und gebeten, sich für eine der angebotenen Alternativen zu entscheiden. Dabei sind die Produkte durch produktspezifische Eigenschaften (zum Beispiel Marke oder Preis) und deren Ausprägungen (zum Beispiel Samsung oder 14,99 €) charakterisiert.«[188] Der Preis kann ausdrücklich ein Merkmal sein, das variiert wird. Die Erfassung der Ausprägungen erfolgt indirekt, indem die Wirkung der Modifikation in unterschiedlichen Choice-Sets herausdestilliert wird.

Conjoint-Analysen neigen dazu, einzelne Eigenschaften und den Preis oder das Preisintervall in den Vordergrund zu stellen. Das ist sehr technisch. Wenn die Verarbeitung von Impulsen im Gehirn der Kunden beachtet wird, beginnt die Beurteilung mit einem Gesamteindruck. Dieser entsteht sehr stark aus der Gestaltung dessen, was der Kunde insgesamt sieht. Das Design hat – wie im Beispiel Apple leicht zu erkennen ist – große Bedeutung.

187 Vgl. Felser, Georg, Werbe- und Konsumentenpsychologie, 4. Aufl., Berlin-Heidelberg 2015, S. 138 ff.
188 Schlereth, Christian; Skiera, Bernd, Schätzung von Zahlungsbereitschaftsintervallen mit der Choice-based Conjoint-Analyse, in: Schmalenbachs Zeitschrift für betriebswirtschaftliche Forschung, Oktober 2009, S. 842.

Zur Entfaltung kommt das Gesamtkonstrukt für die Kunden erst durch die Positionierung. Und die Marke stellt einen ganz wesentlichen Auswahlfilter wie den Preismaßstab dar. Diese Überlegungen haben Auswirkungen, sie müssen schon in dieser frühen Phase der Einschätzung der Aussichten der Produktentwicklung einbezogen werden. Daher wird am besten ein Vorgehen vom Ganzen über die Auslobung zu Details gewählt. Das ist der empfohlene Pfad der Erkundung.

Beachten Sie

So nahe eine Conjoint-Analyse liegt, sollte ein geeigneter Rahmen geschaffen werden, um gerade die qualitative Seite weiter zu ermitteln. Deshalb liegt die Einbettung in Fokusgruppen nahe.

Bei der Betrachtung der Kundenforschungsinstrumente gab es auch den Gedanken, dass **Tiefeninterviews** für den Konzepttest angebracht sein könnten. Mit dem Instrument werden gerade psychologische Reaktionen erkundet: Wie stimmt die Innovation mit den Werten der Zielgruppe überein? Gibt es psychologische Ängste oder Kränkungen, die verursacht werden? Das kann insbesondere bei Lösungen, die sich auf latente Wünsche richten, eine sehr sinnvolle Investition sein.

Conjoint-Analyse und Tiefeninterviews werden für die beiden Seiten, technisch und emotional, durchgeführt. Ziel ist ja, dass sich die zukünftigen Kunden wohlfühlen durch die Lösung, ganz gleich ob im Betrieb oder zu Hause.

Für das Produktkonzept werden Anforderungen formuliert:

- → Das Konzept sollte durch die Zielgruppe verstanden und wiedergegeben werden können. Sequenzen im Testprocedere, die dieses im Ablauf der Untersuchungen versteckt überprüfen, sollten Teil des Prüfungsprozesses sein.
  - Missverständnisse sind zu eliminieren.
  - Nicht überzeugende Teile bedürfen der Überarbeitung.
- → Das Konzept sollte mit positiven Werten der Probanden aus der Zielgruppe übereinstimmen und möglichst keine Vorbehalte, psychologischen Ängste auslösen. Das ist Grundbedingung für zielgruppengerechte Innovationen.
  - Insbesondere Angebote, die sich auf latente Wünsche richten, sollten hier kritisch überprüft und gegebenenfalls modifiziert werden.
- → Das Konzept sollte überzeugen, die Positionierung passen, die Probanden sollten einen Mehrwert wiedergeben.
  - Es sollten Sequenzen einbezogen werden, um die emotionale und selbstdarstellende Seite des Produktkonzepts zu prüfen.
  - Hier wird sich die Auswahl entscheiden: Die Positionierung muss passen.
- → Die Probanden sollten beim Gebrauch oder Verbrauch positive Assoziationen reflektieren. Es gilt, Unzulänglichkeiten zu entdecken. Es gilt zu lernen.

Auch beim Umgang mit Produktkonzepten am Rechner können Probanden Aussagen und Ideen formulieren. Dafür lässt sich eine Matrix bilden:[189]

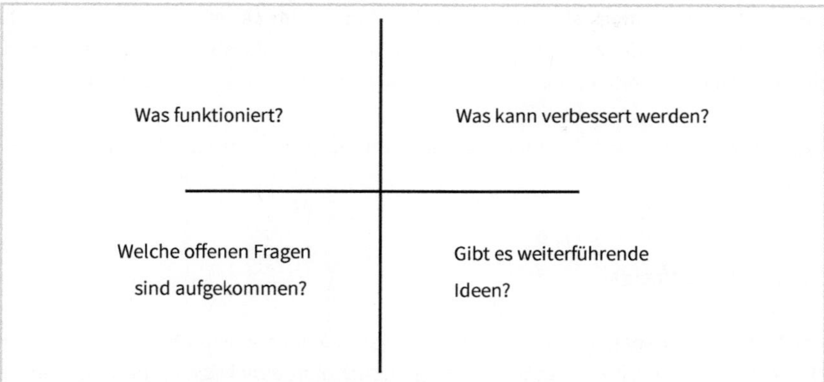

Abb. 34: Matrix für den Umgang mit Produktkonzepten

- → Der Überzeugungsgrad ist wichtig und soll gemessen werden.
  - Dafür eignet ein Vorgehen, bei dem Probanden ein Budget an virtuellen Coins gegeben wird, mit dem sie eine Auswahl treffen und bestimmte Choice Sets kaufen können. Da die Probanden ein definiertes Budget bekommen, werden sie die Coins für ihre Favoriten einsetzen. So wird indirekt die Präferenz deutlich. Gleichzeitig sollte es auch möglich sein, dass ein Proband nicht alle Coins, die er zur Verfügung hat, ausgibt. Es muss die Möglichkeit bestehen, damit zum Ausdruck bringen zu können, dass alle Konzeptvarianten nicht überzeugen.
  - Wenn sich das Produktkonzept im Bereich der konkreten Wünsche bewegt, lassen sich auch Preise ermitteln. Diese gehören zu den Merkmalsausprägungen, die mit den Ausstattungen im Conjoint-Ansatz variiert werden.
    Es ist vorteilhaft, die Preiseinordnung eher später in der Untersuchung vorzunehmen, wenn den Probanden das vorher unbekannte Angebot bekannter geworden ist. Sonst fällt die Einschätzung eines Preises besonders schwer.
    Es ist allerdings auch bekannt, dass Probanden in aller Regel das Preisniveau unterschätzen. Deshalb kann es bei der Interpretation nur eine Hilfsgröße sein.

Damit sollte präzisiert werden können, wie das Produktkonzept bei potenziellen Kunden ankommt, Ungereimtheiten eliminiert werden, um die an dieser Stelle optimale Lösung herauszudestillieren. Wenn es weitergehende Kritik der Probanden gibt, muss man einen oder mehrere Schritte zurückgehen. Am Ende soll ein Konzeptoptimum erreicht sein.

---

189 In Anlehnung an Mayer, Selina, Was wir beim Testen lernen, in: Zeit Akademie mit Hasso-Plattner-Institut, Design Thinking, a. a. O., S. 75.

Die einzelnen Punkte wie Konzeptverständnis, Konzeptüberzeugung, Positionierungs-Fit, Umgang mit der Produktidee, präferiertes Produktkonzept, Preiseinordnung können als Dimensionen bewertet und zu einem Score zusammenfasst werden. Dafür existiert allerdings kein Benchmark. Im Unternehmen lassen sich Benchmarks im Laufe der Zeit festhalten, um so einen Maßstab zu bekommen. Denn hier handelt es sich erst einmal um eine Management-Interpretation der Ergebnisse.

Bei positivem Ergebnis ist damit der erste Schritt in Richtung Projektfreigabe genommen.

3.1.8 Projektfreigabe

Will die Produktmanagerin, der Produktmanager nun im nächsten New Development Plan-Meeting die Projektfreigabe beantragen, sind einige wichtige Vorbereitungen zu treffen. Das Produktmanagement arbeitet auf Basis des New Development Plans mit der Unternehmensleitung zusammen. Typischerweise erfolgt frühzeitig eine Information über den anstehenden Antrag. Meist werden von der Unternehmensleitung dann weitere Führungskräfte zu dem wichtigen Termin hinzugezogen.

Die Beantragung der Projektfreigabe wird die Produktmanagerin, der Produktmanager nur gut vorbereitet vornehmen. So stellt sich die Frage: Welche Themenbereiche sollten erkundet sein, um deren Ergebnisse präsentieren und belastbare Aussagen treffen zu können?

Insgesamt sind drei Punkte vorzubereiten:[190]

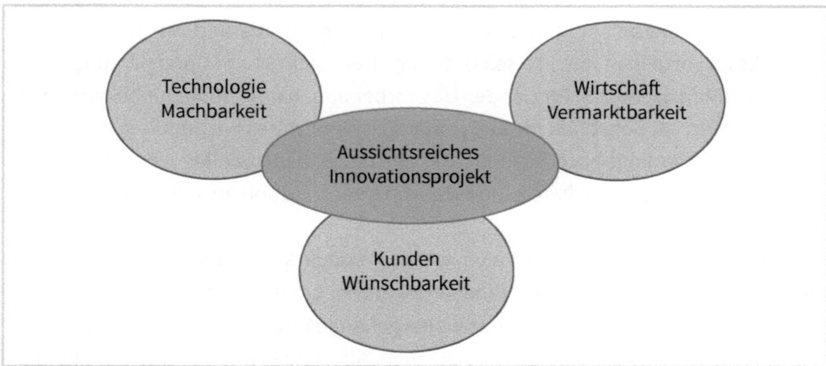

Abb. 35: Die Bereiche Machbarkeit, Wirtschaftlichkeit und Kundenakzeptanz

190 In Anlehnung an ebenda, S. 77.

Um als aussichtsreiches Innovationsprojekt anerkannt und genehmigt zu werden, sind die drei Erkundungsbereiche **Machbarkeit**, **Wirtschaftlichkeit** und **Kundenakzeptanz** zu beantworten. Die drei Bereiche hängen zusammen.

Beachten Sie

Ohne Machbarkeit keine Vermarktungsmöglichkeit, ohne Kundenakzeptanz keine Wirtschaftlichkeit.

Prüfen wir den ersten Bereich, die **Machbarkeit.** Hier hilft eine **Spiegelliste.** Darin werden die großen Tätigkeitsbereiche auf der einen Seite aufgelistet und auf die andere Seite die Ansprechpartner für diese Tätigkeitsbereiche notiert. Dabei kann es sich um interne oder externe Ansprechpartner handeln. Für den Unternehmenserfolg ist es entscheidend, die Aufgaben mit Personen zu verbinden. Die folgende Abbildung zeigt die Skizze einer Spiegelliste:

Projekt XY	
Aufgabenbereich 1	Beispiel: Leiter:in R & D
Aufgabenbereich 2	Beispiel: Leiter:in IT
Aufgabenbereich 3	Beispiel: Leiter:in Produktion
Aufgabenbereich 4	Beispiel: Leiter:in Corporate Responsibility
Aufgabenbereich 5	Beispiel: Technische:r Consultant
Aufgabenbereich 6	Beispiel: Leiter:in Agentur

Abb. 36: Spiegelliste

Vor Projektantrag sollten Sie mit den wichtigen Ansprechpartnern das Gespräch führen, wie und wann die Aufgaben durchgeführt werden könnten. Machbarkeit heißt im Unternehmen auch, den jeweiligen Funktionsleiter zu gewinnen. Gerade Konstruktion und Produktion müssen das Produkt für gut erstellbar einstufen. Und die Funktionsleiter müssen Ressourcen zur Verfügung stellen. Bei externen Ansprechpartnern geht es auch um Indikationen für die anfallenden Kosten.

Die wichtigen Ansprechpartner werden am besten in vier Gruppen unterteilt:

- **Gruppe 1:** Personen, die im Falle der Projektfreigabe das Steuerungs- bzw. Steering-Team bilden. Teil des Steering-Teams können auch externe Ansprechpartner sein.
- **Gruppe 2:** Personen, die als Unterstützer, Promotoren, Fach- und Durchsetzungs-Promotoren, wichtig sind und in der Folge immer zeitnah informiert werden.
- **Gruppe 3:** Personen, die fachlich benötigt werden, mit denen regelmäßig der Kontakt gesucht wird, um Rücksprache zu halten und Vereinbarungen zu treffen.
- **Gruppe 4:** Personen, die mehr oder weniger fachlich benötigt werden, die vor allem als Skeptiker auftreten und die neue Idee auch torpedieren.

Jede Unternehmensleitung wird bei Projektvorstellung danach fragen, ob das Projekt mit den entscheidenden Personen abgestimmt wurde. Wahrscheinlich werden nach der Vorankündigung einzelne Mitarbeiter zur Projektfreigabe-Sitzung hinzugezogen.

Die Personen aus den Gruppen 1 bis 3 werden das Projekt mehr oder weniger unterstützen, Hauptsache, sie sind frühzeitig einbezogen und gewonnen. Die Gruppe 4 dagegen ist erfolgskritisch. »Panikmache, Verzögerung, Verwirrung und Lächerlichmachen«[191] sind die häufigsten Gegenmaßnahmen. Es wäre fahrlässig, den Gegenwind zu ignorieren. »Die erfolgreichsten Ideenverkäufer taten das genaue Gegenteil: Sie bezogen ihre Kritiker mit ein.«[192] Das ist ein geschicktes Vorgehen. Wir wissen, dass psychologisch eine Gegenposition aufgebrochen wird, sobald sie geäußert werden kann. Die einst sehr erfolgreiche Agentur »Springer & Jacoby« führte eine geordnete Kritik der Konzepte ein. Viele erfolgreiche Agenturen haben diesen Modus übernommen. Übertragen Sie ihn auf die Produktkonzeption mit zwei Effekten:

- Die Kritiker werden eingefangen und
- mögliche Schwächen werden erkannt.

Investitionsfrage

Jede Unternehmensleitung verlangt zudem eine Antwort auf die Investitionsfrage, die **Vermarktbarkeit:** Wie hoch wird der Aufwand sein und welche Rendite oder Mehrwerte für Kunden sind zu erwarten? Die Rendite der Investition sind am Ende die aus den Umsätzen generierten Deckungsbeiträge, die nach der Einführung angenommen werden. Dafür wird die Skizze eines Businessplans benötigt.

191 Interview von Jeff Kehoe mit John P. Kotter, Überlebensstrategie für Ideen, in: Harvard Business manager Spezial 2022, S. 76.

192 Ebenda, S. 75.

Zwei Investitionsbereiche können sich ergeben:

- Investition in die Produktentwicklung selbst. Dieser Punkt sollte Teil der Gespräche mit den wichtigen Ansprechpartnern vorab sein, um Anhaltspunkte zu bekommen, eine Budgetgröße zu ermitteln.
- Investition in die Produktionsanlagen, weil neue Maschinen oder Werkzeuge für die Realisation benötigt werden. Das kann mit dem Produktionsleiter oft schon recht gut beziffert werden. Auch dafür wird am Ende ein Budget benötigt.

Mit der Projektfreigabe verbunden sind diese Budgets. Damit wird Money Gate 1 durchschritten.

Die Frage nach dem Deckungsbeitrag hängt ab von der geschätzten Absatzmenge – dahinter die Annahme für die Diffusion im Markt –, dem Preis und der Marge.

Im Zuge der Marktgröße- und Marktanteils-Überlegungen wurde bereits der Markt bestimmt. Es ist angeraten, die quantitative Seite vor Projektantrag auf den neuesten Stand zu bringen. Welche Daten sind gespeichert, welche aktuellen Daten geben ein zeitnäheres Bild?

Anschließend werden die Tools mit den aktualisierten Daten genutzt, um Absatzprognosen zu erstellen. Dabei wird auch auf Modellansätze der Diffusion zurückgegriffen. Bei Nachfolgeprodukten wird gerne der Absatzverlauf des Vorgängerprodukts als Modell herangezogen. Bei Produkten, für die es im Markt vergleichbare Angebote gibt, wird aus deren Absatzverlauf ein Diffusionsmodell abgeleitet.

Bei gänzlich neuen Produkten stehen in dieser Phase nicht einmal diese Informationen zur Verfügung. Deshalb sehen Simon und Fassnacht dann nur zwei Methoden im Preismanagement, die sich auf neue Produkte anwenden lassen:[193]

- Expertenurteile
- Experimente

Im Testansatz wurde die Voraussetzung für eine Kombination geschaffen. Es wurden durch die Vergabe virtueller Coins Käufe simuliert. Der vorgestellte Geldeinsatz dient als Maß der Akzeptanz. Da Wert immer relativ gedacht wird, können auch Relationen bewusst erzeugt werden. Zudem wurde nach einer Preisvorstellung gefragt. Auch wenn bekannt ist, dass Kunden schlecht Preisurteile für Leistungen in der Zukunft abgeben können, so existiert damit ein weiterer Indikator. Dieser muss sicher korrigiert werden – eben wieder durch relative Interpretation.

193 Vgl. Simon, Hermann; Fassnacht, Martin, Preismanagement, 4. Aufl., Wiesbaden 2016, S. 154.

Wenn insgesamt ein Score aus Konzeptverständnis, Konzeptüberzeugung, Positionierungs-Fit, Umgang mit der Produktidee, präferiertes Produktkonzept, Preiseinordnung gebildet wurde, zeigt dieser die Nähe der Kunden zum Produktkonzept. Diese Informationen werden zusammen mit Experten herangezogen und zur Bestimmung von Menge, Diffusionsgeschwindigkeit und Preis bewertet. So kommen wir zu einer Managemententscheidung auf einer soliden Grundlage.

Eine zentrale Information ist die **Markenstärke:** Hohe Markenstärke bedeutet hohe Preisspielräume, schnellere Initialisierung, geringe Markenstärke eben geringe Preisspielräume, langsamere Annahme. Typischerweise hat die Marke bereits einen Platz im Markt, der nur begrenzt variiert werden kann. Insofern wird eine entsprechende Preisposition einzunehmen sein. Verschiedene Verläufe können simuliert werden, um eben die Sensitivität des Ansatzes zu beleuchten.

Zielgrößen für die Neuproduktentwicklung

Zentral sind die Überlegungen zur Erlösgenerierung. Womit sollen Umsätze und am Ende Deckungsbeiträge erzielt werden? Ist es die Leistung selbst? Dann bildet der Preis den Ausgangspunkt für die weiteren Überlegungen:

Zielpreis (Target Pricing)
abzüglich geforderte Marge
= Zielkosten (Target Costing)

Dieser Ansatz ist zentral für die Steuerung der weiteren Projektarbeit.

Wir haben die Vier-Felder-Matrix der Produkte und Dienstleistungen betrachtet (vgl. Abb. 4 in Kapitel 1). Diese soll jetzt auch die Grundlage für weitere Überlegungen darstellen. Die Leistung kann physisch oder digital sein. Die Erlösmöglichkeiten in der digitalen Welt sind vielfältig:

- Die Erfassung von Nutzungsdaten kann für die Leistungsoptimierung genutzt werden.
- Sie können aber auch für verschiedene Services wie Nutzungskontrolle verwendet werden.
- Manchmal sind die generierten Informationen auch für Kooperationspartner interessant.

Der Absatz kann physisch oder digital erfolgen. Auch hier gibt es viele ergebnisrelevante Informationen:

- Die Abwicklung des Absatzes wird deutlich vereinfacht, die Distributionskosten sinken.
- Digital ausgelieferte Produkte können sofort und an jedem beliebigen Ort genutzt werden; die Quantität steigt.
- Die Weiterverteilung digitaler Informationen kann im Idealfall zu einer Skalierung führen.

So ist das Erlösmodell gerade im digitalen Bereich deutlich vielschichtiger geworden. Menge, Preis und Marge sind beeinflusst. Der Businessplan nimmt diese Größen auf und ermittelt den geplanten Deckungsbeitrag im Laufe der Zeit.

Um diese Zielsetzung realisieren zu können, bedarf es der Einhaltung der Kalkulationsgrößen, insbesondere der Zielkosten. Dieser Punkt ist also nicht nur die Berechnungsgrundlage, sondern auch eine Operationsgrundlage für das Projektmanagement. Zu Beginn der Projektumsetzung werden die Zielkosten auf die unterschiedlichen Gewerke verteilt; jeder Bereich hat seine Zielkosten einzuhalten.[194] Dabei dürfen auf keinen Fall die Vermarktungskosten vergessen werden. Sie betragen oft 50 Prozent und mehr der Zielkosten.

Damit lässt sich die geforderte **Investitionsrechnung** erstellen:

- Es werden bestimmte Budgets mit einem gut geschätzten Gesamtvolumen benötigt
  (Entwicklung und später Produktion sowie Vermarktung).
- Es wird möglich, einen Jahres-DB (DB/Stück × Anzahl) für den Betrachtungshorizont zu prognostizieren (z. B. fünf Jahre).

→ Dann lassen sich zwei Fragen beantworten:

Wie hoch ist die jährliche Rendite? $= \frac{\text{Jahres} - \text{DB}}{\text{Eingesetzte Budgets}}$

Wann wird der Break-even-Point erreicht) $= \frac{\text{Eingesetzte Budgets}}{\text{Stück} - \text{DB}}$

Hinter allem steht die **Annahme durch die Kunden**. Das ist der dritte geforderte Bereich. Es sollte am leichtesten fallen, diese Frage nach der intensiven Erkundung der **Kundenresonanz** auf das Produktkonzept zu beantworten. Diese gilt es auszuwerten und zusammenzustellen. Sie bildet die Grundlage des Projektantrags. Damit können die drei Bereiche für den Projektantrag zusammengestellt werden:

- Produktkonzept und Testergebnisse
- Ansprechpartner und Mitglieder des Steering-Committee für die Projektphase
- Businessplan: Investitionsvolumen, Umsatz, Marge, damit Break-even-Point und anfängliche jährliche Rendite

194 Vgl. als ein Beispiel: Licharz, Elmar-Marius; McBroom, Sean; Frese-Ritz, Hoger; Yan, Cheng, 9. Praxisfall der Volkswagen AG zum Target Costing, in: Weber, Jürgen; Schäffer, Utz: Binder, Christoph, Einführung in das Controlling, Stuttgart 2011, S. 325 ff.

Wenn diese drei Bereiche gut fundiert sind und die Vorbereitungen mit wichtigen Ansprechpartnern abgestimmt wurden, steht der Projektfreigabe nichts mehr im Weg. So vorbereitet erfolgt die offizielle Beantragung.

Die Unternehmensleitung erhält vorab ein Management Summary. Diese Zusammenfassung ist so aufbereitet, dass die zentralen Antworten auf die drei Bereiche Machbarkeit, Vermarktbarkeit und Wünschbarkeit sofort erkennbar sind.

Prozess der weiteren Neuproduktentwicklung

In der Folge wird das Produktprojekt eng begleitet durch die regelmäßige Abstimmung mit der Unternehmensleitung in den New Development Plan-Meetings. Je weiter das Produktprojekt voranschreitet, desto besser. Denn mit zunehmender Nähe zur Markteinführung nehmen auch die Erkenntnisse in den drei Bereichen Machbarkeit, Vermarktbarkeit und Wünschbarkeit zu. Die Modellierung der Annahmen zu **Absatz × Preis = Umsatz – Produktkosten = Deckungsbeitrag** begleitet mit aktualisierten Erkenntnissen den Projektprozess. Gleichzeitig ist die Projektfreigabe der Durchgang zu Unternehmensinvestitionen, die mit zunehmender Marktnähe immer höher steigen.

Beides zusammen, immer bessere Prognose und immer bessere Kosteneinschätzung, müssen notwendig dazu führen, die Erkenntnisse in den drei Erfolgsvoraussetzungen fortzuschreiben. Das ist die erforderliche Risikobetrachtung. Bei zentralen Meilensteinen im Projekt ist auch der neueste Stand zu den Erfolgsaussichten zu beleuchten.

Wir sind damit gedanklich den Weg von der Ideensuche bis zur Produktskizze im Produktmanagement gegangen. Design Thinking bildet einen strukturierten Ansatz für den Weg von der Idee bis zur Projektfreigabe. Das Vorgehen dient allen Aufgabenstellungen für die Phase von der Ideengenerierung und -konkretisierung im Produktmanagement. In allen Branchen.

Entscheidend ist im Design Thinking der Wechsel von divergenten und konvergenten Phasen, um den Gedankenraum weit genug zu öffnen, andererseits die Realisation im Auge zu behalten.

Die Anforderung für den Antrag auf Umsetzung der Idee im Projekt eröffnet die begründete Aussicht, dass sie am Ende das Licht des Marktes erblickt; denn erst dann lässt sich von einer Innovation sprechen. Der formale Antrag zur Projektfreigabe erfordert noch einmal eine genaue Prüfung.

Beachten Sie

Auf dem Weg von der Idee zur Projektfreigabe gilt das Prinzip, sich am Anfang genug Zeit zu lassen, um mit Anlauf weit genug zu springen.

Dieses Prinzip hat zwei Vorteile:

- Mit der erreichten Innovationshöhe wird der Wettbewerb eher geschlagen. Und das sollte das Ziel im Produktmanagement sein.
- Wer sich am Anfang Zeit lässt, hat dadurch die Thematik viel besser durchdrungen, so dass die Projektphase leichter gehandhabt und beschleunigt wird.

Am Ende steht die bessere Produktlösung in kürzerer Zeit. Dieser Anspruch soll nun in der zweiten Aufgabenstufe verwirklicht werden: dem Projektmanagement zur **Umsetzung des Produktkonzepts.**

3.2 Projektmanagement Neuproduktentwicklung

Mit der Umsetzung eines Produktkonzeptes in ein konkretes Produkt beginnt eine ganz eigene Phase, die sich von der vorangegangenen Phase der Ideengewinnung bis zum Produktkonzept deutlich unterscheidet. Jetzt gehen wir den Weg vom Produktkonzept bis zum einführungsreifen Produkt, also den Weg der Konkretisierung, der Ausgestaltung bis zur Finalisierung eines marktreifen Produkts. Es werden andere Techniken und Fertigkeiten gebraucht.

Das Innovationsmanagement geht in die zweite Phase, in die Projektarbeit, die Umsetzung der Idee. Im New Development Plan für neue Produkte und Projekte sind in dieser Phase zwei Stufen vorgesehen:

- **Stufe 2:** Projekte in Vorbereitung mit Milestones der Projektarbeit
- **Stufe 3:** Projekte zur Einführung mit einem Vermarktungskonzept

	Suchfelder	**In der Hand des Produktmanagements**	
Stufe 2	Projekte in Vorbereitung	Milestones der Projektarbeit, berichtet durch den Produktmanager	
Stufe 3	Projekte zur Einführung	Vorbereitet von Produktmanager zur Einführungsentscheidung	**Einführungsfreigabe**

Tab. 24: New Development Plan Stufe 2 und 3

Hierbei handelt es sich um eine pragmatische Einteilung, weil die technische Produktentwicklung selbst meist länger dauert als die Erstellung der Vermarktungsaktivitäten und diese auch zurückgreifen müssen auf das konkretisierte Produkt. Die inhaltliche Verbindung beider Stufen erfolgt durch die Produktpositionierung. Der parallele Abschluss beider Stufen ist für einen Markteinstieg erforderlich.

Im Unternehmen und als Unterstützung von außen werden für die technische Produktentwicklung nun andere Funktionen gebraucht wie chemische Labore, technische Konstruktionen, Versuchsküchen, aber auch Designstudios für die Gestaltung, juristische Expertise für die Rechtenutzung und Rechtewahrung, vor allem auch Software-Spezialisten – je nach zu verwirklichendem Produktkonzept, später Werbekonzepte, Messegestaltungen und andere Mittel in der Vermarktung.

Gleich ob Konsum- oder Industriegut oder Dienstleistung, es geht am Anfang um das Bestimmen des zu verwirklichenden Leistungsversprechens, die Übersetzung in Eigenschaften mit einer Unterteilung in benötigte Einheiten, das Zusammenfügen von Produktelementen nach einer Anleitung, einer Systemarchitektur, zu einem neuen Produkt.

Lösungen haben immer höhere Dienstleistungsanteile, die auf Informationen beruhen, und damit sind die Software-Lösungen meist entscheidend. Erinnert sei an die holprige Einführung des Elektrofahrzeugs ID.3 von VW, die allein auf noch unvollendete Software-Lösungen zurückging. Der Klassiker des physischen Produkts, das Auto, ist zu einem Software-Paket auf Rädern geworden.

Beachten Sie

Für die Neuproduktentwicklung benötigen Sie ein Verständnis für die Erstellung eines Systems sowie die Verwirklichung von erforderlichen Komponenten für eine vollständige Lösung.

Während in der Ideenfindungsphase Workshops zum Einsatz kamen, werden Realisationen am besten durch geeignete Projektteams erstellt. Insofern geht es darum, passende Teams für die einzelnen Module zu bilden. Gleichzeitig besteht die Notwendigkeit, den Gesamtplan durch ein Leitungsgremium zu verfolgen. In der ersten Stufe der technischen Neuproduktentwicklung geht es um die Konkretisierung des Produkts selbst, wie im Produktkonzept angelegt und freigegeben, wozu Forscher und Entwickler, Programmierer, Designer benötigt werden.

Damit ist eine Generalanforderung genannt, wie es in der Projektarbeit gelingen kann, das Produktkonzept zu einem interessanten Produkt zu machen und in den Markt zu bringen. Das hängt einerseits von Personen ab. Aber anders als oft gedacht: Es ist an ein **Kundenversprechen** gebunden, das so auch die Entwicklungsphase führt:

- Das Gesamtprojekt will das Versprechen als Gesamtlösung erfüllen.
- Die technischen Teilprojekte folgen der Positionierungslinie: Damit wird das Entwicklungsprojekt vom Kunden her geführt.
- Die kommunikativen Teilprojekte setzen auf einer überzeugenden Leistung im Sinne des Versprechens auf und werden einen geeigneten Rahmen zur Verdeutlichung geben.

Das ist gerade in technisch orientierten Produktmanagements manchmal befremdlich. Oft sind sogar erst noch Entwicklungsarbeiten erforderlich. Entwicklung soll Freiheitsgrade haben, am Ende das Ergebnis aber dem Versprechen dienen: eine gelenkte Entwicklung.

Diese Leitlinie für die Produktentwicklung ist essenziell, will das Produktmanagement doch Produkte für Kunden entwickeln. Hier hat das Produktmanagement den eigenen gedanklichen Ursprung nicht vergessen, die Ergänzung der Denkmatrix um die Kundenanforderungen zur Führung der Produkteigenschaften (vgl. Abb. 2).

Produktentwicklung erfolgt in geführter Projektarbeit

Projekte werden klassisch in Stufen oder Phasen unterteilt. Es gibt selbst eine DIN-Norm, speziell für die Projektmanagementprozesse die DIN 69901-02,[195] welche die Phasen Initialisierung, Definition, Planung, Steuerung, Abschluss aufweist. Darin wird ein Supervisioning erkennbar, eine Ausführung wird nicht genannt.

Das Project Management Institute nennt ebenfalls fünf Phasen, welche aber die Handlung einbeziehen:[196]

1. Initiierung
2. Planung
3. Ausführung
4. Überwachung und Steuerung
5. Abschluss

Es ist immer vorteilhaft, eine Aufgabe zu strukturieren, um sie zu bewältigen. Deshalb wollen wir im Folgenden die fünf Stufen des Project Management Instituts mit der Ausführung zur Grundlage der Betrachtungen machen. Am Ende soll ein Produkt entwickelt sein. Die Strukturierung legt allerdings noch keine Vorgehensweise fest. Damit ist die Diskussion über das geeignete Vorgehen im Projektmanagement eröffnet. In klassischen Ansätzen wird erst einmal streng sequenziell strukturiert, entweder als Stufen eines sogenannten **Wasserfalls** oder eines **V**, um mit den beiden Linien des Buchstabens die zwei Gedankenlinien **Verifizierung** und **Validierung** zu verdeutlichen. Das sind durchaus bewährte Vorgehensweisen, die weit verbreitet sind.

Mit den Software-Entwicklungen setzte sich der Gedanke durch, dass eine so strukturierte Vorgehensweise einem Objekt mit schnellen Änderungen nicht gerecht werde. Zudem wurde eine Persona als Orientierung formuliert, also eine Kundenausrichtung ausdrücklich implementiert. Wir haben im Design Thinking die positive Wirkung der Kundenzentrierung kennengelernt.

195 Vgl. Timinger, Holger, Modernes Projektmanagement, Weinheim 2017, S. 16.
196 Ebenda, S. 20 f.

Sicher kann der Persona-Ansatz ohne Frage auch traditionelle Ansätze zu stärkerer Kundenorientierung führen.

Agile Ansätze wie **Kanban** oder **Scrum** beginnen mit Kundenanforderungen und setzen vor allem auf Iteration, also durchaus Schritte vor und zurück, ganz flexibel – entsprechend der Kundenresonanz. Auch diese Ansätze haben allerdings eine Struktur, sie sind keineswegs total offen. Gerade die Methode Scrum ist infolge von Schulungen und Zertifizierungen im Projektmanagement weit verbreitet.

Wer in Unternehmen kommt, erfährt oft, dass es Schulungen für bestimmte Projektmanagementmethoden gegeben hat, während traditionelle Vorgehensweisen andererseits eine hohe Beharrlichkeit aufweisen. Das liegt daran, dass oft nur Teile der Mitarbeiterschaft geschult wurden, mehr aber noch daran, dass große Teile der agilen Ansätze akzeptiert werden, deren Formalismus aber nicht übernommen wurde. So können keine neuen Routinen entstehen.

Das Produktmanagement geht notwendig von der faktischen Situation im Unternehmen aus, die sogar in verschiedenen Abteilungen unterschiedlich sein kann. Für die anstehende Phase des Projektmanagements im Innovationsprozess stellt die vielschichtige Situation und Beurteilung eine Herausforderung für das Produktmanagement dar.

Einen großen Vorteil bildet die üblicherweise vorgenommene Separierung von Projekten: In der Gruppenarbeit kann durchaus eine eigene Vorgehensweise gepflegt werden, ohne dass diese das Unternehmen insgesamt tangiert. Gruppen haben ein Eigenleben mit einer eigenen Dynamik. Das gibt eine gewisse Autonomie.

Wir haben von einer Toolbox des PM gesprochen und Fähigkeiten wie Kundenforschung, Strukturierung und Kreativitätsförderung hineingelegt. Neben diesen Werkzeugen darf auch das **Projektmanagement** nicht fehlen.

3.2.1 Vorgehen im Projektmanagement

Wer sich dem Projektmanagement zuwendet, hat gewöhnlich die Strukturierung zu und die Anordnung von Schritten zur Erledigung einer komplexen Aufgabe im Kopf. Auf diese Weise lässt sich ein Produktkonzept in ein reales Produkt umsetzten: Wir benötigen eine Architektur als Bauplan und die entsprechenden Teile zur Zusammensetzung eines marktfähigen Produkts. Damit beinhaltet die Gesamtaufgabe verschiedene Teile, deren Weg sich so darstellt:

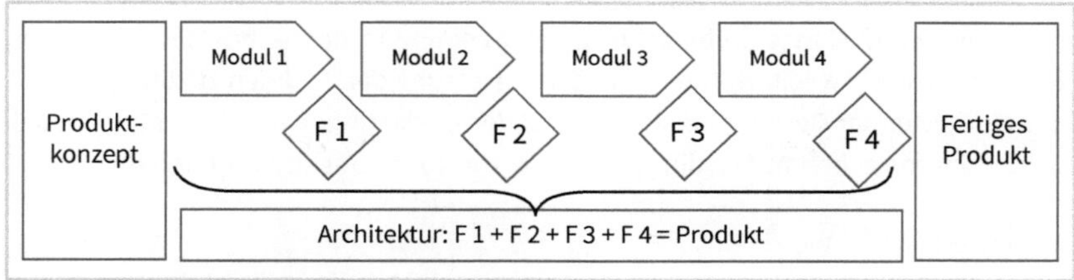

Abb. 37: Bausteine und Architektur der Produktentwicklung

Schematisch lässt sich die Produktentwicklungsaufgabe für das anstehende Projektmanagement so ordnen, dass am Anfang die Übersetzung des Produktkonzepts in Anforderungen und in eine Architektur mit zu schaffenden Bausteinen steht. Es geht also um die Qualitätsanforderungen der Kunden, die in Funktionen übersetzt werden (englisch: *Quality-Function Deployment*).

Die jeweiligen Bausteine werden in Teilprojekten erstellt, die F 1 bis F 4 – Meilensteine stehen für die Fertigstellung eines Bausteins. Die Steuerung erfolgt entsprechend der Systemarchitektur. Wenn diese passt, ergibt sich wie bei einem Mosaik am Ende das fertige Produkt. Das Gesamtprojekt ist abgeschlossen. Wir wollen diese Architektur anhand unseres Beispiels des Kaffeeautomaten skizzieren: Am Anfang steht die Idee eines weitgehend automatisierten Geräts, das aus den Modulen Mahl- und Brühgruppe, Elektronik, Gehäuse und Kanne besteht. Zusammengesetzt entsteht der gewollte Automat.

Wahl des Vorgehens im Projektmanagement

Konsequent beginnt das Produktmanagement mit den Kundenwünschen. Diese sind zu einem Produktkonzept verdichtet. Es gilt im Markt, dass die gebotene Leistung von Kunden subjektiv dahingehend bewertet wird, inwieweit es dem Produktmanagement im Unternehmen gelungen ist, eine Übereinstimmung mit den Wünschen und Bedürfnissen der Kunden zu erreichen.

Das hat mehrere Konsequenzen:

- Wir wollen nicht die technisch beste Lösung, sondern die aus Kundensicht beste Lösung bieten. Das ist nicht dasselbe.
- Die subjektive Bewertung wird gefördert durch eine Gestaltung, ein Design und eine Positionierung, die zur Marke passen. Das ist der Bewertungsfilter. Konsequenzen:
  → Leitschnur der Produktkomposition ist die Produktpositionierung.
  → Die Führung der Produktentwicklung erfolgt notwendig nach Kundenresonanz.

Für die Produktentwicklungsphase sind die Kundenwünsche aufzulisten und in eine Prioritätenfolge zu bringen. Die Auflistung der Kundenanforderungen wird verbreitet unter dem Begriff »**Lastenheft**« geführt. Dieses nimmt in klassischer Manier auf, was die Kundenwünsche sein werden, also die Umsetzung der Kriterien zukünftiger Kunden. Wir hatten im Design Thinking die Kunden-Persona in einen Zukunftshorizont von fünf Jahren gebracht, um die dann gültigen Anforderungen zu verstehen.

Beachten Sie

Das Lastenheft ist die Aufgabe des Produktmanagements.

Traditionelle Projektmanagementverfahren gehen sequenziell vor: erst Modul 1, dann Modul 2, dann Modul 3, dann Modul 4. Diese Vorgehensweise führt zum geplanten Kaffeeautomaten. Wie ein schrittweiser Wasserfall entsteht das Produkt. Das nach wie vor verbreitetste Verfahren ist diese **Wasserfall-Methode**.

Der Wasserfall wird zu einem V, wenn jedes Modul jeweils auf der anderen Seite getestet wird. Der Buchstabe hat zwei gleiche Linien, die hier die Spiegelbildlichkeit verdeutlichen: Jeder Schritt in der Realisierung hat eine Entsprechung in Form eines Tests auf der gegenüberliegenden Seite. **Das soll in der Projektmanagement-Phase dazu verpflichten, ein Modul immer erst als fertig anzusehen, wenn es qualifiziert getestet wurde: Technische Einheiten unterliegen Funktions- und Qualitätstest, die Architektur, auch entscheidende Teile der Interaktion unterliegen Kundenakzeptanztests.**

Grundlage der Arbeit in den technischen Produktentwicklungsteams werden die Customer Requirements sein, die Kundenanforderungen, welche die Vorgabe für die Entwicklung bilden. **Sie werden von der Entwicklung in technische Anforderungen umgesetzt, klassisch als »Pflichtenheft« bezeichnet. Dies ist die Aufgabe der Produktentwickler, es ist allerdings auch auf Übereinstimmung mit dem Lastenheft vom Produktmanagement zu prüfen.**

Die Übersetzungsaufgabe von Kundenanforderungen in technische Spezifikationen ist der Kernmechanismus, der zwischen Produktmanagement und Entwicklungs-Organisation funktionieren muss, eben *Quality-Function Deployment*. Dabei stellt sich immer wieder die Frage, ob am Anfang auch wirklich an alles gedacht worden ist. Das ist selten der Fall. Deshalb fordern die Vertreter agiler Denkweisen ein Vorgehen, bei dem man im Laufe der Zeit auch noch dazulernen kann. Und sie stellen weitere Fragen: Warum eines nach dem anderen, kann nicht Modul 1 in einem Teilprojekt 1, Modul 2 in einem Teilprojekt 2 erstellt werden?

Durch **Simultaneous Engineering** kann der Ablauf beschleunigt werden, wenn die entsprechenden Kapazitäten zur Verfügung stehen. Das ist durchaus auch in klassischen Projektarbeiten üblich. So kann eine Produktentwicklung schneller realisiert werden. Im Beispiel Kaffeeautomaten steht die Frage an, ob die Elektronik parallel zur Brüh- und Mahleinheit entwickelt werden kann. Die Antwort ist sicherlich ein Jein.

Eine weitergehende Frage, die zu stellen ist: Warum wird Modul 4 als Lösungseinheit schon am Anfang fixiert, im Beispiel Kaffeeautomaten, muss es eine Kanne sein? Wenn jeder ein individuelles Getränk erhalten soll, ist eine tassenweise Ausgabe vorzuziehen. Das sollte zunächst offen bleiben, um die Möglichkeiten der elektronischen Steuerung vor Ausgabe zu kennen. Und zum guten Schluss ist die Kundenresonanz zu erfassen. Damit sind drei wesentliche Gedanken in das Projektmanagement eingezogen:

Beachten Sie

Dort, wo es möglich ist, sollte parallel gearbeitet werden, dort, wo besser sequenziell vorzugehen ist, sollten die Ergebnisse der Vorstufe abgewartet und in die Entwicklung einbezogen werden. Jede Stufe sollte mit einem Test schließen, sei es ein Funktionstest, sei es ein Qualitätstest; Pflicht ist eine Kundenresonanzprüfung. Das passt zum Denken des Produktmanagements.

Diese Entwicklung erfolgte vor dem Hintergrund der Erfolge des Prozessmanagements. Während in der Grafik zum Projektmanagement die Module als Bestandteile identifiziert wurden, identifiziert das Prozessmanagement Einheiten, die nacheinander zu erstellen sind. Die Einheiten sind Geschäftsprozesse, worunter »ein abgrenzbarer, meist arbeitsteiliger Vorgang, der zur Erstellung oder Verwertung betrieblicher Leistungen führt«[197], verstanden wird. Das klingt ähnlich, ist auch in vergleichbarer Weise zu skizzieren, ist aber nicht dasselbe, weil dahinter ein Gedanke mehr steckt: die Arbeitseinheiten auf der Zeitachse. Das Prozessmanagement geht auf Toyota zurück.

Die Prozessorientierung ist durch die Digitalisierung auf ein noch höheres Level gehoben worden: Steuerung und Strukturierung erfolgen systemunterstützt, ja, Lernen im Prozess ist möglich. Dadurch konnten in der Produktion deutliche Präzisionserfolge erzielt, gleichzeitig ein hohes Maß an Individualisierung erreicht werden.

Inzwischen hat sich dieses Denken für das Projektmanagement mehr und mehr verbreitet. »Das agile Projektmanagement hat seine Wurzeln in der agilen Softwareentwicklung. Die im *Manifesto for Agile Software Development* dokumentierten Werte gelten bis heute und haben die Beschränkung auf Softwareentwicklung längst überwunden.«[198]

197 Kummer, Sebastian; Groschopf, Wolfram, Grundlagen der betrieblichen Leistungserstellung, in: Kummer, Sebastian; Grün, Oskar; Jammernegg, Werner, Grundzüge der Beschaffung, Produktion und Logistik, 4. Aufl., München 2019, S. 66.

198 Vgl. Timinger, Holger, Modernes Projektmanagement, Weinheim 2017, S. 163.

Beachten Sie

Wesentlicher Gedanke des agilen Projektmanagements ist das Aufgeben fester Entwicklungsschritte zugunsten einer Offenheit für weitergehende Erkenntnisse, die das ursprüngliche Ziel im Laufe der Zeit modifizieren können. Es gibt durchaus eine strukturierte Vorgehensweise, allerdings mit Zielsetzungen für Teilschritte und einer zwar generell formulierten, aber noch veränderlichen Gesamtzielsetzung.

Scrum und Kanban

Die bekanntesten agilen Projektmanagementmethoden sind sicher Scrum und Kanban. Beide Verfahren ordnen nicht nur das gezielte Vorgehen, sondern verfolgen auch übergreifende Prinzipien.

Toyota hat die Produktionswelt deutlich verändert. Die Metaebene des Kanban-Ansatzes ist die Zielsetzung permanenter Verbesserung wie im Toyota-System. Dahinter steht als Gedanke das Deming-Rad, das vier Schritte kennt: Plan – Do – Check – Act, also plane, setze (probeweise) um, überprüfe, handele (dauerhaft verbessert).[199] Es geht also um eine permanente Qualitätsverbesserung.

Kanban

David J. Anderson kreierte mit diesem Denken bei Microsoft die Methode Kanban für das Projektmanagement.[200] Es geht darum, schrittweise vorzugehen und dauernd im Einsatz für Verbesserung zu sein. Aus dem Lean Management wurde das Pull-Prinzip übernommen, um freie Kapazitäten zu nutzen, andererseits aber auch erst dann zur Bearbeitung des nächsten Arbeitspakets zu kommen, wenn freie Kapazitäten vorhanden sind. Es geht um einen gleichmäßigen Arbeitsfluss, der weder durch Über- noch von Unterlastung gestört wird. Voraussetzung für das Gelingen ist Transparenz.[201]

Kanban ist japanisch und bedeutet Signalkarte. Im Mittelpunkt zur Schaffung von Transparenz stehen Karten, die Aufgabenpakete beinhalten. Um den Fluss der Arbeiten zu zeigen und zu verfolgen, werden diese Karten auf einem Board, dem Kanban-Board, das die Prozessfolge zeigt, dort eingeordnet, wo das Arbeitspaket gerade in Arbeit ist. Der Arbeitsfluss beginnt mit dem, was zu tun ist, dem To-do; Arbeitsteams nehmen sich Karten mit Aufgaben, um diese auszuführen, *doing*, bis die Arbeiten abgeschlossen sind, *done*. Das Doing wird bei komplexen Aufgaben unterteilt in Arbeitseinheiten, die auf dem Weg gekennzeichnet werden als »in Arbeit« und »fertig«, wenn die Arbeitseinheit erledigt wurde.

---

199 Vgl. beispielsweise: www.qualitaetsmanagement.me/pdca_zyklus/.
200 Vgl. Anderson, David J., Kanban, Heidelberg 2011.
201 Ebenda, S. 3 ff.

So kann mit einem Blick auf das Board gesehen werden, woran gerade gearbeitet wird, und bei einer Übersicht für das Projekt, wo sich gerade ein Engpass befindet. Typischerweise kommt inzwischen ein vierter Schritt vor dem endgültigen Abschluss des Arbeitspakets hinzu, der notwendige Test. Der Weg von der *freigegebenen* Arbeitseinheit bis zu dem Punkt, an dem sie *abgeschlossen* ist, ist für die Beteiligten sichtbar.

Damit kann ein Kanban-Board wie folgt skizziert werden:[202]

Kanban-Board									
To do		Doing						Done	
Pool	**freigegeben**	Spezifikation		Implementierung		Integration		**Test**	**abgeschlossen**
		in Arbeit	fertig	in Arbeit	fertig	in Arbeit	fertig		
Modul 1									
Modul 2									
Modul 3									
Modul 4									

Abb. 38: Das Kanban-Board

Mittels eines Kanban-Boards können alle Projektteilnehmer transparent den Bearbeitungsstand sehen. Die Prozessschritte Spezifikation, Implementierung und Integration sind beispielhaft aufgeführt; das jeweils individuelle Kanban-Board für das anstehende Neuprodukt wird an die erforderlichen Prozessschritte angepasst.

Empfehlung für das Projektmanagement in der Neuproduktentwicklung

Erstellen Sie ein passendes Kanban-Board für die Übersicht über die Arbeitsstruktur und den Arbeitsverlauf als zentrale Steuerungsgrundlage.

Diese Vorgehensweise passt zu allen Projektmanagementmethoden. Das ist der Vorteil. Die Form kann je nach Projekttyp gewählt werden: Gibt es spezielle Räumlichkeiten für die Projektarbeit, zu denen andere Personen keinen Zutritt haben, kann ein reales Board geschaffen werden. Andererseits gibt es Templates für eine virtuelle Bearbeitung und Speicherung, die nur für die Projektteilnehmer zugänglich sind. Es stehen verschiedene Angebote für Projektmanagement-Software zur Verfügung.[203]

202 In Anlehnung an Timinger, Holger, Modernes Projektmanagement, a. a. O., S. 202.

203 Vgl. etwa Hery-Moßmann, Nicole, die 7 besten Projektmanagementsoftwares im Vergleich – 2022 Test und Ratgeber, in: www.stern.de/vergleich/projektmanagement-software/.

Ein wichtiger Punkt besteht in der Regelung, wer Änderungen vornehmen darf:

- Fortschrittsänderungen, aber auch
- Inhaltsänderungen.

Beide Punkte sollten dem Lenkungsgremium vorbehalten bleiben, speziell dem Produktmanagement. Damit hat das Produktmanagement die zentrale Steuerung wirklich in der Hand und kann in den New Development Plan-Meetings detailliert den Fortschritt darlegen.

Scrum

Auch die agile Methode Scrum kennt ein zentrales Board, das Task-Board. Es bleibt nicht die ganze Projektzeit über bestehen, sondern wird von Sprint zu Sprint erneuert. Damit sind wir angekommen in einer eigenen Terminologie des Projektmanagementansatzes Scrum. Überhaupt erfolgt hier eine deutlichere Strukturierung im Vergleich zu Kanban. Die Methode wurde entwickelt von Ken Schwaber und Jeff Sutherland und wird von diesen weitergeführt und überwacht.[204]

Der Ansatz löst das Kapazitätsproblem, das im Projektmanagement besteht, indem Aufgaben in Einheiten zerlegt werden, sogenannte Inkremente, die in überschaubaren Zeitstrecken gelöst werden, den sogenannten Sprints. Sie bilden die Kerneinheiten, um mittels der Schaffung von Lösungsteilen in abgesprochener Zeit weiterzukommen.

Die Kundenanforderungen für das Neuprodukt werden in Form von **Product Backlogs** aufgenommen. »Das Product Backlog ist eine emergente [aufstrebende], geordnete Liste der Dinge, die zur Produktverbesserung benötigt werden.«[205] Hier ist das übergeordnete Ziel der Produktentwicklung zusammen mit wichtigen Kundenanforderungen formuliert, die im Laufe des Prozesses noch vervollständigt oder verfeinert werden können. Ein Product Backlog kann beispielsweise der Inhalt einer Karte im Kanban sein. Diese Form der Anforderungserstellung hat sich verbreitet.

Die Product Backlogs werden unterteilt in Sprints. »Es sind Events mit fester Länge von einem Monat oder weniger, um Konsistenz zu schaffen. Ein neuer Sprint beginnt unmittelbar nach Abschluss des vorherigen Sprints.«[206] Die Anforderungen einer Arbeitseinheit als Teil der Anforderungen des Product Backlogs wird als Sprint Backlog bezeichnet.

Hier liegt der Vorgehensunterschied zur Kanban-Methode: Während die Aufgabenpakete bei Kanban keine zeitliche Festlegung haben, Fortschritt und Engpass über das

204 Vgl. www.scrumguides.org: dort kann »Der Scrum Guide« aktuell heruntergeladen werden, hier in der Fassung vom November 2020.

205 Ebenda, S. 11 (Ergänzung in eckigen Klammern durch den Autor, L.K.).

206 Ebenda, S. 8.

Kanban-Board gesteuert werden, werden die Aufgaben im Scrum in Einheiten zur Bearbeitung unterteilt, die einen in etwa gleichen Zeitbedarf aufweisen.

Um gezielt vorzugehen, beginnt ein Sprint mit dem »Sprint Planning«, in dem drei Fragen beantwortet werden sollen:

- »Thema Eins: Warum ist dieser Sprint wertvoll? ...
- Thema Zwei: Was kann in diesem Sprint abgeschlossen werden (Done)? ...
- Thema Drei: Wie wird die ausgewählte Arbeit erledigt?«[207]

Beachten Sie

Wichtig ist die Metaebene des Vorgehens: Nur wer eine Vorgehensweise nutzt, kann Arbeit bewältigen und zum Ziel gelangen. Deshalb sollten Sie immer das Prinzip verfolgen, sich genau Gedanken zur anstehenden Arbeit und zum Vorgehen zu machen.

Täglich wird mit einem **Daily Scrum** überprüft, wie weit das Team vorangekommen ist, und am Ende eines Sprints wird in einem **Sprint Review** betrachtet, was wie erreicht wurde und was daraus zu lernen ist. Wenn ein Sprint abgeschlossen ist, wird empfohlen, in einer **Sprint Retrospektive** auch noch einmal nachzudenken, was sich besser machen lässt.[208] Aus den USA kommende Verfahren weisen oft eine sehr detaillierte Regelung auf.

Tipp

Egal welches Verfahren selbst im Unternehmen zur Anwendung kommt, der Gedanke sollte festgehalten werden: Projektfortschritte sind am besten zu erzielen, wenn es eine klare Zielsetzung gibt, ein verabredetes Vorgehen zum Ziel hin, eine regelmäßige Überprüfung, was erreicht wurde und ein Lernen aus dem bisherigen Prozess.

Hinter allen Verfahren leuchtet ein generelles Thema aus dem Projektmanagement auf: die Schwierigkeit, die benötigten Kapazitäten einzuschätzen und zu verteilen. Viele Projektteams leiden unter unpassenden Zuteilungen.

Beachten Sie

Kanban und eingeschränkt Scrum lassen sich dahingehend für das Produktmanagement generalisieren, dass ein Pull-Prinzip mit klaren Regeln die höchste Wahrscheinlichkeit aufweist, das Belastungsmaß zu regeln und zum Ziel zu gelangen.

Diese Prinzipien sollen für das Produktmanagement extrahiert werden. »Welche Variante besser ist, hängt unter anderem von der Volatilität der Anforderungen und der

207 Ebenda, S. 9.
208 Vgl. ebenda S. 10 f.

Machbarkeit von Änderungen in der Umsetzungsphase ab. Software und organisatorische Abläufe lassen sich leichter in der Umsetzungsphase ändern als in Beton gegossene Fundamente oder teuer gekaufte Form- und Presswerkzeuge.«[209]

Beachten Sie

Die Nutzung und Verbindung der verschiedenen Ansätze können je nach Umfeld variiert werden. Für das Produktmanagement kommt es darauf an, ein zielgerichtetes Projektmanagement für die Neuproduktentwicklung zu implementieren. Dabei sind dogmatische Zugänge wenig hilfreich.

Es gilt, einen Weg zu finden, die Aufgabe zu strukturieren, Anforderungen klar zu formulieren, den Detaillierungsgrad aber erst nach und nach im Verlauf der Projektarbeit zu erhöhen und offen für Anpassungen zu sein. Dann kann von einem hybriden Ansatz – traditionell und agil – gesprochen werden, der sich nach Projektart und Unternehmensumfeld variieren lässt.

Inzwischen gibt es Überlegungen zu postagilen Vorgehensweisen.[210] Gemeint ist allerdings eine hybride Form, keine neue Form. Das agile Denken hat sich verbreitet, seltener eines der Verfahren in Reinform. Der Praxis ist Rechnung zu tragen. Besonders im Produktmanagement mit Führung ohne Weisungsbefugnis.

Entscheidend ist in jedem Fall eine zentrale Übersicht. Das Kanban-Board liefert hier eine gute Vorlage. Und es ist kompatibel mit allen gebräuchlichen Verfahren.

Das ist die strukturelle Seite des Projektmanagements. Am Ende ist die personale Seite des Projektmanagements entscheidend für den Erfolg.

Gruppendynamik in Projekten

Projektteams werden regelmäßig zur Bewältigung anspruchsvoller Aufgaben wie hier für Neuproduktentwicklungen eingesetzt. Sie haben sich bewährt und können gute Ergebnisse erzielen. Das ist allerdings nicht immer der Fall. Erst wenn es gelingt, die Teammitglieder miteinander in einen produktiven Austausch zu bringen, ist erreicht, was den Vorteil von Teamarbeit darstellt: mehr Perspektiven bei der Aufgabendurchdringung für jedes einzelne Teammitglied in überschaubarer Zeit auf den Tisch zu bringen, so dass der Blick aller und jedes einzelnen Teilnehmers runder ist. Nur falls dieser Mechanismus gelingt, werden in Teamarbeit bessere Ergebnisse als in Einzelarbeit erzielt. Und das muss das Ziel im Innovationsprozess sein.

---

209 Timinger, Holger, Modernes Projektmanagement, a. a. O., S. 266 f.

210 Vgl. Heidbrink, Marcus; Klausner, Stephan, Wann machen wir zu viel agil?, in: Harvard Business manager, Oktober 2020, S. 31 ff.

Zur Lösung der gesamten komplexen Aufgabe einer Neuproduktentwicklung gehören unterschiedliche Fähigkeiten. Die Mischung ist je nach Produkt, physisch oder Dienstleistung, unterschiedlich. Fast immer ist es allerdings so, dass verschiedene unterschiedliche Expertinnen und Experten gebraucht werden, um das Ziel des marktfähigen Produkts zu erreichen. Es geht um die kreative Gestaltung neuer Lösungen, ein gemeinsam neu zu beschreibendes Feld. Eine Expertengruppe allein reicht zur Lösung der Gesamtaufgabe meist nicht aus. Das sind typische Bedingungen für Projektarbeit.

Wenn wir unsere Vorstellungen zu Ingenieuren, Chemikern, Programmierern, Designern und anderen Beteiligten überprüfen, stellen wir fest, dass wir jeweils ein festes Bild über deren Gruppenkultur im Kopf haben. Und wir gehen selbstverständlich davon aus, dass die innere Kultur der verschiedenen Funktionen unterschiedlich ist. Diese Erwartungen haben die Mitglieder aus den anderen Gruppen allerdings auch. Jedes Teammitglied kommt mit den eigenen Vorstellungen in das Team und agiert entsprechend. Damit beginnt das Problem der Teamarbeit. Sehr unterschiedliche Personen, die jeweils in eigenen Gruppenkulturen arbeiten, sollen nun cross-funktional ein gutes Ergebnis erzielen. Diese Herausforderung gilt es zu durchdenken.

Wie kommen Teams zu guten Ergebnissen?

Oft wird das an der Teamführung festgemacht. Einige Personen können manchmal Teams zu herausragenden Leistungen führen. Wenn sie wegen ihres Erfolgs anschließend andere Teams moderieren sollen, sind sie dort aber auch gescheitert. Wer durch Unternehmen geht, trifft ebenso die Personen, die sich redlich mühen, aber nicht als Führungspersonen akzeptiert werden. Und damit haben wir einen ganz entscheidenden Erfolgsfaktor: Führung hängt auch von der Akzeptanz ab.

Die Konstellation lässt sich so schematisieren:[211]

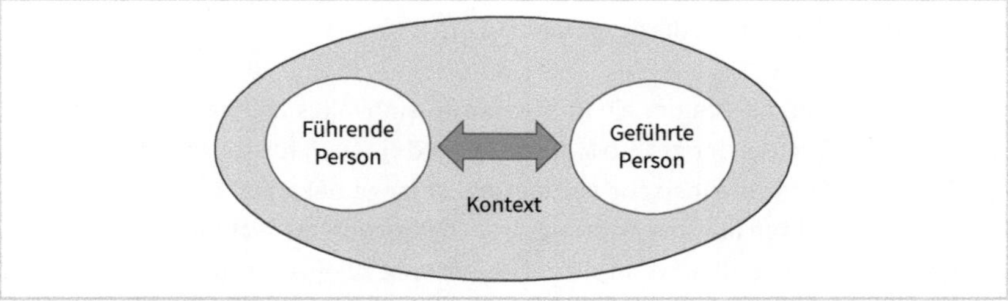

Abb. 39: Führende und geführte Person im Unternehmenskontext

211 In Anlehnung an Brodbeck, Felix C., Internationale Führung, Heidelberg 2016, S. 16.

Natürlich kommt es auf die Führungskraft selbst an, deren Persönlichkeit, deren Fähigkeiten. Das erklärt aber nur einen Teil guter Führung.[212] Eine Produktmanagerin ist für die Stelle typischerweise aufgrund der Einschätzung ihrer Persönlichkeit als kommunikativ, verbindlich und zielorientiert engagiert worden. Das allein reicht allerdings nicht, um von anderen auch in der Rolle akzeptiert zu werden, diese zu führen. Führung ist allerdings erlernbar.

Beachten Sie

Die erste Voraussetzung, damit ein Teammitglied gerne und konstruktiv bei einem Projekt mitwirkt, ist die Sinnhaftigkeit des Projektziels.

Es ist immer wieder zu beobachten, dass eine Person dann, wenn die Aufgabe aus deren Sicht Sinn ergibt, zu Höchstleistungen fähig ist. Gerne wird von transformationaler Führung gesprochen. Sie stellt für die Projektarbeit den richtigen Ansatz dar. Die Konsequenz: Sämtliche Projektaufgaben sind so zu gestalten, dass es sich um eine spannende herausfordernde Aufgabe handelt, die vom Team selbstständig bewältigt werden soll. Führung ist also kein »Von Oben nach Unten«, sondern eine Interaktion.

Voraussetzung 1: Teamzusammensetzung

Es ist zu empfehlen, dabei genau auf die **Teamzusammensetzung** zu achten. Wir kennen meist unsere Pappenheimer: Diejenigen, die immer destruktiv sind, diejenigen, die immer konstruktiv sind. Insofern fällt der Ratschlag leicht: Am besten stellt man eine Gruppe konstruktiver Teilnehmer zusammen, ja, am besten eine diverse konstruktive Gruppe. Es ist bekannt, dass diese am produktivsten sein können. Das ist oft aber leichter gesagt als getan: bestimmte Experten werden einfach gebraucht, unabhängig von ihren Charaktereigenschaften. Wenn eine Gruppe in der F&E-Abteilung zusammengestellt werden soll, bestimmt die Leitung des Bereichs die Teilnehmer. Das Produktmanagement versucht die Auswahl zu beeinflussen. Letztlich muss man mit denen zusammenarbeiten, die ausgewählt wurden.

Immer dann, wenn es sich um ein interessantes sinnvolles Ziel handelt, ist das für die meisten Menschen der größte Motivationsfaktor. Auch für sonst vielleicht sperrige Personen. Diese **intrinsische Motivation** ist lange bekannt. Sie ist die stärkste Triebfeder. Einsichten aus den Neurowissenschaften unterstreichen, dass sich Menschen am wohlsten fühlen, wenn sie auf einem Weg zu einem sinnvollen Ziel dabei sein können. Das Belohnungszentrum produziert Dopamin, große Leistungen können erfolgen.

212 Ebenda, S. 10.

Es gilt, unterschiedliche Charaktere zum Austausch zu leiten. Die Kommunikation miteinander ist immer wieder zu initiieren und zu fördern. Eine inklusive Sprache (»wir«, »uns«) stellt den sprachlichen Anfang für eine Gruppenidentität dar.

Voraussetzung 2: Teammoderation

Die zweite Voraussetzung für eine produktive Teamarbeit besteht in der Moderation der Teams. Selbst gesteuerte Teams als wesentlicher Teil agiler Projektmanagementansätze verleiten zu der Annahme, eine Laissez-faire-Führung wäre die geeignete Vorgehensweise. Schon die gemischte Zusammensetzung der Teams lässt Zweifel daran aufkommen. Es kann sich auch um internationale Teams handeln, so dass einzelne Teilnehmer erst einmal mit der Umgebung fremdeln. Wenn dann niemand einer Zusammenkunft Struktur gibt, erlebt man immer wieder, dass auch keine Ergebnisse erzielt werden.

Beachten Sie

Positiv gesprochen: Teams sollen eine hohe Eigenständigkeit aufweisen, aber verpflichtet werden, die Ebene der Strukturierung als ersten Arbeitsschritt zu bearbeiten und zu verabschieden.

Untersuchungen zeigen, dass Laissez-faire-Ansätze negativ mit der Produktivität von Teams korreliert sind. [213] Insofern bedarf es einer respektvollen Moderation der Teams. Selbst wenn die Projektleitung und das Vorgehen durch die Gruppe selbst bestimmt werden, ist es notwendig, dass diese Fragen von Anfang an geklärt werden. Also die Metaebene: Wie lautet das Ziel? Wie wollen wir den Weg zum Ziel nehmen?

Zutrauen in die Projektarbeit als psychologischer Beginn der inneren Teilnahme wird erreicht, wenn ein Format erkennbar ist.

Die agile Projektmanagementmethode Scrum legt ein großes Gewicht auf die Rollen im Prozess:[214]

- »Developer:innen sind jene Personen im Scrum Team, die sich der Aufgabe verschrieben haben, jeden Sprint jeden Aspekt eines nutzbaren Increments zu schaffen.« Generalisierend für alle Projekte sind das die Experten in den Projektteams.
- »Der:die Product Owner:in ist ergebnisverantwortlich für die Maximierung des Wertes des Produkts, der sich aus der Arbeit der Scrum Teams ergibt.« Wir können darin die Verantwortung des Produktmanagements erkennen.
- »Der:die Scrum Master:in ist ergebnisverantwortlich für die Einführung von Scrum, wie es im Scrum Guide definiert ist.«

213 Ebenda, S. 20.
214 Die folgenden Zitate stammen aus: Schwaber, Ken; Sutherland, Jeff, Der Scrum Guide, a. a. O., S. 6 f.

Andere Projektmanagement-Methoden kennen diese Rolle des Scrum Masters nicht. Sie repräsentiert aber eine wichtige Funktion: das »Coaching« im Sinne der Vereinbarung und Einhaltung von Verfahrensregeln.

Immer wieder passiert es in Projektteams, dass die Handlungsorientierung verloren geht. Die Scrum-Methode legt hier den Finger auf einen wichtigen Punkt: Nur mit geordnetem Vorgehen lassen sich Vertrauen bilden und Ergebnisse erzielen.

Beachten Sie

Es ist ein Kardinalpunkt für das Produktmanagement: Entweder muss man selbst das Vorgehen betreuen oder sollte einen Verfahrens-Master benennen.

Verbreitet handelt es sich bei Neuproduktprojekten um das Zusammenwirken unterschiedlicher Teams. Dabei wird deutlich, dass sich ein Teilteam auf das andere Teilteam verlassen können muss. Nur gemeinsam kann das Gesamtziel erreicht werden. Und das kann nur gelingen, wenn die Stufen ineinander greifen.

Somit erfordert erfolgreiche Projektarbeit eine transparente Übersicht, die zeigt, wo die einzelnen Teilteams und das Gesamtprojekt stehen. Dazu dienen zentrale Boards. Durch das formale Zentrum wird die **Bildung einer Gruppenidentität** zusätzlich gefördert.

Das funktioniert allerdings nur, wenn ein persönlicher Rahmen geschaffen wurde: Es macht einen großen Unterschied, wenn die Teammitglieder sich vorab persönlich kennengelernt haben.

Verbreitet wird das Phasenmodell von Bruce Tuckman für die Dynamik des Teamprozesses der Zusammenarbeit von cross-funktionalen Teilnehmern herangezogen:[215]

Phase 1: Forming

Teammitglieder, die so noch nicht zusammengearbeitet haben, lernen sich kennen. Es wird das Gespräch miteinander gefördert. Dazu empfehlen sich Anleitungen, um die Mitglieder ihre Fähigkeiten schildern zu lassen. Die Wertschätzung, die eigene Expertise darlegen zu können, ist aus psychologischer Sicht ein Eisbrecher. Als gemeinsames Band wird die Zielsetzung verdeutlicht, hier: ein neues Produkt zu schaffen, das aus Sicht der Zielgruppe den Vorzug gegenüber dem besten Wettbewerbsprodukt erhält.

Die Gruppe hat eine anspruchsvolle Aufgabe und einen herausfordernden Gegner.

215 Vgl. Keite, Lothar, Corporate Identity im digitalen Zeitalter, a. a. O., S. 146.

Phase 2: Storming

Ganz unbewusst entstehen Plätze in der Gruppe, die von den Teilnehmern selbst gespürt, gemocht oder auch nicht gemocht werden. Hier steht die Frage der Arbeitsfähigkeit an. Die Moderation führt am besten zu Vorgehensweisen, Verantwortlichkeiten, Regeln und Grenzen. Wichtig in dieser Phase ist es, auf jedes einzelne Teammitglied einzugehen; keiner darf das Gefühl haben, nicht gehört zu werden. Es kommt darauf an, alle Vorstellungen sichtbar zu machen, sie auch bei jedem abzufragen und dadurch zu verdeutlichen, dass jeder Teilnehmer gehört wird und seine Beiträge sachlich aufgenommen werden. Sicherheit gibt die Trennung von Person und Sache.

Es entsteht Vertrauen in die Einbettung in die Gruppe. »Das Ergebnis ist ein gemeinschaftlich agierendes Team, das die Stärken seiner Mitglieder erfolgreich miteinander kombiniert und nutzt. Kein Wunder, dass Teams, die auf diese integrative Art und Weise geführt werden, anderen langfristig oft überlegen sind.«[216]

Phase 3: Norming

Vorgehen, Aufgabenverteilung und Formen der Zusammenarbeit werden festgelegt, wenn es gelingt, idealerweise im allgemeinen Konsens. Psychologisch kommt es darauf an, dass alle Beteiligten den Eindruck gewinnen, dass wir gemeinsam und strukturiert auf ein gutes Ziel zugehen. Die Teamarbeit hat also Hand und Fuß, und jeder Einzelne spürt, dass er gebraucht wird. Wenn nun klar ist, wie die Beute erlegt werden soll, dann führt das typischerweise zu Optimismus. Das ist die Grundlage für eine gute Stimmung, die eine Voraussetzung für Leistung darstellt.

Arbeitsteilung ist aufgrund der unterschiedlichen Module die Grundlage von Neuproduktprojekten. Damit sind Instrumente für die Zusammenarbeit an verschiedenen Orten zu verschiedenen Zeiten erforderlich: Projektmanagement-Software wird typischerweise zur Unterstützung eingesetzt. Projektführung heißt auch sicherzustellen, dass die benötigten Arbeitsmittel zur Verfügung stehen. Die eingesetzte Software muss auf jeden Fall zum Projekt und dem gewählten Vorgehen passen. Deshalb gilt: Erst Vorgehen festlegen, dann Software auswählen.

Es geht um gemeinsames Arbeiten und die Datensicherung der Ergebnisse.

Daneben kommt es für Sitzungen darauf an, sie produktiv zu gestalten. Meetings können Zeitfresser werden und zur Frustration der Teilnehmer beitragen. Mit gezieltem Vorgehen können Sitzungen produktive Orte und so zu einem guten Gemeinschaftserlebnis werden.

---

216 Frei, Frances; Morriss, Anne, Vertrauensfrage, in: Harvard Business manager Spezial 2022, S. 41.

Phase 4: Performing

Die Arbeitsweise ist festgelegt. Jetzt können die Arbeitspakete angegangen werden, so wie es verabredet ist, in Formen der Gruppen- und Einzelarbeit. Ein Rückgriff auf die Kreativitätstechniken ermöglicht unterschiedliche Wege zu konstruktiven Ansätzen miteinander. Ergebnisse werden vorgestellt und sachlich abgewogen. Dabei wird konsequent geprüft, was die Ergebnisse zur Zielerreichung beitragen. Durch diesen Modus wird nicht nur die Sachlichkeit gefördert, sondern auch die Zielorientierung. Gerne werden Prüfungen als Scoring vorgenommen: Die entscheidenden Kriterien werden gesammelt und zur Bewertung verwendet.

Wichtig sind Verfahren, die sicherstellen, dass jede und jeder zum Zuge kommt, zum Beispiel indem die Ergebnisse der Reihe nach vorgestellt werden. Kein Teilnehmer darf ins Abseits geraten. Immer wieder werden Etappenziele erreicht; wichtig ist, dann auch diesen Erfolg zu feiern. Psychologisch geht es um das Führen durch Flow,[217] also das befriedigende Gefühl, das durch das Erlebnis von Wirksamkeit erfahren werden kann. Es ist emotional, wenn wir die angesprochene Limbic Map®[218] heranziehen, die positive Wirkung der Stimulanz.

Die Limbic Map® zeigt uns allerdings auch zwei weitere emotionale Schwerpunkte anderer Projektmitglieder: Dominanz und Balance.[219] In Projekten zeigen sich Teilnehmer mit diesen Schwerpunkt-Ausrichtungen einmal als sehr anfordernd, was bei richtigem Umgang zum Fortkommen beitragen kann, zum anderen als sozial orientiert, was den Zusammenhalt in der Projektarbeit fördert, Konflikte reduzieren hilft.

Geschickte Moderation lässt die jeweiligen Ausrichtungen einhegend im Projektsinne zu. Das Projektteam kann so zu Höchstleistungen geführt werden.

Phase 5: Adjourning

Beschäftigte werden in Zukunft noch viel häufiger in Teams arbeiten. Die generelle Einstellung und Fähigkeit der Teammitglieder dazu kann forciert werden, wenn ein guter Abschluss gefunden wird, die Zielerreichung gefeiert und Lehren aus dem Verlauf gezogen werden. Gemeint ist die Metaebene, der Weg: Was eignete sich, was im Nachhinein weniger? Hier kommt es wieder auf die Wertschätzung und den Beitrag jeder und jedes Einzelnen an. Eine strikte Trennung von Thema und Person ist Pflicht. So sollte ein guter Abschluss erfolgen.

---

217 Vgl. von Cube, Felix; Dehner, Klaus; Schnabel, Andreas, Führen durch Fordern, 2. Aufl., München 2006, S. 133 ff. mit dem Bezug auf Csikszentmihalyi, Mihaly, Flow, Stuttgart 1992.

218 Vgl. Häusel, Hans-Georg, Life Code, Freiburg 2020.

219 Vgl. ebenda.

Die immer wieder erkennbaren Etappen im Arbeitsverlauf interdisziplinärer Teams helfen, die Projektführung als schrittweises Vorgehen zu gestalten. Hinzu treten Überlegungen zur Art und Weise der Zusammenarbeit. Die Entwicklung eines konkreten Produkts ist notwendig ein Prozess. Die technische Seite lässt sich beherrschen.

Tipp

Zum Projektmanagement-Know-how gehört, auch die persönliche Seite zu beachten. Sie dominiert. Eine soziale Identität der Gruppe kann nur im persönlichen Kontakt entstehen. Deshalb sind Erst- und Abschlusszusammenkunft in persönlicher Form wichtig.

Gerade die Erstzusammenkunft sollte alle Beteiligten umfassen, damit die Gesamtheit und Größe des Projekts erkannt werden. Es ist ein bekanntes Phänomen in Teamprozessen, dass in dem Fall, wenn neue Mitglieder zur Gruppe hinzukommen, die Stufenfolge des Prozesses zurückversetzt wird, also von der schon erreichten Performing-Phase mindestens zurück zur Storming-Phase. Das sollte vermieden werden.

Die Projektphase ist pragmatisch in zwei Stufen unterteilt, die technische Entwicklung und die Entwicklung der Vermarktung. Dann, wenn die jeweilige Stufe ansteht, sollten alle Projektteilnehmer der Stufe zusammengeführt werden. Von Anfang an gilt es, umfassend genug zu denken: In der ersten Stufe sollten auch diejenigen, die für die Kundentests verantwortlich sein werden, als Teil der Projektstufe beim Anfangsmeeting dabei sein.

Projektverlauf

Mit dem Produktmanagement, verantwortlich für die Produktpositionierung, und den Testern, verantwortlich für die Kundenresonanz, wird konsequent die Kundenorientierung eingebaut. Alle Projektteilnehmer erfahren ein kundenorientiertes Priming.

Persönliche Team-Meetings stärken das Gemeinschaftsgefühl

Es ist bekannt, dass das Identitätsempfinden im Laufe der Zeit abnimmt, wenn sich die Teilnehmer nicht persönlich begegnen. Häufige Online-Zusammenarbeit führt psychologisch dazu, dass zunehmend Mutmaßungen über das Verhalten der anderen Teammitglieder entstehen. Das kann kontraproduktiv sein.

Gerade bei länger dauernden Projekten bedarf es persönlicher Zusammenkünfte auch in der Zwischenzeit, wenn wichtige Stufen abgeschlossen, wenn Erfolge gefeiert werden können. Das führt zur Stärkung des Gemeinschaftsgefühls. Deswegen sollten immer wieder persönliche Impulse erfolgen. Das kann damit beginnen, in den Ablauf Begegnungen zu integrieren, die bei gemeinsamem Mittagessen anfangen können und nicht aufhören beim gemeinsamen Grillabend. Bei internationalen Gruppen werden andere Formate erforderlich. Die Bedeutung der persönlichen Ebene kann nicht genug unterstrichen werden.

Verlinkung der unterschiedlichen Teilprojekte schafft Verantwortlichkeit und die notwendige Dynamik des Prozesses: Meist erzeugen Zusagen an andere Gruppen ein Bestreben in der Gruppe, diese Versprechungen auch einzuhalten. Das ist ein impliziter Mechanismus für das Vorankommen. Darüber hinaus ist die Dynamik der Projektarbeit durch eine regelmäßige Statusaufnahme zu erhalten. Oft reichen wiederholt durchgeführte kurze Stand-up-Meetings, um alle auf den neuesten Stand zu bringen und sich die weiteren Schritte vorzunehmen. Dieses kann idealerweise vor einem zentralen Board erfolgen, das fortgeschrieben wird.

Beachten Sie

Die Devise des Teams muss auf jeden Fall lauten: Nach innen sind alle voll informiert, nach außen wird das meist geheime Projekt konsequent vertraulich behandelt.

Im Produktmanagement wird idealerweise eine mit Instrumenten unterlegte Führung gewählt: zentrales Board, Termine, Berichte. So wird unmerklich eine Leitung implementiert. Das ist der Kardinalsweg für eine Führung ohne Weisungsbefugnis. Führen wird damit als das gemeinsame Fixieren von Perspektiven oder Zielen verstanden, die alle erreichen wollen und wofür die geeigneten Vorgehensweisen und Mittel zur Verfügung gestellt werden.

Moderation in Projekten

Die Moderation von Sitzungen stellt einen wichtigen Baustein dar, den das Produktmanagement in der Gesamt-Lenkungsrolle sowie die einzelnen Teilprojekt-Moderatoren beherrschen sollten. In den angesprochenen Phasen des Projektmanagements tauchte das Thema immer wieder auf. Meetings können dann fruchtbar sein, wenn die Moderation[220]

- die Sitzung mit Zielnennung und Agenda vorbereitet,
- die Sitzungsziele mit der Gruppe am Anfang des Meetings bespricht und so die klare Zielorientierung schafft,
- mit der Gruppe das Vorgehen bespricht und abstimmt, gegebenenfalls im Laufe des Prozesses das weitere Vorgehen einbringt,
- darauf achtet, dass ein wertschätzender Austausch stattfindet und jeder Teilnehmer einbezogen wird, Konflikte gleich zu Beginn aufnimmt und klärt,
- wertvolle Ergebnisse anerkennt und heraushebt im Sinne positiver Verstärkung,
- die Ergebnisse zusammen mit den Teilnehmenden sichert, in den Datenpool einstellt,
- die nächsten Schritte mit der Gruppe und für jeden einzelnen Teilnehmer vereinbart.

220 Vgl. auch Fischer, Erich, Meetings moderieren und gestalten, in: Steiger, Thomas; Lippmann, Eric (Hrsg.), Handbuch Angewandte Psychologie für Führungskräfte, 3. Aufl., Heidelberg 2008, S. 350 ff.

Abgerundet wird das Verständnis durch Respekt vor dem Kontext: Menschen glauben immer wieder, unabhängig vom Umfeld zu agieren. Das ist aber in Wirklichkeit ganz anders. Es fängt hier damit an, dass der Projektrespekt gerade aus der Unternehmensleitung auf die Arbeit ebenso wirkt wie die Interaktion der Teammitglieder untereinander. Alles kann fördern oder behindern. Darüber hinaus zeigt sich Wertschätzung in dem Arbeitsumfeld: Wenn angenehme Bedingungen geschaffen wurden, werden gute Ergebnisse erzielt. Führung beginnt mit der Herstellung guter Rahmenbedingungen.

Wenn der Produktmanager, die Produktmanagerin in dieser Weise mit gutem Beispiel vorangeht, kann das Projekt starten. Das eigene Handeln gilt es durchaus weiterzuentwickeln. Gerade der Verlauf der Teamarbeit führt zur Reflexion, wie das Projekt läuft, bei der eine Rückmeldung von Kollegen helfen kann.

Dann kann es vorteilhaft sein, wenn es im Unternehmen andere Produktmanager oder andere Expertinnen gibt, mit denen man sich austauschen kann. Man spricht von Intervision, wenn sich Verantwortliche in gleicher oder ähnlicher Funktion regelmäßig treffen, um eine kollegiale Beratung vorzunehmen. Dabei können die Teilnehmer der Intervision ihre Fälle schildern, die anderen geben Hinweise. Wenn das Format kooperativ durchgeführt wird, ist es für alle Beteiligten ein Gewinn. Niemand ist perfekt, man kann sich aber verbessern. Deshalb ein Tipp:

Tipp

Wenn es bei Ihnen im Unternehmen mehrere vergleichbare Verantwortungsträger gibt und eine kollegiale Beratung noch nicht existiert, versuchen Sie die Kolleginnen und Kollegen doch einmal darauf anzusprechen. Sie werden überrascht sein, wie positiv die Resonanz ist.

3.2.2 Technische Neuproduktentwicklung

Vor einer Teambildung und einem Teamstart sollte noch einmal die Aufgabe vergegenwärtigt werden: Es soll für spezielle Zielgruppen der Zukunft ein Angebot geschmiedet werden, das dann überzeugt und im Markt einen Wettbewerbsvorteil verschafft. Dieses steht als Produktkonzept zur Verfügung, dafür gibt es Reaktionen aus der anvisierten Zielgruppe. Konsequent muss das Konzept jetzt so aufbereitet werden, dass die gewünschte Leistung mit den wesentlichen Faktoren verwirklicht werden kann. Dafür werden die geeigneten internen und externen Experten benötigt.

Zweistufigkeit des Projektmanagements

Wir wollen den Gedanken der Zweistufigkeit des Projektmanagements für neue Produkte wieder aufzunehmen:

- Gestartet wird mit der technischen Entwicklung.
- Später folgt die Gestaltung der Vermarktung.

Zuerst geht es also um die technische Entwicklung anhand des Produktkonzepts mit geeigneten Teststufen. Auf Basis der Produktpositionierung führt das Produktmanagement die technische Phase der Entwicklung und zeitverzögert die Entwicklung des Vermarktungskonzepts. Die Verbindung der beiden Stufen untereinander wird durch die Produktpositionierung geschaffen. Eine geschlossene Kundenlösung.

Wenn es um Budgets und Kosten geht, sind in der Ermittlung der Zielkosten beide Anteile – Technik und Vermarktung – zu Recht berücksichtigt worden. Die Steuerung des Projekts hat die Kosten und die Projektzeit im Blick. Zudem sind immer wieder die Erfolgsaussichten zu überprüfen.

Trotz der gedanklichen Trennung sind beide Stufen im Projektmanagement parallel zu berücksichtigen: Ein Produkt ohne Vertriebsmaßnahmen funktioniert ebenso wenig wie Vertriebsmaßnahmen ohne ein Produkt. Im Wissen um die Abhängigkeiten schreiten wir voran.

3.2.2.1 Initiierung der technischen Umsetzung

Die technische Umsetzung wird zusammen mit der Entwicklungs- und Digitalisierungsabteilung strukturiert. Das Produktmanagement verfolgt immer das Prinzip Beteiligung. Interne und externe Expertinnen und Experten werden zusammen mit den verantwortlichen Funktionsleitern benannt, eine Projektstruktur mit diesen abgestimmt, Aufgabenpakete gebildet, mögliche Projektleiter benannt. Das Produktmanagement achtet darauf, dass die geeigneten Experten benannt und eingesetzt werden für das Entwicklungsprojekt.

Die Teamstruktur für die technische Entwicklung ist gedanklich vorbereitet:

- Es gibt die Notwendigkeit der Systemarchitektur für das Zusammenspiel eher bekannter und neu zu entwickelnder Module.
- Es kann auch ein Modell mit zwei Ebenen sein:
  - Die Lösung umfasst physische und dienstleistende Elemente, die direkt am Kunden oder dessen Objekt, die aber auch indirekt über das Netz erbracht werden.
  - Die Leistungsinanspruchnahme sowohl von Kunden wie von Prozesselementen wird registriert und durch Auswertung der Daten wird die Leistung optimiert.
- Es gibt Module, die klar zu benennen sind. Es gibt Module oder Anforderungen, die neu zu entwickeln sind.
- Es besteht die Verpflichtung zu Qualitäts- und Kundentests.

Die erstellte Spiegelliste – Aufgabenbereiche und Funktionsverantwortliche (vgl. Kapitel 3.1.7) – bildet weiterhin die Grundlage für das Vorgehen. Zunächst ist mit den

Erkenntnissen der Projektfreigabe-Sitzung zu prüfen, ob die Aufstellung korrekt ist: Fehlt eine Funktion? Ist eine aufgeführte Funktion nicht notwendig? Entscheidend ist die Absprache der Besetzung.

Wir hatten vier Gruppen gebildet, die wichtig für das Projekt sind, Mitglieder der Leitung, Promotoren und Expertinnen in Fachgruppen, gegebenenfalls Skeptiker. Es ist ratsam, die Personen in diesen vier Gruppen sehr genau vor dem geistigen Auge Revue passieren zu lassen. So gibt es diejenigen, die eben als Promotoren den Prozess unterstützen können. Dann sollte das Produktmanagement diese auch ins Boot holen. Es gibt auch immer wieder Skeptiker. Miteinander sprechen ist jeweils das beste Rezept. Und manchmal geht es auch um die Verteilung knapper Ressourcen, so dass von anderen Abteilungen Gegenwind zu erwarten ist, weil die anderen gerne über die Mittel verfügen möchten. Gerade im Entwicklungs- und Programmierungsbereich existieren knappe Kapazitäten, so dass gewinnende Gespräche mit dem Entwicklungsleiter weiterhelfen. Wir hatten das Prinzip erfolgreicher Projektmanager gesehen, den Stier immer an den Hörnern zu fassen.

Beachten Sie

Grundsätzlich sollte sich das Produktmanagement mit den Rollen auseinandersetzen, die positiven oder negativen Einfluss auf das Projekt nehmen können.

Expertinnen und Experten in Projektteams

Jetzt kommt es darauf an, ein Commitment zu erzielen: Wer übernimmt welche Aufgabe? Mit der Güte der Projektteams wird eine wesentliche Bedingung für den Projekterfolg geschaffen. Durch die Überprüfung der Szenerie fällt der nächste Schritt leicht: Welche Einheiten sind zur Erstellung des Gesamtprodukts zu berücksichtigen? Im Beispiel der Kaffeeautomaten sind erkennbar: Mahl- und Brühgruppe, Gehäuse mit Behälter für Kaffee oder Milch, Elektronik zur Steuerung und Überwachung, um nur einige Einheiten zu nennen.

Zwei Entwicklungsebenen sind zu unterscheiden:

- Erstellung einer Systemarchitektur, welche die Grundlage für die gesamte Projektarbeit bildet. Sie bildet die Produktgrundlage.
- Entwicklung der Einheiten, die separat von Spezialisten vorangetrieben werden, um entsprechend der Architektur im Produkt zu wirken.

Welche Fertigkeiten werden für die einzelnen Einheiten benötigt? Die technische Produktentwicklung erstellt nach Produktkonzept eine Produktarchitektur. Wir hatten gesehen, dass auch Autos Software-Lösungen darstellen. Deshalb kann es immer häufiger angebracht sein, dass eine Programmarchitektur die Struktur definiert. Sie bildet die zentrale Grundlage für die Güte des Produkts:

- Die Lösung ist in ihrer Leistung in erster Linie abhängig von dem Zusammenwirken als System.
- Es kommt aber auch auf die Kombinierbarkeit der Teile an: Je leichter sie miteinander verbunden werden können, je modularer sie hinzugefügt oder weggelassen werden können, desto einfacher sind Produktion und Instandhaltung.

Auf die Systemarchitektur ist erster Wert zu legen. Die Fragen von Produktion und Instandhaltung legen nahe, auch die Produktions- und Kundenservice-Leitung mit ihrem Know-how frühzeitig hinzuziehen. Produkte sollen pfiffig, aber in ihrer Zusammensetzung einfach sein. Das hilft ein Produktleben lang. Wenn die Struktur existiert, kann beispielsweise an der Mahl- und Brühgruppe zunächst unabhängig von der Behälterfrage gearbeitet werden; es bedarf jeweils unterschiedlicher Expertisen. Ein modularer Ansatz für die Projektarbeit passt.

Es kommt auch darauf an, die angestrebte Innovationshöhe zu erreichen. Wenn auf Basis heutiger Vorstellungen Module gebildet werden, kann das eine Begrenzung zur Folge haben. Im Beispiel der Kaffeeautomaten geht es um Fragen von Automatisierung, Personenerkennung oder Wartungsfreiheit, alles wünschenswerte Themen, die in bestehenden Geräten kaum verwirklicht sind.

Insofern kommt es auch auf die Definition der Entwicklungsaufgaben und der Implementierung entsprechender Spezialteams an. Diese erhalten den Auftrag, über das Bestehende hinauszugehen. Das heißt allerdings, vorhandene Module weiterzuentwickeln oder neue Module zu schaffen, die ihrerseits im Laufe der Zeit ausgeweitet werden können.

Beachten Sie

Es soll am Ende ein Produkt geschaffen werden, das durch das passende Zusammenspiel aller Teile als einmalige Lösung die Kunden überzeugt.

Das führt leicht zu dem technischen Anspruch: Es wird eine Führung benötigt, die neueste technische Entwicklungen einfordert und dabei immer die Gesamtlösung im Blick hat, eventuell eine neue Systemarchitektur schafft. Das führt aber auch zu dem psychologischen Anspruch, dass allen Teilgruppen bewusst ist, eine wichtige Einheit zur Gesamtlösung zu liefern, gleichzeitig bewusst ist, dass die Gesamtlösung von allen Teileinheiten abhängig ist. Alle Teile sollen wie Legosteine kombiniert werden.[221] Psychologisch wird so soziale Identifikation erreicht, hier also ein Band, um gemeinsam ein Top-Produkt zu kreieren.

---

221 Vgl. Flyvbjerg, Bent, Projekte nach dem Lego-Prinzip, in: Harvard Business manager Februar 2022, S. 31 ff.

Projektstruktur

Die zwei wesentlichen Erfolgsfaktoren sind damit: Die Schaffung des richtigen Teams mit der passenden Struktur und die richtige Einstimmung des gesamten Teams zur mentalen Öffnung von Entwicklungsräumen. Drei zentrale Fragen sind zu beantworten:

- **Welche Personen bilden das Leitungsteam?**
  Hier werden im Allgemeinen die Schwerpunkte betrachtet. Im Beispiel Kaffeeautomaten werden meist die Leiter technische Produktentwicklung sowie Softwareentwicklung, der Chief Information Officer, vom Produktmanagement mit hinzugezogen. Das ist sicher verständlich. Oft sind mehrere Schwerpunkte zu berücksichtigen.
  Bauen Sie gegebenenfalls höhere Anforderungen in das Leitungsteam ein, indem Sie von außen einen Projektmanagementexperten oder eine Wissenschaftlerin hinzunehmen, die zurückgreifen kann auf Assistenten. Das ist nicht einfach, die entsprechende Funktionsleitung kann darin eine Konkurrenz sehen. Deshalb ist für ein reibungsloses Funktionieren dieser Punkt unbedingt abzustimmen. Am Ende sind es Personen, die zur Forcierung beitragen.
- **Welche Personen bilden die Leistungsteams?**
  Hier werden die Funktionsleiter geeignete interne Expertinnen und Experten benennen. Oft sind das auch bestimmte Gruppen in der technischen und der Software-Entwicklung. Dann ist die Einflussnahme nur über den Entwicklungsleiter möglich. Dabei steht auch die Frage an, ob Impulse implementiert werden, indem externe Fachleute in die Fachteams einbezogen werden.
  Die zusammen mit den betroffenen Funktionsleitern ehrlich zu beantwortende Frage steht im Raum, welche Qualifikationen im Haus vorhanden sind, welche vielleicht weniger. Erfahrungsgemäß bedarf es großer Geschicklichkeit des Produktmanagements, externe Fachleute in die Arbeitsgruppen produktiv zu integrieren. Oft ist es aufgrund der schnellen technologischen Entwicklungen einfach notwendig. Hinzugezogene Fachleute in einem bestehenden Team bedürfen großer Unterstützung, um nicht geschnitten zu werden.
- **Ist ein führendes Entwicklungsteam, ein Strukturteam erforderlich, um die Systemarchitektur zu definieren?**
  Führend versteht sich also in dem Sinne, dass das Zusammenwirken der Module hier bestimmt wird, die anderen Teams deshalb davon abhängig sind. In vielen Projekten ist das Sache des Leitungsteams, bei medizinischen oder technischen oder auch Software-Projekten kann es nötig werden, dass ein eigenes Strukturteam in Abstimmung mit dem Leitungsteam diese Aufgabe übernimmt.
  Wir hatten in der Ideenphase gefordert, dass die Lösung zum Unternehmen und dessen Markenversprechen passen muss, es aber keine Grenzen geben darf, die durch die eigenen Experten gezogen werden. Die Forderung war: über Unternehmensgrenzen hinaus zu denken. Konsequent kann jetzt der Fall eintreten, dass das Know-how im Unternehmen gar nicht vorhanden ist. Dann ist zu recherchieren, wer die Fähigkeiten am besten liefern kann. Mit den möglichen Lieferanten sind Gespräche zu führen und Vereinbarungen zu treffen.

Beachten Sie

Die Architekturfrage ist die erste entscheidende Festlegung in der Produktentwicklung. Mit ihr bekommt das Projekt ein Gerüst, andererseits aber auch eine erste Konkretisierung und damit Einschränkung. Die Qualität des künftigen Produkts wird damit bestimmt.

Mit den betroffenen Funktionsleitern wird typischerweise auch das **Vorgehen im Projekt** vorbesprochen:

- Wie geht man in der Abteilung zu einem definierten Ziel? Sicher gilt es, später in der Planungsphase die Vorgehensweise zu wählen. Es ist aber ungeschickt, diesen Punkt ohne Vorbesprechung anzugehen.
- Wer wird das Vorgehen und die Tests im Auge haben? Bei komplexen Projekten ist ein Verfahrensbeauftragter zu empfehlen. Wer eignet sich, kann Coach der Teammoderation und der Testverfahren sein?

Es ist immer ratsam, Grenzen zu sprengen, aber auch Leitplanken zu implementieren. Das Produktmanagement setzt auf instrumentelles Vorgehen. Es gelingt durch ungewöhnliche Ansätze und in der Praxis vor allem durch die personelle Besetzung. Organisatorische Hilfestellung führt ein Projekt zum Erfolg.

Noch vor jedem Projektstart sind diese Punkte zusammen mit den Funktionsleitern und in Absprache mit der Unternehmensleitung zu klären. Hiermit ergibt sich ja auch, wer zu einer Einführungsveranstaltung eingeladen wird. Das sollten alle Teilnehmer der technischen Projektteams sein.

Die Expertinnen und Experten organisieren sich später am besten in selbst gesteuerten Teams, um die jeweilige Aufgabe zu lösen. Von Anfang an ist aber die Anforderung der Steuerung zu benennen. In der Praxis wird bei Zusammenstellung der Teams meist überlegt, wer die geeignete Moderation leisten könnte.

Beachten Sie

Die Überlegungen zur Systemarchitektur und der Schaffung von Modulen zur Lösung von Teileinheiten legen nahe, die beiden Ebenen – Organisation des Gesamten und der Module – durch zwei unterschiedliche, miteinander verlinkte Teams zu lösen: Steuerungs- oder Steering-Team und verschiedene Lösungs-Arbeitsgruppen, Struktur und Komponenten. Hinzu kommt das Vorgehens-Coaching.

Wir hatten im ersten Kapitel bereits festgestellt, dass Produktmanagement eine Führung ohne Weisungsbefugnis darstellt. Trotz aller Rückendeckung kann die Produktmanagerin nicht hingehen und sagen, jetzt stelle ich ein Team zusammen und übernehme die Führung. Alle Funktionsleiter, die betroffen sind, würden opponieren.

Nach der Projektfreigabe ist als nächster Meilenstein im New Development Plan-Meeting die Organisation des Entwicklungsprojekts als oberster Koordinierungseinheit vorzustellen, natürlich in vorheriger Absprache mit den betroffenen Funktionsleitern. Dabei geht es um die Darlegung, wie das freigegebene Projekt gemanagt werden soll. Das Leitungsteam wird vor der Initiierung zusammengestellt und ist verantwortlich für den Projektstart. Die Unternehmensleitung kann erkennen, welche Vorgehensweise gewählt und damit welche Ressourcen genutzt werden.

Beachten Sie

Entscheidend für das Gelingen der Teamarbeit ist, dass die Beteiligung an dem Neuproduktprojekt eine Auszeichnung darstellt, eine mögliche Qualifikation für noch anspruchsvollere Aufgaben.

Vorgehen in Projektteams

Menschen sind ausgerichtet auf die Beteiligung an sinnvollen Handlungen, bei denen sie Wirksamkeit erleben können. Teams sind immer dann stark, wenn sie mit geeigneter Zusammensetzung ein anspruchsvolles Ziel gemeinsam verfolgen, die Betonung liegt auf »anspruchsvoll« und »gemeinsam«. Das soll von Anfang an durch alle Teammitglieder realisiert werden können. So muss der Auftakt für die zusammengestellten Teams gestaltet werden.

Beachten Sie

Gerade überschaubare Teams können aus der Herausforderung ein Gemeinschaftsgefühl entwickeln. Nichts ist für Menschen motivierender, als an einer überzeugenden Aufgabe in einem Team mitzuwirken, in dem alle engagiert sind und sich untereinander vertrauen.

Das soll das Verständnis sein: In der Projektarbeit soll ein einmaliges Produkt entwickelt werden, das besser als andere Produkte die Wünsche der Zielgruppe erfüllt. Damit ist die Zielsetzung fixiert. Jetzt gilt es, die Projektarbeit zu starten.

Wir befinden uns in der Forming-Phase des Projektmanagements. Wichtig sind eine klare Zielformulierung, das Vertrauen in das Projekt, die Schaffung einer Ebene für die Zusammenarbeit, um die Bedeutung und Größe des Projekts zu sehen und gerne an dem Projekt mitzuarbeiten.

Tipp

Auf dieser ersten Stufe empfiehlt sich eine Auftaktveranstaltung für alle Beteiligten der Neuproduktentwicklung. Wählen Sie ein Format, das zur Projektbedeutung passt. Lassen Sie niemanden außen vor, der in dieser Phase benötigt wird.

Gemeinsame Auftaktveranstaltung

Die Auftaktveranstaltung liefert den Begegnungsraum. Damit die Begegnung Spaß macht, geht es um die Wirkung der Zielsetzung: Alle Projektteilnehmer zusammen bilden eine Expertengruppe zur Lösung einer herausfordernden Aufgabe. Diese muss überzeugen. Es gilt, das rechte Maß zu finden, die Aufgabe als konkretes Projekt zu erkennen, aber in der Offenheit, dass die beteiligten Expertinnen und Experten dem Ganzen ihren Stempel aufdrücken können.

Als generelle Anspruchsgrundlage, welche die Thematik allgemein, aber richtungsweisend lenken kann, lassen sich zwei grundsätzliche Anforderungen herausstellen:[222]

- Je besser die Leistung zu den Kunden passt, desto höher sind die Chancen auf Akzeptanz und desto ausgeprägter ist die Preisbereitschaft.
- Je klarer die Produktarchitektur, je unproblematischer das Zusammenwirken aller Teile, desto zuverlässiger wird die Leistung für die Kunden erbracht.

Während des Erstellungsprozesses sollen diese Pole immer im Mittelpunkt stehen:

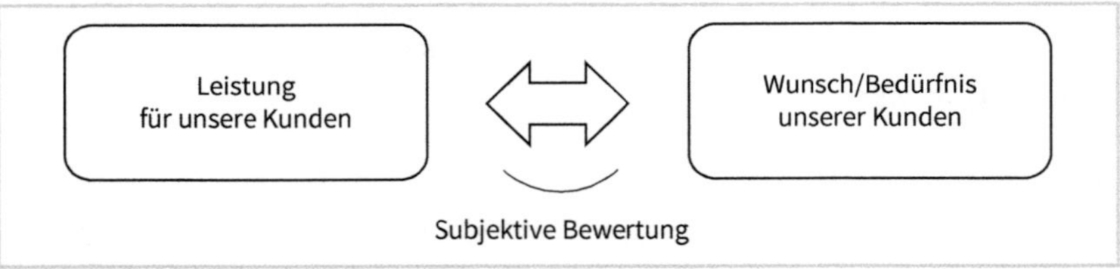

Abb. 40: Zwei Pole der Neuproduktentwicklung

Beachten Sie

Das ist die zentrale gedankliche Grundlage erfolgreicher Neuproduktentwicklung: Während des gesamten Prozesses ist dafür zu sorgen, dass die Kunden gleichsam mit im Raum sind, dass sich die Entwicklung darauf hin orientiert.

Das heißt immer wieder Kundenforschung. Entwickler ebenso wie Designer oder Werbegestalter mögen diese Anforderung oft nicht; das Produktmanagement muss aus dem Verständnis, Produkte für Kunden entwickeln zu wollen, darauf bestehen, deren Resonanz einzubeziehen.

Wie der Event zum Start im Einzelnen gestaltet wird, ist eine Frage der jeweiligen Thematik. Es ist zu empfehlen, ein überraschendes Programm zu gestalten. Einfache

222 Vgl. auch Oberholzer-Gee, Felix, Better. Simpler Strategy: A Value-Based Guide to Exceptional Performance, Boston 2021.

Grundregel: normaler Auftakt, normale Produkte, ungewöhnlicher Auftakt, neuartige Ansätze.

Für unser Beispiel der Kaffeeautomaten im Büro eignen sich Impressionen wie fröhliche Science-fiction-Sequenzen zur Arbeitswelt von morgen: Es soll Spaß machen, auch nach vorne konditionieren. Wenn es als Spiel gestaltet wird, können unterschiedliche Gruppen nach bestimmten Umgebungen suchen oder sie selbst gestalten. Das klingt für manche Manager wie wenig effizientes Handeln. Aber das Gegenteil ist der Fall: Gelingt es, in die Thematik einzuführen, und dies ungezwungen und mit Humor, wird eine Stimmung erzeugt, die Stolz auf die Beteiligung schafft. Durch den spielerischen Umgang wird ein Grundstein für die Freude an der Zusammenarbeit gelegt, typischerweise beginnen die Gehirne der Teilnehmer schon zu rattern, wie könnte ein Lösungsbeitrag aussehen. Das sind die Ziele.

Ein wichtiger Grundsatz ist, dass sich eine Event-Einheit in einem Unternehmen nicht vom Unternehmensauftrag trennen lässt. Ein offizieller Akt muss auch hier hinzukommen:

- Die Einsetzung des Gesamtteams für die Neuproduktentwicklung durch die Unternehmensleitung.
- Das offizielle Unterzeichnen einer Geheimhaltungserklärung mit der doppelten Wirkung: Als Teilnehmer bin ich ausgewählt und habe mich zum Schweigen verpflichtet.

Danach wird das Produktkonzept, das ja auch schon für den Kundentest visualisiert wurde, vorgestellt. Auf der einen Seite wird der zukünftige Zielkunde präsentiert; er liegt als »Persona in fünf Jahren« aus der Ideenentwicklung vor. Schwerpunkt sind die Ergebnisse der abschließenden Kundenforschung neben der Produktpositionierung. Die generelle Thematik – hier: Leistung für unsere Kunden, dort: Wunsch/Bedarf unserer Kunden – wird mit diesen Erkenntnissen von den Projektteilnehmern ausgewertet.

Für die Konkretisierung der Kundenwünsche eignen sich Value Maps,[223] also Aufstellungen der erkennbaren Kundenanforderungen und deren Hierarchisierung. Dabei geht es darum, die Beurteilungskriterien der Kunden, die bei deren Auswahl die Treiber einer Entscheidung pro oder contra sind, herauszuarbeiten. Hier geht es darum, durch die gemeinsame Erstellung eine Fokussierung auf die Kundenanforderungen zu erzielen. Diese sollen ja die Produktentwicklung lenken.

Je nach Projekt kann es sehr sinnvoll sein, wenn sich die Teilnehmer einzeln oder in Gruppen vor der Projektplanungsphase mit der Thematik in der Realität vertraut

223 Vgl. Oberholzer-Gee, Felix, Weniger ist mehr, in: Harvard Business manager Oktober 2021, 26 f.

machen. Das kann eine Aufgabe sein, die jeder Teilnehmer nach einem in der Auftaktveranstaltung vorgestellten Plan vornimmt, am besten die Ergebnisse in eine gemeinsame Datei – z. B. Bild oder Video – als Projektausgangspunkt einstellt.

Zudem gehört die Verdeutlichung, wie der Prozess laufen soll, immer dazu. Zuerst ist die Struktur zu kommunizieren, welche Teams wie miteinander arbeiten. Hier kann das vorbereitete Kanban-Board zur Diskussion gestellt werden. Es enthält bisher nur die Aufgabenüberschriften für die gebildeten Leistungsprojektteams. In der Gesamtprojektsitzung wird nun geprüft, ob alle Einheiten, die von den Projektteilnehmern nach der einführenden Begegnung gesehen werden, auch aufgenommen sind, ob alle Zielsetzungen passen. Die Struktur wird im nächsten Schritt auf der Grundlage der Systemarchitektur vervollständigt (Kapitel 3.2.2.2).

Damit ist die Arbeit aufgeteilt. Der Verfahrensmaster ist noch zu benennen: Ist es eine separate Person, wird diese vorgestellt. Ist es die Produktmanagerin selbst, wird sie ihr Vorgehen darlegen. Immer geht es darum, bereits beim nächsten Teilteam-Meeting, Lenkungs- oder Leistungsteam, dass an erster Stelle die Organisation steht: So gehen wir vor zu unserem Ziel. Die implizite Botschaft lautet für alle Teilnehmer: Es gibt ein zielführendes Format.

Am Ende der Veranstaltung müssen das weitere Vorgehen und vor allem der konkrete nächste Schritt für jede und jeden Einzelnen klar sein. Alle Teilnehmer müssen wissen, wann sie wo als Nächstes tätig werden. Motivation und Vertrauen in den Prozess halten Einzug in die Teamarbeit.

3.2.2.2 Technische Planung des Neuproduktprojekts

Die anschließende Planungsphase schafft die entscheidende Grundlage für eine erfolgreiche Projektarbeit. Sie erfolgt konkret nach der motivierenden Initiierung entsprechend der dort dargelegten Struktur. Am Ende steht das Ziel, das Projekt in Arbeitseinheiten zu unterteilen, eine Systemarchitektur endgültig festzulegen und in Leistungsteams gezielt die passenden Module zu erarbeiten. Die Planungsphase ist zentral für die Qualität der Projektarbeit.

Beachten Sie

Die Planung hat eine inhaltliche Seite: Es geht darum, die Kundenanforderungen zur Vorlage zu machen, sie in technische Vorgaben umzusetzen und konkrete Entwicklungsschritte zu definieren, damit diese anschließend passend erarbeitet werden können. Sie ist nicht zu trennen von der persönlichen Seite.

Der Weg ist mitunter recht steinig: Wenn die Dynamik des Projektprozesses betrachtet wird, steht auf der gruppendynamischen Seite zunächst ein Storming, also das Aufeinandertreffen unterschiedlicher Vorstellungen, psychologisch das Finden eigener neuer Rollen. Diese zwischenmenschliche Seite gilt es so zu managen, dass die Norming-Phase erreicht werden kann, um insgesamt Arbeitsgrundlage und Arbeitsweise für die Projektarbeit zu erhalten.

Gehen wir systematisch vor.

Situationsanalyse

Es ist angeraten, wie immer im Management, zunächst mit einer Situationsanalyse auch in der Projektplanung zu beginnen. Diese umfasst:

- Wie verstehen wir im Team das Ziel? Hier gilt es, die Sichtweisen herauszuarbeiten.
- Wie wollen wir zum Ziel gelangen? Hier gilt es, die unterschiedlichen Vorstellungen zum Procedere auf den Tisch zu bringen.
- Dann gilt es aber auch, die Rahmenbedingungen deutlich zu machen:
  - Welche Vorgaben sind einzuhalten, sei es von Abnehmern gefordert, sei es von Regulierungen vorgegeben?
  - Welche Dokumentationspflichten bestehen, die in die Arbeit einzubauen sind?
  - Welche Berichtspflichten sind vereinbart?
    Hier geht es zuerst um die Berichte an das Produktmanagement vor den New Development Plan-Meetings sowie die Informationen für das aktuelle Übersichts-Board.

Trotz eines klar formulierten Projektziels stellt sich immer wieder heraus, dass unterschiedliche Personen ein unterschiedliches Verständnis haben. Dieses soll zunächst gesammelt und damit sichtbar gemacht werden. In Teilgruppen können genauere Zielformulierungen erstellt werden.

Beachten Sie

Wenn alle Perspektiven sichtbar gemacht wurden, ist die Chance groß, in der Projektgruppe ein gemeinsames Verständnis für den Auftrag der Projektgruppe zu finden.

»Anforderungen konkretisieren Ziele und definieren die Basis, auf der eine Lösung zum Kundennutzen entwickelt wird.«[224] Wir haben es mit unterschiedlichen Anforderungen aus drei Perspektiven zu tun. Alles zusammen muss ein Ganzes ergeben.

Um das Versprechen auch zu erfüllen, geht es erstens darum, zunächst die wichtigsten Faktoren aus Kundensicht abzuleiten, also eine Anforderungs-Map für den Projektteil

224 Ebert, Christof, Systematisches Requirements Engineering, 6. Aufl., Heidelberg 2019, S. 51.

des Teams zu erstellen, die als Maßstab in der Entwicklung fungiert. Diese Kundenanforderungen sind so eindeutig zu formulieren, dass sie im Folgenden auch jeweils in Kundentests überprüft werden können.

Dann geht es zweitens darum, die Anforderungen an die zu erstellende Leistung, die »Requirements«, in konkrete Eigenschaften im Rahmen der Entwicklung umzusetzen, das »Engineering«. »Das Requirements Engineering in der Produktentwicklung zählt zu den wichtigsten Aufgaben [...] Eine einfache Definition lautet: das Sammeln, Bewerten, Priorisieren und Dokumentieren der Kundenanforderungen an bestimmte Leistungen, Produkte oder Produktkategorien.«[225] Die Produktanforderungen werden durch Komponentenanforderungen konkretisiert.

Drittens bedarf es einer Anleitung, wie die Komponenten zusammenwirken. Typischerweise sind sie zu einem Prozess verbunden, also einer Abfolge von Aktionen, welche die Komponenten ausführen. Dieses Gerüst ist für alle weiteren Entwicklungsschritte erforderlich. Je nachdem, ob es ohnehin klar ist und in der Auftaktveranstaltung schon vorgestellt werden konnte oder jetzt erst vom Leitungsteam oder dem führenden Systemteam erstellt wird, ergeben sich die zeitlichen und inhaltlichen Vorgaben für die Leistungsteams.

Es kann auch sein, dass System- oder Produktteile von Lieferanten bezogen werden. Bei digitalen Lösungen kann es Partnerschaften geben, dass etwa jeweils auf Basis von SAP-Programmen gearbeitet wird. Dann handelt es sich um ein Auftrags- oder Lizenzverhältnis. Grundlage von Angebot und Vertragsabschluss sind die vereinbarten Spezifikationen. Insofern kann die Zusammenarbeit analog zu einem Teil-Projektteam betrachtet werden. Soll sogar das gesamte Produkt geliefert werden, ist das Gesamtprojekt eine Auftraggeber-Lieferanten-Beziehung.

Immer gilt: Je besser die Grundlage, desto besser die Ergebnisse.

Kundenanforderungen

Nach der Projektinitiierung haben die Teilnehmer begonnen, sich mit der Materie vertraut zu machen; das war der Schlussauftrag. Jetzt können unter Auswertung der in der Zwischenzeit gesammelten Erfahrungen die Kundenanforderungen für die Zielerreichung aufgelistet werden. Das gilt für alle Projektebenen.

Die projektbezogenen Kundenanforderungen werden in dem »Lastenheft« zusammengestellt. Dieses nimmt in klassischer Manier auf, was die Kundenwünsche sein werden, also die Kriterien *zukünftiger* Kunden. Das wurde mit der Beschreibung der

---

225 Zich, Christian, Das Marketing Praxisbuch, 2018, Nürnberg 2017, S. 109.

»Persona in fünf Jahren« zugrunde gelegt. Das immersive Eintauchen in die Materie und die Projektion in die Zukunft schaffen die Voraussetzungen für diesen Schritt, insbesondere die Produktstruktur. Eine anschließende Überprüfung mit Zielgruppenkunden sichert die Relevanz.

Die generelle Kundenanforderung im Beispiel des Kaffeeautomaten ist die integrierte Unterbringung eines Gesamtgeräts in der Büroumgebung, das alles selbstständig macht und jedem seinen Lieblingskaffee auf Zuruf serviert. Detailanforderungen sind etwa, dass der Kaffee heiß und mit einer Crema produziert wird, dass der Milchschaum stabil ist. Für beide Kriterien können Standzeiten oder Temperaturen festgelegt werden. Dadurch lässt sich die Anforderung überprüfen. Andere Aspekte sind etwa eine intuitive Bedienung. Auch diese lässt sich überprüfen, indem die Handhabung mit Kunden durchgespielt wird.

Wichtig ist eine Priorisierung, also die Frage, welche Anforderungen besonders wichtig sind. Die schon angesprochene Unterteilung nach dem Kano-Ansatz in Basis-, Leistungs- und Begeisterungsfaktoren stellt in diesem Zusammenhang eine gute Strukturierung dar. Meist stehen die Basisfaktoren fest: Ein Kaffeeautomat muss Kaffee herstellen und in der heutigen Zeit auch gut schmeckenden Kaffee. Darüber kann nicht diskutiert werden.

Die Leistungsfaktoren kennzeichnen die technische Leistungsfähigkeit auch im Unterschied zum bisherigen oder zum Wettbewerbsgerät. Hier besteht oft die Gefahr, sich durch zu viele Features unterscheiden zu wollen. Im Beispiel Kaffeeautomaten ist fraglich, ob Kunden wirklich einen Timer erwarten, damit der Kaffee zu einer bestimmten Zeit erstellt wird. In diesem Bereich ist der Raum zwischen Wunsch und realistischer Umsetzung auszuloten.

Die Kaufentscheidung später fällt nach den speziellen Begeisterungsfaktoren. Wer ein vollmundiges Versprechen für das neue Produkt formuliert hat – was typischerweise der Fall sein sollte –, der sollte auch darauf achten, dieses Versprechen mit Fokus auf die eigenen Begeisterungsfaktoren im Wettbewerb zu erfüllen. Kaffeeautomaten mit einer gut funktionierenden Sprachsteuerung könnten Teil des Versprechens individueller Kaffeegetränke auf Zuruf sein.

Es empfiehlt sich, auch zu prüfen, in welcher Beziehung die Anforderungen zueinander stehen: Es kann sein, dass sich einige fördern, andere aber auch beeinträchtigen oder sogar gegenseitig ausschließen. Dann sind Festlegungen zu treffen, welcher Anforderung Vorrang gegeben wird.

Je nach Größe des Projektteams erfolgt die Erarbeitung in einer oder mehreren Gruppen bei sehr großen Projektteams. Gruppenarbeiten sollten maximal sechs Teilnehmende aufweisen. Bei mehreren Gruppen bedarf es einer Vorstellung der Gruppenergebnisse, eines Vergleichs, einer Strukturierung: Was ist gleich, was ist ähnlich, was ist unterschiedlich? Erst dann können Abstimmungen erfolgen.

Es gibt Produkte, die sind international sehr einheitlich. Es gibt aber auch Produkte, die sind in verschiedenen Ländern unterschiedlich. Zwar hat sich in unserem Beispiel der Kaffeeautomaten die italienische Art der Zubereitung mit Druckkraft allgemein durchgesetzt, es gibt aber durchaus unterschiedliche Vorlieben in verschiedenen Ländern. Dann werden Länder- oder Regionengruppen gebildet, um sich damit auseinanderzusetzen.

Kundenanforderungen sind mithin danach zu differenzieren, ob es in den Anforderungen selbst, vor allem aber in der Priorisierung Unterschiede gibt. Wer das frühzeitig in das Projekt einbezieht, kann hier durch einen modularen Aufbau die nötige Flexibilität schaffen, um später in weiteren Ländern das passende Produkt modular differenziert anbieten zu können.

In der Summe hat die schrittweise intensive Erarbeitung der Kundenwünsche auf dem Weg bis zum Produktkonzept eine gute Grundlage zur Ableitung messbarer Kundenanforderungen geschaffen.

Beachten Sie

Wir haben uns bewusst mit den Kundenanforderungen auseinandergesetzt und die technische Detaillösung noch vermieden. So besteht weiterhin eine weitgehende technische Offenheit.

Strukturierung der Aufgabe

Die Projektarbeit hat nun die Zielsetzung, diese Anforderungen mit der Produktlösung zu erfüllen. Jedes Vorgehen zur Zielerreichung hat Vor- und Nachteile. Unbestritten ist die geeignetste Methode jene, mit der das jeweilige Team am besten arbeiten kann. Deshalb ist es vorteilhaft, keine grundsätzliche Diskussion über die Vorgehensweise zu starten, sondern gemäß Beteiligungsprinzip die Gruppen über das Verfahren selbst entscheiden zu lassen. Hauptsache, der Weg wird abgesteckt.

Wenn das Ziel zu einem gemeinsamen Verständnis geführt wurde, die Kundenanforderungen abgeleitet und in testbarer Form formuliert sind, können die Überlegungen zum Vorgehen gesammelt und damit ebenfalls sichtbar gemacht werden.

Meist wird kein Verfahren an sich genannt, es sei denn, es kommt eine Gruppe zusammen, die eine Projektmanagement-Schulung durchlaufen hat. Viele Unternehmen haben eingeführte Methoden, mehr aber nicht. Ein guter Weg ist der Rückgriff auf vergangene Projekte: Wer kann von einem ähnlichen Projektverlauf berichten? Wie wurde dort vorgegangen? Empfiehlt es sich, ebenso vorzugehen? Was hat sich als schwierig herausgestellt? Konkrete Erfahrungen helfen am besten. Hier ist ein Coaching durch den Verfahrensbeauftragen angeraten.

Damit sind Vorgehensweisen aufgeführt und kritisch sondiert. Es können damit weitere Vorstellungen gesammelt werden. Oft werden erkennbare Einheiten oder Prozessschritte gebildet, um eine Arbeitsstruktur zu erhalten. Die Struktur ermöglicht Ordnung, ob bestimmte Schritte nacheinander oder unabhängig voneinander erstellt werden können. Im Idealfall wird eine Struktur für die weitere Planung schon sichtbar.

Produktanforderungen

Spiegelbildlich zu den Kundenanforderungen erfolgt in der konkreten Umsetzung nun ein Seitenwechsel entsprechend der Denkmatrix des Produktmanagements (vgl. Abb. 2) zu den Produktanforderungen: die Kundenanforderungen sind für Kundentests überprüfbar formuliert, für die technische Entwicklung geht es nun um Spezifikationen. Diese werden später in Qualitäts- und Funktionstests gemessen.

Das Scharnier von Kunden- zu Produktanforderungen ist erkennbar die grundlegende Herausforderung in der Projektplanung.

Im Beispiel des Kaffeeautomaten hatten wir überlegt, dass der Kaffee heiß sein soll, vielleicht 80 bis 90° Grad in der Tasse, und eine schöne Crema aufweisen soll. Das ist die Kundenforderung. Technisch bedeutet das, die Brüheinheit muss mindestens 97° heißes Wasser erzeugen und dieses mit einem Druck von mindestens 12 bar durch das Kaffeemehl drücken. Es geht also um die Frage, mit welchen technischen Lösungen sich die Kundenanforderung verwirklichen lässt.

Wir gehen vom Raum der Kundenwünsche in den Raum der Verwirklichung:[226]

226 In Anlehnung an: Ebert, Christof, Systematisches Requirements Engineering, a. a. O., S. 23.

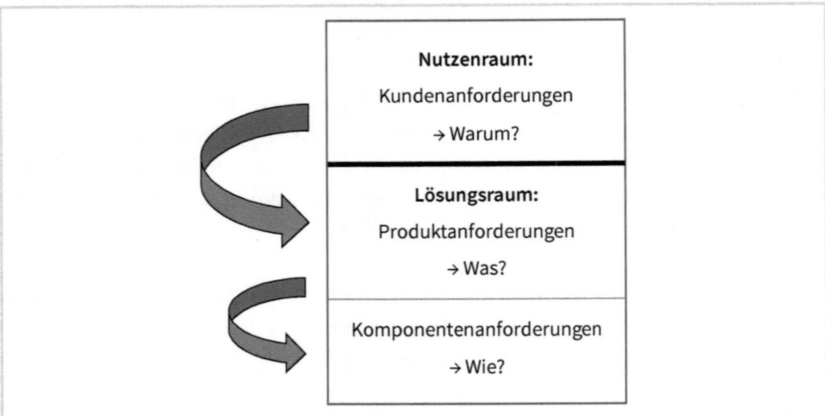

Abb. 41: Nutzen- und Lösungsraum

Die beiden Räume dürfen niemals verwechselt werden. Der **Nutzenraum** nennt die Kundenanforderungen, idealerweise priorisiert. Der **Lösungsraum** erfüllt die Kundenanforderungen. Der Lösungsraum enthält Produktanforderungen. Sie »beschreiben Anforderungen an ein Produkt aus der Sicht der Realisierung einer späteren Lösung.«[227]

Die Verbindung von Kunden- und technischen Anforderungen wird oft mit einem **Quality-Function-Deployment-Ansatz** bewältigt, also der Gegenüberstellung von Kunden- und Produktanforderungen. Es wird systematisch abgeglichen, welche Produkteigenschaften auf der einen Seite welche Kundenanforderungen auf der anderen Seite erfüllen. Der Ansatz entspricht der Denkmatrix des Produktmanagements (vgl. Abb. 2).

	Technische Lösungseinheit 1	**Technische Lösungseinheit 2**	**Technische Lösungseinheit 3**
Kundenanforderung 1			
Kundenanforderung 2			
Kundenanforderung 3			

Tab. 25: Quality-Function-Deployment

Wenn in der Vertikalen die Kundenanforderungen priorisiert aufgeführt werden, können die technischen Lösungen auf der Horizontalen abgetragen werden. Es können auch mehrere technische Lösungseinheiten eine Kundenanforderung erfüllen. Deshalb ist es auch umgekehrt möglich zu fragen, zu welcher Kundenanforderung welche technische Einheit beiträgt.

227 Ebenda, S. 26.

Die technischen Lösungen werden in einem zweiten Schritt aufgefächert in Komponentenanforderungen. »Sie erläutern aus der Sicht der Realisierung und der späteren Lösung, wie Produktanforderungen durch eine Komponente des Produkts (z. B. Benutzerschnittstelle, Betriebssystem) adressiert werden.«[228]

Neuigkeitshöhe

An dieser Stelle ist jetzt ein konkreter Weg zu formulieren, wie das Team zu den **Engineering Requirements** kommt – sowohl für Struktur wie für Module. Dafür werden verschiedene Vorgehensweisen vorgeschlagen. Hier wird ein vierstufiger Ansatz empfohlen:

- **Stufe 1:** Das Team erarbeitet in Gruppen eine ideale Lösung, angeleitet durch die Frage: Wie können die Kundenanforderungen durch ein Produkt oder System am besten erfüllt werden?
- **Stufe 2:** Falls es heute schon ein Produkt gibt, prüft das Team, welche Fortschritte die kreierte Lösung gegenüber dem heutigen Produkt beinhaltet.
- **Stufe 3:** Falls es heute schon ein Wettbewerbsprodukt gibt, prüft das Team, welche Fortschritte die kreierte Lösung gegenüber dem Wettbewerbsprodukt aufweist.
- **Stufe 4:** Mit der Kenntnis des Vergleichs zu dem heutigen und dem Wettbewerbsprodukt prüft das Team: Welche noch weitergehenden Verbesserungen sind vorstellbar?

Damit wird die Neuigkeitshöhe der Produktentwicklung »gekitzelt«. Das ist oft in mehreren Schritten zu erreichen: Anfangs formuliert das Team die eigenen Vorstellungen, es nimmt Vergleichstests vor. Einzelne Teammitglieder werden beauftragt, technische Weiterentwicklungen zu Komponenten zu recherchieren, die in der Gruppe vorgestellt werden. Andere können auch Versuche entwickeln, um neue Eigenschaften zu kreieren und auf ihre Leistung zu prüfen. Damit teilt sich die Aufgabe in die Verwendung, aber auch die Verbesserung bestehender sowie der Entwicklung neuer Teile.

Erst nach intensiver Recherche spezifiziert das Team die Lösungseinheit. Bei den Produktanforderungen ist dann zu unterscheiden zwischen

- **Funktionsanforderungen** (»Eine funktionale Anforderung beschreibt eine vom System oder einer Systemkomponente bereitzustellende Funktion des betrachteten Systems.«[229]) und
- **Qualitätsanforderungen** (»Eine Qualitätsanforderung beschreibt eine qualitative Eigenschaft, die das betrachtete System oder einzelne Komponenten aufweisen müssen.«[230]).

---

228 Ebenda.
229 Ebenda, S. 30.
230 Ebenda, S. 31.

Oft wird diese Auflistung der Spezifikationen als **Pflichtenheft** bezeichnet. Sehr viele Produktentwicklungsteams arbeiten auf der Basis von Pflichtenheften entsprechend DIN oder **Requirements Specifications** entsprechend ISO. Arbeitspakete werden zusammengestellt.

Das Team untersucht, welche Arbeitseinheiten oder Arbeitspakete damit erkennbar werden. Die Unterscheidung, ob es um die Verwendung oder Verbesserung bestehender oder die Entwicklung neuer Teile geht, liefert nicht nur die Aussage, *was* zu tun ist, sondern darin steckt auch, *wer* aus dem Team sich darum kümmern sollte. Bestehende Teile werden durch den Einkauf recherchiert, neue Entwicklungen bedürfen entweder eigener oder fremder Laborkapazität.

Mit dieser Analyse kann auch eine Struktur erstellt werden, die aufzeigt, was wovon abhängig ist. Teile, die erst geschaffen werden können, wenn die Voraussetzungen anderer Teile gegeben sind, erfordern ein sequenzielles Vorgehen. Teile, die unabhängig von der sonstigen Entwicklung recherchiert werden können, stellen keinen limitierenden Faktor dar.

Die Qualitätsanforderungen enthalten Leistungen, die jeweils von dem Produkt erbracht werden. Diese charakterisieren das Produkt und schaffen gegebenenfalls einen Nutzenunterschied. Auch wegen der zunehmenden Softwareanteile gehören zwei weitere Ansprüche hinzu:

- **Safety als Forderung**, zuverlässig die Leistungseigenschaften zu verwirklichen.
- **Security als Forderung**, keine Beeinträchtigungen zuzulassen, also vor allem nicht gehackt werden zu können.

Die Anforderungen werden im Laufe des Prozesses durchaus noch ergänzt. Auch hier gilt es, die spätere Nachprüfbarkeit von Anfang an zu bedenken. Das soll hier der empfohlene Ansatz sein.

Die Anforderungen werden in eine Struktur gebracht, welche die Grundlage des Zusammenwirkens der Einheiten beschreibt. Erst wenn sich aus dem Zusammenspiel aller Teile eine Gesamtlösung ergibt, ist eine funktionsfähige technische Antwort für ein Bedürfnis geschaffen, die Basis für eine Innovation.

Die **Systemarchitektur** ist typischerweise der zweite große Meilenstein in der Projektphase, der umfassend im New Development Plan-Meeting dargelegt und entschieden wird. Die Unternehmensleitung erkennt, wie das Projekt strukturiert ist.

Als Entscheidungsgrundlage werden die Auswirkungen auf die drei Erfolgsparameter Machbarkeit, Vermarktbarkeit und Wünschbarkeit aktualisiert. Damit erhält die weitere Projektarbeit ihre Grundlage.

Vorgehen im Projekt

Wir erkennen, dass die Anforderungen vielschichtig sind. Sie sind im Zuge der Planung in Einheiten eingeteilt worden, welche jeweils die Grundlage für die Arbeit in einem Projektteam darstellen. Sie können in eine zeitliche Reihenfolge gebracht werden, die eine Basis für die sukzessive Arbeit darstellt, eine Einheit nach der anderen, wie ein Wasserfall. So gehen klassische Projektmanagement-Organisationen vor. Manche der Einheiten können auch parallel von unterschiedlichen Projektteams bearbeitet werden, eine simultane Verwirklichung. Als Struktur können Prozessschritte definiert werden. Insofern ist die Aufgabenerfüllung mit klassischen Verfahren ohne Weiteres möglich.

Agile Verfahren, die in den letzten Jahren formuliert wurden, sehen eingeschränkte Möglichkeiten der vollständigen Auflistung, streben diese konsequenterweise erst gar nicht an. Wir hatten den Unterschied in Kapitel 3.2.1 zum Vorgehen im Projektmanagement herausgearbeitet. Es werden andere Mittel eingesetzt. Die in der Planungsphase gewonnenen Erkenntnisse werden in einem Product-Backlog festhalten. Die verschiedenen Aspekte der Kundenanforderungen – im Beispiel Kriterien für das Getränk, Kriterien für die Bedienung – werden zu Paketen zusammengefasst.

Statt eines Pflichtenhefts verwenden agile Verfahren *User Epics* oder *User Stories* oder *Use Cases*. Alle Formen beschreiben die Leistung durch die Erfahrung der Außenwelt, die intendiert ist, also des Nutzers oder in der Nutzung.

- **User Epics** sind so aufgebaut, dass die generelle Leistung der Einheit, wie der Kunde sie erlebt, beschrieben wird.
- **User Stories** schaffen mit der Schilderung von Anwendungen durch die Nutzer die Grundlage, um zu erkennen, was das Produkt leisten soll.
- **Use Cases** schildern Anwendungsfälle, die zeigen, was bei unterschiedlichen Nutzungen des Produkts gegeben sein soll.
- **Misuse Cases** spielen auf der anderen Seite durch, was passiert, wenn es eine unsachgemäße Bedienung oder sogar Sabotage gibt. Gerade im Internetbereich wird versucht, die Programme selbst zu hacken, um mögliche ungewünschte Zugänge zu identifizieren.

Dieser Weg, die Produktleistung in der Anwendung zu erläutern, lässt noch Lösungsmöglichkeiten offen, die bei definierten Spezifikationen bereits festgelegt sind. So kann in der Entwicklung noch eine weitergehende Lösung herausgearbeitet werden, wenn nur die mit der Anwendung verdeutlichten Anforderungen erfüllt werden.

Beachten Sie

Das erste Ergebnis der Planungsphase ist somit ein Product-Backlog für jedes Leistungsteam als nachprüfbare Anforderungsbeschreibung aus Kundensicht. Zur endgültigen Grundlage der weiteren Arbeit wird dieses Ergebnis, sobald das Steering-Team ein Okay gibt. Es muss sichergestellt werden, dass die Mosaiksteine auch nahtlos das angestrebte Mosaik ergeben.

Das zentrale Kanban-Board kann detailliert werden: Module, deren Struktur untereinander sowie deren Arbeitspakete.

In der Leistungs-Absatzwege-Matrix (vgl. Abb. 4) hatten wir physische und virtuelle Produkte unterschieden. Die Einteilung hilft auch mit Blick auf die möglichen Projektmanagementmethoden:

- »Produkte, die sich im Marktzyklus nicht ohne Weiteres verändern lassen.«[231]
  Die häufigsten Aufgaben von Produktmanagements bestehen in der Entwicklung und Betreuung physischer Produkte wie Maschinen oder Komponenten, etwa Halbleiter, oder Haushaltsgeräten oder Lebensmitteln. Allen Produkten ist gemeinsam, dass sie so, wie sie in den Markt eingeführt werden, erst einmal von den Kunden akzeptiert und nachgefragt werden.
  Wir hatten die Tendenz zu Lösungen festgestellt: Die Produkte werden oft im Rahmen einer Gesamtlösung oder verbunden mit Wartungsservices oder mit Updates für die Software angeboten. So gibt es bei den meisten Produkten durchaus gemischte Anforderungen. Von Kunden wird ein perfektes, verbessertes Produkt beim Marktlaunch erwartet. Eine physische Veränderung ist erst einmal nicht mehr möglich.
- »Produkte, die sich im Marktzyklus problemlos verändern lassen.«[232]
  »Ein gutes Beispiel dafür sind Betriebssysteme wie Windows, MacOS und Linux. Diese sind auf vielen Computern weltweit im Einsatz, es können aber im Regelfall Updates eingespielt werden.«[233] Wenn das angebotene, meist heruntergeladene Produkt von Anfang an eine gute Leistung erbringt, dann werden die Kundenerwartungen erfüllt. Gibt es im Laufe des Produktlebens verbesserte Funktionen oder eine höhere Sicherheit, die aufgespielt werden, so erleben die Kunden das gute Produkt auf einem Weg zunehmender Verbesserung. Das ist die gewünschte Form digitaler Produkte oder Produktanteile.
  Ärgerlich sind jeweils unvollständige Updates, die so nicht als Verbesserung erlebt werden, manchmal sogar bisher genutzte Funktionen stören. Es darf sich also keine Mentalität breit machen nach dem Motto: »Wir probieren es einmal, funktioniert es nicht wie gewünscht, ändern wir das durch ein neues Update.« In der Zwischenzeit sind die Nutzer verärgert. Das stellt keine gute Zukunftsbasis dar.

Die beiden Produktarten haben Auswirkungen auf die Art und Weise, wie der Entwicklungsprozess gestaltet wird. Das agile Vorgehen kommt aus dem Softwarebereich. Hier ist es normal, mit einer guten Lösung im Markt zu starten, die im Laufe der Zeit verbessert wird. Bei physischen Produkten oder auch Dienstleistungen, oft in Form eines Franchise-Ansatzes vermarktet, ist es nicht so einfach, Änderungen zu implementieren. Rückrufe oder Resets schaden dem Image.

231 Zich, Christian, Das Marketing Praxisbuch 2018, a. a. O., S. 110.
232 Ebenda, S. 111.
233 Ebenda.

In Unternehmen werden individuelle Vorgehensweisen gewählt. Das agile Denken hat sich verbreitet, da die Geschwindigkeit von Entwicklungen und Änderungen höher geworden ist. Zudem haben viele Produkte Software-Anteile.

Beachten Sie

Generell lässt sich beobachten, dass beide Denkrichtungen mit unterschiedlichen Anteilen im Entwicklungsprozess koexistieren. Das ist die häufigste Vorgehensweise auch für das konkrete Engineering. Es ist ein hybrider Ansatz, der agiles Gedankengut nutzt, bewährtes Vorgehen schätzt.

Da die Ansichten der konkreten Projektteilnehmer allerdings auch sehr unterschiedlich sein können, sind die Alternativen klar herauszuarbeiten. **Implizites Konfliktmanagement** besteht darin, keine Vorstellung zu unterdrücken, sondern im Gegenteil alle Ansichten herauszukitzeln, damit diese ausgesprochen sind. Die Teilnehmer kommen aus unterschiedlichen Projektkulturen.

Psychologisch bleibt alles, was nicht ausgesprochen wurde, unterschwellig erhalten. Erst von der gedanklichen Plattform maximaler Transparenz darf zur Lösungsfindung fortgeschritten werden.

Das Verfahren zur Auflösung unterschiedlicher Ansichten hängt im Einzelnen von der Konstellation ab. Manche Gegensätze können nur vertieft, also im Detail erkennbar gemacht werden, um sie dann zur Abstimmung zu stellen. Andere Gegensätze können einem Kompromiss zugeführt werden, indem in Gruppenarbeiten verbindende Ansätze erarbeitet werden. Beteiligung ist das Zauberwort. **Hier ist das Coaching der Gruppe ganz entscheidend. Nur wenn die Moderation erreicht hat, dass keine tief sitzenden Bedenken bleiben, kann konstruktiv weiter gearbeitet werden.**

Ein Mechanismus, um eine Gruppenlösung zu finden, wird auch im weiteren Verlauf des Projekts immer wieder erforderlich sein, denn es wird noch häufiger zu unterschiedlichen Ansichten kommen. Das funktioniert, wenn durchgehend eine wertschätzende Anerkennung aller Lösungsmöglichkeiten vorherrscht. Damit sind wichtige Aspekte erfolgreicher Projektarbeit herausgearbeitet:

Beachten Sie

Zur Umsetzung der Produktentwicklung werden einerseits die geeigneten Personen und andererseits das passende Vorgehen benötigt. Diese Anforderungen bestehen in der real existierenden Unternehmensumgebung, so wie diese aufgebaut ist, wie es die Kolleginnen und Kollegen gewohnt sind, Aufgaben zu erledigen. Es wird dabei ein Vorgehen gebraucht, das sich an unterschiedliche Umfelder anpassen kann. Dabei ist eine Orientierung an Kanban, das vom Prinzip auf Anpassung entwickelt wurde, eine gute Wahl. Wenn sich das Team darauf verständigt, ist gruppendynamisch die Frage des Norming beantwortet.

Rahmenbedingungen

Die Rahmenbedingungen stecken eben einen Rahmen ab, innerhalb dessen zu agieren ist. Ein Projekt kann selten als alleinstehend betrachtet werden. Vielmehr wird das eine Produktprojekt durch ein anderes tangiert, sei es weil Kapazitäten geteilt werden, sei es weil es Auswirkungen im Produktprogramm gibt. Insofern sind die projektexternen Verbindungen zu klären.

Das Projekt selbst ist in Projekteinheiten unterteilt. Projektintern gehören Zusagen an andere Gruppen zu den Rahmenbedingungen, wann welche entwickelte Einheit für andere Projektteams zur Verfügung stehen soll. Alle Teams bewegen sich in einem Gesamtprojekt mit entsprechenden Verpflichtungen.

Durch das Anforderungsmanagement wird die Grundlage für das interne und externe Zusammenspiel geschaffen. Die gesamte Projektarbeit hängt davon ab. Deshalb ist größter Wert darauf zu legen, die Anforderungen immer als Ausgangspunkt der Arbeiten in der Umsetzung zu nehmen.

Beachten Sie

Im Falle erkennbar notwendiger Änderungen sind diese explizit vorzunehmen. Dabei ist der Kontext zu bedenken. Deshalb gehen sie notwendig über das Leitungsteam, das sie genehmigt.

Die Anforderungen begleiten ein Produkt während des gesamten Produktlebenszyklus. Um immer die Spezifikationen eindeutig im Griff zu haben, bedarf es dieses expliziten Änderungsmanagements. So lassen sich Entwicklungen auch im historischen Verlauf nachvollziehen.

Der Grundsatz lautet: Umsetzungen erfolgen immer auf Basis von (geänderten) Anforderungen.

Als Zwischenergebnis sollte jedes Projektteam die eigene Aufgabe definiert, die Kundenanforderungen festgehalten haben. Beides zusammen bildet ein **Product Backlog**, das in der Kanban-Vorgehensweise von einer Signalkarte aufgenommen wird. Ein Verfahrensbeauftragter sorgt dafür, dass dieses Ergebnis mit der Einteilung in die Arbeitseinheiten erreicht wird. Diese erfolgen auf Basis der Einordnung durch die Systemgrundlage und beinhalten die Produkt- und Komponentenanforderungen und stellen die frei zu gebenden Pakete zur Umsetzung dar.

Das zentrale Kanban-Board enthält die freigegebenen Module. Die Leistungsteams formulieren einzelne Arbeitspakete zur Konkretisierung der Module in der To-do-Phase. Die einzelnen Arbeitspakete können damit in der nächsten Phase von den Leistungsteams bearbeitet werden.

Wichtig ist dann auch die Einführung eines Dokumentenmanagements, also einer durchgehenden Nummerierung, etwa »Neuproduktprojekt A, Modul 1, Arbeitspaket 1, Schritt 1«. Die Wege in der Entwicklung erhalten so Übersichtlichkeit und Nachvollziehbarkeit.

Teamaufstellung

Wer am besten was übernimmt, ergibt sich meist schon aus der Gliederung, denn die Spezialisten werden den entsprechenden Spezialaufgaben zugeordnet. Ansonsten erfolgen Abstimmungen im Team, um zu klären, wer sich an welchem Arbeitspaket beteiligt. Hier ist sicher wieder die Moderation gefordert, denn die Verteilung sollte dem Projektinteresse folgen, was nicht immer dem Interesse der einzelnen Teilnehmer entspricht. Durch die schon angesprochene Trennung von Sache und Person – also möglichst konsequent erst einmal die Arbeitseinheiten ohne Personenbezug zu definieren – ist die höchste Chance für eine akzeptierte Verteilung gegeben.

Der Handlungsrahmen in dem Prozess ist mit der Projektfreigabe bereits abgesteckt worden:

- Es wurde das Produktentwicklungsbudget bestimmt.
- Es wurden die zulässigen Herstellkosten festgelegt.

Gleich welche Form gewählt wird, traditionell oder agil oder individuell, zwei Prüfschritte sind vor endgültiger Freigabe noch vorzunehmen:

- Das Team schätzt den Aufwand, kennt die personellen Ressourcen und gibt eine Taxierung ab, in welcher Zeit das Produktteil erstellt wird, gegebenenfalls unterteilt in Arbeitseinheiten mit zeitlichen Stufen.
- Das Team ermittelt eine Kostenschätzung für die Verwirklichung der verbesserten Produkteinheit.

Für Budget und Kosten stellt sich die Frage der Verteilung auf die einzelnen Einheiten. Meist erfolgt eine Bottom-up-Ermittlung im nächsten Schritt – welches Budget wird benötigt, wie hoch werden die variablen Kosten aufgrund der Projekteinheit sein? –, um dann top-down zu beantworten, wie gut das in das Gefüge passt.

Der Kostenrahmen sollte in die Zielkostenstruktur passen. Die Leistungsteams erstellen einerseits skizzierte Bauteile, ermitteln andererseits die voraussichtlichen Kosten. Dieses geschieht bei Zukaufteilen über Angebotseinholung, bei selbst erstellten Teilen erfolgt meist eine Orientierung an bekannten Kostenstrukturen im Haus. Das ist eine Bottom-up-Ermittlung.

Sollten Zeit oder Kosten außerhalb der abgesteckten Größen liegen, sind Anpassungen vorzunehmen. Das **Target Costing** spricht von Anspannungen,[234] in diesem Fall die mögliche Überziehung des Zeit- und Kostenrahmens. Mit dem Team zusammen werden Anpassungen überlegt, um die Anspannungen zu beseitigen.

Oft sind auch schon Anteile für einzelne Projektmodule grob festgelegt worden, die hier natürlich unter den Rahmenbedingungen zu nennen sind. Nichts ist schlimmer als Wissen, das bekannt und bestimmend ist, erst später wie ein Einfang-Lasso einzusetzen. Das erzeugt Unmut und behindert die Projektarbeit.

Auch die Frage des zeitlichen Rahmens wird sicherlich erst nach der Umsetzung in technische Anforderungen genau abgesteckt werden können. Zeitliche Erwartungen sind auch von Anfang an zu nennen und der voraussichtliche Zeitbedarf ist zu ermitteln.

Beachten Sie

Die Prinzipien Transparenz und rechtzeitige Information sollten die Grundlage für eine erfüllende und engagierte Mitwirkung im Projektteam bilden. Dann kann am besten gezielt im Team operiert werden.

Beide Prüfungen werden an das Leitungsteam gegeben, denn beide Punkte müssen passen: Der zeitliche Rahmen sollte so gesteckt sein, dass andere Teams gegebenenfalls rechtzeitig darauf aufbauen können. Deshalb sind mögliche Verbindungen auf dem Kanban-Board zu kennzeichnen: Arbeitsschritt x setzt Arbeitsschritt y voraus.

In dieser Phase muss erneut eine **Generalprüfung** des Produktmanagements erfolgen: Ist die erarbeitete Lösung ein glaubwürdiger Beitrag zu dem Versprechen, welches wir den Kunden geben wollen? Die gesamten Spezifikationen sollen genau die Kundenwünsche erfüllen, nichts anderes. Entwickler fügen oft eigene Vorstellungen hinzu. Das ist insoweit hilfreich, als hier mögliche nicht bedachte Lösungen genannt werden. Andererseits kann es kontraproduktiv sein, sich zu verzetteln. Steve Jobs soll immer wieder gefragt haben, ob die Funktion auch wirklich von Nutzen für die Kunden ist; es gilt, sich darauf zu konzentrieren. Deshalb ist die Frage immer wieder an die Teams zu richten:

- Ist es das Beste, was wir zur Erfüllung des Kundenversprechens leisten können?
- Brauchen wir alle Elemente oder sind einige gar nicht erforderlich?

Die Prüfpunkte dienen dem Ausmaß der Erfüllung des Versprechens und der Vermeidung eines Over-Engineering. Zu geringe Produktleistung gegenüber den Erwartungen ist genauso ein Problem wie viele ungenutzte Features.

234 Vgl. als ein Beispiel: Licharz, Elmar-Marius; McBroom, Sean; Frese-Ritz, Hoger; Yan, Cheng, 9. Praxisfall der Volkswagen AG zum Target Costing, a. a. O., S. 330 ff.

Am Ende der Planungsphase sollten folgende Punkte erreicht sein:

- Das Kundenziel ist übersetzt in nachprüfbare Kundenanforderungen.
- Die nachprüfbaren Kundenanforderungen sind übersetzt in Produktlösungen, sei es im Rahmen bestehender Bausteine oder mittels definierter zu entwickelnder Bausteine.
- Das Entwicklungsprojekt kann im Zeit- und Kostenrahmen verwirklicht werden.
- Vor allem aber: Die Gruppe hat sich gefunden und einen Arbeitsmodus entwickelt, der Vorfreude für die nächsten Schritte auslöst.

Alles zusammen soll die angestrebte Lösung ergeben. Die endgültige Freigabe für den so formulierten Projektauftrag erfolgt durch das Leitungsgremium, das auch sicherstellt, dass die Teile zusammenpassen, nach Verabschiedung der Struktur im New Development Plan-Meeting.

Hier erfolgt notwendig wieder die Verlinkung mit der Unternehmensleitung. Sie will im Bilde sein, was genau wie im Projekt erarbeitet werden soll. Dabei hilft wieder die Strukturierung des Berichts nach den Kriterien Machbarkeit, Vermarktbarkeit und Wünschbarkeit. Dieser Meilenstein löst die Erarbeitung aus.

Insgesamt bildet die Planungsphase mit ihren Herausforderungen die wohl entscheidende Phase für den Projektverlauf. Viele Manager gehen gerne zu schnell an die Arbeit. Das sieht zielführend aus, ist es aber nicht, weil die einzelnen Ordnungsschritte dann später zu erledigen sind.

Die Planungsphase entscheidet über die Güte des Produkts.

3.2.2.3 Technische Ausführung des Neuproduktprojekts

Wenn ein Projektteam die gestellte Aufgabe strukturiert hat, kann die Gruppe geordnet in die Phase »Doing« eintreten; gruppendynamisch ist die Stufe des Performing erreicht. Die gemeinsame Vorarbeit kann nun zu einem produktiven Prozess der Produktentwicklung führen: Es ist klar, was konstruiert, herausgefunden, programmiert werden soll. Die Arbeitskarten können von den Teilteams zur Bearbeitung übernommen werden. Jetzt beginnt eine kreative Erstellung der definierten Einheiten.

Dabei kann der Inhalt des angestrebten Produkts mehr oder weniger komplex sein. Manchmal ist mit Grundlagenentwicklungen anzufangen, manchmal handelt es sich um ein System, für das eine Struktur benötigt wird, manchmal geht es um eine Produktneukonfiguration mit verfügbaren Komponenten.[235] Bei größeren Entwicklungen

235 So auch Gassmann, Oliver; Schweitzer, Fiona, Management the Unmanageable: Management oft the Fuzzy Front End of Innovation, a. a. O., S. 9.

sind weder das Ziel noch der Weg am Anfang exakt zu bestimmen. Das erfordert die Möglichkeit, sowohl das Ziel wie den Weg im Laufe des Prozesses justieren zu können.

Das beispielhafte Kanban-Board enthält die Stufen Spezifikation, Implementierung und Integration für das Doing. Dahinter steht ein Denken in Prozessen. Die Kanban-Karten enthalten die Geschäftsprozesse, in der Stufe Spezifikation werden vom Team die Teilprozesse gebildet, dann werden sie jeweils erstellt. Sie werden versuchsweise implementiert und nach erfolgreichen Tests in das neue System integriert.

Der **Software Development Plan** des Project Management Instituts geht vergleichbar vor, nach der Definition der Requirements sind die Stufen »Detailliertes Design«, »Systemkonfiguration«, »Installieren des Systems«, »Anwendungsentwicklung«, »Daten-Migration«, »System-Dokumentation« und »Testing« vorgesehen.[236] Dahinter ist auch hier ein vergleichbarer Prozessansatz erkennbar.

Vorgehen im Neuproduktprojekt

Die jeweilige Aufgabe bestimmt in starkem Maße das Vorgehen. Die Planungsphase hat die Grundlage geschaffen, jetzt beginnen die Realisationsteams mit den Probeläufen. Es sind Experten zusammengeführt worden, um die Verwirklichung vorzunehmen. Das Produktmanagement ist die Instanz, um mit den anderen Mitgliedern des Leitungsteams die Entwicklungsschritte zu steuern, nicht selbst durchzuführen.

Im Beispiel des Kaffeeautomaten kommt es vor, dass die technische Produktentwicklung etwa zu der Brühgruppe erste Einheiten im Labor baut, die auf ihre Leistung getestet werden. Komponenten und ihr Zusammenspiel sollen optimiert werden.

Es ist im Produktmanagement angeraten, sich für den Stand der Tests zu interessieren: Welche Ergebnisse wurden erzielt, welche Stabilität erreicht? Ein Prinzip in der Stufe der technischen Produktentwicklung, das später genauso für die kommunikative Entwicklung gilt, ist der Schulterblick.

Beachten Sie

Vereinbaren Sie mit dem Entwicklungsleiter oder dem Teilprojektleiter, dass Sie sich Lösungen im Test ansehen. Psychologisch zeigt diese Teilnahme das Interesse und fördert das Engagement in der Entwicklung. Gleichzeitig sind Sie damit kein platonischer Begleiter, sondern mittendrin.

---

236 Vgl. www.projectmanagement.com/project-plans/121789/software-development-project-plan (eigene Übersetzung, L.K.).

Darüber hinaus ist es wichtig, den Überblick über das Produkt-Mosaik zu behalten. In der Realisierung benötigen manche Teams erst eine Teiledefinition anderer Teams. Es kann leicht passieren, dass ein Teil, das stark verzögert entwickelt wird, viele andere und damit das Gesamtprojekt aufhält. Hier hat das Produktmanagement zusammen mit dem Leitungsteam einzugreifen.

Das Rückgrat bilden die wiederkehrenden Termine, die Jours fixes. Taktgeber ist das regelmäßige New Development Plan-Meeting. Vorbereitend in passendem Vorlauf erfolgt ein Meeting des Leitungsgremiums mit den Projektleitern oder -moderatoren und gegebenenfalls dem Verfahrens-Master.

Das Projekt ist aufgeteilt in Teilprojekte. Wenn ein Teilprojekt abgeschlossen werden konnte, ist das ein *Foot Stone* in der Projektentwicklung, um einem Zwischen-Meilenstein einen Namen zu geben. Die *Foot Stones* sind erst vollständig und können dann verlässlich präsentiert werden, wenn Tests die Qualität bestätigen. Es ist ungeschickt, mit vorläufigen Meldungen anzutreten. Deshalb wird jeder Schritt mit Funktions- und Qualitätstests abgeschlossen und danach als erledigt vorgestellt.

Bei manchen Entwicklungseinheiten stellt sich auch die Frage, ob die gefundene Lösung von Kunden akzeptiert wird. Das Kanban-Board sieht zum Schluss einer Arbeitseinheit durchweg einen Kundentest vor. Das ist im Produktmanagement selbstverständlich. Manchmal steht auch schon die Frage an, ob die gefundene Teillösung auf positive Resonanz trifft. Dann gehört auch die Kundenforschung zum notwendigen Zwischen-Testing.

Meilensteine, also der Abschluss entscheidender Teile, sind die entscheidenden Wegmarkierungen für die Unternehmensleitung. Deswegen bekommen sie in der Agenda und der Sitzung des New Development Plan-Meetings eine Hervorhebung.

Tipp

Das Produktmanagement ist gut beraten, nur fundierte Meilensteine in dem New Development Plan-Meeting besonders hervorzuheben. Eine Fortschreibung von Machbarkeit, Vermarktbarkeit und Wünschbarkeit gehört hinzu.

Auf dem Weg werden Arbeitspakete abgeschlossen. Für die Leitungsebene des Projekts sind diese Punkte entscheidende Teilwegmarkierungen, welche den Detailfortschritt zeigen, eben die Schritte zur Meile; deshalb die Bezeichnung Foot Stones. Sie im Austausch mit den Projektteams zu betonen, schafft Motivation.

Zu festen Terminen kann ein Stand-up-Meeting mit dem Projektteam insgesamt oder einzelnen Leistungsteams durchgeführt werden. Die Kunst der Führung im Produktmanagement liegt in der geschickten Vernetzung und Betreuung der Beteiligten. Das

System muss geschlossen aufgebaut sein. Manchmal wird auch über Hol- oder Bringschuld diskutiert; die Diskussion ist müßig, das Produktmanagement hat ein Problem, wenn es Informationslücken hat.

Es ergibt sich hier folgendes Berichtssystem:

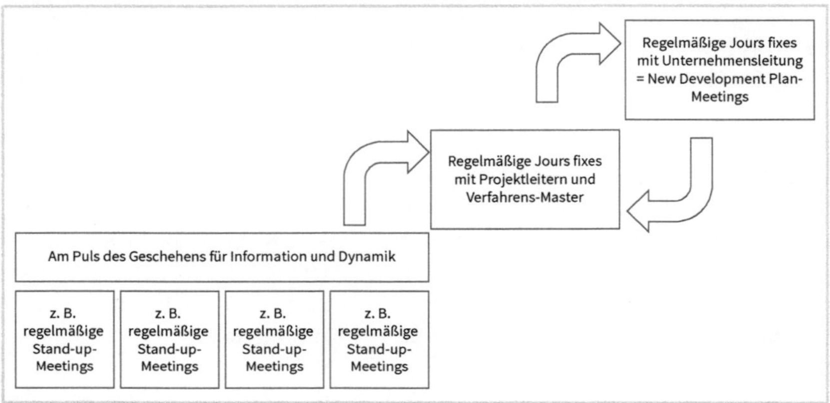

Abb. 42: Berichtssystem im Produktmanagement

Die untere Ebene der Struktur, deren Entwicklung das Produktmanagement aktiv verfolgt, besteht meist aus mehreren Teilprojekten, nicht nur einem; der Übersichtlichkeit halber ist nur eines eingezeichnet. Die verschiedenen Teilprojekte werden auf der Leitungsebene integriert zu einem Gesamtprojektstand, über den in den New Development Plan-Meetings berichtet wird.

Als Rückgrat der Neuproduktentwicklung fungiert die vorgenommene Verzahnung: So beginnen beispielsweise jeweils am Freitagmorgen die Teilnehmer des Projekts »neuer Kaffeeautomat« den Tag mit einem Stand-up-Meeting. Es geht darum, dass die Moderatoren der einzelnen Teams den neuesten Stand kommunizieren, das Leitungsteam, vor allem das Produktmanagement auch entscheidet und priorisiert. Alle arbeiten mit dem neuesten Stand weiter, offene Fragen sind beantwortet.

An jedem dritten Freitag mag sich das Leitungsteam anschließend mit den Teilprojekt-Moderatoren treffen, um das nächste New Development Plan-Meeting vorzubereiten. Dabei geht es auch um die Auswahl, welcher Teilprojekt-Moderator Ergebnisse vorstellt. Es ist wichtig für die Motivation, die Handelnden auch selbst zu Wort kommen zu lassen.

Andere entscheidende Aspekte sind mögliche Einflüsse auf Kosten und Zeit. Die Teilprojekt-Manager melden Abweichungen. Es können entweder Lösungen gefunden werden oder es bedarf erforderlicher Anpassungen. Hier sollte jedes Produktmanagement immer aktuell informiert sein.

An jedem vierten Freitag im Monat mag jeweils das New Development Plan-Meeting mit der Unternehmensleitung stattfinden. Hier ist das Neuproduktprojekt eines unter verschiedenen. Die Zeit für die Darlegung des Fortschritts gilt es zu nutzen, um die wichtigen Schritte zu kommunizieren, wie gesagt, am besten mit den Teilprojekt-Moderatoren. So können die erzielten Ergebnisse auch detailliert erklärt werden, wenn Fragen aufkommen. Das Produktmanagement selbst zeigt eine Aktualisierung hinsichtlich der Machbarkeit, Vermarktbarkeit, Wünschbarkeit des Projekts. Das ist die zentrale Aufgabe im PM.

Es wäre eine falsche Haltung des Produktmanagements und des Leitungsteams, nur selbst vorstellen zu wollen und die Fachexpertinnen und Fachexperten außen vor zu lassen. Das frustriert die Experten und führt, da die Projektleitung nicht alle Details kennen kann, zu Wissenslücken im Meeting. Damit ist niemandem gedient, insbesondere nicht dem Produktmanagement.

Beachten Sie

Ein wichtiges Führungsprinzip ist, andere stark zu machen. Auch ohne Weisungsbefugnis.

Die beispielhafte Strukturierung stammt aus einem Unternehmen, das Kaffeeautomaten anbietet und produziert. In einem anderen Unternehmen, das Wägetechnik entwickelt, herstellt und verkauft, gelten Quartalszyklen für die Abstimmung mit der Unternehmensleitung. Es ist ein passender Rhythmus zu installieren, der einerseits der Entwicklungsdynamik Rechnung trägt, der aber so gestaltet ist, dass echte Entwicklungsschritte vorgestellt und besprochen werden können.

Timinger gibt dafür Richtwerte:[237]

Projektdauer	Frequenz der Statuserfassung
Wenige Monate	Wöchentlich
1 bis 2 Jahre	Zweiwöchentlich
3 bis 5 Jahre	Monatlich bis zweimonatlich
Mehr als 5 Jahre	Zweimonatlich bis quartalsweise

Tab. 26: Richtwerte zur Statuserfassung nach Timinger (2017)

237 Timinger, Holger, Modernes Projektmanagement, a. a. O., S. 103.

Überhaupt ist die Projektleitung, vor allem das Produktmanagement, wie ein Trainer am Spielfeldrand. Bei Blockaden oder bei Konflikten ist zumindest ein Ausfallschritt zu veranlassen: andere Umgebung, andere Fragestellung, Pause im Projekt zur Verbesserung des Miteinanders.

Das Produktmanagement ist am Ende Auftraggeber und wie ein Unternehmer in der Pflicht, Hindernisse aus dem Weg zu räumen. Dazu gehört es notwendigerweise, immer auf der Höhe der Entwicklung zu bleiben. Natürlich gibt es die installierte Verzahnung. Ein engagiertes Produktmanagement wird darüber hinaus den Kontakt zu den relevanten Projektmanagern regelmäßig suchen. Hier ist das unternehmerische Denken gefordert: den Prozess unauffällig, aber bestimmt zu forcieren.

Produktdesign

Wenn die Produktteile klarer Gestalt annehmen, wenn das Gesamtprodukt erkennbar ist, wenn Raumbedarf für die Teile in einem Ganzen benannt werden kann, erfolgt für physische Produkte der Schritt zur Designgestaltung. Es bekommt eine Gestalt. Wer Kaffeeautomaten als Produkt nimmt, sieht unterschiedliche Formen. Sie spielen für die Auswahl der Kunden eine entscheidende Rolle. Damit tritt das Produkt aus der technischen Entwicklung in die Stufe der **Produktvermarktung**. Sie beginnt als Grundsatz mit dem Auftritt des Produkts selbst. Für Heribert Meffert ist das Produkt das Herz des Marketings.[238]

Insofern ist die dritte Stufe im New Development Plan nicht streng sequenziell. Sie sollte erst beginnen, wenn belastbare Aussagen getroffen werden können, andererseits unter dieser Bedingung so früh wie möglich, da sie wieder die Produktionsplanung bestimmt.

Die Beauftragung einer Designagentur erfolgt über ein **Design-Briefing**. Das ist typischerweise eine zentrale Aufgabe des Produktmanagements. Unter einem Briefing sind alle Informationen in Kurzform zu verstehen, welche eine Designerin benötigt, um eine im Sinne der Produktpositionierung passende Gestaltung zu schaffen. Wir behandeln den Punkt Briefing später in Kapitel 3.2.2.

Oft werden zwei unterschiedliche Designer oder Design-Agenturen für eine erste Design-Vorstellung beauftragt. Hier sind von vornherein genau die Aufgaben, aber auch die Rechte sowie die Vergütung zu klären. Unter den vorgestellten Ansätzen ist der geeignetste auszuwählen, das ist derjenige, der in den Augen der zukünftigen Kunden Garant für die beste Umsetzung des Versprechens ist.

238 Vgl. Meffert, Heribert; Burmann, Christoph; Kirchgeorg, Manfred; Eisenbeiß, Maik, Marketing, 13. Aufl. Wiesbaden 2018, S. 393 ff.

So wird deutlich: Es ist notwendig, die **Kundenresonanz** zu ermitteln. Wer das Produkt in unterschiedlichen Ländern vermarkten will, sollte auch die Resonanz in verschiedenen Märkten ermitteln. Es ist bekannt, dass gerade die Geschmäcker in verschiedenen Ländern Unterschiede aufweisen.

Danach ist eine Entscheidung zu treffen. Die Kundenresonanz ist dabei ein Moment. Der favorisierte Vorschlag wird – gegebenenfalls mit gestalterischen Anpassungen – finalisiert. Das bedeutet, er wird am Ende zur Vorlage für die Produktion. Deshalb steht schon bei der Beauftragung der Designarbeiten, spätestens jetzt die Einbeziehung des Produktionsleiters an. Spezielle Bedingungen der eigenen Produktion kennt nur die eigene Produktionsleitung.

Beachten Sie

Die Verabschiedung der endgültigen Produktgestalt ist ein weiterer wichtiger Meilenstein im New Development Plan-Meeting.

Die Präsentation wird vorgenommen durch die Designerin, das Produktmanagement gibt auf Basis der Zielsetzung und der ermittelten Kundenresonanz eine Empfehlung. Es bleibt das Prinzip, die einbezogenen Expertinnen und Experten auch kommunizieren zu lassen.

Mit der Verabschiedung des Designs geht der Auftrag an die Produktionsleitung, um notwendige Vorbereitungen zu treffen. Im Falle von Kaffeeautomaten bedeutet das etwa eine Bestellung der Spritzguss-Werkzeuge. Das ist insofern ein sehr entscheidender Schritt. Im Automobilbereich wird vom **Design Freeze** gesprochen. Hier ist unbedingt eine aktuelle Aufnahme der Erfolgsaussichten geboten. Nur bei fundiert guter Perspektive kann es weitergehen.

Die Gestalt des Produkts kann nun nicht mehr geändert werden. Allerdings werden zu diesem Zeitpunkt auch Investitionen in Produktionsanlagen ausgelöst. Das ist der Unterschied zwischen physischen und digitalen Produkten. Der Grad von Festlegungen und Budgeteinsatz ist inzwischen sehr hoch.

Projektdokumentation

Ein Spiegelbild der durchgeführten Arbeiten ist deren Niederlegung in der Projektdokumentation. »Das Dokumentenmanagement hat zum Ziel, Dokumente mit vertretbarem Aufwand bereitzustellen. Dafür werden die Dokumente gekennzeichnet, registriert und archiviert. Heute bedient man sich meistens einer datenbankgestützten Software, um Dokumente abzulegen und abzurufen.«[239]

239 Timinger, Holger, Modernes Projektmanagement, a. a. O., S. 139.

Bei komplexen Produkten handelt es sich auch um ein Architekturmanagement, also der Niederlegung des Zusammenwirkens der Teile; das kann Aufgabe der vorlaufenden Teams sein, welche den Strukturplan erstellen. Denn auch hier gilt: Im Laufe des Produktlebens wird eine jeweils aktuelle Systemarchitektur benötigt. Man muss darauf zurückgreifen können. Auch Änderungen müssen jeweils offiziell durchgeführt und niedergelegt werden. Damit sind die Projektteams aufgefordert, die erbrachte Leistung niederzulegen, was dazu führt, sie noch einmal zu reflektieren.

Die dokumentierte Leistung ist in eine solche Form gebracht, dass andere Teilteams darauf zurückgreifen und aufbauen können. Zudem begleitet die Dokumentation das Produkt während des gesamten Produktlebenszyklus, um immer die Möglichkeit zu haben nachzuvollziehen, was wie erstellt wurde. Die immer mehr geforderte Kreislaufwirtschaft kann auch nur so installiert werden. So kann dann später leicht eine Überarbeitung oder eine Variante darauf aufbauend konzipiert werden. Auch ein Produktleben geht weiter.

3.2.2.4 Steuerung und Überwachung des Neuproduktprojekts

Die Steuerung des Managements orientiert sich generell an dem Vergleich von Soll und Ist. In einem Projekt sind das vor allem drei Parameter:

- Wie entwickelt sich die Zielzeit? Soll – Ist?
- Wie sieht es aus mit dem Budgetverbrauch? Soll – Ist?
- Wie entwickeln sich die Zielkosten des Produkts? Soll – Ist?

Antworten auf diese Fragen erwartet die Unternehmensleitung in den regelmäßigen New Development Plan-Meetings. Werden diese Themen nicht angesprochen, geht eine Unternehmensleitung meist davon aus, dass das Produktmanagement mit dem Projektleitungsteam diese Punkte im Griff hat, sich auf jeden Fall bei erkennbaren Abweichungen dazu erklärt.

Das zentrale Kanban-Board dient als Instrument des Produktmanagements dazu, die Übersicht zu bewahren. Da das Board idealerweise dem Prozessverlauf folgt, zeigt es, welche Arbeitspakete bearbeitet werden, schon bearbeitet wurden, wo sie gerade einzuordnen sind. »Hängt ein Arbeitspaket lange in einer Station fest oder häufen sich viele Arbeitspakete in einer Station, liegt ein Engpass vor. Das Kanban-Board hilft, solche Engpässe zu identifizieren, aufzulösen und in Richtung einer gleichförmig optimalen Durchlaufzeit zu steuern.«[240] Das ist somit der Status.

240 Ebenda, S. 202.

Wird dieser Status mit einer Soll-Zeit verglichen, lässt sich die Frage beantworten, welche Arbeitspakete fristgerecht, welche außerhalb der vorgesehenen Zeit laufen. Abweichungen lassen sich hochrechnen: So kann auch prognostiziert werden, ob das Projektteam in dem veranschlagten Zeitrahmen operiert, können mögliche Verzögerungen quantifiziert werden.

Das Kanban-Board dient der gleichmäßigen Auslastung und der frühzeitigen Entdeckung von Engpässen. »Eine Beobachtung vieler Projektmanager ist, dass einige Arbeiten im Projekt begonnen, aber nur wenige abgeschlossen werden.«[241] Dem wird durch Transparenz und die Förderung eines gleichmäßigen Arbeitsflusses entgegengewirkt.

»Die zentrale Metrik (Maß) bei Kanban ist die Durchlaufzeit eines Arbeitspakets bis zu seinem Abschluss.«[242] Wenn also sichtbar wird, dass ein Paket in einer Station hängt, eventuell sogar andere auf deren Ergebnis warten, ist damit ein Engpass identifiziert, der das gesamte Projekt verzögern kann. Durch rechtzeitiges Eingreifen der Projektleitung kann der Engpass behoben und damit der gesamte Projektverlauf wieder in Bewegung gebracht werden. Deshalb gilt es auch, die Durchlaufzeit zu messen. Es leuchtet ein: »Je schneller ein Arbeitspaket über alle Bearbeitungsstufen hinweg bearbeitet werden kann, desto schneller kann das Projekt meistens abgeschlossen werden.«[243]

Insofern ist es wichtig, ein Maß zu implementieren, das von den Projektteams beachtet wird, über welches sie auch berichten. Viele Entwicklungsteams verwenden Arbeitsstunden als Verrechnungseinheit. Und damit ist eine Dynamik erzeugt: Die Projektteams haben das Bestreben, in den regelmäßigen Statusgesprächen Fortschritte zu melden, die eben mit dem vereinbarten Maß dargelegt werden.

Das Rückgrat des Kanban-Boards funktioniert auch für die nächste Ebene: Typischerweise wird nicht nur ein Zeitrahmen, sondern auch ein Budgetrahmen gegeben, der auf die einzelnen Arbeitspakete verteilt wird. Wenn dieser Rahmen mit dem verbrauchten Budget verglichen wird, zeigen sich Über- oder Unterschreitungen.

Beide Ebenen können oft parallel betrachtet werden: Für ein Arbeitspaket ist eine bestimmte Zeit, sind bestimmte Ressourcen vorgesehen. Die Projektmodule sind in Arbeitsschritte unterteilt worden, die Grundlage des Projektprozesses sind. Wenn von Anfang an diese Schritte mit Kosten- und Zeitschätzungen versehen werden, zeigt ein Vergleich mit den tatsächlichen Werten, wie gut die Größen zusammenpassen. Sobald etwas zeitlich aus dem Ruder läuft, kann das Produktmanagement fast schon sicher sein, dass sich gleichzeitig auch die Kosten verändern.

241 Ebenda, S. 203.
242 Ebenda, S. 205.
243 Ebenda, S. 206.

Die variablen Kosten der jeweiligen Einheit im späteren Produkt sind eher unabhängig von Zeit und Budget. Im Rahmen des Zielkostenmanagements sind hier Schätzungen vorgenommen worden, zunächst vom Projektteam auf Basis guter Recherche, dann ist in Abstimmung mit der Leitung eine Zielquantifizierung erfolgt. Im Laufe der Realisation zeigt sich, welche Kosten Material und Komponenten verursachen; eigene Produktionskosten werden mithilfe der Produktionsabteilung geschätzt.

Wenn die Projektteams parallel zur Projektarbeit immer wieder ihre Kalkulation überprüfen, lässt sich die Einhaltung der Zielkosten erkennen. So kann frühzeitig bei Abweichungen überlegt werden, ob und welche Maßnahmen zur besseren Einhaltung ergriffen werden. In dieser Projektphase ist die Korrektur leichter als später; je weiter ein Projekt voranschreitet, desto aufwendiger werden Änderungen.

Risikoanalyse

Damit ist in größerem Verständnis ein Thema angesprochen: Produkte beinhalten auch immer Risiken. Bei Kaffeeautomaten mit Drucksystem liegt das Risiko des Berstens der Druckeinheit auf dem Tisch, bei Software-Produkten das Risiko des Hacking. Selbst Dienstleistungen können durch falsche Anwendungen Risiken beinhalten. Deshalb ist es angeraten, mit dem Projektteam eine Risikoanalyse durchzuführen, wenn das jeweilige Teil, das in einem Projektteam entwickelt wird, relativ reif ist. Sie dient dazu, Risiken zu erkennen und zu verhindern. Gegen das Bersten der Druckeinheit hilft eine nachgewiesene Stabilität. Gegen das Hacking hilft, selbst Experten zu beauftragen, das Produkt zu hacken. Eine Risikoanalyse gehört zur Projektarbeit, allerdings nicht gleich an den Anfang. Wie bei den drei Denkstühlen von Walt Disney (vgl. Abb. 32) ist der Weg vorteilhaft: erst ganz weit denken, dann realistisch entwickeln und zum Schluss auf Risiken prüfen.

Ein wichtiges Thema ist die Qualität. »In Projekten tritt das Qualitätsmanagement auf zwei Ebenen auf:

- Qualitätsmanagement bezogen auf das Projektmanagement, dessen Prozesse, Rollen und Aufgaben ...«[244] Deshalb ist der Verfahrensmaster so bedeutsam.
- »Qualitätsmanagement bezogen auf den Projektgegenstand, mit dem Ziel, alle Anforderungen an diesen zu erfassen und zu erfüllen.

Die Qualität des Projektmanagements hat dabei erheblichen Einfluss auf die Qualität des Projektgegenstands.«[245] Diese ist in der Verantwortung des Produktmanagements.

244 Ebenda, S. 135.
245 Ebenda.

Parallel ist eine Integration der Qualitätsanforderungen an das Produkt erforderlich. Wir hatten immer wieder von Requirements und Tests gesprochen. Oft gibt es erforderliche Freigaben. Diese sollen dokumentiert werden und nachvollziehbar sein. Die Projektmanagement-Software-Angebote »Doors, Integrity oder Quality-Center werden heute im Requirements Engineering breit genutzt und haben trotz des hohen Preises einen starken Marktanteil, da sie alle Anforderungen gerade auch für verteiltes Arbeiten und komplexe Rechteverwaltung gut beherrschen. Erwähnt werden sollen aber auch agile Werkzeuge wie Moqups zur Unterstützung von Design Thinking, Prototyping und UI [User Interface] mit Mock-ups.«[246] Das liegt sicherlich in der Verantwortung der Entwicklungsabteilung und ist für das erfolgreiche Produkt am Ende wichtig.

Wir hatten uns mit der Initiierung des Projekts (vgl. Kapitel 3.2.2.1) auch vorgenommen, das Produkt und seine Bestandteile möglichst unkompliziert zu gestalten. Es leuchtet ein, je einfacher die Zusammensetzung ist, desto robuster ist das Produkt. In der Steuerung wird der Gedanke weiter verfolgt: Wenn die Module unkompliziert zusammenwirken, ist es in der Produktion wie in der Anwendung einfacher, damit umzugehen; so treten weniger Fehler auf. Das gilt für gegenständliche Produkte wie für Programme. Je komplizierter das strukturelle Räderwerk als Produktgrundlage gestaltet wird, desto fehleranfälliger ist das Produkt. Das ist durchaus ein bekanntes Software-Problem.

Tipp

Sprechen Sie mit der Leitung Kundenservice über das möglichst unkomplizierte Zusammenwirken der einzelnen Module, lassen Sie deren Ratschläge in die Produktentwicklung einfließen.

Zu oft wird zu viel Kenntnis bei den Nutzern vorausgesetzt. Das sind selbst implementierte Fallen für die Qualität, die am Ende auf Kosten der Kundenzufriedenheit gehen.

Produkthaftung

Eine Generalanforderung stellt das Risiko der Produkthaftung dar, der Haftung für fehlerhafte Produkte. »Ein Produkt gilt dann als fehlerhaft, wenn es nicht die Sicherheit bietet, die unter Berücksichtigung aller Umstände, berechtigterweise erwartet werden kann (§ 3 ProdHaftG).«[247] Die Tests und Checks im Projektverlauf sollten hier schon Vorsorge treffen.

Vielfach werden auch externe Dienstleister einbezogen. Das externe Vertragsmanagement liegt oft in der Einkaufabteilung. Diese formuliert Anforderungen der internen

246 Ebert, Christof, Systematisches Requirements Engineering, a. a. O., S. 318 (Ergänzung in eckigen Klammern durch den Autor L.K.).

247 Karg, Fabian, Übersicht: Produkthaftung und Produzentenhaftung, in: www.it-recht-kanzlei.de/produkthaftung-produzentenhaftung.

Besteller. Grundlage sind die Kundenanforderungen. Das Produktmanagement ist zudem aufgefordert, ein Lieferanten-Qualitätsmanagement zu verlangen. Dieses soll die auch intern verlangten Tests und Checks umfassen. Das Produktmanagement braucht einen freien Rücken.

Insgesamt zeigt sich, dass die Kanban-Arbeitsstruktur auch ein gutes Gerüst für die Einhaltung der entscheidenden Faktoren Zeit und Kosten darstellt. Das ist wichtig, weil das Produktmanagement mit dem Neuproduktprojekt einen Businessplan verbindet. Ein zentrales Kanban-Board ist zunächst unabhängig von der Vorgehensweise in den Projektteams. Die hohe Anpassungsfähigkeit legt dieses Instrument für jedes Produktmanagement nahe.

3.2.2.5 Technischer Abschluss Neuproduktprojekt

Das Projekt wird gezielt in Teilen und insgesamt zur erstrebten Lösung geführt. Der technische Abschluss eines Neuproduktprojekts ist erst einmal genau zu beschreiben. Zu gerne übergeben Projektteams ihre Ergebnisse und damit die Verantwortung für die weitere Verwendung schnell an die Umsetzung. Das kann eine Bruchstelle werden. Wir haben in der Beschreibung des Produktlebenszyklus bewusst die Phase der Marktdurchsetzung eingefügt, weil zu Beginn eines Produktlebens im Markt oft noch Kleinigkeiten schlecht funktionieren und den Erfolg des Produkts behindern. Intern sollte hier das gleiche Denken herrschen.

Wir wollen unter dem technischen Abschluss eines (Teil-)Projekts sechs wichtige Punkte nennen:

- Test jeder Komponente in Funktion
- Nachkalkulation der einzelnen Komponenten
- Schutzrechte sichern
- Erfolge feiern
- positive Bescheinigungen
- Erfahrungssicherung

Funktionsverständnis

Fangen wir mit dem Funktionsverständnis an. Es gibt eine Überlappung: Ein Projektteam schließt mit entsprechenden Tests die Komponentenentwicklung ab. Die Tests zeigen, dass die technische Einheit funktioniert, gegebenenfalls die Bedienung von Kunden positiv bewertet wird. Das kann nicht genügen. Eine Komponente ist erst dann wertvoll, wenn sie ihre Funktion im Gesamtprodukt erfüllt. Deshalb muss der Auftrag des Projektteams lauten, nicht nur das Funktionieren an sich, sondern das Funktionieren im Produkt sicherzustellen. Anhand unseres Beispiels der Kaffeeautomaten bedeutet das etwa, dass die Brühgruppe nicht nur an sich auf den Prüfstand gehört, sondern sie muss im Gehäuse des Kaffeeautomaten problemlos arbeiten.

Da das Produkt nach Freigabe in Serie produziert werden soll, muss es an die Produktion übergeben werden. Das ist der nächste Prozessschritt, den eine andere Abteilung vornimmt. Hier ist wieder Überlappung gefordert. Verschiedene weitere Aktionen können notwendig werden:

- Einerseits werden Werkzeuge für den Spritzguss bestellt, implementiert und eingefahren, um das Produktgehäuse herzustellen.
- Andererseits wird möglicherweise die Brühgruppe von einem Lieferanten bezogen. Mit dem Einkauf zusammen sind die Bezugsbedingungen inklusive der Qualitätsanforderungen zu verhandeln und festzulegen.

Tipp

Ihr Verhalten sollte von folgendem Gedanken getragen sein: Wir sind im Projekt erst zufrieden und können den Abschluss feiern, wenn das entwickelte Teil produziert oder beschafft werden kann *und* im Gesamtsystem einwandfrei arbeitet.

Diese Vorgehensweise verlängert die Projektarbeit etwas, führt aber zu einem von Anfang an qualitativ gut arbeitenden Produkt.

Die verbreitete Inkaufnahme anfänglicher Probleme sollte nicht zur Mentalität eines erfolgsorientierten Produktmanagements gehören. Diese Schlussprüfung wird dokumentiert, bei Teilebezug wird auf dieser Basis das Abnahmeprotokoll erstellt.

Beachten Sie

Es gilt zu jeder Zeit: Überzeugung durch Perfektion für eine hohe Kundenloyalität ist die Grundlage für eine hohe Wirtschaftlichkeit.

Das Kanban-Board sieht unter der Rubrik »Done« zunächst die Stufe Test vor, bevor das Modul als »abgeschlossen« eingeordnet wird. In den Abschlusstest gehören unbedingt die zwei Aspekte »technisch einwandfrei im System« und »positive Resonanz der Kunden im System«.

In Projektteams existiert oft ein Ausschnittdenken. Dem wird durch den ganzheitlichen Anspruch und den so definierten notwendigen Test entgegengewirkt. Auf diese Weise überzeugen die einzelnen Module und zum Schluss das Produkt insgesamt. Qualität und Kundenakzeptanz sind die Parameter.

Qualitätsmanagement gehört zu den wichtigsten Funktionen im Unternehmen – wie im vorigen Abschnitt schon ausgeführt –, weil es bei Fehlern eines Produkts haftet. »Zur Erhöhung der Qualität von Produkten und Dienstleistungen hat die ISO 1987 eine

Normenreihe (Norm) mit den Nummern 9000 – 9004 erlassen, die von mehr als 100 Ländern (u. a. von der Bundesrepublik Deutschland) als nationale Normvorschrift anerkannt ist. Ziel des Normenwerkes ist es, Modelle für Qualitätsmanagement-Systeme zur Verfügung zu stellen, die der Qualitätssicherung in Design/Entwicklung, Beschaffung, Produktion, Montage, Wartung und Endprüfung des Produktes dienen sollen.«[248]

Qualität wird für die gesamte Lieferkette verlangt. Das europäische Lieferkettengesetz soll das erreichen. »Unternehmen sollten ihrer Sorgfaltspflicht nachkommen und Auswirkungen auf Menschenrechte und Umwelt identifizieren, angehen und beheben.«[249] Diese Pfade sollten im Unternehmen bereits proaktiv behandelt werden: Verletzungen der Menschenrechte wie Umweltsünden führen zu Shitstorms. Auch Wiederverwendungsmöglichkeiten sollten systematisch eruiert werden.

Tipp

Legen Sie die Qualitätsprüfungen in der Produktdokumentation nieder, damit darauf zurückgegriffen werden kann. Sie haben für bestimmte Käufergruppen als Kaufargument Bedeutung. Zudem wird etwa bei der Produktdarstellung oft mit Testaten gearbeitet.

Die Produktdokumentation, bei technischen Produkten als Technische Dokumentation bezeichnet, bildet einen Bestandteil des Produkts.

Die »**Technische Dokumentation** fasst alle Informationen und Dokumente zusammen, die ein Produkt (wie Gerät, Maschine, Anlage, Software) beschreiben und seine Verwendung und Funktionsweise erläutern.«[250]

»Sie enthält sowohl die Anteile, die für den Kunden oder andere Dienstleister einsehbar sind (Externe Technische Dokumentation), als auch eine Vielzahl weiterer Bestandteile, die innerhalb des produzierenden Unternehmens verbleiben (Interne Technische Dokumentation).«[251]

Besonders wichtiger Bestandteil der externen Dokumentation ist die Konformitätserklärung, mit der versichert wird, dass das Produkt alle erforderlichen Regeln und Prüfungen einhält und erfüllt. Sie ist Voraussetzung für die CE-Kennzeichnung.[252]

---

248 Voigt, Kai-Ingo, Qualitätssicherung, in: www.wirtschaftslexikon.gabler.de/definition/qualitaetssicherung-44386.

249 Aus Pressemitteilung: »Lieferketten: Unternehmen für Schäden an Mensch und Umwelt verantwortlich«, www.europarl.europa.eu/news/de/press-room/20210122IPR96215/lieferketten-unternehmen-fuer-schaden-an mensch-und-umwelt-verantwortlich.

250 www.highdoc.de/technische-dokumentation, abgerufen am 26.09.2022.

251 Ebenda.

252 Vgl. europa.eu/youreurope/business/product-requirements/labels-markings/ce-marking/index_de, abgerufen am 26.09.2022.

Die Gewährleistung der technischen Qualität ist in Unternehmen meist verlässlich installiert. Das Produktmanagement sollte zusätzlich immer mit dem Anfangsgedanken der beiden Pole in der Initiierung – Leistung für unsere Kunden und Wunsch/Bedürfnis unserer Kunden (vgl. Kapitel 3.2.1.1) – die subjektive Qualität ergänzen, welche die Kunden dem Produkt zuordnen. Denn Produktmanagement schafft Produkte für Kunden.

Nachkalkulation der einzelnen Komponenten

Nach diesem Schritt sind alle Informationen final zusammen, um die jeweilige Komponente zu kalkulieren; sie funktioniert wie gewünscht im Produkt. Es ist davon auszugehen, dass jetzt keine (gravierenden) Veränderungen durch Teileverbesserungen mehr notwendig sind.

Die Nachkalkulation zu diesem späten Zeitpunkt schafft damit eine größere Verlässlichkeit für die Produktkalkulation. Hier gibt es prinzipiell drei Möglichkeiten:

- Die Zielkosten wurden eingehalten. Ideal.
- Die Zielkosten wurden unterschritten. Das kommt selten vor, führt zu der Nachfrage, ob die Leistung durch die abgeschlossene Entwicklung wirklich erbracht wird. Wenn ja, sind Spielräume entstanden. Wenn nein, ist zu prüfen, wie die Leistung erbracht werden kann.
- Die Zielkosten wurden überschritten. In der Praxis ist das der häufigste Fall.
  Im Bereich der Steuerung ist die Verfolgung der variablen Kosten schon ein mitlaufendes Thema gewesen, was dazu führen sollte, dass die Gefahr großer Überschreitungen gering ist. Ist eine Überschreitung trotz allem unvermeidlich, muss das Produktmanagement entscheiden: Fahren wir in einer Schleife und suchen Kostensenkungspotenzial oder akzeptieren wir bei diesem Bauteil die Überschreitung? Konkret: Zeit oder Kosten?

Schutzrechte sichern

Wenn dann ein gutes zuverlässiges Produkt in die Produktion geht, ist es ärgerlich, sollte es kurzfristig Nachahmer geben. Entwickler sind ohnehin gewohnt, interessante Entdeckungen zum Patent anzumelden. An dieser Stelle, also bevor das Produkt das Licht der Öffentlichkeit erblickt, ist noch einmal sorgfältig zu prüfen, ob und welche Schutzrechte gesichert worden sind, welche Rechte darüber hinaus gesichert werden können. Dieser Punkt kann auch mit einer Patentanwältin besprochen werden. Erst dann ist das Team so weit, dass es die Arbeit gut abgeschlossen hat: Sie funktioniert als Produkt, sie wird von Kunden goutiert, sie ist geschützt. Jetzt besteht aller Grund zu feiern. Und das sollte auch gemacht werden. Das ist der letzte Punkt für ein positives Projekterlebnis.

Positive Bescheinigungen

Wie immer im Leben sind der erste und der letzte Eindruck entscheidend. Das gilt auch für Projektteilnehmer. Wir hatten entsprechend Wert auf die Aufnahme im Team gelegt. Diesen letzten Eindruck können positive Beurteilungen vertiefen. Das Produktmanagement ist nicht die Funktion des Personalmanagements im Unternehmen. Ein guter Gedanke lässt sich unter Umständen implementieren: Projektarbeit wird als positive Beurteilung in die Personalakte aufgenommen.

Wir hatten die Überlegung, dass Projektarbeit eine Form von Auszeichnung sein sollte, auch mit Blick auf die Zukunft der Arbeit, in der es vermutlich größere Anteile Projektarbeit geben wird. Wenn eine positive Bescheinigung zum Abschluss der Arbeit im Projekt ausgestellt und in die Personalakte aufgenommen wird, dann bekommt Projektarbeit ein Gewicht.

Erfahrungssicherung

Der Gedanke, dass Projektarbeit immer wichtiger wird, kann fortgesetzt werden: Es gilt immer, das Vorgehen in Projekten zu verbessern. In einer Stimmung des Feierns und der positiven Beurteilung ist es meist leicht, die Projektarbeit zu reflektieren:

- Was lief gut? Kann darin eine Regel gesehen werden?
- Was lief weniger gut? Was sollten wir beim nächsten Mal besser machen?

Wenn der Erfolg nicht mehr in Frage gestellt wird, dann sind die Erfahrungsgespräche meist besonders fruchtbar. Es darf ohnehin nur darum gehen, die Metaebene abzuklopfen. Es gilt wieder das Prinzip der Trennung von Thema und Personen. Gruppendynamisch ist es die Phase Adjourning.

Wenn alle Bauteile nun ein Mosaik ergeben, das eine neue herausragende Lösung für die anvisierte Zielgruppe darstellt, das in der Produktion typischerweise nach einer Einfahrzeit funktioniert, dessen Software-Programme unkompliziert installiert und gestartet werden können, dann ist der Übergang zur Erstellung von Vorserienprodukten vollzogen, im Softwarebereich als Beta-Versionen bezeichnet, die getestet werden.

Anlage des neuen Produkts im Bestellsystem

Das Produkt, die Lösung wird nun genau spezifiziert. Grundlage sind Stücklisten, Baupläne. Es bedarf einer Bedarfsauflösung in Teile, die in die Produktion eingehen, welche später auch Ersatzteile des Produkts sein können. Im Zuge der Materialwirtschaft wird ein Produkt bis dahin aufgespalten, wo die eigene Produktion beginnt. Die Abwicklung muss im ERP-System (Enterprise-Resource-Planning, Ressourcenplanung) angelegt werden. Erst die Anlage der Daten erlaubt die Verrechnungen für Produktion oder auch Rechnungswesen.

In manchen Unternehmen ist das Produktmanagement durchaus Supervisor für die produktbezogene Materialwirtschaft. In den anderen Unternehmen sollte das Produktmanagement sich bei den Zuständigen versichern, dass die systemseitige Abwicklung angelegt ist.

Der Grundgedanke der Materialwirtschaft ist, das Produkt bis zu dem Punkt aufzuspalten, dass kleinste Einheiten entstehen, durch welche das Produkt aus Unternehmenssicht gebildet wird. Die kleinsten Einheiten sind für die Bereitstellung unterschiedlich: Manche Einheiten sind vollständige Zukäufe, manche sind Komponenten, manche sind Teile und Rohstoffe. Dabei kommt es auf die Tiefe der Wertschöpfung an. Hier setzt das Lieferantenmanagement ein. Es geht also um die bezogenen Leistungen.

Die Zusammensetzung der Produkte aus unterschiedlichen Modulen ergibt die Bestelllisten, Unterlagen für Kundenaufträge. Sie werden angelegt mit Artikelnummern im Artikelnummernsystem, handelbare Produkte erhalten EAN-Codierungen im EAN-Nummernsystem des Unternehmens.

In manchen Unternehmen verwaltet das Produktmanagement die für den Absatz erforderlichen Nummernkreise. So oder so, das Produktmanagement muss einen Haken setzen können an die vollständige Anlage der Nummern. Damit ist der Absatz an Kunden möglich.

Insgesamt sorgt die Anlage zur Abwicklung dafür, produzieren und bestellen zu können. Damit ist die Perspektive der Markteinführung gegeben.

3.2.3 Vermarktung des Neuprodukts

Die Produktlösung soll überzeugen und Absatz finden. Wir wollen dabei nicht übersehen, dass sie subjektiv vom Nutzer beurteilt wird, gleich ob in einer privaten oder geschäftlichen Umgebung. Diesem Punkt ist während der technischen Produktentwicklung Rechnung getragen worden: Aus den Kundenanforderungen wurden die Produktanforderungen entwickelt und der gesamte Prozess steht unter der Leitlinie der Produktpositionierung. Alle Überlegungen zur Vermarktung gehen ebenfalls von dem Mehrwert für Kunden aus.

Instrumentelle Grundlage des Produktmanagements ist deshalb das **Positionierungs-Canvas** (vgl. Abb. 7) mit den beiden korrespondierenden Seiten der Zielgruppen-Persona und der Produktpositionierung. Dieses stellt die Richtschnur für die Produktentwicklung dar. Die Produktpositionierung selbst umfasst drei Bereiche: den technischen, emotionalen und selbst-expressiven Mehrwert. Die Frage der Kundensicht ist integriert in die Produktkonzeption.

Die technische Produktentwicklung dient ohne Frage schon allen drei Bereichen. Basis für die Rezeption der Kunden ist der Auftritt des Produkts selbst. Kunden bewerten erst einmal basal, ob es sich um eine erstrebenswerte Lösung für ein relevantes Bedürfnis handelt. Die kommunikative Unterstützung, der Vorstellungsrahmen, soll die Wirkung verstärken. Die Auseinandersetzung mit den Vorzügen und Nachteilen aus Kundensicht ermöglicht idealerweise, die Produktpositionierung auf den Punkt zu bringen.

Jetzt sind Überlegungen anzustellen, wie das neue Produkt im Markt erfolgreich sein kann. Die Überlegungen beziehen sich auf die Wirkung im Markt, also das Marktmanagement. Hier starten die grundlegenden Gedanken zur Betreuung des Produkts bei seinem Marktstart. Sie bilden die Grundlage für die weitere Marktentwicklung.

Beide Seiten, die technische mit dem Ziel des konkreten Produktangebots, wie die marktseitige mit dem Ziel des Erfolgs im Markt, gehören zusammen: Wir hatten das Beispiel Mercedes EQS – das erste Elektrofahrzeug der Luxusklasse. Damit ist klar: Dieses Fahrzeug verhilft dem Fahrer als Vorreiter zum Einstieg in die neue oberste Liga. Produkt und Rahmen, englisch Frame, sind nicht zu trennen. Das Produkt selbst passt zum Anspruch. Idealerweise aber auch das gesamte Produktpaket von Ausstattung etwa mit Bildschirmen und der nötigen W-LAN-Verbindung bis zu Service mit Ersatzwagenregelung und regelmäßigen Reifenwechseln zu den Jahreszeiten, um nur einen Teil zu nennen.

Beachten Sie

Die Kunden erwarten nicht nur ein Produkt. Selbstverwirklichung und gesellschaftliche Anerkennung werden mitgeliefert. Die Betreuung schafft ein problemloses Genießen. Dadurch erhält das Produkt einen definierten Platz im Kopf der Menschen.

Dieses Gesamtversprechen mit der Rahmung ist erfolgsbestimmend und der untrennbare zweite Teil in der Neuproduktentwicklung. Wir haben das Thema schon mit der Frage der Gestaltung angesprochen. Sie dient gerade der Verkörperung des Produktversprechens. Jetzt soll die gesamte Thematik der Vermarktung, Gestaltung, Kommunikation und Vertrieb angesprochen werden. Dafür bedarf es eines schlüssigen Ansatzes, für den wir auf das Produktkonzept zurückgreifen.

Verbreitet handelt es sich um eine Lösung für ein Bedürfnis. Wir haben dafür immer wieder die Kaffeeversorgung im Büro herangezogen. Dieses Beispiel zeigt schon unterschiedliche Bereiche:

- Da ist das physische Produkt Kaffeevollautomat, der durch Leistungsfähigkeit und vor allem Design überzeugt.
- Da ist das Kundenverhalten mit unterschiedlichen Vorlieben und dem Wunsch nach Services, die das Erlebnis immer sicherstellen.
- Da ist das Gerät im Einsatz, das remote überwacht wird, das notwendige Verbrauchsprodukte und auch erforderliche Wartungen selbst initiiert.

Es handelt sich so um ein noch überschaubares Lösungsbündel. Im Mittelpunkt des Angebots steht allerdings schon hier nicht mehr das Gerät, sondern das Genusserlebnis, die beste Getränkeversorgung im Büro. Das ist die Lösung für das existierende Bedürfnis: Der Kunde kann sich unbeschwert der eigenen Arbeit widmen. Damit ist dieses Versprechen auch die Kernbotschaft in der Vermarktung.

Vom Kunden aus gedacht ist die Lösung der Kaffeeversorgung sicher nur ein Teil einer gesamten Getränkelösung. Insofern steht unmittelbar die Frage an, ob der Lösungsansatz erweitert werden soll. So könnten auch Kaltgetränke wie Wasser, Cola, Saft geliefert werden. Damit werden aber andere Vertriebs- und vor allem Logistiklösungen erforderlich, denn es geht dann um Flaschen in Kisten oder Getränkeautomaten wie von den Cola-Anbietern in der Gastronomie mit Wasseranschluss und passenden Getränkepatronen.

Soll die Produktentwicklung im Sinne einer umfassenden Lösung erweitert werden? Oder gibt es andere Lösungen? Gerade der Online-Bereich liefert vielfältige Beispiele von Kooperationen, um Gesamtlösungen zu schaffen. Hier bieten sich auf der physischen Ebene mögliche Kooperationen mit Getränkelieferanten wie »Flaschenpost« oder den Cola-Anbietern an, die jeweils ein umfassendes Getränkesortiment bieten.

Da eine Sprachsteuerung überlegt wird, stellt sich ebenfalls die Frage, ob eine Eigenentwicklung oder etwa das Produkt von Amazon, Alexa, genutzt werden soll. Dann steht die Entwicklung einer App an, um die eigenen Funktionen zu steuern.

Beachten Sie

Der Vermarktungsansatz sollte immer von den Kunden und dem Unternehmen mit der Kundenverbindung, dem Systemowner, aus gedacht werden.

Wenn das Versprechen an die Kunden in dem Umfang festgelegt ist, der ein Bedürfnis wirklich löst, hat auch dieses Thema eine inhaltliche und eine personelle Seite. Wer jetzt was macht, hängt von der Organisation im Unternehmen ab. Ist das Produktmanagement als Umsetzung des Marketings eingeordnet, wird das Produktmanagement direkt tätig. Ist der Absatzbereich in die Stufen Marken-, Produkt- und Kundenmanagement auch organisatorisch unterteilt, greift das Produktmanagement auf eine interne Marketingabteilung zurück. Gibt es im Unternehmen zudem eine strategische Abteilung Brand Management, sind Abstimmungen mit dieser zentralen Einheit erforderlich.

Kurzum: Es gibt aufgrund der unterschiedlichen Organisationen verschiedene Wege, aber eines steht fest: Das Produktmanagement muss rechtzeitig die Vermarktungsaktivitäten anstoßen. Meist werden – gleich über welchen Weg – Dienstleister für Konzept und Umsetzung eingeschaltet.

Beachten Sie

Ein verantwortliches Produktmanagement darf die Hoheit über das Produktmarketing nicht aus der Hand geben. Es sollte immer selbst die Hoheit über die Vermarktung der eigenen Produkte beanspruchen. Gleich in welcher Konstellation.

Inhaltlich lässt sich eine Orientierung am Marketing-Mix vornehmen. Dieses existiert bei dem amerikanischen Wissenschaftler Philip Kotler als **vier P: Product, Price, Promotion, Place.**[253] Die vier P sind zum geflügelten Wort geworden. Im Deutschen formuliert Heribert Meffert die Bereiche als Produkt-, Preis-, Kommunikations- und Distributionspolitik.[254]

Übertragen auf die Sprache in Unternehmen geht es zuerst um die Leistung (Produkte und Services), dann um die Preispolitik, anschließend um die Kommunikations- und die Vertriebspolitik.

Product Produktpolitik	**Price** Preispolitik
Promotion Kommunikationspolitik	**Place** Vertriebspolitik

Abb. 43: Produktmarketing-Mix

Dieses Produktmarketing-Mix strukturiert unsere Vermarktungsaufgaben. In dieser Reihenfolge kann ein Prozess gesehen werden: Die Basis bildet die Produktlösung, welche die Erlösgrundlage darstellt; der kommunikative Rahmen wird durch die Produktkommunikation geschaffen, die Wertschöpfung wird durch den Vertrieb realisiert. Das soll hier die Reihenfolge der Betrachtung sein.

Produktlösung als Erlösgrundlage

Aus Kundensicht bedarf es eines Kaufentscheidungswegs vom ersten Realisieren der Produktlösung bis zum möglichen Erwerb. Selbst die schönste Produktlösung muss einem potenziellen Käufer erst einmal überhaupt bekannt werden, dann muss er sie mögen und bevorzugen, bevor er sich mit einem möglichen Erwerb oder einer Miete auseinandersetzt und im Idealfall bestellt.

253 Vgl. Kotler, Philip; Armstrong, Gary; Harris, Lloyd C.; Piercy, Nigel, Grundlagen des Marketing, 7. Aufl., Hallbergmoos 2019, vor allem Teil III, S. 329 ff.

254 Vgl. Meffert, Heribert; Burmann, Christoph; Kirchgeorg, Manfred; Eisenbeiß, Maik, Marketing, a. a. O., vor allem S. 393 ff.

Dieser Weg wird verbreitet als **Customer Journey**, als Kundenweg, bezeichnet und in Phasen strukturiert.[255] Die Vermarktung von Neuprodukten orientiert sich an diesen Schritten.

Abb. 44: Die fünf Phasen der Customer Journey

Wir hatten zudem Überlegungen zur typischen Verbreitung angestellt, zur Diffusion eines Produkts: Sie beginnt bei Innovatoren und frühen Folgern, wenn der Adaptionsprozess betrachtet wird. Diese sind konsequent die Anfangsadressaten einer Produkteinführung. Es geht zunächst um eine Zündung im Markt, anschließend um die (virale) Verbreitung.

Aus dem Hause Procter & Gamble, Erfinder des Produktmanagements, wird berichtet, dass dort im Produktmarketing zur Strukturierung des Vorgehens »Momente der Wahrheit« definiert wurden, die zum Allgemeingut im Produktmanagement geworden sind:

- **Zero Moment of Truth:** Noch vor jeder Einleitung von Überlegungen, ob eine Leistung gekauft oder gemietet wird, muss diese für den potenziellen Käufer etwas Attraktives darstellen: Die Produktpositionierung verfängt und führt zur Begehrlichkeit.
- **First Moment of Truth:** Der potenzielle Käufer kommt zum ersten Mal in visuellen Kontakt mit der angebotenen Leistung. Bei physischen Produkten sieht er dieses in der Verpackung, bei virtuellen Produkten werden stellvertretend optische Merkmale oder Symbole herangezogen. Jede Leistung benötigt einen attraktiven Auftritt in ihrer »eigenen Verpackung«.
- **Second Moment of Truth:** Der Käufer nimmt das Produkt in Betrieb. Im Beispiel der Kaffeeautomaten: Er lässt den ersten Kaffee produzieren. Im Falle von Software: Er hat das Produkt heruntergeladen und installiert, jetzt führt er erste Anwendungen aus.

  Dieser Moment ist in der Beziehung zu einem Produkt besonders entscheidend: Das Produkt überzeugt oder überzeugt nicht. Und es zeigt sich in der Folge, dass dieser erste Eindruck ein Produktleben lang als Grundlage bleibt. Insofern ist für das Produktmarketing dieser Augenblick ein wichtiger Punkt, psychologisch handelt es sich um eine operante Konditionierung, also die Bestärkung im Verhalten.
- **Third Moment of Truth:** Es ist die Phase der Produkt- oder Servicenutzung. Wie steht der Anbieter an der Kundenseite? Hilft er weiter? Bietet er Hilfestellungen? Hier entsteht die Einstellung, ob sich der Kunde auf den Anbieter verlassen kann oder nicht. Sämtliche Folgeaktionen werden dadurch beeinflusst.

255 Vgl. Keite, Lothar, Corporate Identity im digitalen Zeitalter, a. a. O., S. 47.

Beide Ansätze – die fünf Phasen der Customer Journey (fünf A) und die Moments of Truth – stimmen im Prinzip überein. Sie bilden eine plausible und im Produktmarketing gut handhabbare Struktur: Kommunikative Aufladung des Produkts, der angestrebte Eindruck, unterstützender Auftritt, alle Überlegungen zur Erstinbetriebnahme und das Kundenbeziehungs-Management. Damit sind die Aufgaben geordnet.

Für viele Aufgaben werden Expertinnen und Experten hinzugezogen, um sie professionell zu erfüllen. Das Standardinstrument zur Beauftragung interner und externer Dienstleister, die unterstützend herangezogen werden, ist ein Briefing. Wir hatten gedanklich als Beispiel schon eine Designerin eingeschaltet (vgl. Kapitel 3.2.2.3).

Exkurs: Briefing

Das Wort Briefing ist englisch und wird mit Einsatzbesprechung übersetzt. In diesem Sinne erlebt man in der Politik immer wieder ein kurzes Briefing einer Person vor einer Veranstaltung. Im Deutschen wird es übersetzt als »Einweisung in etwas«.[256] Im Management ist es die Grundlage für eine Übergabe der Arbeit an andere Einheiten, insbesondere externe Dienstleister. Das Briefing kann schriftlich und mündlich erfolgen.
Die schriftliche Version hat zwei entscheidende Vorteile:

- Der Verfasser muss für sich genau klären, was er möchte, ansonsten kann er es nicht präzise niederschreiben. Insofern ist es auch eine Form des Selbstmanagements, sich genau über das Anliegen klar zu werden.
- Wenn der Auftragnehmer die Ergebnisse liefert, können beide – Auftraggeber und Auftragnehmer – noch einmal überprüfen, was genau beauftragt wurde. Auf eine mündliche Anleitung kann nicht mehr zurückgegriffen werden.

Deshalb ist es im Produktmanagement angeraten, bei allen wichtigen Auftragserteilungen ein schriftliches Briefing zu erstellen. Möglich sind beispielsweise ein Design-, ein Verpackungs-, ein Kommunikations- oder speziell Werbebriefing, für Online, Offline oder integriert. Im Prinzip ist das Briefing in allen Leistungsübertragungen einsetzbar.
Die Informationen, die ein Auftragnehmer benötigt, sind jeweils ähnlich: Er muss den Rahmen, das Umfeld kennen, die geforderte Leistung ist jeweils speziell aufzugeben, soll sich aber in den Ansatz des Unternehmens einordnen. Insofern sind folgende Punkte für ein Briefing zu nennen:

Auftragsbezeichnung

Es beginnt damit, genau zu sagen, worum es sich handelt. Als Beispiel wurde der Auftrag angesprochen, die äußerliche Gestalt eines Kaffeeautomaten

256 www.duden.de/rechtschreibung/Briefing.

zu kreieren. Auftragnehmer ist in dem Fall etwa eine Gestaltungsdesignerin. Sie sollte auch wissen, dass es sich um ein Gerät für den Büroservice handelt. Sie sollte die Produktpositionierung und das übergeordnete Versprechen kennen. Im Falle des Kaffeeautomaten ist das Gerät angelegt als Baustein einer Lösung.

Auftraggebendes Unternehmen

Als Erstes muss die Auftragnehmerin wissen, für wen sie tätig werden soll. Also geht es um das Unternehmen und das Produktmanagement. Wichtig ist, welche Kompetenz der Marke zugeordnet wird, wie das Markenversprechen des Unternehmens an die Kunden lautet. Was unterscheidet das Unternehmen im Wettbewerb, worin sieht es einmalige Positionen gegenüber seinen Kunden? Jede Leistung, die geliefert wird, soll sich da einordnen, am besten das Besondere unterstreichen.

Der Auftrag im Einzelnen

Als Zweites geht es um die spezielle Aufgabe, hier also das Neuproduktprojekt. Grundlage des Produktmanagements ist das Canvas aus Persona und Produktpositionierung (vgl. Abb. 7). Das gehört in das Briefing. Ein Auftragnehmer muss wissen, für welche Nutzer etwas entwickelt, welche Zielgruppe angesprochen wird. Dafür ist eine Produktpositionierung formuliert worden. Das hier gedanklich anstehende Design des Kaffeeautomaten wie auch alle anderen Aufträge in dem Projekt müssen dazu beitragen, die Zielgruppe überzeugend anzusprechen und die Produktpositionierung zu verwirklichen.

Zielgruppe

Die Zielgruppe bildet ein Segment im Markt. Für die Auftragnehmerin ist von Bedeutung, wie sich der Markt insgesamt und wie sich das spezielle Segment darstellt. Das Produktmanagement will bevorzugter Anbieter für das definierte Segment sein, einen Unterschied im Wettbewerb schaffen. Dafür ist die Persona erstellt worden. Mit ihrer Hilfe können die vorhandenen Ergebnisse der qualitativen Marktforschung dargelegt werden.
Das Produktmanagement kennt die Marktstrukturen. Um mitwirken zu können, bedarf die Auftragnehmerin einer Einordnung des Segments im Markt.

Position im Markt

Es kann sich bei dem Produkt für das Marktsegment um ein erstes oder ein Folgeprodukt handeln. Die Produktpositionierung stellt also entweder einen Anfang oder eine Folge dar. Jede Folgepositionierung wird aus Kundensicht nur evolutionär entwickelt werden können. Es gibt einen Platz im Kopf der Kunden. Ein Dienstleister muss wissen, wo der Ausgangspunkt ist.

Beschreibung der Leistung für Kunden
Die Auftragnehmerin muss das Produkt kennen, um das es geht. In dem Beispiel: Welche Besonderheiten hat der Kaffeeautomat? Was überzeugt die Zielgruppe vor allem? Welche Unterschiede zu bisherigen oder Wettbewerbsgeräten gibt es? Es soll ja einen Rahmen geben, die Gestaltung wie auch andere beauftragte Leistungen sollen diese Besonderheit herausheben.

Systemumgebung
Die meisten Produkte ordnen sich in eine Umgebung ein. Insofern ist das System, sind die Schnittstellen und die Interaktionen darzulegen. Der Systemkontext determiniert Handlungsoptionen und Handlungsgrenzen.

Gestaltungsregeln
Teil der Wiedererkennbarkeit der Unternehmensleistungen sind Corporate Design und Corporate Communications auf der Grundlage des zentralen Versprechens. Die im Unternehmen geltenden Regeln und Standards werden dargelegt.
Die kreativen Leistungen sollen neuartig und ungewöhnlich sein, aber zum Unternehmen passen. Wenn der Auftraggeber eine **Identity Card**[257] erstellt hat, also aus einer Kernidentität eine Leitlinie für die Umsetzungen in verschiedenen Medien entwickelt hat, sind deren Inhalte äußerst wertvoll für den Dienstleister. Die Erstellung einer Identity Card ist immer zu empfehlen, sie hilft auch intern, eine Linie zu verfolgen.

Auftrag und Kriterien
Dann wird der spezielle Auftrag formuliert. Was genau soll die Auftragnehmerin machen? Die Zielsetzung sollte Kriterien beinhalten. Beim Design sind es Kriterien wie Neuartigkeit, intuitive und akustische Bedienung, Standfestigkeit, leichte Produzierbarkeit, Reparaturfreundlichkeit. Diese Kriterien bilden später die Grundlage der Überprüfung, ob die Anforderungen erfüllt wurden.

- **Neuartigkeit** zeigt sich durch einen Vergleich mit den Marktangeboten. Nicht nur dieser Punkt, auch die Bedienung wird mit Zielgruppen-Kunden überprüft werden.
- **Leichte Produzierbarkeit** ist ein Thema zusammen mit dem Produktionsleiter. Eine Designerin muss wissen, welche Bedingungen etwa im Spritzguss helfen, gute Ergebnisse zu erzielen. Später werden die Teile zusammengesteckt. Auch hier gibt es Unterschiede, eine frühzeitige Be-

257 Vgl. www.cidigital.eu/corporate-behaviour/.

achtung einer unproblematischen Integration der Komponenten erhöht die Produktqualität.

- Im Falle von **Kommunikationsmaßnahmen** geht es um die erzielte Wirkung. Diese sind zu quantifizieren. Hier sollen später etwa in Kunden-Workshops bestimmte Zuordnungen wiedergegeben werden. Der Einsatz der Kommunikationsmaßnahmen selbst erfolgt auf Basis von Leistungskennziffern.
- In der **Leistungsbeschreibung** gibt es je nach Auftrag unterschiedliche Anforderungen. Das Grundprinzip sollte sein, dass sich Auftraggeber und Auftragnehmer jeweils auf die gewünschte Leistung in Form einer Nachprüfbarkeit verständigt haben.

Zusammenarbeit

Von Vornherein sollte gelten, dass diese Zielsetzung gemeinsam erreicht werden soll. Das bedeutet, es sollte nicht einen Auftrag und eine Lieferung allein geben, vielmehr möchte das Produktmanagement in die Stufen der Verwirklichung einbezogen werden. Es ist wieder das Prinzip des Schulterblicks. Denn es ist einfach vorteilhaft, durch die Prozessbegleitung die Chance zu erhöhen, wirklich das zu liefern beziehungsweise zu bekommen, was intendiert ist. Das alles gibt zwar einen Rahmen, bedeutet aber nicht, dass der Kreativität Fesseln angelegt werden. Es handelt sich immer um eine gelenkte Kreativität.
Von Seiten des Auftraggebers ist vorher zu prüfen: Kennt sich die Auftragnehmerin so gut aus, dass sie ihre Expertise gezielt für die anstehende Aufgabe nutzen kann? Ein häufiger Fehler in der Beauftragung von Dienstleistern ist tatsächlich, dass jemand beauftragt wird, der nicht wirklich beste Kenntnis in dem Metier aufweist.[258] Verantwortliches Produktmanagement hat das sichergestellt.

Budget und Zeit

Ein Auftragnehmer muss zudem wissen, in welchem Budgetrahmen sich seine Arbeit bewegt; außerdem ist die zur Verfügung stehende Zeit wichtig.

Briefinggespräch

Das Briefing wird schriftlich erstellt. Die Übergabe an den Auftragnehmer erfolgt im Gespräch, um das Verständnis anzureichern. Oft erfolgt zur Sicherstellung ein Rebriefing durch den Auftragnehmer. Gerade Werbeagenturen erstellen dieses, weil es bei ihnen ohnehin darum geht, den Auftrag intern an die Kreativgruppen weiterzugeben.

---

258 Vgl. Perchthold, Gordon; Sutton, Jenny, Extract Value from Consultants, Austin 2010.

> Das Gespräch über das Briefing und das Rebriefing sollten die Lücken zwischen den Zeilen füllen. Denn *Geschrieben* ist oft nicht dasselbe wie *Gemeint*. Man kann manches unterschiedlich verstehen. Erst das Gespräch darüber reichert das Verständnis im gemeinten Sinne an.
> Am Ende wird oft von einer Schnittstelle gesprochen. Stellen Sie sich eher vor, dass es eine organische Weitergabe an eine spezielle Expertise ist. Die Sachkunde muss passen, aber auch die Befähigung, die Sachkunde im Dienste des Produktmanagements einzusetzen.

3.2.3.1 Vermarktungsgrundlage Leistung

Produktmarketing beginnt immer mit dem Produkt. Gerade im Produktmanagement sollte das selbstverständlich sein. Der Begriff Produkt ist dabei sehr weit zu verstehen: Es ist die Gesamtleistung, bestehend aus möglicherweise physischen und/oder virtuellen Teilen. Es besteht die Tendenz zu vollständigen Lösungen. Darin steckt schon, was Kunden überzeugt: Ein Bedürfnis ist rundum gelöst. Diese Erfahrung hat in sich bereits einen hohen emotionalen Wert.

Beachten Sie

Das Produktmanagement beginnt vor weiteren Vermarktungsgedanken mit der Prüfung, ob und wie gut eine Problemlösung für Kunden geboten wird. Je höher der Lösungsgrad, desto leichter die Unterstreichung. Gibt es Lücken, werden diese am besten noch geschlossen.

Kundenlösung

Wir hatten ein Produktmanagement als eine Umsetzung im Rahmen der Unternehmensstrategie eingeordnet. Mit der Marke wird eine Kompetenz verbunden. Um diese einzuhalten, wurde in der gesamten Produktentwicklung der Kompetenzrahmen beachtet. Nichtsdestoweniger geht es an dieser Stelle darum, die Integration in das Angebot des Unternehmens durchzuführen. In unserem Beispiel von Kaffeeautomaten für das Büro sind wir durch die Einnahme der Kundenperspektive zur Antwort gekommen, die Büroarbeit durch unproblematische passende Getränkeversorgung zu unterstützen. Das Lösungsversprechen leitet sich aus einem Kundenbedürfnis ab. Ideale Arbeitsbedingungen. Es zahlt ein auf die Markenkompetenz. Beste Kaffeeversorgung.

Wie gut die Erfüllung gelungen ist, wird am besten im Wettbewerbsvergleich geprüft. Im Kapitel 2.2 hatten wir die Kano-Struktur kennengelernt mit Begeisterungs-, Leistungs- und Basisfaktoren. Dieses Schema wird jetzt wieder herangezogen. Das Team für die Vermarktung sammelt aus allen vorliegenden Kundentests die relevanten Beurteilungsparameter und ordnet sie nach diesen drei Kategorien. Innerhalb der Kategorien wird eine Priorisierung aus Kundensicht vorgenommen. Liegen Ergebnisse zu den Parametern und/oder der Priorisierung nicht verlässlich vor, sind diese zu ermitteln.

Es erfolgt ein Vergleich von bisherigem Produkt – wenn es sich um ein Nachfolgeprodukt handelt –, härtestem Wettbewerbsprodukt, idealem Produkt und neuem Produkt. Dadurch wird visualisiert, welche Fortschritte gegenüber dem bisherigen, dem Wettbewerbsprodukt, aber auch hin zu einem Ideal erreicht wurden. Diese Analyse liefert zentrale Ergebnisse für die Vermarktung, denn genau die erzielten Fortschritte sind die beste Grundlage der Herausstellung.

In einem Folgeschritt beurteilt das Vermarktungsteam die erreichte Vollständigkeit der Bedürfnisbefriedigung. Die zielführende Frage lautet: Ist das Lösungspaket rund? Oder fehlt den Kunden noch etwas in der intendierten Aufgabenerfüllung, wenn sie das Lösungspaket geordert haben? Können und sollten wir noch Ergänzungen vornehmen?

Idealerweise ist für ein erkennbares Bedürfnis eine Gesamtlösung geschaffen. In der Vermarktung ist das immer das leichteste Versprechen: Wir lösen Ihre Aufgabe. Dann sind alle Aussagen von hoher Relevanz für Kunden, die beste Grundlage für ausselektierte Wahrnehmung.

Dieses zentrale Versprechen wird dann zuerst im New Development Plan-Meeting als Meilenstein vorgestellt.

Produktname

Im nächsten Schritt gibt das Vermarktungsteam der Leistung zur Identifikation einen Namen. Welchen Namen soll die Leistung erhalten? Gibt es dafür Regelungen im Unternehmen oder nicht? Apple als Beispiel sortiert in Produktlinien, von denen einige wie folgt bezeichnet werden: Mobiltelefone sind iPhone in Varianten mit fortlaufenden Bezeichnungen, Tablets sind iPad, Computer sind Mac, unterschieden nach Mac, Mac Pro, MacBook, iMac mit verschiedenen Ergänzungen zur Unterscheidung, Software ist macOS, iOS, iTunes[259] – eine Ordnung zu erkennen fällt in den ersten beiden Produktlinien leicht, bei den letzten beiden schon schwerer. Immer wenn dem Gehirn eine Ordnung gegenübertritt, lassen sich die Informationen leichter verarbeiten und merken. Das ist der erste Anspruch.

Als Beispiel aus der Automobilindustrie nennt Seat seine Linien etwa Arona, Ateca, Ibiza, Leon. Das sind leicht auszusprechende Namen, die einen Vorteil gegenüber Kürzeln und Zahlen haben, weil sie leichter gesprochen und behalten werden, sie weisen viele Vokale auf, wodurch sie angenehmer wirken als Wörter mit vielen Konsonanten; zudem haben sie auch einen spanischen Anklang. Hier sind alle Bedingungen für eine leicht zu merkende Bezeichnung erfüllt: kurz, leicht auszusprechen, weich, mit einer

259 Vgl. www.apple.com/de/.

Nähe zur Leistung.[260] Bei Miele heißt ein Trockner: TWH780WP EcoSpeed 8,9 kg. Das ist fast ein Verkaufshindernis. Diese Bezeichnung kann sich niemand merken.

In jedem Verkaufsgespräch ist der Name die erste Gesprächsgrundlage: Sie wollen ein Auto aus der Familie Arona? Sie wollen einen Trockner aus der Familie der T1 Wärmepumpentrockner, vielleicht den TWH780WP? Ersteres eröffnet das Verkaufsgespräch, zweites blockiert das Verkaufsgespräch, es führt in einen technischen Bereich, nicht in den Nutzenbereich.

Beachten Sie

Mit einem eingängigen, leicht auszusprechenden Namen für Ihre Leistung können Sie sich Unterstützung im Absatz verschaffen.

Namensfindung bedeutet Identität. Martin Luther King ist ein berühmter Name, mit dem jede Leserin und jeder Leser gleich etwas verbindet. Namen sind die Merkplattformen im Gehirn. Eindrücke werden verbunden mit gespeicherten Namen. Sie haben mit Sicherheit viele Assoziationen zu Martin Luther King im Kopf. **Deshalb bedarf es einer intensiven Namenssuche, idealerweise mit dem Ziel, leicht auszusprechende Namen, die möglichst eine Verbindung zur Leistung aufweisen, gerne viele Vokale beinhalten, um weicher dem Kunden gegenüberzutreten, und am besten international ohne Missverständnisse einsetzbar sind.**[261]

Das ist zugegebenermaßen sehr schwer. Im Laufe des Prozesses der Ideensuche bis zum Konzept wurde oft schon ein Arbeitsname genutzt – wie vermutlich TWH780WP. Widerstehen Sie der Versuchung, diesen Arbeitsnamen zum endgültigen Namen der neuen Leistung zu machen. Meist funktioniert das nicht.

Namen sind wichtig, sie können im Idealfall die Produktpersönlichkeit sehr fördern. So wie im Prozess der Ideengenerierung kann auch hier ein Workshop durchgeführt werden, um Namensideen zu finden. Es ist eine Maßnahme mit überschaubarem Aufwand und möglicherweise hohem Ertrag. Priorisieren Sie die gefundenen Namen. Sie können dann von oben beginnend bei einem Service-Provider schon prüfen, ob die Domain belegt ist. So zeigt sich schnell, ob die erste Wahl funktioniert. Wenn Sie freie Domains gefunden haben, können Sie diese für sich eintragen. Weitere Schutzrechte, insbesondere wenn ein Zeichen hinzukommt, werden am besten mithilfe der Patentanwältin gesichert.

Auswahlgrundlage für die potenziellen Käufer ist der Name, als Plattform für die folgenden Eindrücke. Wir haben gesehen, der Name selbst bringt schon mehr oder

260 Vgl. Keite, Lothar, Sprechen statt stottern, in: Energie & Management vom 15. Juli 2009, S. 5.
261 Vgl. Keite, Lothar, Corporate Identity im digitalen Zeitalter, a. a. O., S. 38.

weniger mit. Ohne eine Begegnung mit dem Produkt ist er noch abstrakt. Der Name gewinnt Gestalt durch den Produktauftritt. Es entsteht im Kopf ein Netzwerk, das Bezug nimmt auf alles in dem Bereich Gespeicherte.

Produktgestaltung

Man kann alle Branchen durchgehen: Wer einen wertigeren Auftritt gestaltet, erzielt in aller Regel auch ein Preisplus. In der Beobachtung steckt die Notwendigkeit, sich im Sinne der Wirtschaftlichkeit um den Auftritt zu kümmern. Einerlei wie Sie zu Apple-Produkten stehen, durch deren stylische Gestaltung wird überhaupt erst die Hochpreisvermarktung möglich. Und mit Apple wird auch deutlich, dass dies für gegenständliche und digitale Produkte gelingen kann.

Der Wunsch nach zunehmender Individualisierung wird oft gelöst, indem ein Kunde unterschiedliche Gestaltungsteile persönlich zusammenstellen kann. Die Auswahl erfolgt über verschiedene Varianten von Modulen, die sich auch in der Produktion leicht zusammenstellen lassen. In der technischen Entwicklung haben wir eine Systemarchitektur und Module unterschieden. Hier wird daraus der Nutzen persönlicher Lösungen. In dem Sinne ist auch jedes neu bestellte Auto ein Unikum, das ein Kunde mit Ausstattungsmodulen für sich kombiniert. Eine Umsetzung des Basisdenkens, Produkte für Kunden.

Auch im Falle der beispielhaften Kaffeeautomaten lassen sich Features aus einem Angebotsset für das Gerät ergänzen. Es können aber auch unterschiedliche Servicebündel geschnürt werden: mit und ohne Fernwartung, mit und ohne Kaffeebohnenlieferung, mit und ohne Kaltgetränkeversorgung. Teil des Auftritts ist es mithin zu definieren, was die Kernleistung umfasst. Hier gibt es zwei mögliche Prinzipien, die verfolgt werden können:

- Es wird von Vornherein eine vollständige Lösung und nur diese umfassende Lösung als Alleinstellung im Wettbewerb angeboten.
- Es wird eine Kernlösung gebildet, mögliche Erweiterungen, insbesondere hinsichtlich Service und Verbrauchsmaterialien werden zusätzlich gebucht oder eben nicht. Das funktioniert, wenn die Kernlösung von Kunden als Lösung verstanden wird.

Die Definition des Produktumfangs hat zwei zentrale Blickwinkel: Was erwarten die Kunden im Vergleich zum Wettbewerb? Wie lässt sich ein Angebotsvorteil erzielen? Am Anfang des Produktlebenszyklus ist es oft *das* neue umfassende Angebot, im Laufe der Wachstumsphase erfolgt häufig eine Differenzierung.

Der allererste »Moment der Wahrheit« besteht in dem Auftritt in der Verpackung. Kunden treffen ihr erstes Urteil beim Anblick des verpackten Produkts. Deshalb führt ein wichtiger nächster Weg zum Verpackungsdesigner. Wieder gibt es die ästhetische und die praktische Seite:

- Bereits die Verpackung sollte auf ein wertiges Produkt schließen lassen. Die Abbildung auf der Verpackung gehört oft zum Werbepaket, das eine Agentur gestaltet, sie ist allerdings zeitloser als eine Werbeaufnahme. Sie macht das dauerhafte Versprechen an die Kunden deutlich.
- In Abstimmung mit der Logistik geht es auch um optimale Stapelmaße für Lager und Palette, um Packungsstabilität, in Testläufen mit Kunden um problemlose Handhabung, also etwa das Tragen des verpackten Produkts, das Öffnen und Herausnehmen.

Selbst die Transportverpackung sollte Wert ausstrahlen. Eine Palette wird anders behandelt, wenn sie wertvoll auftritt. Oft kommt es bei physischen Produkten auch zu Palettenplatzierungen.

Tipp

Unterstreichen Sie immer die Besonderheit Ihres Produkts.

Denken Sie bei Verpackungen weit: Wie die Vertragsgrundlage einer Versicherung überreicht wird, so wird diese eingeordnet, wichtig oder weniger wichtig, dauerhaft oder weniger dauerhaft. Bei manchen Angeboten gibt es nur einen virtuellen ersten »Moment der Wahrheit«, vor allem bei Software-Produkten. Geben Sie ein bestimmtes Software-Tool wie etwa Software für Projektmanagement als Suchbegriff ein und sehen Sie sich die Auftritte verschiedener Anbieter an; Sie werden schnell Unterschiede in der Wirkung erkennen. Der bildliche Auftritt erzeugt immer Assoziationen.

Tipp

Die unterschiedlichen Ebenen Ästhetik und Zutrauen werden im Kundengehirn unwillkürlich kombiniert. Verwenden Sie deshalb jede Anstrengung auf den Produktauftritt, es zahlt sich aus.

Produkteinrichtung

Wenn sich ein Kunde entschlossen hat, das Produkt, die Lösung, zu erwerben, kommt der wichtigste »Moment der Wahrheit« im Produktleben: die Inbetriebnahme. Beim ersten Umgang mit dem Produkt entsteht Vertrauen oder nicht, entsteht schon Kundenbindung oder nicht. Diesen Vorgang gilt es, mit potenziellen Kunden intensiv durchzuspielen.

Beachten Sie

Der zweite »Moment der Wahrheit« muss bestens funktionieren. Er prägt.

Die Antworten werden für verschiedene Produkte unterschiedlich ausfallen. Eine neue Marmelade im Glas muss sich leicht öffnen lassen und dann schmecken. Ein neuer Kaffeeautomat muss sich leicht aus der Verpackung nehmen und in Gang setzen lassen. Die Programmierung stellt oft die größte Herausforderung dar, sie ist meist in einer Standardvariante schon eingestellt, damit es ein schnelles Konsumerlebnis geben kann. Eine Software ist am besten so programmiert, dass nach Zustimmung zu den erforderlichen Regularien die Installation automatisch abläuft und die Erstbedienung leicht funktioniert.

Kunden-Hotline

Hier wird oft schon die Hotline benötigt; stellen Sie sicher, dass diese gute Antworten geben kann. Das Anfangserlebnis zählt.

Wir haben damit eine Einheit im Unternehmen benannt, die ausgesprochen wichtig für den Produkterfolg ist: die Kunden-Hotline.

Betriebsanleitung

Die Inbetriebnahme wird auch durch Betriebsanleitungen vorgenommen. Heute suchen die meisten Käufer nach Anleitungen im Netz. Am liebsten werden Anleitungsfilme auf YouTube genutzt, die genau zeigen, wie vorzugehen ist. Das Produktmanagement sollte an alle Formen denken, die von Kunden genutzt werden, und verständliche Anleitungen bereitstellen. Wer kennt nicht die merkwürdig übersetzten Varianten von Betriebsanleitungen? Und schon entsteht ein unprofessioneller Eindruck, sind Zweifel an der Partnerschaft gesät.

Bei technischen Produkten gehört die Betriebsanleitung als Bestandteil zur externen Technischen Dokumentation (vgl. Kapitel 3.2.2.5) Sie kann durchaus als Marketinginstrument betrachtet werden:

- Deren Professionalität zeigt implizit die Verantwortlichkeit des Produktabsenders.
- Die Hilfestellung für die unterschiedlichen Lebensphasen von der Inbetriebnahme bis zur Entsorgung unterstützt den ordnungsgemäßen Gebrauch, entlastet die Hotline.
- Die Dokumentation nutzt in Zeiten der Digitalisierung moderne Übermittlungen:[262] Content Management Systeme und Authoring Tools werden verbreitet eingesetzt. In den letzten Jahren haben erweiterte (Augmented Reality) und virtuelle Realität (Virtual Reality) immer mehr Einsatz erfahren.

»Mit Hochdruck arbeiten Technische Redakteure in Zusammenarbeit mit Software-Entwicklern an der Umsetzung neuer Technologien für die immersive Vermittlung von Informationen.«[263]

Mit Augmented und Virtual Reality werden Informationen gezielt auf die Anwender abgestimmt (z. B. Maschinenbediener, Servicetechniker) und direkt am Produkt be-

262 Vgl. www.highdoc.de/technische-dokumentation, abgerufen am 26.09.2022.
263 Ebenda.

reitgestellt. »In Form von Schulungen trägt die Technologie zu einer effizienten und lebensnahen Einweisung am Produkt bei.«[264]

Kundenservice

Im Industriebereich erfolgt meist eine Installation und eine Einweisung vor Ort. Das kann der unternehmenseigene Kundenservice übernehmen. Oft sind diese Aufgaben an einen externen Dienstleister abgegeben worden. Stellen Sie immer sicher – durch Überprüfungen –, dass die Anfangserfahrung vor Ort auch so ist, dass die Kunden begeistert sind. Ein Produktmanagement umfasst alle Kundenanforderungen. Man kann die Verantwortung dafür nur umfassend denken.

Eine weitere wichtige Einheit für den Erfolg ist identifiziert: der (interne oder externe) Kundenservice.

Beachten Sie

Alle Kontaktpunkte zusammen ergeben den Eindruck! Unteilbar.

Jetzt ist alles vorbereitet. Die technische Entwicklung endete in der Umsetzung in der Produktion. Die Gestaltung und die Firmierung sind der zweite Strang, der notwendig die Spezifikation ergänzt. Und das fertig erstellte Produkt erhält seine Verpackung. Die Inbetriebnahme der Produktlösung stellt einen gesicherten Ablauf dar – mit oder ohne Unterstützung von Serviceeinheiten, wie erforderlich.

Dann wird ein guter Anfangsbestand erstellt – für Demonstrationsgeräte und vor allem zur Auslieferung nach den ersten Bestellungen. Kunden empfinden Lieferprobleme als sehr peinlich für einen Anbieter, wenn sie ein neues Produkt bestellt haben. Darin zeigt sich, dass die internen Prozesse nicht beherrscht werden. Zweifel kommen sofort auf. Erzielen Sie einen positiven Eindruck bei Ihren Kunden durch prompte Lieferbereitschaft. Eine kompetente professionelle Lösung. Damit ist eine Grundlage für die Wertschaffung auf Kundenseite gelegt.

Lassen Sie uns eine Checkliste zusammentragen. Ergänzen Sie gerne, was aus Ihrer Sicht fehlt:

Checkliste: Produkt und Lösung	
Vollständigkeit der Lösung, ggf. modular unterteilt	
Name gefunden, getestet und geschützt	
Einordnung in Produktlinienstruktur	

264 Ebenda.

Checkliste: Produkt und Lösung	
Funktionstests bestanden	
Kundentests bestanden	
Qualitätsmanagement okay	
Kundenservice und Kunden-Hotline instruiert	
Produkt- und Transportverpackung getestet	
Produktanleitungen überprüft und produziert, ggfs. Technische Dokumentation	
Vorführ- und Testprodukte vorhanden, Anfangsbestand aufgebaut	

Tab. 27: Checkliste zur Vermarktungsgrundlage der Leistung

3.2.3.2 Preisbestimmung Neuprodukt

Die Lösung mag Interesse erzeugen, Wert für Kunden wird geschaffen. Jetzt geht es darum, den Wert auch in Form von Erlösen zu realisieren. Für eine Kaufentscheidung fehlt ein wichtiger Teil: der Preis. Erst wenn beide Bestandteile – Lösungsversprechen und Preis – im Kopf eines Kunden angekommen sind, wird ein Erwerb überlegt.

Damit fängt die Schwierigkeit schon an: Wenn es sich um eine Lösung für ein Kundenbedürfnis handelt, gibt es verschiedene Ebenen, die Wert für Kunden schaffen. Welche sollen wie bepreist werden? Wir brauchen ein Erlös- und Deckungsbeitrags-Modell, um die monetären Ziele des Produktmanagements auch zu erreichen.

Dabei hat die Preissetzung nicht nur Wirkung auf die Finanzzahlen, das Preismanagement wirkt sich auch auf das Unternehmens- und Produktimage aus. Am Ende lenkt es natürlich auch das Verhalten der potenziellen Kunden. Die Größe Preis ist in vielen Unternehmen ein stark unterschätzter Faktor. Sie hat doppelte Wirkung:

- Der Preis nimmt durch seine Eigenschaft, eine Zahl zu sein, die in ein Verhältnis zu anderen Zahlen gesetzt werden kann, eine herausragende Rolle für die Einordnung des Produkts durch die Kunden ein. Teures Produkt, gutes Produkt, günstiges Produkt, nicht so gutes Produkt.
- Der Preis oder genauer der Nettoerlös als Geldeinheiten, die im Unternehmen eingehen, ist für das Ergebnis die entscheidende Größe; das Produktmanagement als ergebnisverantwortliche Einheit hält damit den wirksamsten Hebel für die eigenen Deckungsbeitragsziele in der Hand.

Gerade die Anfangspreissetzung ist entscheidend, denn in der Folge beurteilen Kunden alle weiteren Preise relativ. Der Anfang bestimmt den Verlauf. Die Preisposition im Markt ist festgelegt. Sie ordnet sich natürlich erst einmal in die Preispositionierung der Marke ein. Märkte werden verbreitet simpel unterteilt in Preisebenen:

- Hochpreis-, Luxusebene
- Mittelpreisebene mit subjektiver Beurteilung des Verhältnisses von Preis und Nutzen
- Niedrigpreisebene, der niedrige Preis ist das Argument

Ein neues Produkt kann der bisherigen Position der Marke nur bedingt entfliehen. Eine Innovation hat sicherlich die Berechtigung aus Kundensicht, ein Preisplus gegenüber bisherigen Angeboten zu erzielen. Ein Niedrigpreis-Anbieter hat aber kaum die Chance, die Luxusebene zu erreichen.

Von diesem Ausgangspunkt aus ist die Preisfindung immer noch schwierig, weil es sich zunehmend um Lösungen mit gegebenenfalls auch unterschiedlichen Kundennutzen-Ebenen handelt. Dafür kommt es auf die Visualisierung des Erlösmodells an.

In dem Kaffeeautomaten-Beispiel wird deutlich:
- Natürlich geht es um den Anfangspreis des Kaffeeautomaten selbst. Wenn er über den Fachhandel abgesetzt werden sollte, ist das die Grundlage für die Preisbestimmung.
- Noch mehr Erlös wird aber im Laufe der folgenden Nutzungszeit durch Verbrauchsprodukte und Services erzielt. Wer generiert diese Erlöse?

In unserem Beispiel der Kaffeeautomaten handelte es sich um einen Direktvertrieb. Was führt dann zur Akzeptanz der Getränkelösung? Ist dafür ein niedriger Gerätepreis angebracht? Anschließend wird über die Lieferung von Kaffee verdient? Schon hat das Erlösmodell mehrere Ebenen.

Preis ist oft nicht nur Preis, sondern eine vertragliche Verbindung mit laufenden Beiträgen. So könnte die Überlegung lauten: Es wird ein Kaffeeautomat für das Büro angeboten mit einem Vertrag zur Lieferung von Kaffee. Der Kaffeeautomat kann sogar kostenlos aufgestellt werden, der verbrauchte Kaffee bringt die Erlöse und Deckungsbeiträge.

Mancher wird sich an Modelle aus der Telekommunikation erinnern: Das Smartphone ist günstig, oft nur ein Euro, die Summe der Gebühren in der Laufzeit liefert die Deckungsbeiträge. Insofern ist eingangs der Überlegungen zur Vermarktung von der Produktlösung als Grundlage für ein Erlösmodell die Rede gewesen: An welcher Schraube muss gedreht werden, um welche Erlöse zu generieren?

Grundlage für die Überlegungen zum Erlös- und Deckungsbeitrags-Modell ist die Matrix aus Absatzweg und Produkt, welche beide digital und physisch sein können (vgl. Abb. 4, in Kapitel 1.2). Unterteilen wir:

- Physische Produkte verursachen variable Kosten mit jeder verkauften Einheit, digitale Produkte sind Daten, die sich nicht abnutzen und so Grenzkosten im Grunde von Null aufweisen.
- Physische Distribution erfordert personelle und logistische Ressourcen, digitale Distribution benötigt Programme und bestenfalls eine Hotline.

Insofern herrschen deutlich unterschiedliche Bedingungen für die Wertschöpfung. Lösungen umfassen meist unterschiedliche, wenn nicht alle vier Felder (vgl. Abb. 45). Deshalb ist es angeraten, das Vermarktungsmodell nach den Anteilen zu strukturieren.

Bei Kaffeeautomaten für das Büro stellt sich die Zusammensetzung wie folgt dar:

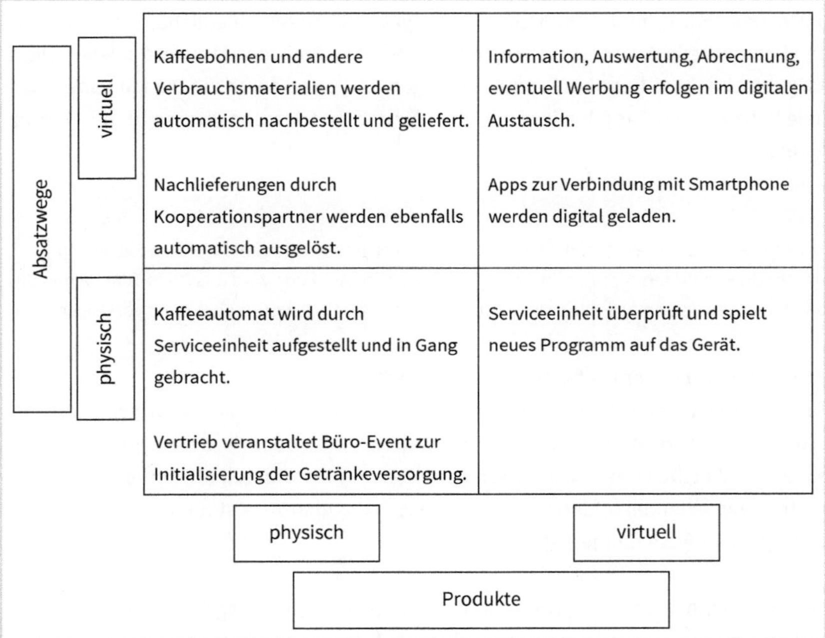

Abb. 45: Vermarktungsmodell am Beispiel des Kaffeeautomaten

Schon die überschaubare Getränkeversorgung umfasst Bestandteile in allen vier Quadranten. Vom Ansatz her bieten alle vier Quadranten auch Anknüpfungen für Erlöse, weil in allen vier Quadranten die Aktivitäten Wert für Kunden schaffen.

Hinsichtlich der Kostenbeherrschung sind die physischen Teile relevant, da sie jeweils mit Durchführung Kosten auslösen. Der wertigste Bestandteil ist hier der Kaffeeautomat selbst. Deshalb ist er im Produktkonzept auch mit Zielkosten belegt worden.

Jetzt in der realen Produktion lassen sich die Herstellkosten ermitteln. Doch die Preisbestimmung kann nicht allein auf Basis der Kosten gefällt werden. Sie bestimmen nur die Größenordnung, welche mindestens erzielt werden muss.

Durch die Strukturierung werden die Bedingungen für die Preisfindung verdeutlicht. Immer erfolgt die Preissetzung anhand von drei K: Kosten, Konkurrenz und Kunden.

Die Ecken des 3 K -Dreiecks sind unterschiedlich je nach Produktart ausgeprägt. Geht es um ein reines physisches Produktangebot, sind die Herstellkosten eine wichtige Ausgangsinformation. Geht es um ein digitales Produkt, ist die Ecke Kosten nicht entscheidend. Die zwei anderen Eckpunkte sind bestimmend.

Die Visualisierung hat in erster Linie die Aufgabe, die unterschiedlichen wertschaffenden Bestandteile zu verdeutlichen, um daraus einen Preisansatz zu formulieren. Diese Aufgabe obliegt sicher dem Produktmanagement, da es durch die Deckungsbeitragsziele betroffen ist. Das gilt allerdings auch für den Vertrieb und ebenso für den Finanzbereich.

Tipp

Es ist wie immer angeraten, die Betroffenen zu Beteiligten zu machen. Prüfen Sie, wer in Ihrem Unternehmen zur Preisfindungsgruppe gehört. Am Ende wird das Preis-Team einen begründeten Vorschlag im New Development Plan-Meeting zur Genehmigung vorstellen.

Preisposition entsprechend Produktposition

Ein wesentlicher Punkt im Markt ist die Auseinandersetzung mit dem Wettbewerb. Die Grundlage der Preisfindung ist somit notwendig eine Übersicht der Angebote des/der härtesten Wettbewerber. Wir hatten den relativen Marktanteil als Kenngröße für die zentrale Auseinandersetzung bestimmt. Das Preisgebaren leistet einen wesentlichen Beitrag in der Auseinandersetzung.

Der Produktpositionierung wird durch den Preis eine Grundlage gegeben. Wir haben gedanklich immer wieder zurückgegriffen auf das Beispiel eines Kaffeeautomaten, hatten den Gedanken, eine Neuerung durch hohe Automatisierung vorzustellen, die in der Kategorie die beste Lösung im Markt darstellen soll.

Dann kann es nur eine Konsequenz geben: Der Preis dieser Neuerung muss auch der höchste im Markt sein, ansonsten ist die Botschaft nicht glaubwürdig.

Der Preis führt zur Einordnung im Kopf der Kunden

Andere Anbieter haben andere Konstellationen. Denken Sie an mögliche Kaffeeautomaten von DeLonghi, Jura, Krups, Miele, Philips, Siemens, um nur sechs Anbieter in alphabetischer Reihenfolge zu nennen. Sie werden die Reihenfolge im Kopf sofort sprengen, wenn Sie die Marken in eine Wertordnung bringen sollen. Und wahrscheinlich fällt Ihnen das leicht. So geht es auch den Kundinnen und Kunden.

Marken erzeugen eine Einordnung, Kunden geben den Produkten diesen Platz und wählen nach eigenen Regeln aus wie: Ich nehme immer das mittlere, ich nehme in dem Bereich immer das beste Produkt. Die Heuristiken der Kunden, diese Ordnung im Kopf der Zielgruppe sollte das Produktmanagement kennen. Verstöße nach oben und unten führen zu Irritation und Ablehnung. Auch nach unten! Typische Bemerkung: Das kann nicht sein.

Wenn das Kundenbild nicht stimmt, fällt eine Entscheidung schwer. So tritt notwendig neben die Position im Wettbewerb wieder die Kundenfrage. Das Produktmanagement steht vor einem Konfigurationsproblem. Dieses ist schon rein bezogen auf das Lösungsangebot Thema unter der Produktpolitik gewesen, wo mithilfe der unterschiedlichen Faktoren nach Kano eine Optimierung im Wettbewerb erfolgte. Diese bedarf der Ergänzung durch die Erlösseite. Das ist insofern ein doppeltes Kundenforschungsprojekt.

Zunächst geht es um die Anfangspreisbestimmung. Deshalb beginnt das Preis-Team mit einer eigenen Durchdringung des Themas. Ausgangspunkt ist der auf Basis der Kano-Faktoren erstellte Vergleich zum bisherigen (eigenen) Produkt wie zum Wettbewerbsprodukt. Die Herausarbeitung der Vorteile zeigt den angenommenen Unterschied aus Kundensicht. Die Unterschiede werden priorisiert (Was ist besonders wichtig?) und quantifiziert. Wenn die Gewichtung auf 1 oder 100 Prozent basiert wird, können Plus und Minus im Wert damit multipliziert werden. Es ergibt sich ein gewogener Wertunterschied als erster Indikator für das Preis-Team.

Komplizierter wird die Aufgabe, wenn es sich nicht um einen Preis für das Angebot, sondern mehrere Preise für unterschiedliche Angebotsteile handelt. So können im Beispiel des Kaffeeautomaten das Gerät selbst oder das Servicepaket oder auch die Verbrauchsmaterialien einzeln bepreist werden. Dann beginnt das Preis-Team mit eigenen Schätzungen, also Expertenurteilen. Dieser Schritt ist angebracht, weil es noch keinen Preis für die Lösung im Markt gibt. Der Businessplan bildet dafür die Grundlage.

Die Teammitglieder geben Schätzungen über Preis und Menge ab. Wettbewerbsreaktionen werden simuliert. Die Herstellkosten sind ermittelt. Das ist die erste Grundlage für ein Price-Decision-Support-Programm zur Ermittlung einer Preis-Absatz-Funktion. Mit diesen ersten Überlegungen kann gezielter in die Kundenforschung eingestiegen werden.

Das klassische Instrument zur Produktkonfiguration inklusive der Preisbestandteile ist das **Conjoint Measurement.** Dieses beruht auf Vergleichen durch die Probanden (vgl. Kapitel 2.2.1 »Toolbox der Kundenforschung«). Mit der internen Vorbereitung können die Produkt-Preis-Konfigurationen gezielter gewählt werden. Dann kann die Preis-Absatz-Funktion mit den zusätzlichen Daten verbessert, können Simulationsrechnungen durchgeführt werden.

Dieses zweiseitige Kundenforschungsprojekt – Leistung und Preis – erfolgt häufig mit Fokusgruppen. Dann können neben den quantitativen Aspekten auch qualitative Verbindungen behandelt werden, um ein umfassenderes Verständnis zu erhalten.

Preisstrategie ist in hohem Maße auch Preispsychologie. Hier steht die Frage im Raum, ob der vernetzte Kaffeeautomat als kostenlose Anfangsausstattung zur Verfügung gestellt werden soll. Dadurch werden keine Erlöse beim Abschluss erzielt, sondern es erfolgt eine Quersubventionierung. Psychologisch hat das intelligente Gerät für die Nutzer dann auch keinen Wert, es hat ja keinen Preis. Deshalb ist es bei hochwertigen Produkten angeraten, dem Gerät mit der Preisauszeichnung auch einen entsprechenden Wert in den Augen der Kunden zu geben. Und dieser sollte auch realisiert werden.

Am Ende ist es eine fundierte Managemententscheidung. Sie hat die Ziele im Visier. Dabei ist interessant, dass bei physischen Produkten mit variablen Kosten der gewinnoptimale Preis höher ist als der umsatzmaximale Preis. Für digitale Produkte ohne variable Kosten fallen gewinn- und umsatzmaximaler Preis zusammen.

Nicht nur dieser Aspekt, sondern auch der Aspekt, einen Markt schnell zu besetzen, bevor Wettbewerber eindringen, führt bei digitalen Angeboten oft zu dem Bestreben nach höchsten Marktanteilen. Dabei werden klassische Regeln wie die Schaffung eines anfänglichen Preisankers als Preis- und Imageposition im Markt über Bord geworfen, vielfach werden erst einmal über den Preis Marktanteile gewonnen. Beispiele sind Streaming-Plattformen, die zunächst eine hohe Verbreitung anstrebten, um dann in eigenen Content zu investieren und zur Erlösverbesserung die Preise anzuheben. So gelten hier veränderte Usancen. Erinnern Sie sich allerdings auch an die Kundenreaktionen auf die Preiserhöhungen, etwa bei Netflix.

Am Ende des Preisfindungsprozesses stellt das Produktmanagement diese im New Development Plan-Meeting zur Entscheidung vor. Erfahrungsgemäß ist dieses Thema für die Unternehmensleitung von herausragender Bedeutung. Insofern bedarf es einer guten Vorbereitung, inhaltlich wie personell, einer fundierten Herleitung und eines soliden Businessplans. Dies ist ein zentraler Meilenstein vor der Entscheidung zur Markteinführung.

Preis im Zeitablauf

Bei einem Blick nach vorn zeigt sich: Wer hoch beginnt, kann schnell Deckungsbeiträge abschöpfen, um dann eine größere Verbreitung auch durch langsam sinkende Preise zu erreichen. Zudem kann sich ein Unternehmen mit physischen Produkten den Effekt der Stückkosten-Degression zunutze machen: Danach sinken mit zunehmender Stückzahl eines Produkts erfahrungsgemäß die Stückkosten.

Das Unternehmen Apple beispielsweise beginnt jeweils mit einem hohen Preis, muss im Laufe des Produktlebens im Grunde nie den Preis erhöhen, im Gegenteil mit zunehmendem Produktalter können Preissenkungen erfolgen. Das hat zwei Vorteile:

- Der Vertrieb führt in erster Linie Produktgespräche, niemals Gespräche über Preiserhöhungen.
- Durch die anfänglich besonders hohe Deckungsspanne kann schnell ein Ausgleich der entstandenen Vorkosten erreicht werden.

Die Ersteinordnung führt zu einer Wertigkeitsposition bei den Kunden, die im Produktleben kaum mehr verändert werden kann. Das Produkt hat einen Preisanker erhalten.

Wer niedrig beginnt, ist im Laufe der Zeit gezwungen, Preiserhöhungen durchführen, um ein besseres Ergebnis zu erzielen. Die Musikplattform Spotify bietet ein Einstiegsvergnügen unter Inkaufnahme von Werbeeinspielungen. Wer puren Musikgenuss erleben will, muss ein Abonnement abschließen. Viele Online-Angebote gehen einen vergleichbaren Weg, der allerdings nur funktioniert, wenn die Bezahlvariante für die User sehr interessant ist. Die Gewinnzone erreichen nicht alle Anbieter. Auch hier sollte das Produktmanagement von Anfang an ein geprüftes Erlösmodell haben.

Gerade in vielen B2B-Bereichen gibt es Preislisten, die Grundlage für intensive Rabattgespräche sind. In manchen Branchen ist es üblich, dass der tatsächlich vereinbarte Preis weniger als fünfzig Prozent des Listenpreises beträgt. Jeder in der Branche kennt allerdings auch die Spiegelgefechte, die im Vertrieb einen breiten Raum einnehmen. Die Rabatthöhen steigen im Laufe der Zeit noch. Dominierend ist so nicht die Produktleistung, sondern der ausgehandelte Rabatt. Es ist leicht erkennbar, dass die Wertschätzung von Neuerungen dabei gering ausfällt.

Ein Produktmanagement kann die Usancen in der Branche nicht grundlegend ändern. Bei Neuprodukten ist allerdings ein eingeschränkter Rabattrahmen als Einstieg für den Vertrieb eine Möglichkeit, nicht sofort in die reine Rabattdiskussion zu kommen. Das erfordert Rückgrat des PM gegenüber dem Vertrieb und Rückgrat des Vertriebs gegenüber den Kunden. Das Produktmanagement muss mit Widerständen rechnen. Es lohnt sich.

Beachten Sie

Wer Preisdisziplin durchsetzt, erlebt vor Ort eine veränderte Einordnung der Neuerung im Vergleich zu vorigen Neuerungen. Sie wird geachtet.

In vielen Unternehmen geht die Perspektive über die Landesgrenze hinaus: Es ist angeraten, die gleiche mentale Positionierung im Markt anzustreben: Hochpreis- bleibt Hochpreisprodukt. Die Umsetzung in Zahlen als Preis variiert typischerweise marktspezifisch. Es empfiehlt sich, international einen Preiskorridor zu vereinbaren, um die notwendige Anpassung an den jeweiligen Markt zu ermöglichen, aber in der gesamten Linie zu bleiben. In vielen Branchen hat sich eine Spannweite von 25 Prozent als maximale Differenz zwischen höchstem und niedrigstem Landespreis als pragmatisch und durchsetzbar erwiesen.

Preisverhandlung

Änderungen im Verhalten sind schwer zu erreichen. Wenn also ein bisheriger Rabattrahmen eingeschränkt werden soll, muss der Vertrieb gründlich vorbereitet werden. Denn statt eines Rabattarguments bedarf es nun eines Qualitätsarguments. Ohnehin sollte der Preis und vor allem sollten die Preisrelationen in dem Urteil der Kunden geprüft werden. Das hilft nicht nur, den Preis zu bestimmen, sondern liefert auch Argumente für das Vertriebsgespräch.

Beachten Sie

Wer Disziplin im Preisgebaren gerade am Anfang im Markt erreicht, hat dem Produkt damit einen Wertplatz im Kopf der Kunden erobert.

Die Auseinandersetzung des Preis-Teams mit den Basis-, Leistungs- und Begeisterungsfaktoren kann auf die Vertriebsvorbereitung übertragen werden. So wie das Preis-Team Unterschiede herausgearbeitet hat, so kann das ebenso in Vertriebs-Workshops erfolgen. Damit sind die Kolleginnen und Kollegen in der Argumentation sicher.

Dafür ist auch die Incentivierung des Vertriebs entscheidend. In vielen Vertriebsorganisationen gibt es eine variable Vergütung. Diese richtet sich leider oft nach dem erzielten Umsatz. Man kann immer wieder beobachten, dass dann die Umsätze durch Rabatte erkauft werden. Genau das sollte insbesondere am Anfang des Produkts im Markt vermieden werden. **Insofern ist es angeraten, zumindest für das neue Produkt mit der Vertriebsleitung eine Änderung zu vereinbaren: Die erzielte Deckungsspanne wird belohnt.**

Das lässt sich für ein neues Produkt als Anschub durchaus einführen. Es ist so ja eine Einzelmaßnahme. Sie werden überrascht sein, welche positive Wirkung das auf die Preisstabilität hat. Lassen Sie sich aus dem Rechnungswesen laufend eine Aufstellung der Preisspannweite geben.

Preisformen

Vieles wird nicht zu einem Produktpreis abgesetzt, sondern gemietet, geleast oder abonniert. Zunehmend gibt es andere Metriken, die vor allem in unterschiedlichen Formen nutzungsabhängig sind. Autos werden nach Kilometern gemietet, Turbinen nach Einsatzstunden. Das ist prinzipiell auch auf das Beispiel Kaffeeautomaten im Büro übertragbar: Abrechnung nach ausgegebenen Getränken.

Hier kommt es auf das psychologische Moment an: Preis ist eine Werteinordnung. So hat sich das Unternehmen Hilti zunächst als Hochpreisanbieter etabliert. Die nachgefragte Nutzung der Werkzeuge wird nun durch Mietmodelle forciert. Verständnishintergrund ist die Einordnung der Produkte als Top-Werkzeuge mit Top-Preis. Das Angebot richtet sich passgenau nach den Bedingungen im Handwerk: Die guten Werkzeuge stehen dann zur Verfügung, wenn sie gebraucht werden. Und dann ist der hohe Mietpreis kein Hindernis. Der anfänglich etablierte Preisanker hat das ermöglicht.

Gerne wird auch ein dynamisches Pricing eingesetzt: Bei verstärkter Nachfrage steigen die Preise, bei zurückgehender Nachfrage sinken die Preise – etwa bei Fluggesellschaften –, aber auch bei mehrmaligem Aufruf eines Produkts im Webshop erfolgt ein Preisnachlass, um die letzte Hürde vor dem Kauf bei erkennbarem Zögern zu nehmen. Unterschiedliche Preise gelten zu unterschiedlichen Tageszeiten. Viele Formen werden ausprobiert. Damit wird die einfache Einordnungsmöglichkeit durch Kunden aufgelöst.

Das kann insbesondere für hochwertige Produkte zu einem Imageproblem führen. Preismanagement hat viele Facetten, die zusammen einen Eindruck erzeugen. Dabei ist die Abrechnung nur ein Faktor. Kunden ticken anders. Das Produktmanagement bleibt in der dringlichen Verantwortung, immer die Kundenwirkungen zu beachten. Es soll ein Kundenerlebnis als Wert geschaffen werden, der selbstverständlich auch als monetäre Größe realisiert werden soll.

Die bisherigen Gedanken zum Preis hatten die Wertposition als Mittelpunkt. Zu den Konditionen gehören auch die Lieferungs- und Zahlungsbedingungen. Auch hier gibt es Usancen. Gerade bei einer Neuprodukteinführung ist noch einmal zu bedenken: Der entscheidende Moment der Wahrheit liegt in der Inbetriebnahme. Hier sind unter Umständen Serviceleistungen angebracht, die im Preisgespräch als Form der Zugabe dienen können. Dann passen die Erfahrungen zusammen: wertiges Produkt und begeisternde Anfangserfahrung.

An dieser Stelle ist die Grundlage der Wertschöpfung durch das neue Angebot geschaffen:

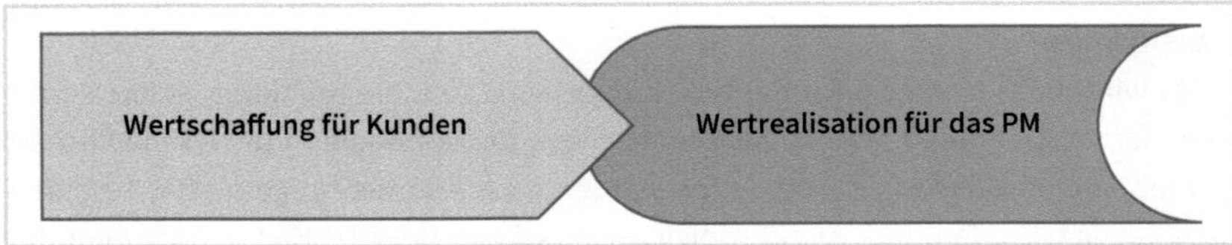

Abb. 46: Wertschaffung für den Kunden und Wertrealisation für das Produktmanagement

Produkt- und Preispolitik bilden als integrierte Instrumente den Sockel der Vermarktung.

Wir wollen die Checkliste um die Preisbestimmung des Neuprodukts erweitern:

Checkliste: Preis und Konditionen	
Erlösmodell erstellt, Werttest, Wettbewerbsvergleich	
Herstellkosten ermittelt	
Grundpreis festgelegt, ggf. Preisstellung für ergänzende Module	
Preisvariationen – Rabatte und Ausstattungen – festgelegt – auch international	
Businessplan	
Preismodelle wie Kauf, Miete, Leasing, Nutzung	
Deckungsbeitragsziel für Vertrieb	
Anfangserfahrung des Kunden	

Tab. 28: Checkliste zur Preisbestimmung des Neuprodukts

3.2.3.3 Kommunikationskampagne Neuprodukt

Wenn Leistung und Konditionen passend zur Zielgruppe gestaltet sind, dann ist eine wichtige Grundlage für den Produkterfolg geschaffen. Ohne diese Grundlage geht es nicht. Wir wissen aber auch, das ist eine notwenige, es ist aber noch keine hinreichende Bedingung. Nun gilt es, etwas daraus zu machen. Jetzt ist die Konstellation allerdings so gegeben, dass sich daraus etwas machen lässt.

Wir haben manchmal von der »Aufladung der Leistung« gesprochen, auf dem Kundenweg ist die Stufe »Appeal« zu erreichen als Voraussetzung für weitere Überlegungen der Kunden, das Produkt ins Kalkül zu ziehen. Das erfordert, in einem ersten Schritt bekannt zu werden (Aware), dann, das Angebot begehrenswert zu machen (Appeal).

Was bedeutet Aufladung? Bei der Nennung eines Gegenstands, einer Marke, einer Leistung kommen gleichzeitig alle schnell abrufbaren Verbindungen in das menschliche Gehirn: Die Gesamtvorstellung ergibt sich als assoziatives Netzwerk im Kopf.

Kommunikationsmaßnahmen werden ergriffen, um dieses Netzwerk anzureichern, positive Vorstellungen zu erzeugen. Das ist Aufladung. Damit ergibt sich eine veränderte Wahrnehmung und Deutung. Deshalb wird von einem Frame gesprochen.

Menschen können nicht allein rational wahrnehmen und entscheiden, die Rezeption beinhaltet immer schon eine Interpretation. Aus dem Grunde ist es notwendig, die Form der Deutung mit zu gestalten und sie nicht dem freien Spiel der Diskussion zu überlassen. Die findet ohnehin überall statt, vor allem auch in den sozialen Medien.

Je uneinheitlicher die Rezeption ist, desto schwieriger werden Entscheidungen. Zu dem Phänomen wurden Untersuchungen zur Risikoreduktion durch Framing durchgeführt.[265] **Diese Aufgabe des Framing ist für den Produkterfolg erfolgskritisch.** Das gilt es, nach innen immer wieder zu verdeutlichen.

Wer nun was macht, unterscheidet sich. Wir haben die unterschiedlichen organisatorischen Konstellationen angesprochen. Die Devise lautete für das Produktmanagement auf jeden Fall, das Heft so oder so in der Hand zu behalten, die Strukturen aktiv zu nutzen.

Tipp

In sehr vielen Unternehmen werden für das Produktmarketing Werbeagenturen hinzugezogen. Gleich, wer die Agentur beauftragt:

- Prüfen Sie, ob die Agentur schon Produkteinführungen wirkungsvoll begleitet hat.
- Prüfen Sie, ob Sie einen guten Draht zu den Agenturleuten haben.

In der Zusammenarbeit mit Dienstleistern kommt es auf diese beiden Punkte an, Expertise und Sympathie. Dann kann aus dem Projekt etwas werden.

Neuproduktaufladung

Vor dem Gang zur Agentur gilt es, im Produktmanagement vorbereitende Überlegungen anzustellen, um ein zielführendes Briefing formulieren zu können. Merkmal eines neuen Produkts ist ganz natürlich, dass es noch keine Erfahrungen damit gibt, es gibt möglicherweise nur Erfahrungen mit der Absendermarke und der Produktmarke. Beide setzen, wenn sie schon vorhanden sind, einen Rahmen, fungieren als Vorfilter, der nicht ignoriert werden darf. Deshalb gehören diese Besitzstände in ein Briefing. Der Markenrahmen kann stark sein, wie etwa bei dem schon genannten Unternehmen Apple. Ohne Markenrahmen werden typischerweise generische Assoziationen zur Produktkategorie wirksam.

265 Vgl. Kahneman, Daniel; Tversky, Amos, The Framing of Decisions and the Psychology of Choice, Science 211, 1981, S. 453 ff.

Beachten Sie

Das Produkt selbst ist noch unbekannt. Deshalb ist es wichtig, gerade am Anfang die geplante Anreicherung in der Vorstellung zu fokussieren. Jede Verzettelung erschwert das Behalten.

Das genannte Beispiel: »Mercedes EQS – der erste Vollelektrische in der Luxusklasse.« Das ist ein ganz entscheidender Schritt. Neu ist die Fahrzeugkategorie, bekannt der Anbieter. Mit der Auslobung hat das neue Produkt im Rahmen der Marke Mercedes einen eigenen Produktrahmen bekommen, klar und eindeutig und leicht zu merken.

Für den beispielhaften Kaffeeautomaten könnte die Idee lauten: »Der erste Kaffeediener, der auf Ihr Wort hört.« Denken Sie sich eine bekannte Marke.

Tipp

Der erste Schritt im Produktmarketing besteht in der Schaffung eines Produkt-Statements, das sich an die Zielgruppe, konkret an die Innovatoren in der Zielgruppe richtet und leicht zu merken ist. So bringen Sie das Produktversprechen auf den Punkt.

Damit ist die Grundlage für eine fokussierte Auslobung gelegt worden. Sie ist sprachlich. Das menschliche Gehirn wird dominiert durch bildliche Verarbeitung. Deshalb gilt es, nun die Auslobung in Szene zu setzen. Es wird die Leitidee für ein Erlebnis in der Einführungskampagne benötigt.

Eine Einführungskampagne stellt die Übermittlung einer Botschaft, einer zentralen Idee folgend, an eine Zielgruppe unter Einsatz geeigneter Kommunikationsmittel mit definierter Dauer dar. Das kann bei kleinen Zielgruppen ein überschaubares Maßnahmenbündel sein, bei großen Produkteinführungen wie etwa der eines neuen Autos das Bespielen zahlreicher Werbemittel umfassen. Das ist nicht entscheidend. **Es kommt darauf an, dass die Zielgruppe eine fokussierte klare Botschaft empfängt, die sie gut verstehen kann – in allen eingesetzten Medien.**

Kommunikationsfachleute sprechen vom Dekodieren der Botschaft. Ein zielgerichtetes Produktmanagement überprüft selbstverständlich, ob die Botschaft in der Zielgruppe richtig verstanden wird.

Die Neurowissenschaften haben verdeutlicht, dass die Botschaft für die Zielgruppe relevant sein muss, um aufgenommen zu werden. Menschen sind durch die Selbstbeschäftigung über die sozialen Medien und durch die Fremdbeschickung mit Impulsen über verschiedene Wege so informationsüberlastet, dass sie noch selektiver wahrnehmen. **Die Forderung nach Relevanz der Botschaft wird damit dringlicher, deren Überprüfung in der Zielgruppe notwendiger.** Wenn sich in der Resonanz der Probanden aus der Zielgruppe zeigt, dass es sich um einen aktivierenden relevanten Impuls handelt, dann kann die Rahmung wirken.

Nun kommt es noch darauf an, dass ein Wunsch angesprochen wird, der einen Antrieb auslöst. Das kybernetische Verarbeitungsmodell im Kapitel 1.3 hat die Wirkungsweise verdeutlicht.

Das ist die Zielsetzung der Produktmarketing-Maßnahmen: eine relevante Botschaft, aktivierend übermittelt, die einen Antrieb auslöst. Wenn es gelingt, diese drei Anforderungen zu erfüllen, also Relevanz, Prägnanz, Aktivierung, werden im Allgemeinen in der Zielgruppe relativ schnell Bekanntheit und Bevorzugung zunehmen. Das lässt sich in Kunden-Fokusgruppen bald nach der Produkteinführung registrieren.

Beachten Sie

Das erklärte Ziel, was nach Produkteinführung erreicht werden soll, lautet: Die Probanden sollen die übermittelten Werte nach einer definierten Zeit wiedergeben. Das ist eine Zielsetzung, welche zum Auftrag der Kampagne gehört. Dann hat das neue Produkt messbar einen Rahmen erhalten. Der potenzielle Kunde kommt so in das Stadium, dass der Coping-Apparat im Kopf aufgefordert wird, damit umzugehen. Das Ziel »Appeal« ist erreicht. Dann ist das erste Kommunikationsziel für eine erfolgreiche Produkteinführung geschafft.

Damit eine Kampagne insgesamt schlüssig ist, stellt man sie am besten unter ein Kampagnenmotto. Dann entsteht eine Linie, welche die Kunden erkennen.

Wir hatten im Briefing-Exkurs (vgl. Beginn von Kapitel 3.2.3) die »Identity Card«[266] angesprochen. Jetzt ist sie das Mittel der Wahl, Umsetzungsanforderungen des Mottos für alle Stufen zu fixieren. Der Mercedes EQS hat seine Außergewöhnlichkeit am Anfang dadurch verdeutlicht, dass das neue Auto vom Himmel herabkam. Das Motto: »This is for you, World.«[267] Eine schöne Überhöhung.

Der neue Kaffeeautomat könnte mit Mini-Robotern in Butler-Outfit arbeiten, Kunden werden hochherrschaftlich aufmerksam bedient. Sie entschweben. Das Motto könnte lauten: »Ihr himmlischer Kaffee-Service.«

Sowohl das Kampagnenmotto von Mercedes wie das des gedachten Kaffeeautomaten zahlen auf das jeweilige Produkt-Statement ein. Das ist der entscheidende Prüfpunkt.

---

266 Vgl. www.cidigital.eu.

267 www.mercedes-benz.com/de/fahrzeuge/personenwagen/eqs/.

Immer geht es um die drei Seiten der Produktpositionierung. Am Beispiel des Kaffeeautomaten:

- **Statement:** »Der erste Kaffeediener, der auf Ihr Wort hört.«
- **Kampagnenmotto:** »Ihr himmlischer Kaffee-Service.«

Technischer Benefit	Emotional Benefit	Self-expressive Benefit
Modernste übermenschliche technische Lösung, der erste vollautomatische Kaffeeautomat.	Sie werden als Kunde ganz persönlich bedient, Sie sind etwas Besonderes, Sie fühlen sich wie im siebten Himmel.	Als Besitzer des modernsten Kaffeeautomaten sehen Sie Ihre Freunde als besonders, fast schon extraterrestrisch an.

Tab. 29: Die drei Seiten der Produktpositionierung

Testen Sie, ob es so ankommt!

Wir nehmen die Bedingungen für Werbewirkung hinzu: Je emotionaler eine Kampagne gestaltet wird, desto leichter werden die Inhalte behalten. Die Anforderung beinhaltete das Gebot der Aktivierung. Deshalb ist der Modus des Erlebnismarketing zu empfehlen. Oft wird in den Mittelpunkt eine zentrale Veranstaltung gestellt, sei es intern für den Vertrieb, sei es extern für die Kunden. Dann gibt es mit dem Event das Thema für eine Geschichte.

Ein verbreitetes Vorgehen des Neuromarketings ist das Storytelling: das Auto, das vom Himmel kommt, um die Welt zu retten. Auch das ist eine Geschichte, die es erleichtert, den Vorteil zu kommunizieren. Der zentrale Event führt in das Erlebnis der Geschichte.

Gerade im B2B-Bereich ist die Anzahl der Kunden oft überschaubar, insbesondere der Anteil der Innovatoren und frühen Folger. Deshalb liegt der Ansatz einer überzeugenden Einführungsveranstaltung nahe. Diese bildet ein Ereignis, um welches ein Spannungsbogen entwickelt werden kann: Einladung zur Veranstaltung, Spannungsaufbau durch Informationen aus der Vorbereitung, beeindruckende Einführungsveranstaltung mit den Elementen Entertainment und Information, Nachbereitung durch Erinnerung an die gemeinsame Veranstaltung, Festigung durch Kundenbeziehungsmanagement.[268]

Das ist ein **Fünf-Akte-Schema**, welches gerne als Grundlage für einen wirkungsvollen Event verwendet wird. Auch Videos sind dann besonders wirksam, wenn sie dem Fünf-Akte-Schema entsprechen. Das ist klassisches Erlebnismarketing.

268 Vgl. Keite, Lothar, Corporate Identity im digitalen Zeitalter, a. a. O., S. 219 ff.

Manche Managerin aus Kundenunternehmen wird aufgrund von internen Compliance-Regeln Grenzen ziehen und eine Einladung zu einem Event nicht annehmen. Vielfach gibt es aber auch Messeauftritte, zu denen Kunden eingeladen werden. Dann kann die Veranstaltung selbst als Event im Messerahmen organisiert werden. Gerade Messeveranstaltungen folgen am besten der Linie des Storytellings. In vielen Branchen gibt es zentrale Messen, die gerne als Bühne für die Vorstellung von Innovationen, insbesondere neuen Produkten genutzt werden.

Die Gewohnheiten sind unterschiedlich. Manche Messebesucher reisen am Vortag an. Eine Vorabendveranstaltung als Vorabinformation kann ein geschickter Kommunikationsansatz sein. Das bedeutet:

Beachten Sie

Es gilt, gangbare Wege zu suchen, um mit einem Spannungsbogen die Wirkung der Kampagne in der spitzen Zielgruppe möglichst hoch zu gestalten. Das ist im Diffusionsprozess die Bedingung für einen Produktstart.

Kampagnenumsetzung

Den Weg der Kampagnenentwicklung gehen die meisten Unternehmen mithilfe von Dienstleistern. Die Beauftragung erfolgt über ein Agenturbriefing (vgl. Briefing-Exkurs zu Beginn von Kapitel 3.2.3).

Der Ablauf lässt sich wie folgt darstellen:

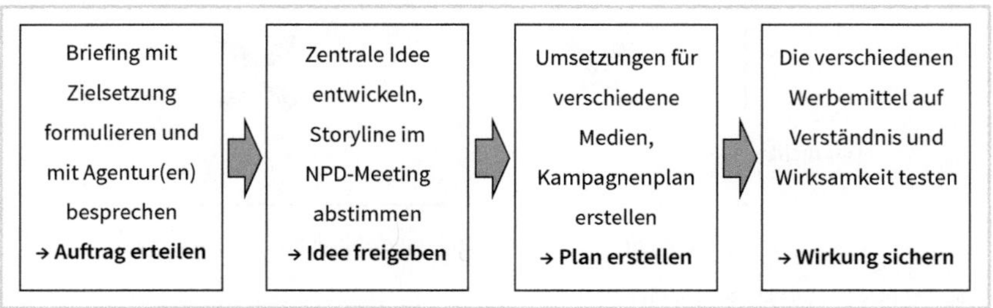

Abb. 47: Ablauf der Kampagnenentwicklung

Aus dem Hause Coca-Cola wird berichtet, dass zu Beginn etwa der Weihnachtskampagne alle eingeschalteten Dienstleister zusammen eingeladen und gebrieft werden. Es werden Event-Spezialisten, klassische und Online-Werbeagenturen, PR- und Media-Agenturen, Messebauer und andere Dienstleister benötigt. Ihre Anzahl ist oft groß. Es ist vorteilhaft, für die einzelnen Aufgaben jeweils echte Spezialisten und nicht einen für alles einzuschalten.

Die Leitung einer solchen Start-Zusammenkunft ist oft nicht einfach, hat aber den Vorteil, dass alle Beteiligten sich untereinander kennen und die Aufgabenfelder wie die Verbindungen dazwischen von Anfang an abgesteckt werden können.

Tipp

Gestalten Sie die Kampagne so, dass sie den Anforderungen eines Erlebnis-Marketingkonzepts entspricht. Die Auswahl der unterstützenden Agenturen sollte sich daran orientieren, dass das Produktmanagement berechtigtes Zutrauen hat, dass mit den Dienstleistern ein passender ungewöhnlicher Ansatz verwirklicht werden kann.

Zunächst geht es um die Ideenfindung, dann um die Auswahl. In der Folge ist also zunächst die Forcierung von Ideen – neu und ungewöhnlich – notwendig. Nach der Kreativphase lässt sich eine Entscheidungsmatrix für die Vorschläge erstellen:

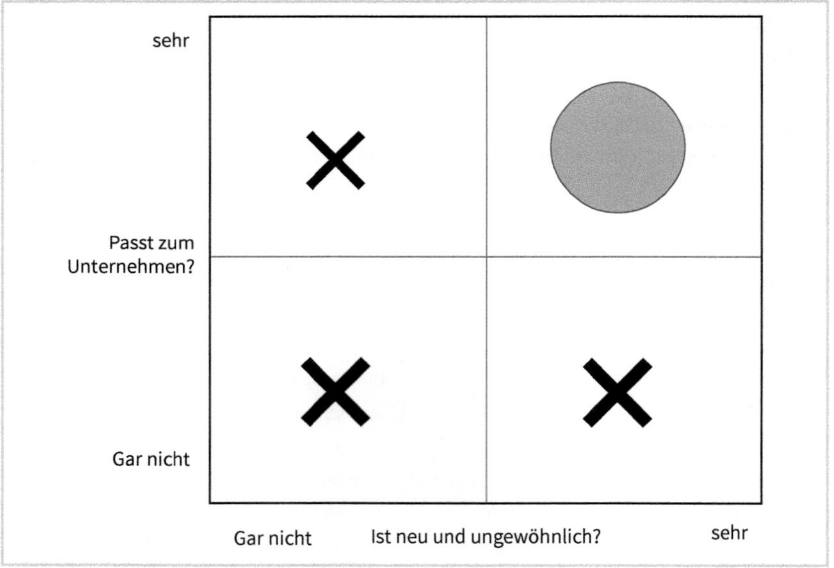

Abb. 48: Entscheidungsmatrix zur Ideenfindung

Wir alle suchen nach der ungewöhnlichen neuen Idee, die bestens zur Marke passt, in Abbildung 48 markiert durch den grauen Kreis oben rechts. In der Wirklichkeit gelingt genau dieser Treffer selten. Trotzdem sollten wir uns in Zusammenarbeit mit den Dienstleistern intensiv darum bemühen, einen solchen Ansatz zu finden. Alle Kampagnen, an die wir uns länger erinnern, haben eine zündende Idee zur Grundlage und sind deshalb im Gedächtnis geblieben. Es ist meist eine kleine Geschichte, die es erlaubt, ihren Inhalt im Gedächtnis zu behalten und noch nach langer Zeit wiederzugeben. Darauf beruht die große Wirkung in der Zielgruppe. Diese kann vor allem im Konsumentenbereich durch virale Verbreitung intensiviert werden.

Tatsächlich muss man sich oft mit guten und befriedigenden Lösungen zufriedengeben. Vermeiden Sie allerdings immer, etwas auszuwählen, was der Marke nicht zugeordnet wird. Deshalb sind die beiden unteren Felder der Matrix durch ein dickes **X** markiert. Nicht zur Marke Passendes fällt der selektiven Wahrnehmung der Rezipienten zum Opfer, es wird nichts erreicht. Das X in dem oberen Feld für »Passt zum Unternehmen« ist nicht sehr originell, ist schwächer; da es zumindest zur Marke passt, hat es eine rudimentäre Chance, bemerkt zu werden. Es ist an sich zu wenig. Gemeinsam sollte versucht werden, mehr im Sinne von »ungewöhnlich« und »erlebnisreich« daraus zu machen.

Wir sehen in der Unternehmenspraxis leider viele Ansätze, die den drei mit X markierten Feldern zuzuordnen sind. Ein wesentlicher Grund für Flops.

Verabschiedung

Die Verabschiedung der zentralen Leitlinie erfolgt oft in einem speziellen Termin des New Development Plan-Meeting. Dort präsentieren häufig die Vertreter der Agentur(en), der Kreis der internen Teilnehmer ist erweitert. Das ist ein weiterer wichtiger Meilenstein. Bereiten Sie die Agentur auf die Bedingungen vor, damit die Präsentation optimal verläuft.

Nach Verabschiedung der zentralen Idee ist generalstabsmäßige Planung geboten. Am Ende werden Einladungen zu Terminen ausgesprochen, dann muss alles fertig sein. Die gute Idee ist über alle Medien durchzudeklinieren. Das verlangt Budget. Vor allem für den Einsatz der Medien. Oft erfolgt eine Unterstützung durch eine Mediaagentur.

Beachten Sie

Wenn alle Medien einer Linie entsprechend dem Kampagnen-Motto folgen, werden die Umsetzungen als Varianten *einer* Botschaft erlebt. Das ist am Anfang eines Produktlebens wichtiger denn je.

Festlegung von Werbezielen

Quantitative Werbeziele sind festzulegen. In dieser Phase geht es darum, mit der Kampagne die Bekanntheit des neuen Produkts (Aware) in der Zielgruppe der Innovatoren zu erreichen. Festzulegen ist also die Zielgruppe, die mit den Maßnahmen speziell erreicht werden soll. Es ist die Frage zu beantworten, wie durch das zur Verfügung stehende Budget eine möglichst große Wirkung in dieser Zielgruppe erreicht werden kann. Mit diesen Anforderungen erfolgt eine genaue Mediaplanung: Wie lässt sich die spitze Zielgruppe am besten erreichen? Wie genau in der ersten Phase »Aware«? Wie führen wir zu »Appeal«?

Wer eine detaillierte Persona mit der Mediennutzung erstellt hat, weiß um die verwendeten Medien. »Ein Werbemedium ist ein Träger einer Werbebotschaft. Dies können klassische Medien wie Printmedien, Fernsehen, Radio, Outdoorwerbung, Kinowerbung etc. sein oder auch modernere wie soziale Netzwerke, Publicity Stunts, Product-Placement, Public Relations, Events, Messen etc.«[269]

Tendenziell werden beide Mediengruppen für unterschiedliche Aufgaben eingesetzt:

- Medien, die vor allem geeignet sind, Bekanntheit und Einstellung aufzubauen, gehören eher in die erste Gruppe; sie werden oft als Above-the-Line-Medien bezeichnet.
- Medien, die Impulse geben, sich weiter mit dem Produkt zu beschäftigen, sind eher aus der zweiten Gruppe: Banner regen beispielsweise oft an, zu einer Landingpage weiterzugehen, die gezielt zur Website führt, die wieder unterschiedliche Vertiefungsmöglichkeiten bietet. Diese Medien werden als Below-the-Line-Medien bezeichnet.

Mediaplan

Mediapläne müssen der Zielgruppe und der Aufgabe entsprechen. Nur über genaue Zielgruppenkenntnis ist die richtige Wahl möglich. Dann wird für den Weg der Kunden nach den fünf Stufen der Customer Journey, fünf A, ein passender Plan erstellt:

Touchpoint	User Experience	Medien	Unser Status
Aware	Bekanntheit	• Alle Werbemaßnahmen und Unterlagen • Vorträge	
Appeal	Bevorzugung	• Alle Events und Veranstaltungen • Emotionale Aufladungen • Positive Berichte von Kunden	
Ask	Austausch, Information	• Webauftritt, Telefon (Hotline), Beratungsgespräch, Chat • Bewertungen/Empfehlungen	
Act	Auswahl, Kauf	• Verkaufsgespräch, Vertrag, Warenkorb im Netz • Individualisierung • Bezahlung/Lieferung	
Activation	Erlebnis	• Nach-Kauf-Maßnahmen, Following Social Media, Service Design, Communitys	

Tab. 30: Mediaplan nach den fünf Stufen der Customer Journey (Beispiel)

Oft werden eben in den ersten Stufen nach wie vor klassische Medien eingesetzt, im B2C-Bereich durch Anzeigen und in großen Unternehmen durch Commercials, im B2B-Bereich Veranstaltungen und Anzeigen in Fachtiteln. Erfahrungsgemäß sind die Medien der zweiten Kategorie erst wirklich wirksam, wenn Medien der ersten Kategorie eine positive Einstellung aufgebaut haben.

269 Zich, Christian, Das Marketing Praxisbuch, 2018, a. a. O., S. 266.

»Für mich ist Facebook keine Plattform, um in Anzeigen Produkte zu bewerben«, sagt Facebook-Profi Sandra Holze. »Warum nicht? Man muss überlegen: Wie sind die Leute auf Facebook unterwegs? Die wollen Spaß haben, Videos gucken, schauen, was ihre Freunde im Urlaub machen, was sie essen. Meine Erfahrung ist, dass da reine Produktanzeigen nicht funktionieren.«[270]

Beachten Sie

Mediapläne stellen eine Kombination aus Medien, welche die Zielgruppe nutzt, und der Zielsetzung dar. Hier entscheidet sich Wirksamkeit. Die Mediaagenturen ermitteln im klassischen Bereich die Reichweite und die Anzahl der Kontakte, die Sie als Gegenleistung für das eingesetzte Budget erhalten. Genau genommen sind es Kontaktchancen, die auf Basis der letzten Erhebungen zur Nutzung der Medien ermittelt werden. Den Unterschied in der Wirkung schafft die Aktivierung des Impulses.

Im Online-Bereich wird verbreitet nach Ausspielungen abgerechnet. Das wird als nachvollziehbarer empfunden. Es sind aber genau die Bedingungen zu betrachten: Wenn eine Ad oder ein Film nur zu 50 % geladen wurde, zählt das schon in die Anzahl der Ausspielungen. So oder so, beide Kanäle haben ihre besonderen Bedingungen.

Im Online-Bereich kann die Ausspielung mit der Aufforderung einer Handlung verbunden sein, etwas Informatives herunterzuladen oder zu einer Landingpage zu klicken. Dann können schon Conversions ermittelt werden, die ein solideres Maß darstellen. Die Quote hängt auch hier von der Aktivierung ab.

Es kommt relativ selten vor, aber auch im klassischen Bereich werden Handlungen angeregt, beispielsweise über einen QR-Code etwas abzurufen.

Am Ende betrachten wir immer die Wiedergaben im Werbe-Tracking als das eigentliche Maß. Je nach Vorgehen werden Recalls, Wiedergaben oder Recognitions, Erinnerungen an Elemente, ermittelt; in qualitativen Erhebungen werden inhaltliche und assoziative Angaben ausgemacht. Erstere zeigen »Aware«, zweite »Appeal«.

Wer etwa einen Newsletter-Verteiler aufgebaut hat, kann auf diesem Weg direkt verbundene Kunden ansprechen. Das ist fokussiert. So zahlt sich Kundenbeziehungsmanagement aus.

Tipp

Bei allem sind die Vorgaben zu beachten: Es darf nur um Leistungswerte in der spitzen Zielgruppe gehen.

270 Basel, Nicole, 9 Tipps für erfolgreiche Anzeigen auf Facebook, in: www.impulse.de/management/marketing/facebook-werbung-tipps/3549253 (Fehler im Original korrigiert, L.K.).

Ein Mediaplan wird in der Einführungsphase erst einmal unter der Maßgabe der Bekanntheit und Aufladung stehen. Prüfen Sie die Umsetzungen auf Verständnis und Wirksamkeit.

In vielen Branchen gibt es typische Produktunterlagen, die nicht fehlen sollten. Die Vertriebseinheit erwartet sie. Wir kommen im nächsten Kapitel darauf zurück.

Website

Die Website ist für die meisten Produktmanagements der zentrale Produkt-Hub. Ihr Funktionieren weist andere Bedingungen als eine Anzeige auf. Sie steht ebenfalls unter der Bedingung des Produktmottos. Damit wird die Verbindung aller Werbeimpulse geschaffen.

Eine Website speziell muss im Produktsinne ansprechend und leicht zu nutzen sein; das sind die zwei Bedingungen attraktiver Websites. Das kognitive wie das emotionale Kundenhirn werden online angesprochen. Eyetracking zeigt Ihnen den Weg, den das Kundenauge geht. Es kommt auf den Eindruck und die Usability an. Testen Sie das! Es ist der zentrale Produktknoten.

Egal woher ein erstes Interesse stammt, mögliche Kunden suchen dann weitergehende Informationen eben hier, auf dem zentralen Produkt-Hub. Jedes Produktmanagement sollte sich der positiven Wirkung dieser Begegnung sicher sein.

Es wird deutlich, dass es sich um eine vernetzte Informationssuche der potenziellen Kunden handelt. Somit sollten Sie die Website gezielt verlinken. Die Erfahrung lehrt auch, dass die gedachten Verbindungen selten so wie gedacht von den Usern genutzt werden. Deshalb sollten die Kontakte an sich funktionieren, nicht notwendig eine Entdeckungsstrecke voraussetzen.

Das Produkt steht am Anfang seines Lebens im Markt.

Gezieltes Vorgehen

Wichtig ist eine fundierte Mediaplanung, sei es auf Basis der Allensbacher Werbeträgeranalyse für traditionelle Medien, der Google-Insights, des Zielgruppen-Managers bei Facebook oder der *daily campaign facts* der agof für Online-Medien. »Die Interessen der Wunschkunden sind am wichtigsten, um tatsächlich genau die Menschen anzusprechen, die man erreichen möchte.«[271] Es gilt gerade am Anfang: Agieren Sie nicht mit der breiten Gießkanne, sondern mit dem fokussierten Wasserschlauch.

---

271 Basel, Nicole, So bringt Ihre Facebook-Werbung mehr – für weniger Geld, in: www.impulse.de/management/marketing/zielgruppen-facebook-anzeigen/3549250.

Nach der Kampagne wird in der Zielgruppe überprüft, wie hoch der Anteil derjenigen ist, welche von dem neuen Produkt gehört haben. Ein Teil derjenigen, die inzwischen das Produkt kennen, sollte bestimmte Zuordnungen mit dem neuen Produkt verbinden; damit ist eine erste Aufladung erreicht (Appeal). Für beide Zielgrößen sollte es Zielwerte geben, die in der Zielgruppe nach festgelegter Zeit gemessen werden.

Ein erster wichtiger Multiplikator ist die Presse. Viele Unternehmen haben einen Online-Newsroom installiert, der »zum digitalen Schaufenster über alle Online-Aktivitäten eines Unternehmens weiterentwickelt und geöffnet [wurde]. Ziel eines Social-Media-Newsrooms ist dabei nicht mehr nur die reine Information: Vielmehr geht es darum, verschiedensten Multiplikatoren wie Journalisten und Bloggern Anreize für eine mediale Berichterstattung zu geben.«[272] Die Pressearbeit im Unternehmen hat darüber hinaus meist einen qualifizierten Verteiler.

Die Gedanken sollten nicht erst bei den Kunden beginnen. Jeder Kunde entwickelt eine Beziehung zum Unternehmen, das sind die Mitarbeiter, und zum Produkt. Deshalb sollte das Produktversprechen auch intern gelebt werden. Insofern gilt: **Eine Einführungskampagne hat immer zwei Seiten: internes und externes Marketing. Erst mit wirklicher Überzeugung im Innern geht das Produktmanagement gestärkt zu den Kunden.**

Beachten Sie

Die Einführungskampagne – groß oder klein – stellt im Neuproduktleben den entscheidenden Baustein dar, der dem Produkt eine Seele zu gibt. Es ist wichtig, dass alle Informationen rechtzeitig vorliegen. Deshalb wird ein virtueller Raum eingerichtet, in dem als Teil der zentralen Übersicht die Ergebnisse gesammelt werden. Er bildet auch das Zentrum für das Inbound Marketing, den aktiven Austausch mit interessierten Usern. Es ist wichtig, aktuell informiert zu sein und schnell reagieren zu können. Vor allem können positive Resultate medial verbreitet werden.

Noch kann auf dem Kundenweg der Wunsch lange unter Verschluss bleiben. Jetzt können aber Anstöße wie der »First Moment of Truth«, die Begegnung mit dem verpackten Produkt, aber auch handlungsauffordernde Anstöße im Netz für Endkunden erreichen, dass eine Erwägung, möglichst eine Entscheidung für den Kauf getroffen wird.

Gerade im B2B-Bereich sind Verkaufsspezialisten und Verkaufsingenieure im Einsatz. Deren Verkaufspräsentationen haben nun ein gedankliches Fundament, das jeweils mitwirkt. Zu Beginn des Beratungsgesprächs existiert durch die Kommuni-

272 Schindler, Marie-Christine, Kommunikationszentrale »Newsroom«: Alles was Sie wissen müssen, in: www.upload-magazin.de/16640-newsroom/ (Wort in eckigen Klammer ergänzt, L.K.).

kationsmaßnahmen schon eine erste Produktkenntnis aufseiten des potenziellen Käufers. Das ist ein deutlicher Startvorteil im Gespräch, denn Bekanntes hat auch Bedeutung. Damit wird die Seite Wünschbarkeit und wie sie erreicht werden soll, konkretisiert.

Dabei ist wichtig, eine Checkliste zu haben, um an alle Medien zu denken. In kaum einem Bereich hat es in den letzten Jahren einen so starken Aufbau gegeben.

Passen Sie die Checkliste zur Kommunikationskampagne des Neuprodukts für Ihre Zwecke an:

Checkliste: Produktmarketing	
Zentrale Idee, Kampagnenmotto	
Internes Marketing	
Einführungsveranstaltung – Inhalt, Teilnehmer	
Einführungskampagne, Mediaplan	
Newsroom, Inbound Marketing	
Website, Newsletter	
Social Media	
Produktunterlagen, Verkaufsförderungsmaterial	
Messeauftritt	

Tab. 31: Checkliste zur Kommunikationskampagne des Neuprodukts

3.2.3.4 Vertriebskonzept Neuprodukt

Marketing und Vertrieb gehen notwendig Hand in Hand. Während die Überlegungen zum Produktmarketing hauptsächlich die Umsetzung der zentralen Idee über die geeigneten Kommunikationsmittel als Perspektive haben, geht es im Vertrieb entlang der Customer Journey um die aufeinander aufbauenden, zeitlich nacheinander folgenden Aktivitäten zur Kundengewinnung bis zum Vertragsabschluss und darüber hinaus.

In der Produkt-Absatzwege-Matrix (vgl. Abb. 4) sind virtuelle und physische Kanäle aufgeführt. Das Vertriebskonzept fußt auf den im Unternehmen gegebenen Bedingungen.

Vertriebsstufen

In dynamischer Betrachtung ist Vertrieb als Prozess zu verstehen, der für den dauerhaften Erfolg verschiedene Stufen aufweist: Im Marketing haben wir die Stufen »Aware« und »Appeal« betrachtet, im Vertrieb setzt sich der intendierte Weg des Kunden idealerweise fort mit der Stufe »Ask«, Gespräch und Fragen zum Produkt, sowie der Stufe »Act«, Kaufabschluss, »Activation«, Inbetriebnahme und Kundenbetreuung.

Diese Vertriebsstufen bedeuten für unterschiedliche Produktmanagements ganz Unterschiedliches. Nehmen wir als Erstes zur Erläuterung schon genannte Beispiele:

- Der Absatz eines Mercedes EQS erfolgt typischerweise über ein Autohaus. Konfigurationen am Rechner sind möglich, es gibt Plattformen für Autoverkauf im Netz. Das ist aber nicht der typische Weg eines Kunden zu diesem Auto. Gerade dieses Produkt richtet sich an betuchte Käufer, was in allen Kontakten deutlich sein muss. Die persönliche Beratung wird bevorzugt.
- Der Absatz der genannten Apple-Produkte erfolgt verbreitet über Apple-Stores, ist allerdings auch über die Apple-Homepage mit dem Shop problemlos möglich. Apple ist ein typischer Vertreter, der im Internet startete und heute auf ein Netzwerk eigener Flagship-Stores zurückgreift. Als Kunde besteht die Möglichkeit, von zu Hause oder unterwegs zu agieren, genauso aber auch vor Ort, um sich dort insbesondere beraten zu lassen.
- Ein beispielhafter Kaffeeautomat für das Büro wird sehr häufig über eine Fachhandels-Außenorganisation vertrieben. Neben den markeneigenen Organisationen greifen viele Kaffeeautomaten-Anbieter auch auf allgemeine Fachhandels-Vertriebsorganisationen zurück. Insbesondere After-Sales-Service-Aktivitäten werden auch von diesen übernommen.

  In der Branche der Elektrokleingeräte sind die Grenzen fließend: Manche Kunden gehen auch zum Elektro-Facheinzelhandel, wenn sie ein Gerät für das Büro benötigen.

Drei Produkte, drei unterschiedliche Vertriebswege. Deshalb besteht der erste Schritt vor allen weiteren Vertriebsaktivitäten darin, sich als Produktmanagerin den geplanten Weg des neuen Produkts zur intendierten Zielgruppe aufzuzeichnen. Jeden Schritt. Jeden Beteiligten. Wir haben in Kapitel 2.2.1 »Toolbox der Kundenforschung« die Informationen zu einem integrierten Modell der Absatzstufen zusammengetragen.

Beachten Sie

Ein reibungsloser Vertrieb der Produkte im umfassenden Sinne ist eine Erfolgsvoraussetzung für die Einführung eines neuen Produkts. Die Analyse ist Grundlage für den Vertriebsansatz, der zusammen mit dem Vertriebsleiter erstellt wird.

Absatzplanung

Jedes Vertriebskonzept beinhaltet zentral die Vertriebsziele. Die Vertriebseinheiten verfolgen nicht nur diese Ziele, sie werden meistens nach Zielerreichung entlohnt. Deshalb steht im Zentrum der Absprache mit der Vertriebsleitung die Festlegung der Absatzziele für das neue Produkt. Es ist gut, Ziele in Form der Deckungsspanne zur Grundlage zu machen.

Ausgangspunkt ist die Fortschreibung des Businessplans für das neue Produkt. Inzwischen existiert in zeitlicher Nähe zur Einführung durch die Kundenforschung ein Absatzmodell. Hierbei sind die gewonnenen Informationen zu Produkt und Preis sowie die Annahme des Produktlebenszyklus zu einer Simulation verbunden worden. Es bestehen fundierte Rechnungen zur angenommenen Absatzentwicklung.

Dabei taucht wieder die Frage der Zielsetzung auf: top-down oder bottom-up? Sinnvollerweise entwickelt das Produktmanagement eine Absatzplanung als Gesprächsgrundlage, da dort die Informationen über Bedarf und Käuferverhalten vorliegen. Die Planung wird als Rahmen mit der Vertriebsleitung abgestimmt.

Die Rechnungen werden idealerweise unterfüttert durch konkrete Vorgehensweisen im Vertrieb: Wer wird angesprochen? Wie sieht die Besuchsplanung aus? Oder im eShop: Wie wird Interesse geschaffen, wie können Interessenten zu Käufern werden? Dadurch wird das Vorgehen von der abstrakten Rechnung in eine Handlungsorientierung übertragen.

Die Absatzplanung stellt den Ausgangspunkt dar. Am Ende wird es, daraus abgeleitet, um eine Bedarfsplanung gehen. Aus dem Primärbedarf ergibt sich dann ein Sekundärbedarf für die Teile und die Bestellungen. Es ist im Sinne erfolgreichen Vertriebs hier mit gut fundierter Planung zu starten, denn alle anderen Planungen wie Produktionsbelegung, Lagerbelegung, Logistikkapazitäten hängen davon ab. Deshalb ist es richtig, in die Gespräche mit den Beteiligten im Vertriebsprozess mit guten Modellen zu gehen, aber auch für einen reibungslosen Vertriebsprozess zu sorgen. Nach der Planung kommt die Umsetzung.

Vertriebsprozess

Denken Sie dabei weit genug! Unter den Aspekten der Leistung und der Zufriedenheit mit dem Produkt zeigten sich schon notwendige Unterstützungseinheiten für den Vertrieb wie Kunden-Hotline oder auch Vertriebsinnendienst, Back-Office, Kundenservice, Logistik und Einrichtung. Wenn ein Produkt verkauft wurde, der Support nicht funktioniert, dann endet die Produkteinführung schnell.

Zur Erarbeitung geeigneter Maßnahmen soll eine Struktur dienen:

- direkter oder indirekter Vertrieb?
- alle Leistungsermöglicher und Service-Erbringer

Direkter Vertrieb

Direkter Vertrieb beginnt mit einem eShop und umfasst alle Vertriebseinheiten im Außendienst an Letztkunden. Vertriebseinheiten setzen entweder an die Nutzer ab, die deren Kunden sind (direkter Vertrieb), oder an Intermediäre wie Handel oder Installateure, die ihrerseits die Produkte an die Nutzer absetzen oder bei ihnen einbauen (indirekter Vertrieb). *Direkt* oder *indirekt* bezieht sich auf den Kontakt zum Nutzer. Der Vertrieb selbst hat erst einmal die Perspektive der kaufenden Kunden.

Wenn das Produktmanagement nun Maßnahmen bis zum Nutzer der Produkte überlegt, dann hat der direkte Weg den Vorteil, dass die jeweilige Vertriebseinheit gezielt ohne Umwege vorbereitet werden kann, das Produkt an die User abzusetzen, die damit auch umgehen. Gleichzeitig hat die Vertriebseinheit auch die Daten zu Kauf, Wiederkauf etc. Deshalb ist in digitalen Zeiten allgemein ein Bestreben zu direkten Nutzerkontakten zu beobachten. Absatzkanäle verändern sich gerade unter diesem Ansatz.

Indirekter Vertrieb

Schwieriger wird die Beherrschung des Wegs zum Nutzer auf indirektem Weg. Hier steht die Frage an, wie die Intermediäre für das Produkt so gewonnen werden können, dass sie die Begeisterung bis zum Nutzer weitertragen. **An der Schnittstelle Vertrieb liegen erst einmal nur Daten zum Absatz an die Intermediäre vor, es bedarf für das Produktmanagement der Ergänzung um Information zum Verhalten im Absatzkanal.**

Im internationalen Geschäft operieren Unternehmen verbreitet mit Niederlassungen. Das ist für das Produktmanagement oft wie ein indirekter Vertrieb, selbst wenn es eine unternehmenseigene Einheit ist. Manchmal handelt sich auch ohnehin um eine selbstständige Vertriebsorganisation.

Insofern sollten Sie mit dem Leiter der Vertriebseinheit den Weg des Produkts aufzeichnen und sich um die Datenbasis kümmern. Danach ist zu erörtern, wie das meist zentrale Produktmanagement an den verschiedenen kritischen Punkten unterstützen kann. Andere Märkte, andere Vertriebsstrukturen. So kommt es für den Erfolg auf das jeweils geeignete marktspezifische Vertriebskonzept an.

Beachten Sie

Die Trennung unterschiedlicher Vertriebsansätze verläuft tendenziell entlang der Frage des direkten oder indirekten Vertriebs. Direkter Vertrieb hat den Absatzkanal stärker unter Kontrolle und kann den Vertriebsansatz gemäß der Diffusionsüberlegungen mit dem Vertrieb gestalten. Indirekter Vertrieb übergibt das neue Produkt einem Vertriebsweg, an dessen Anfang der eigene Vertrieb steht.
Das Vertriebskonzept muss notwendig den besten Ansatz unter den realen Bedingungen wählen.

Die zentrale Grundlage aller Absprachen zwischen Produktmanagement und Vertrieb ist die Ergebnisplanung mit Zielen für Absatz, Umsatz, Deckungsbeitrag. Diese Ergebnisplanung geht als Teil ein in die taktische Grundlage im Absatzbereich, den Marketing- und Vertriebsplan. Die Ergebnisplanung im indirekten Vertrieb hat den Fokus Absatzmittler.

Leistungsermöglicher

Alle Produktmanagements sollten darüber hinaus sehr genau auflisten, welche Stellen zur Zufriedenheit mit der Produktleistung beitragen. Das vollständige Produkterlebnis muss im Zentrum des Blicks im PM stehen. So waren die externen Einrichter schon identifiziert worden. Manchmal sind es im eigenen Land sogar interne Einrichter, in anderen Ländern aber externe Einrichter. Auch die Serviceeinheiten sind nicht überall gleich.

Beachten Sie

Im Markteinführungsprogramm ist für die weiteren Märkte eine Differenzierung erforderlich. Es darf keine blinden Flecken geben.

Unter diesen Bedingungen benötigt das Produktmanagement ein Programm zur Motivation aller am Vertriebsprozess beteiligten Personen. Wer sich übergangen fühlt, zeigt häufig unterschwelligen Widerstand. Alle Gruppen müssen das Produkt und dessen Leistung gut kennen, um die speziellen Anforderungen ihrer Tätigkeit im Vertriebsgeschehen bestens erfüllen zu können.

Beachten Sie

Für alle vertriebsbeteiligten Aufgaben ist ein Programm zur Information und Begeisterung erforderlich. Dabei gilt das wichtige Prinzip: Das jeweilige Programm wird mit den jeweils Beteiligten zusammen entwickelt. Endlos sind die Geschichten von Materialien für Vertriebskollegen, die diese als unbrauchbar eingeordnet und nicht eingesetzt haben.

Die Beteiligung der Betroffenen hat zwei zentrale Vorteile:

- Die Expertise der Personen mit den umfangreichsten Erfahrungen in dem Feld fließt ein.
- Vor allem: Wenn jemand an einer Sache mitgewirkt hat, macht die Person sie zu ihrer Sache und setzt sie ein.

Vertriebsansatz

Es ist entscheidend, dass der Nutzer des neuen Produkts einen erlebbaren Mehrwert erfährt. Wir hatten immer wieder angesprochen, dass der Kunde einen Nutzen sucht. Das kybernetische Kaufentscheidungsmodell aus Kapitel 1.3 (vgl. Abb. 5) dient wieder als Grundlage. Das ist die Basis für erfolgreichen Vertrieb. So sind alle Beteiligten einzustimmen.

Dafür sollte erstens ein Bedürfnis identifiziert werden, für welches das neue Produkt einen Anreiz darstellt. Als Zweites geht es um die Auswirkungen: Was wird durch die

Lösung verändert und wer ist betroffen? Als Drittes werden Möglichkeiten überlegt, wie der Bedarf am besten gedeckt werden kann.[273] Wenn dann der Nutzen des Produkts passt, führt der nächste Schritt zum Kauf.

Es lassen sich drei häufige Verhaltensweisen im Verkaufsgespräch beobachten (hier speziell im B2B-Bereich, aber ohne Weiteres übertragbar):[274]

- **»Giving«:** Verkäufer versorgen ihre Kunden mit umfangreichem Informationsmaterial.
- **»Telling«:** Verkäufer erklären ihren Kunden das angebotene Produkt.
- **»Sensemaking«:** Verkäufer schneiden Erklärung und Information auf ihre Kunden zu.

Dabei sind die Verkäufer der dritten Gruppe deutlich erfolgreicher. Dieses Studienergebnis ist mehr als verständlich, geht es für Kunden doch darum, dass ein Angebot für sie Sinn macht. Wie lässt sich ein Gespräch darauf ausrichten? Indem der Verkäufer nicht antwortet, sondern fragt und damit die Ausrichtung dem Kunden überlässt.

Drei Schritte vom Bedarf zur Auswirkung zur Lösungsmöglichkeit sind im Kundenaustausch gedanklich zu nehmen, um zum Abschluss zu kommen. Sie bilden die Grundlage eines Gesprächs mit einem potenziellen Käufer. Dieses Gespräch kann einmal persönlich von einer Außendienstkollegin geführt werden.

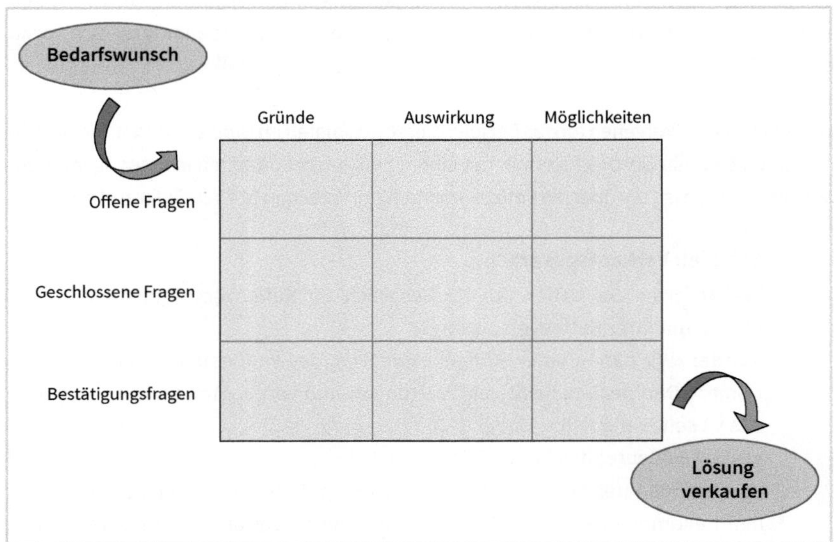

Abb. 49: Führen durch Fragen (Quelle: In Anlehnung an Keith M. Eades: The New Solution, N.Y. 2004)

---

273 Vgl. Eades, Keith M., The New Solution Selling, New York 2004.

274 Vgl. Adamson, Brent, Die neue Rolle des Vertriebs, in: Harvard Business manager September 2022, S. 70 ff., Keith M., The New Solution Selling, New York 2004.

Im Fall unseres beispielhaften Kaffeeautomaten wird zunächst über die Hintergründe – konzentrierte Arbeit, hohe Anforderungen, häufige Abstimmungen –, dann über die Betroffenen – Grafiker, Auftraggeber, Gäste, teilweise mit Wunsch nach Tee – gesprochen, um dazu zu kommen, wie das Bedürfnis gelöst werden könnte – Getränke ständig vorrätig, immer frisch zubereitet –, so dass die Lösung »vollautomatischer Kaffeeautomat, der auch Tee erstellt« auf dem Tisch liegt. Ein Berater variiert offene und geschlossene Fragen. Wenn ein Kunde durch Fragen bis zu diesem Punkt gekommen ist, lässt sich die Lösung leicht verkaufen.

»Die Wahrscheinlichkeit, dass Kunden hochwertige Käufe mit geringem Bedauern tätigen, steigt, wenn sie sicher sind, dass sie die richtigen Fragen stellen, dass sie wissen, welche Informationen sie am stärksten gewichten müssen, und dass sie konsistente, wiederkehrende Muster erkannt haben. Dieser Prozess ist jedoch von Natur aus subjektiv.«[275] Dem wird so Rechnung getragen.

Ein Kaufprozess vor dem Rechner im eShop wird zurecht als ein Selbst-Verkaufsgespräch des Users angesehen:[276] Wenn der Nutzer auf der Website mit dem Shop so geführt wird, dass diese Fragen implizit gestellt und beantwortet werden, dann entspricht die Führung des Users dem erfolgreichen Verlauf eines Verkaufsgesprächs. So sollte ein eShop fungieren. So lässt sich die Stufe »Ask« auf dem Kundenweg online gut gestalten. Die Stufe »Act«, Kauf, sollte danach unkompliziert durchgeführt werden können, also Produkt in den Warenkorb und zum Abschluss. Das alles lässt sich vorab prüfen. Das PM sollte das reibungslose Funktionieren sicherstellen.

Wir wollen dieses Vorgehen für das Beispiel Kaffeeautomaten im Büro skizzieren. Die Annahme lautet, dass ein Gesprächstermin mit einem Einkaufsbeauftragten in einer Agentur anberaumt worden ist, um über die Kaffeeversorgung zu sprechen (V = Verkäuferin, K = Kunde):

Beispiel: Verkaufsgespräch

Verkäuferin: »Sie haben um ein Gespräch zur Kaffeeversorgung gebeten. Was ist mit Ihrer Kaffeeversorgung?«

Kunde: »Wir haben einen Kaffeeautomaten, der im Idealfall bestens funktioniert. Der Idealfall heißt, alle Wartungen sind vorgenommen worden. Nur das ist selten der Fall.«

V: »Was bedeutet das für die Büroarbeit?«

K: »Das bedeutet Ärger. Diejenigen, die einen Kaffee möchten, können keinen bekommen, sie schimpfen. Sie sind meist aber auch nicht bereit, die notwendigen Voraussetzungen wie das Nachfüllen von Kaffee oder Wasser oder eine Reinigung des Gerätes vorzunehmen.«

275 Ebenda.

276 Zich, Christian, Das Marketing Praxisbuch 2018, a. a. O., S. 128.

V: »Was würden Sie sich wünschen?«
K: »Ganz klar, einen Service, der dafür sorgt, dass es nie Unterbrechungen gibt. Während der Bürozeit sollte der Kaffeeautomat einfach immer funktionieren. Dann wären alle zufrieden.«
V: »Mein Vorschlag: Was halten Sie von einer vollautomatischen Lösung.«
K: »So etwas gibt es? Das wäre es genau.«
V: »Der Kaffeeautomat ist tagsüber immer betriebsbereit, er führt Reinigungs- und Entkalkungsprogramme grundsätzlich automatisch nachts durch, der Kaffeevorrat entspricht mindestens Ihrem Tagesbedarf und wird regelmäßig von uns aufgefüllt, weil der Kaffeeautomat unseren Service rechtzeitig informiert hat; dann füllt der Service auch Entkalker und Reiniger nach.«
K: Das wäre klasse. Und wie läuft es mit dem Kaffeemehl?«
V: »Das Kaffeemehl rutscht direkt in einen großen Abfalleimer, der ebenfalls dann vom Service gewechselt wird. Das Kaffeemehl wird natürlicher Düngerproduktion zugeführt. Der Kaffeeautomat wird direkt an die Wasserleitung angeschlossen.«
K: »Das ist die Lösung!«
V: »Niemand im Büro muss etwas machen. Alle können immer unbeschwert arbeiten und dabei Kaffee wie gewünscht genießen.«

Entscheidend ist, dass die Lösung wie in unserem Beispiel eine Antwort auf das Problem darstellt. Dies kann nur gelingen, wenn zuerst das Problem herausgearbeitet wird. So sollte der Vertrieb vorgehen.

Die Vertriebsarbeit selbst wird verbreitet durch ein Sales-Support-Ansatz als Teil des CRM-Systems unterstützt. Einmal geht es um die betreuten Kunden, andererseits um die Verkaufsunterlagen. Es ist die Aufgabe der Schnittstelle, wichtige Informationen zu sammeln. Mit entsprechender Software wird die Lead-Qualifizierung vorgenommen. Durch die Integration der Informationen in das Gesamtsystem können Auswertungen zum Kundenverhalten durchgeführt werden.

Bedarfsermittlung

Zweiter wichtiger Punkt im Absatz von Produktlösungen ist die Bedarfsermittlung. Im Beispiel des Kaffeeautomaten steht die Frage an: Gerät oder auch Lieferung oder auch Service? Alle modularen Produktaufbauten können entsprechend des Kundenbedarfs zugeschnitten werden. Die Konfektionierung aus Bausteinen ist meist verbunden mit einem Kalkulationstool. Die Grundlage bildet wieder die Denkmatrix des Produktmanagements: Hier Kundenbedürfnisse, dort Produkteigenschaften. Die Umsetzung im Sales-Support-Tool ist eine typische Sache der Beteiligung. Es geht darum, den Vertrieb bestens in die Lage zu versetzen, detailliert zu beraten.

Wenn sich die Vertriebsorganisation mit den Kundenwünschen auseinandergesetzt hat, bilden die Produkteigenschaften und -module Anknüpfungspunkte, wodurch der Wunsch erfüllt wird. Gesprächstechnisch geht es bei den Kundenwünschen um die Value Proposition, bei den Produkteigenschaften um den USP, die Unique Selling Proposition.

Hier ist ein Unterschied zwischen B2C- und B2B-Kunden gegeben. B2C-Kunden haben bei starken Marken einen Favoriten und suchen nach der besten Bezugsmöglichkeit im Netz. B2B-Kunden haben ein Einkaufsmanagement, das alternative Angebote zusammenstellt; hier kommt es darauf an, in die Auswahl zu kommen. **Deshalb ist eine B2C-Kommunikation bis hin zum Selbst-Verkaufsgespräch im Netz stark am Kundennutzen orientiert, B2B-Kommunikation sicher ebenfalls, aber mit stärkerer Notwendigkeit des Beweises in Form einzigartiger Produktgründe. Beides wird systemseitig unterstützt.**

Der Gesprächspartner des Vertriebs kann auch ein Intermediär sein. Dann verändert sich die Problemlage: Beispielsweise ist es dem Fachhändler wichtig, dass seine Kunden zufrieden mit der von ihm gelieferten Leistung sind. Dessen Interesse liegt also darin, selbst ein überzeugender Partner für die Endkunden zu sein, der mithilfe der Produktlösung punkten und Geld verdienen kann. Der Gesprächs-Dreisprung bleibt, Bedarf und Antwort fallen entsprechend modifiziert aus. Die Systemunterstützung stellt ab auf Geschäftsmöglichkeiten.

Viele Vertriebsorganisationen neigen dazu, die Produktvorteile herauszustellen: »Verehrter Kunde, der Kaffeeautomat hat automatische Entkalkung und Reinigung.« Das ist richtig, aber der Gesprächspartner weiß noch nicht, was er davon hat. Besser ist: »Sie müssen sich nicht um den Kaffeeautomaten kümmern. Notwendige Pflege passiert automatisch.« Auch alle Produktbeschreibungen sollten den Produktnutzen herausstellen.

Eine Vorteils-Gesprächsführung unterstellt nämlich, dass der Gesprächspartner die Vorteile als Nutzen für sich dekodieren kann. Das ist allerdings selten der Fall. Das Produktmanagement führt die Gedankenlinie von Anfang an zum Nutzen, zum **Mehrwert.**

Insofern liegt in Absprache mit der Vertriebsleitung eine Vorbereitung zur nutzenorientierten Fragetechnik nahe. Sie sollte vom Produktmanagement nicht als eine Art Seminar angelegt werden. Vermeiden Sie den Begriff Schulung! Der Vertrieb fasst das als Belehrung auf. Das Produktmanagement braucht Motivation und Engagement des Vertriebs für das neue Produkt. Es versetzt den Vertrieb in die Lage, über den Nutzen verkaufen zu können.

Vertriebsvorbereitung

Das Produktmanagement benötigt einen Ansatz, bei dem die Ziele, die Motivation, das Engagement sowie die Produktkenntnis so vermittelt werden, dass sich die Vertriebsorganisation gerne für das Produkt einsetzt. Das hängt sicher auch von der Größe der Vertriebsorganisation ab. Handelt es sich, wie bei der Versorgung von Büros mit Kaffeeautomaten, um eine Vertriebsorganisation meist im nationalen Rahmen, so ist die Anzahl der Beratenden so überschaubar, dass eine Einführungsveranstaltung zu erwägen ist. Diese ist so zu gestalten, dass die beiden Ziele, Motivation und Kenntnis, erreicht werden. Allein die Tatsache, dass Sie eine spezielle Veranstaltung durchführen, verdeutlicht die Bedeutung gegenüber den Vertriebskolleginnen und -kollegen.

In unserem Beispiel der Kaffeeautomaten fürs Büro mag eine Eventagentur vorgeschlagen haben, im Rahmen einer Veranstaltung auf eine italienische Piazza zu gehen: *Un Corso in Piazza celeste* ist das Motto. Es zahlt ein auf das Kampagnenmotto »Ein himmlischer Kaffee-Service«. Die Begegnung des Vertriebs mit dem neuen Produkt findet in einer prägenden Atmosphäre statt. Das Ideal des italienischen Kaffees wird durch die Veranstaltung mit dem Produkt verbunden.

In einem Hotel ist ein großer Begegnungsraum mit italienischen Ständen vorbereitet worden – Konditorei, Restaurant, Bar – alle ausgestattet mit dem neuen Kaffeeautomaten. Es gibt Degustationen, begleitet von italienischer Live-Musik. Die Musiker begeben sich zu einzelnen Gesprächsgruppen, beziehen sie ein. Zudem sind Kleinkünstler unterwegs, die ebenfalls auf Gruppen zugehen und sie einbeziehen. In Nebenräumen gibt es verschiedene Büros mit Schreibtisch oder Konferenztisch und auf jeden Fall mit dem neuen Kaffeeautomaten.

Wichtig ist: Die Unternehmensleitung eröffnet die Veranstaltung auf der Piazza. Sie hat eine geschäftliche Funktion. Nach dem Warm-up fordert die Vertriebsleitung auf, in die Büros zu gehen, sich mit den dort aufgestellten Kaffeeautomaten vertraut zu machen, sich zu bedienen.

Dann setzen sich die einzelnen Vertriebsgruppen zusammen, um zu überlegen, wer die ersten Kunden für diese Geräte sind. Sie werden aufgefordert, ihre Kunden danach durchzugehen, wer jeweils immer das Neueste kaufen möchte, und diese in der Runde vorzustellen. Wenn die Innovatoren von einzelnen Gruppen dargelegt werden, wird gemeinsam überlegt, was für diese Personen das Wichtigste ist. Anschließend werden Planungen vorgenommen, wann welcher dieser Innovatoren besucht wird.

Es wird also der Bedarf betont und die Vorgehensplanung erstellt. Wichtige Themen sind die passende Konfektionierung des Lösungsangebots, die Preislisten und der Konditionenrahmen: Wie können optimaler Kundennutzen und Preisstabilität so erreicht werden, dass die Kunden höchst zufrieden sind? Was vorab durchdacht wurde, fällt im Gespräch leichter.

Hier erfolgt auch die Verbindung mit der Ergebnisplanung. Sie wird durch die detaillierten Aktivitäten der Vertriebseinheiten unterfüttert. Da eine Abstimmung mit der Vertriebsleitung vorliegt, sollte in den meisten Fällen die Ergebnisplanung von den Vertriebseinheiten übernommen werden.

Nach Abschluss der Gruppenarbeiten in den Büros und der Vorstellung im Plenum ist es durch die Beteiligung zu einer Teamaufgabe geworden. Die gesamte Vertriebsorganisation bildet auf der Piazza mit der Unternehmensleitung einen symbolischen Kreis, um ihren Willen zum Ausdruck zu bringen, bis zum Monatsende ihre ersten Abschlüsse gemäß Plan zu tätigen und damit Referenzen zu schaffen. Der himmlische Tag kann auf der Piazza gut ausklingen.

Das Beispiel zeigt, wie über eine Veranstaltung Motivation und Kenntnis an kompetente Vertriebskollegen komprimiert übermittelt werden können, ohne zu belehren. Wer es mit internationalen Vertriebsorganisationen zu tun hat, wird dezentrale Veranstaltungen durchführen. Deren motivierende Wirkung kann durch ein Zusammenschalten verschiedener Länder verstärkt werden. Eine große starke Organisation, die international gewinnen will.

Beachten Sie

Eine Produkteinführung ist für alle Beteiligten immer so wichtig, wie sie vom Unternehmen gemacht wird. Als wichtig wird sie erkennbar durch die Bereitschaft, extra eine Veranstaltung durchzuführen.

Der Veranstaltungsgedanke richtet sich bis hierhin auf die Kolleginnen und Kollegen im Vertrieb selbst. Wir haben allerdings schon festgestellt, dass der Erfolg auch von weiteren Personen im Vertriebsinnendienst oder Kundenservice abhängt.

Oft ist es ein Leichtes, diese ebenfalls zur Veranstaltung einzuladen, mit zwei Effekten:

- Es wird verdiente Wertschätzung zum Ausdruck gebracht. Das ist besonders wichtig.
- Es führt aber auch zu besserer Leistungserfüllung: Menschen, die sich persönlich kennengelernt haben, gehen gerne viel leichter miteinander um.

Produktmanagement kennt die zwei Seiten des Erfolgs: Inhalt und Form, Sache und Emotion.

In Unternehmen ist Teamselling das übliche Format: Beratung persönlich, telefonisch, online. Das Zusammenwirken erfolgt auf Basis des CRM-Systems. Allein deshalb sollten alle am Vertrieb Beteiligten zur Auftaktveranstaltung eingeladen werden.

Bei indirektem Vertrieb ist die Fortsetzung des Produktwegs zu bedenken. Hier kann es bei überschaubarer Größe der Organisationen der Intermediäre vergleichbare Einführungsveranstaltungen geben. Oft sind es allerdings größere Organisationen, so dass eine zentrale Veranstaltung den Rahmen sprengt.

Dann kann der Vertrieb regional Vorstellungen in vergleichbarer Weise nach dem Prinzip »One to Many« vornehmen. Aus der Lerntheorie ist bekannt, dass besonders der eigene Umgang mit einer Sache zur mentalen Annahme führt.

Dafür bedarf es eines Budgets, aus Sicht des Produktmanagements notwendig auch einer Vorbereitung. Gemeinsam erarbeitet. Die Vorstellungen sollen der Linie entsprechen. Darüber hinaus sind auch in dieser Konstellation die weiteren Beteiligten am Vertriebsprozess zu bedenken und Antworten zu finden, wie diese eingebunden werden.

Es gibt erkennbar nicht das eine empfohlene Vorgehen, vielmehr sind die Bedingungen so verschieden, dass eine individuell passende Antwort erforderlich ist. Es gibt allerdings einen Grundsatz: Versuchen Sie, wenn immer möglich, durch Beteiligung Akzeptanz zu erreichen.

Beachten Sie

Die Gedanken in dieser entscheidenden Phase des Neuprodukts werden immer geleitet durch die Zielsetzung, den Weg bis zum Kunden bestens zu ebnen und so weit wie möglich sicherzustellen, dass die Ersterfahrung ausgesprochen positiv ausfällt. Dann kann das Produkt einen guten Marktverlauf nehmen. Das ist es, was das Produktmanagement will.

So kann sich das gesamte Vertriebsteam motiviert anspruchsvolle Ziele vornehmen. Wenn das Konzept zur Aufstellung des Vertriebsteams klar ist, kann die Markteinführung terminiert werden.

Zum guten Schluss bedarf es einer konkreten Planung, eines konkreten Vertriebsansatzes, um im New Development Plan-Meeting antreten zu können. Die Unternehmensleitung ist typischerweise besonders dafür sensibilisiert, wie plausibel der Plan zur Erreichung der Erfolgsziele angelegt ist.

Auch für die Vertriebsmaßnahmen ist eine Checkliste zu erstellen:

Checkliste: Vertrieb des Neuprodukts	
Absatzplanung	
Regionales und Absatzkanal-Vorgehen	
Muster und Unterlagen	

Checkliste: Vertrieb des Neuprodukts	
Sales Support	
Value Proposition	
Zielvereinbarungen	
Teamselling, Einführungs-Event	
Kundenservice	
Installation, Einweisung	

Tab. 32: Checkliste zum Vertriebskonzept des Neuprodukts

3.2.3.5 Markteinführungsentscheidung Neuprodukt

Lassen Sie an dieser Stelle die Produktentwicklung noch einmal Revue passieren: Der Weg von der Idee führte bis zum Konzept, nun ist das Produktkonzept sowohl technisch wie von der Vermarktungsseite so vorbereitet, dass im nächsten New Development Plan-Meeting die Markteinführung beantragt werden kann.

Gehen Sie die **technische Seite** noch einmal durch: Das Produktkonzept ist umgesetzt in eine Produktarchitektur, in Module, die zusammen eine Lösung ergeben. Es wurde bedacht, dass die Lösung auch vollständig ist. Es hat eine Form bekommen und für deren Produktion sind die Vorbereitungen getroffen. Es ist im ERP-System angelegt. Erste Produkte wurden produziert und ein Anfangsbestand wurde aufgebaut. Alle Qualitäts- und Funktionstests hat das Produkt bestanden, es hat alle Freigaben und erforderliche Dokumentationen.

Gehen Sie die **Vermarktungsseite** noch einmal durch: Das Produkt hat eine Struktur, einen passenden Namen, der geschützt ist, eine gut handhabbare, den Produktwert zeigende Verpackung. Der Produktpreis und die Konditionen wurden bestimmt, eine Einführungskampagne entwickelt, falls erforderlich, die Medien oder Veranstaltungsräume gebucht, alle Produktunterlagen erstellt, Artikelnummern vergeben, die Vertriebsveranstaltung mit dem Vertrieb geplant. Die internen Serviceeinheiten werden nicht vergessen. Alle Ermittlungen aus der Kundenforschung zeigen positive Resonanz.

Sie haben möglicherweise die jeweiligen Aufzählungen nach den Marketing-Mix-Bereichen ergänzt. Gehen Sie Ihre erweiterte Liste noch einmal durch. Ist vielleicht sogar noch an einen weiteren Punkt zu denken?

Die Website ist gestaltet und geprüft, sie wartet nur auf die Live-Schaltung. Die allgemeine interne Information ist vorbereitet. Meist erfolgt die Bekanntmachung über das Intranet. Überlegen Sie dabei auch, wie Sie das Besondere herausheben können. Neue Produkte sind etwas Wichtiges. Das muss erkennbar sein.

Wenn erforderlich, sind auch die Produkt- und Preisinformationen, die der Innendienst benötigt, vorbereitet und warten auf Freischaltung. Oder er greift auch auf das Sales-Support-Tool zurück. Das ist angelegt. Gehen Sie durchaus noch einmal zur Kundendienstleitung, um den Check vorzunehmen.

Die Presseinformation ist für den üblichen Verteiler vorbereitet worden. Gibt es möglicherweise noch ein Medium oder eine Journalistin, die eine Unterlage bekommen sollte? Kann jemand durch direkte Ansprache für die Einführung wirken? Multiplikatoren? Wer macht das, die interne oder eine externe PR-Agentur? Die Informationen für den Online-Newsroom sind erstellt.

An dieser Stelle ist komprimiert noch einmal zu überlegen, an was zu denken ist und ob an alles gedacht wurde. Was übersehen wurde, wird später fehlen.

Beachten Sie

Es ist sichergestellt, dass die ersten Produktlieferungen oder Leistungen gezielt von den ersten Kunden in Betrieb genommen werden können und das Produkterlebnis von Anfang an überzeugt. Die ersten Bestellungen müssen auf jeden Fall vollständig funktionieren! Der erste Eindruck prägt.

Wenn Sie auf frühere Produkteinführungen zurückgreifen können, sehen Sie nach, ob es dort noch Punkte gibt, an die Sie oder die Kollegin damals gedacht haben, die jetzt zu berücksichtigen sind.

Die Ergebnisplanung ist mit dem Vertrieb abgestimmt worden. Sie enthält klare Ziele, die auch Vorgaben für die Herstellungs- und Lieferungsplanung sind. Gleichzeitig wurden daraus auch die Deckungsbeitragsziele des Neuprodukts abgeleitet, so dass der geplante Break-even-Point ermittelt werden kann. Eine Unternehmensleitung verlangt nach einem Businessplan.

Mit der Vertriebsveranstaltung kann der offizielle Startschuss für das Neuprodukt gegeben werden. Dieser wird im New-Development-Freigabetermin frei geschaltet.

Die Unternehmensleitung ist durch die Verlinkung über die regelmäßigen New Development Plan-Meetings auf dem aktuellen Stand, sie hat die Freigabe für das Produktdesign, die Kampagnenidee, vor allem für die Investitionen in die Produktionsanlagen in der Zwischenzeit genehmigt. Die Erfolgsfaktoren **Machbarkeit**, **Vermarktbarkeit** und **Wünschbarkeit** sind fortgeschrieben worden.

Jetzt ist das alles für die Einführungsentscheidung noch einmal auf den Punkt zu bringen und der aktuelle Stand für die Erfolgsaussichten zu präsentieren. Ein großer Moment im Verlauf jedes Produktmanagements.

Die Sitzung des Einführungsentscheidungs-Meetings wird mit den Beteiligten vorbereitet. Die Unternehmensleitung erhält vorab eine Zusammenfassung des Markteinführungsplans als Entscheidungsgrundlage.

Das Produktmanagement stellt in der Sitzung den Markteinführungsplan vor. Typischerweise erfolgt diese zentrale Vorstellung zusammen mit der Vertriebsleitung – diese übernimmt ja den Staffelstab – und, je nach Organisation, mit der Marketingleitung. Die drei fortgeschriebenen **Erfolgsvoraussetzungen** werden gewandelt in konkrete **Planungsgrundlagen:**

Vertriebs- und Lieferprozess	
Vertriebsplan: Erste Ansprechpartner Zielsetzungen pro Monat Lieferplan: Bestand und Auslieferungen Einrichtungsplan: Installation und Einweisung	Ist Monat 1 Monat 2 Monat 3

Umsatz- und Deckungsbeitragsziele	
Umsatzplan: Abschlüsse pro Monat Deckungsbeitragsplan: Zielsetzungen pro Monat Einrichtungsbudget: Servicekosten Wettbewerbsaktivitäten	Ist Monat 1 Monat 2 Monat 3

Erfolgreiche Markteinführung

Kampagnen- und Kundenziele	
Kampagnendaten: Plan Reichweite und Kontakte Kampagnen-Tracking: Bekanntheit in der Zielgruppe Sympathie in der Zielgruppe Fokusgruppen: Zuordnungen in der Zielgruppe Einstellung in der Zielgruppe	Ist Monat 1 Monat 2 Monat 3

Abb. 50: Der Markteinführungsplan

Der Dreiklang **Machbarkeit**, **Vermarktbarkeit** und **Wünschbarkeit** erhält jetzt eine Handlungsorientierung und wird entsprechend vorgestellt:

1. Machbarkeit

Machbarkeit bedeutet in unserem Zusammenhang die Verwirklichung von Vertriebszielen. Konkret sollten die anzusprechenden Innovatoren in der Zielgruppe Grundlage einer Besuchsplanung sein. Auf einen eShop ist der Ansatz übertragbar, indem gezielt Interessen und Innovationsorientierung für die Zielgruppenbestimmung herangezogen werden.

Die Erörterung direkter und indirekter Vertriebsansätze hat gezeigt, dass ein passendes Vertriebskonzept in Abstimmung mit dem Vertrieb einen zentralen Erfolgsknoten darstellt. Deshalb ist hier die Vertriebsleitung gefordert.

Parallel erfolgt die Produktionsplanung, die hier mit den Anforderungen relevant wird, jeweils genügend Bestand zu haben und ausliefern zu können. Für verschiedene Märkte stellt sich die Aufgabe der jeweiligen Logistik. Es geht also nicht nur um Abschlüsse, sondern auch um Erfüllung, eben Machbarkeit. Das ist sicher eher eine Thematik für physische Produkte, denn Downloads für virtuelle Produkte sind in der Beziehung unproblematisch.

Für alle Erstkunden ist allerdings das Funktionieren entscheidend: Es gilt, positive Erfahrungen zu sammeln und dadurch Referenzen zu bekommen. Kunden werden diese dann zudem verbreiten.

2. Vermarktbarkeit

Vermarktbarkeit bedeutet in unserem Zusammenhang die Verwirklichung der geschäftlichen Zielsetzungen. Erster Punkt sind die Abschlüsse, die sich kumulieren. Dadurch wird ein Umsatz erzielt; die Division durch die Stückzahl zeigt den Durchschnittspreis. Die Spannweite der Preise um den Durchschnitt offenbart die Einhaltung der Preisdisziplin.

Der Bericht im CRM-System wird diese Kennziffern enthalten. Hier ist die Führung im Vertrieb gefragt.

Die Konsequenz des Verhaltens schlägt sich in der Deckungsbeitragsentwicklung nieder. Der Deckungsbeitrag wird gemindert durch Servicekosten. Es ist wichtig, dass die neuen Produkte bei den Erstkunden optimal von Anfang an funktionieren. Das Produktmanagement sollte die Kosten im Auge behalten. Die Überzeugung der Erstkunden stärkt die Position im Wettbewerb.

Der erwartete Break-even-Point kann errechnet und fortgeschrieben werden. Das Rechnungswesen wird die Zahlen täglich zur Verfügung stellen.

Aufmerksame Wettbewerber können gezielt gegen eine Einführungskampagne agieren. Branchen haben unterschiedliche Usancen. Wie fallen die bisherigen Erfahrungen aus? Spielen wir denkbare Szenarien durch.

Mit dem Vertrieb wird ein direkter Draht vereinbart.

3. Wünschbarkeit

Wünschbarkeit bedeutet jetzt, die Produkt-Einstellung in die passende Relation zum Produkt-Wunsch zu bringen. Dafür ist eine Kampagne geplant, die nun geschaltet wird. Erst wenn die Zielgruppe häufig genug Kampagnenkontakte hatte, werden Ergebnisse in deren Köpfen registriert werden. Insofern sind die Kennwerte des Kampagnenverlaufs eine notwendige Ausgangsinformation.

Im Kampagnentracking sollten sich in der Zielgruppe nach hinreichender Kontaktanzahl zunehmend Bekanntheit und Sympathie feststellen lassen. Durch Social Listening zeigt sich Resonanz in den Online-Medien, welche teilweise auch auf Offline-Kontakte zurückgehen, die dadurch wiedergegeben werden.

Wenn dieses Stadium erkennbaren Lernens in der Zielgruppe erreicht ist, kann zudem in Fokusgruppen ermittelt werden, was denn nun in den Köpfen hängengeblieben ist.

Die beiden Stränge – Aufbau von Bekanntheit im Tracking und Aufbau von Inhalten in den Fokusgruppen – zeigen die mediale und inhaltliche Wirksamkeit der Kampagne.

Die Entwicklung der drei Bereiche steht in einem Zusammenhang: Zunehmende Kampagnenerfolge erleichtern die Vertriebserfolge. Diese schlagen sich in den wirtschaftlichen Ergebnissen nieder.

Die unmittelbare Beobachtung versetzt das Produktmanagement in die Lage, zu registrieren, zu berichten und zu reagieren. Deshalb wird ein virtueller Raum eingerichtet, in dem die Informationen strukturiert nach diesen drei Bereichen zusammengetragen werden.

Nennen wir diese virtuelle Zusammenstellung »**Central Control Point**«. Das Produktmanagement hat durch Information das Heft in der Hand.

Durch die Beobachtung lässt sich auch sehen, wo es gegebenenfalls Hindernisse gibt: Mangelnde Bekanntheit erschwert Abschlüsse, beeinträchtigt die wirtschaftlichen Kennziffern. Mangelnde Abschlüsse bei gutem Sympathieaufbau zeigen Schwächen im Vertriebsansatz. Hinreichende Abschlüsse, aber unzureichende Deckungsbeiträge legen die Vermutung rabattorientierten Verkaufens nahe.

Alle Kennziffern erzählen Hintergründe. Es gilt, sie zu sehen und zu überprüfen.

Beachten Sie

In dem großen Freigabe-Meeting des New Development Plan-Prozesses mit der Unternehmensleitung stehen natürlich noch keine Ergebnisse zur Verfügung. Hier ist es eine fundierte Planung. Alle warten auf den Startschuss.
Es geht darum darzulegen, die Einführung im Griff und an alles gedacht zu haben, insbesondere auch an die Beobachtung des Entwicklungspfads im Markt. Das zeigen die Vorbereitungen in den notwendigen Erfolgsbereichen. Das stärkt noch einmal die Zuversicht.

Markteinführungskonzept, das auf die Produkte angepasst ist

Die meisten neuen Produkte – wie das Beispiel Kaffeeautomaten für den Büroeinsatz – richten sich auf spezielle Marktsegmente. In diesen Marktsegmenten gibt es eine Verteilung der Bereitschaft zur Übernahme von Innovationen. Insofern ist ein fokussiertes Vorgehen angeraten: Identifikation der Innovatoren und frühen Folger, um alle Maßnahmen und insbesondere auch die Vertriebsaktivitäten so zu lenken. Das ist Inhalt des Markteinführungskonzepts.

Auch für das Beispiel Mercedes EQS gilt dieses Vorgehen prototypisch. Es ist eine kleine Zielgruppe mit unterschiedlicher Akzeptanz der neuen Technologie. Manche sind gerne Vorreiter, andere warten lieber noch ab.

Selbst ein Unternehmen wie Zalando, um ein Beispiel aus dem Online-Bereich zu nennen, hat erkennbar eine schrittweise Markteroberung durchgeführt, um so organisch zu wachsen. Es handelte sich zuerst um den Direktabsatz physischer Produkte, hier über virtuelle Kanäle. Selbst die konzentrischen Kreise der Erweiterung erfolgten um den Zielgruppenkern.

Bei indirekten Vertriebskonstellationen besteht oft nicht die Möglichkeit, auf Teilgruppen im Vertrieb zu zielen. So stimmen dieser fokussierten Vorgehensweise vor allem Software-Anbieter überhaupt nicht zu. Sie haben häufig die Intention, möglichst schnell neue Märkte zu besetzen, damit später folgende Wettbewerber auf vergebene Märkte treffen. Wir haben das Angebot nach dem Kriterium physisch versus virtuell für Produkt und Absatzwege strukturiert.

Auch Konsumgüteranbieter wollen sehr schnell in die Regale des Handels und auf die Internet-Plattformen, insbesondere zu Amazon, um mit geballter Kraft die eingeführte Neuerung bei den Endkunden durchzusetzen. Hier spielt das Thema Listung eine

Rolle, und dann am liebsten nicht nur eine Teillistung, sondern eine Volllistung. Oder bei Amazon steht die Frage an, wie man in die »Buy Box« kommt.

In diesen Fällen sieht das Markteinführungskonzept anders aus. Hier ist zwischen Push- und Pull-Ansätzen zu unterscheiden. Im Falle direkten Vertriebs kann der Vertrieb aktiv mit einer konzertierten Kampagne individualisiert vorgehen. Im Falle des indirekten Vertriebs bedarf es eines starken Pull-Konzepts: Meist wird diese Aufgabe an das Marketing delegiert, das Bedarf bei den Endkunden schaffen soll.

Es sind gerade in der Anfangsphase auch gezielte Herausverkaufsansätze aus dem Handel zusammen mit dem Vertrieb zu überlegen, sonst verliert der Handel die Lust am Produkt. Neu gelistete Produkte werden allgemein angeboten, sei es im physischen oder virtuellen Regal, die ersten Zugreifenden sind wieder die Innovatoren. Der Händler erwartet in den meisten Fällen, dass der Anbieter für den initialen Kauf durch die Innovatoren sorgt.

Es gibt ohne Frage unterschiedliche Marktbedingungen, auf die unterschiedliche Markteinführungsstrategien jeweils mit dem Vertrieb zusammen zu entwickeln sind. Das Maß ist die **Vertriebseffektivität**, das richtige Vorgehen unter den konkreten Bedingungen. Schon bald erkennbar an der Abschlussquote. Das ist eine der wichtigsten Entscheidungen für den Produkterfolg.

Das Produktmanagement muss mit einem plausiblen Konzept zusammen mit dem Vertrieb im Meeting zur Einführungsentscheidung antreten.

Tipp

Eines gilt in allen Märkten: Die Adaption beginnt mit den Innovatoren. Das Einführungskonzept sollte diese Gruppe besonders analysiert haben, damit die Kampagne gerade dort verfängt. Denn nur durch Annahme der Innovatoren wird es eine Zündung im Markt geben.

Alle anderen potenziellen Käufergruppen warten mehr oder weniger lange ab. Selbst bei voller Listung bleiben die Produkte erst einmal so lange im Regal liegen. Selbst bei attraktiven Angeboten im Netz werden die Produkte noch nicht in die Warenkörbe gelegt. Positive Bewertungen oder Empfehlungen werden abgewartet.

Beachten Sie

Alle einführenden Produktmanagements sollten unabhängig von den Marktbedingungen hautnah verfolgen, dass genau in dieser für die Marktentwicklung so bedeutenden Zielgruppe der Innovatoren oder frühen Folger schnell Zufriedenheit mit der Wirkung von Weiterempfehlung erreicht wird. Nur wer sich schnell festsetzt, kann sich zügig weiterentwickeln.

Engagement für die Durchsetzung

Trotz bester Aussichten vor Produkteinführung ist die Zahl der nicht zum Erfolg gebrachten Einführungen in den meisten Unternehmen zu hoch. »Drei von vier Neuprodukteinführungen scheitern. Laut einer Metastudie von SKP erreichen über 70 Prozent aller Entwicklungsprojekte nicht die vom Management gesetzten Profitabilitätsziele.«[277] Und das ist nicht akzeptabel.

Wenn sich in dem Dreiklang Machbarkeit, Vermarktbarkeit und Wünschbarkeit durchweg eine gute Perspektive zeigte, die oft zu beachtlichen Investitionen geführt hat, darf sich das Produktmanagement mit solch einer niedrigen Quote nicht zufrieden geben.

Das Markteinführungskonzept und dessen aktive Begleitung sind der Schlüssel für den Durchbruch. Der fokussierte Markteintritt stellt den Anfang dar.

Das Produktmanagement sollte auch die nächsten Schritte bereits geplant haben. Von der Anfangsakzeptanz geht der Weg idealerweise zum schnellen Wachstum. Welche konzentrischen Kreise sind vorgesehen? Das Management muss die geeigneten Folgeschritte vorbereitet haben. Mit den Kernmarkterfahrungen werden weitere Märkte erschlossen.

Die meisten Anbieter sind international engagiert. Dafür bedarf es eines Einführungsprogramms in den nächsten Märkten. Soll die Einführung im Kernmarkt den Anfang darstellen und das Vorbild sein? In den nächsten Märkten lassen sich dann auch die Erfahrungen des Ersteintritts schon nutzen. Es gibt mitunter leichte Anpassungen.

Alternativ erfolgen auch parallele Einführungen. Dann ist oft das Programm des Mutterhauses Vorlage für die landeseigenen Einführungsprogramme. Wegen der unterschiedlichen Bedingungen im Absatzkanal sind Vertriebsansätze typischerweise länderspezifisch angepasst. Und es sei an die Zauberkraft der Beteiligung erinnert.

Als Gemeinsamkeit soll die Marktentwicklung in allen Märkten von schneller Akzeptanz zu steigenden Wachstumsraten führen. Das ist die allgemeine Leitlinie. In der Produkt-Portfolio-Matrix (vgl. Abb. 14 »BCG-Matrix«) ist als Antwort auf das Fragezeichen erst einmal mit raschen Anfangserfolgen die Aussicht auf eine Entwicklung zum Star zu schaffen.

Die gelungene Markteinführung eines neuen Produkts ist eine Sternstunde im Produktmanagement.

---

277 Frohmann, Frank, Digitales Pricing, Wiesbaden 2018, S. 174.

3.3 Marktdurchsetzung des Neuprodukts

Das neue Produkt ist im Markt. Wie entwickelt es sich? Kommt es bei den Kunden an? Was macht der Wettbewerb? Die kritischste Phase im Produktleben hat begonnen. Jetzt steigt es auf zu einem veritablen Angebot und Gewinnbringer oder eben nicht. Das ist das große Fragezeichen. Es ist alles gut vorbereitet. Der Teufel steckt jedoch manchmal im Detail. Gerade am Anfang sind intensive Betreuung und Nachhaltung notwendig.

Das Produktmanagement muss aktuell informiert sein. Dem dient der interne virtuelle Raum »Central Control Point« mit dem Collaboration Tool. Es geht darum, das Wissen im Unternehmen zur Produkteinführung zu nutzen. Alle Informationen werden zentral erfasst und ausgewertet.

Insbesondere eine Vertriebsorganisation mit Kundenbesuchen erfährt vor Ort die aktuellsten Entwicklungen. Idealerweise stehen diese nahezu in Echtzeit dem Produktmanagement zur Verfügung. Die Institutionalisierung des Überblicks schafft die Möglichkeit, im Bilde zu sein und schnell Maßnahmen ergreifen zu können.

Die Adaption eines neuen Produkts läuft zunächst langsam an: Einige Innovatoren erkennen die Chancen des Produkts für sich. Diese folgen ihrer Unternehmungslust und kaufen. Das ist der Anfang des Produktlebens im Markt. Andere übernehmen, wenn sich deren Handlung als vorteilhaft zeigt. Es spricht sich herum, dass das neue Produkt ankommt. Gerade im digitalen Zeitalter spielt die Mundpropaganda, Word-of-Mouth, und die virale Verbreitung mehr denn je eine bedeutende Rolle.

Insofern kommt es in dieser Frühphase des Produkts darauf an sicherzustellen, dass es beispielhafte gute Erfahrungen gibt. In einer Metaanalyse von Diffusionsverläufen zeigte sich, dass zunächst neue Produkte bei Innovatoren zünden, allerdings zögerlich, und dass es danach einen stärkeren Effekt der Imitation gibt.[278] Es entwickelt sich idealerweise ein »Take off«, ein selbst tragender Absatzschwung, mit dem bald der Break-even-Point überschritten werden kann.[279] Das ist die erste Etappe.

Es ist ein Prozess, für den die Stufen des Kundenwegs als Entwicklungs- und Beobachtungsgrundlage herangezogen werden:

- **Aware:** Wie viele Zielpersonen kennen das neue Produkt?
- **Appeal:** Wie viele Zielpersonen verbinden positive Vorstellungen mit dem neuen Produkt?

278 Vgl. Herrmann, Andreas; Huber, Frank, Produktmanagement, a. a. O., S. 269.
279 Vgl. Harz, Nathalie, Virtual Reality in Erfolgsprognosen vor Neuprodukteinführung, a. a. O., S. 16f.

- **Ask:** Wie viele Zielpersonen haben sich in einem Verkaufsgespräch – online oder offline – mit dem neuen Produkt auseinandergesetzt?
- **Act:** Wie viele Zielpersonen haben das neue Produkt schon gekauft, gemietet oder geleast?
- **Activation:** Wie viele Zielpersonen haben Services zu dem neuen Produkt nachgefragt? Welche und warum?

Diese Verhaltensstufen können mithin die Struktur zur Nachhaltung der ersten Reaktionen im Markt bilden. Das Produktmanagement erhält aktiv die Information. So sind die Systeme eingerichtet. Es sind entscheidende Key Performance Indicators (KPI) für den Produktverlauf im Markt.

Nun ist das neue Produkt nicht mehr geheim, der Wettbewerb registriert das Angebot und entscheidet über Reaktionen. Der Ablauf im Markt ist also nicht ungestört, vielmehr entsteht eine dynamische Interaktion: Der Wettbewerb reagiert möglicherweise auf das neue Angebot, das Produktmanagement reagiert auf die Wettbewerbsaktion. Dafür bedarf es allerdings der rechtzeitigen Kenntnis über die Wettbewerbsmaßnahmen. Einheiten, die etwas registrieren, geben die Information zur zentralen Beobachtungsplattform.

Beachten Sie

Wie im Mannschaftssport kommt es auf die Motivation des Teams an. Jetzt heißt es, hoch wachsam zu sein und alle Beobachtungen zusammenzutragen, damit geeignete Unterstützung für das neue Produkt gegeben werden kann. Deshalb besteht weiterhin die Perspektive darin, intern die Vorgänge zu begleiten und Engagement zu erzeugen. Stärke am Markt kommt zuerst von innen.

In zweiter Perspektive geht es dann darum, die Antworten auf die fünf gestellten Fragen aus dem Markt zu erhalten. Das sind einerseits die Vorlaufindikatoren – Bekanntheit und Sympathie der Produktlösung –, andererseits die ersten Vertriebsergebnisse. Jetzt werden Plan und tatsächliche Resultate für beide Bereiche verglichen.

Das ist in erster Linie Sache des Produktmanagements, ebenso ist dies eine zentrale Information, welche die Unternehmensleitung erwartet. Grundlage sind die zentralen Informationen im CRM-System. Hier ist ein Collaboration Tool eingerichtet, das mit Eingabevorlagen die Information fordert und strukturiert. Diese werden durch Abrechnung und Versand einmal automatisch eingestellt. Für die qualitativen Werte benötigt das Produktmanagement die Mithilfe des Vertriebs.

Die Marktentwicklung nach der Markteinführung bis zur Marktdurchsetzung muss auf jeden Fall Thema im New Development Plan-Meeting bleiben:

	Suchfelder	In der Hand des Produktmanagements	Ziel
Stufe 4	Eingeführte Projekte	Bericht von Produktmanagern über Ergebnisse und Optimierungen	**Take off**

Tab. 33: New Development Plan Stufe 4

Dadurch bleibt der Fokus des höchsten Innovationsgremiums im Unternehmen auf dem neuen Produkt.

Eine Unternehmensleitung will zuerst die wirtschaftlichen Erfolge sehen. Sie entstehen aus den Bereichen **Vertrieb** mit **Logistik** und **Kundenakzeptanz.** Damit sind die drei Erfolgsbereiche genannt, für welche nun zu den Planungs- auch die Realisationswerte kommen. Das ist das Marktradar des Produktmanagements.

Der Prozess der Marktdurchsetzung wird wieder von »innen nach außen« angelegt.

3.3.1 Engagement im Unternehmen

Alle intern Beteiligten am Vertriebsprozess sind in die Motivationsmaßnahmen zur Produkteinführung einbezogen gewesen. Idealerweise fühlen sich die Kolleginnen und Kollegen als Teil der Gruppe »Durchsetzer des tollen neuen Produkts«. Die frühzeitige Einbeziehung aller Beteiligten erfolgt gerade, um ein Gemeinschaftsgefühl zu erzeugen. Diese Identifikation fördert am konkreten Platz den Einsatz für das Gelingen.

Wir haben das Modell der sozialen Motivation als Grundlage menschlichen Verhaltens kennengelernt. Es beinhaltet auch, dass wir gerne zu Gruppen gehören. Das müssen nicht organisierte Einheiten sein, auch die Anhänger von irgendwem oder irgendwas fühlen sich nicht nur einer Idee oder einer Person zugeordnet, sie begreifen sich untereinander auch als Gruppe Gleichgesinnter.

Dieser Mechanismus führt dazu, dass die Einbeziehung zu einer sinnvollen Tätigkeit den gleichen Effekt hat: Die Einzelnen engagieren sich für die Sache aus einer inneren Überzeugung. Das sollte initial erreicht worden sein durch die motivierende Einführung.

Im Alltag kann sich die positive Haltung mehr und mehr verlieren. Wichtigstes Gegenmittel ist das Interesse seitens des Produktmanagements. Insofern beginnt nun eine Phase des Managements by Walking around. Es ist zu überlegen, wer am Erfolgsprozess beteiligt ist.

- **Produktion:** Führen Sie das Gespräch mit der Produktion, erkundigen Sie sich bei den Herstellenden. Läuft die Produkterstellung reibungslos? Das gilt für interne und externe Produktion.
- **Verpackung:** Führen Sie das Gespräch mit der Verpackungsstation, fragen und beobachten Sie, wie das klappt.
- **Logistik:** Führen Sie das Gespräch mit der Logistik, sprechen Sie mit den Kolleginnen und Kollegen, wie sich das verpackte Produkt handhaben lässt.
- **Kundenservice:** Führen Sie regelmäßig das Gespräch mit den Serviceeinheiten. Welche Themen bezüglich des neuen Produkts sind aufgekommen? Lassen sich die Fragen zufriedenstellend beantworten?
- **International:** Gibt es Abweichungen, die aus den speziellen Marktbedingungen in anderen Ländern herrühren?

Vier Abteilungen und die Niederlassungen sind hier beispielhaft genannt. Allein durch die persönliche Präsenz und das so gezeigte Interesse des Produktmanagements wird die positive Haltung zum neuen Produkt erhalten und gestärkt. Zudem wird dadurch für die Unternehmenseinheiten die gewünschte Offenheit deutlich: Alle Beteiligten geben ihre Beobachtungen gerne an das Produktmanagement, das sich interessiert, weiter. Es muss nahbar für alle Funktionen sein.

Beachten Sie

Besonders wichtig ist die Begleitung des Vertriebs. Hier zeigt sich, wie potenzielle Kunden auf das neue Produkt reagieren. Wenn es Einrichter gibt, sollten diese auch begleitet werden. Das Produktmanagement lernt damit den realen Umgang mit dem Neuprodukt.

Andere Produkte, andere Beteiligte. Wenn es sich um eine neue App oder ein Software-Produkt handelt, geht es darum, wie gut sich diese Produkte herunterladen und installieren lassen, wie gut die Nutzer damit umgehen können. Erste Rückfragen erfolgen bei der Hotline oder im Chat. Erkundigen Sie sich nach den dort behandelten Themen.

So ist die Präsenz des Produktmanagements sicherlich von Produkt zu Produkt unterschiedlich zu gestalten. Es läuft immer unter der Fahrtroute, dass die Produktmanagerin als interessierte Person für die Beteiligten erkennbar wird und erste Signale wahrnimmt. Zudem sollte aktiv kommuniziert werden, dass Beobachtungen außerhalb des normalen Rahmens – positiv wie negativ – vom Produktmanagement erwünscht werden. Dieses will die ersten Reaktionen so gut wie möglich sehen und verstehen.

Die so gezeigte Sichtbarkeit des Produktmanagements erzeugt für die Beteiligten Nähe zum neuen Produkt und stärkt die Zugehörigkeit zur Gruppe der Einführenden.

Dadurch wird aus der sonst entfernten Sache eine eigene persönliche Sache. Und damit gehen die Beteiligten ganz anders um.[280]

Als erklärender Hintergrund der Erfahrungen dient uns hier die psychologische Construal-Level-Theorie: Es wurde festgestellt, dass die empfundenen Distanzen zu unterschiedlicher Verarbeitung führen; weit Entferntes ist abstrakt und erfährt wenig persönlichen Bezug, nahes Konkretes kann eigene Verbindungen schaffen. Im Kontext des Einführungsansatzes geht es um die Erfahrung, direkt an dem wichtigen Projekt des Hauses mitzuwirken.

Dann wird auch das Collaboration Tool für die Weitergabe von Beobachtungen genutzt. Jede Software hängt von der Datenqualität ab. Hier geht es um die Verbindung von Erkenntnissen im Einsatz vor Ort durch den Vertrieb oder den Kundenservice. Andererseits geht es um die Ermittlung von zugänglichen Informationen, die einmal aus dem internen System stammen, hauptsächlich Bestell-, Auslieferungs- und Kundensegmentdaten, die andererseits aus dem Netz gewonnen werden. Geschickte Kombination schafft aktuelle Information.

In heutigen Zeiten der Digitalisierung ist es besonders geboten, die intern Beteiligten zu Mitwirkenden zu machen. Es gibt einen unmittelbaren Austausch zwischen diesen und den Kunden. In der Kategorie der Wahrheitsmomente geht es um den »Third Moment of Truth«. Hier wird die Kundenbeziehung hergestellt. Auf der Grundlage internen Engagements kann das Produktmanagement die Erfahrungen im Markt besser erkennen und handeln.

3.3.2 Vertriebs- und Lieferprozess

Harte Fakten für den Vertriebs- und Lieferprozess ergeben sich aus der Vertriebstätigkeit mit Kaufabschluss, anschließender Lieferung und gegebenenfalls Installation oder Einweisung. Hier gibt es eine heruntergebrochene Planung für die Einheiten und eine Umsetzung etwa mittels Sales-Support-Tool. Systemseitig werden Soll-Ist-Vergleiche erstellt.

Aufträge werden im Rechnungswesen erfasst, das dem Produktmanagement idealerweise eine permanente Fortschreibung zugänglich macht. Sie erfolgt typischerweise im CRM-System. Diese Auswertung liefert die zentralen KPIs für den Vertriebs- und Lieferprozess. Im Produktmanagement wird die kumulierte Entwicklung mit der Planung verglichen – Aufträge und Auslieferungen. So ist der notwendige Vergleich auf einen Blick erkennbar: auf, über oder unter Plan.

280 Vgl. dazu Harz, Nathalie, Virtual Reality in Erfolgsprognosen vor Neuprodukteinführung, a. a. O., S. 19 ff. und die angegebene Literatur.

Zudem wird die Organisation informiert: die ersten 10, 100, 1.000 etc., Größenordnungen, wie sie zum Produkt und Produktabsatz passen. Durch die Erfolgsinformation bleibt das Interesse, bleibt die Motivation. Manche werden auch angespornt: Wenn andere schon so viele Abschlüsse erzielt haben, dann sollte das auch bei uns möglich sein.

Die Kaufabschlüsse führen zu Auslieferungen oder Installationen. Hier ist die Aussage entscheidend, ob es eine enge Abarbeitung der eingegangenen Aufträge gibt oder Kunden warten müssen. Das lässt sich durch einen Überblick erreichen, der neben den Aufträgen die ausgelieferten Produkte oder Installationen oder Einweisungen aufführt. Rollierend wird deutlich, wie eng die Verfügbarkeit des neuen Produkts geschaffen wird.

Als konkretes Ergebnis der Einführungsveranstaltung für den Vertrieb wurde ein Besuchsplan insbesondere für die Innovatoren unter den Kunden erarbeitet. Jetzt lässt sich vergleichen, in welchem Ausmaß dieser Besuchsplan abgearbeitet werden konnte. So treten neben die geplanten Besuche die Angaben zu den durchgeführten Besuchen. Und die Abschlussquote wird erkennbar. Das ist die zahlenmäßige Perspektive. Sie gibt Antwort auf die Frage, ob die Vertriebsorganisation die selbst gesteckte Schlagzahl erreicht. Eine wichtige aggregierte Fortschrittsinformation.

Die unmittelbare Reaktion auf das neue Produkt erfährt der Vertrieb im Kundenkontakt. Diese Quelle gilt es ebenfalls für das Produktmanagement zu erschließen. Unterschiedliche Vertriebsorganisationen haben unterschiedliche Regelungen zu Informationserfassung und -weitergabe an die Zentrale.

Ganz gleich wie der Umgang mit Besuchsberichten im Unternehmen ist, hier sollte die Vertriebsmannschaft mitspielen, denn sie hat den unmittelbaren Kontakt und erfährt hautnah die Reaktionen. Das sollte im Rahmen der Markteinführungsstrategie mit dem Vertrieb vereinbart worden sein.

Eine Vorlage, meist in Form einer Eingabemaske, für die Informationserfassung enthält am besten Angaben zu Kunden, Reaktionen auf das Produkt, Orderergebnisse und Wettbewerbsmaßnahmen:

Information zum Kunden: Wer, wo und welche sonstige Umsatzbedeutung?	
Reaktionen auf das neue Produkt: vorher unbekannt oder schon gehört, welche Quelle? Bewertung des Produkts auf einer 5er-Skala: von sehr positiv über positiv über neutral bis negativ oder sehr negativ Erkennbare Gründe für die Reaktion Besonderheiten, die sich im Gespräch ergaben	

Orderverhalten: Gekauft? Welche Menge? Im Vergleich zu sonstigen Bestellmengen? Abgeschlossener Preis Order zurückgestellt? Bis wann? Warum? Order abgelehnt? Warum? Weiteres Vorgehen	
Falls es ein direktes Wettbewerbsprodukt gibt: Wie hoch ist der vorgefundene Bestand des Wettbewerbsprodukts? Wurden Aktionen des Wettbewerbers erwähnt? Welche? Auswirkungen?	

Tab. 34: Vorlage für die Informationserfassung

Diese Informationen lassen sich im Gespräch schnell erheben und nach dem Gespräch geschwind eingeben. Das sind aussagekräftige Daten für den direkten und indirekten Absatz im persönlichen Kontakt. Selbst für telefonische Bestellungen über einen Innendienst funktioniert die Erhebung. Zentral eingestellt können die Informationen ausgewertet werden.

In Webshops erfolgt ein Tracking, um den Weg und die Dauer der User bis zum Kauf nachzuhalten. Zusätzlich wird ermittelt, wie viele User im Shop waren, nicht zum Abschluss gegangen sind oder diesen nicht beendet haben. Ist eine Entwicklung erkennbar? Auch diese Daten werden ausgewertet. Hier kann die **Retourenquote** ebenfalls eine wichtige Information darstellen: Wie gewohnt oder wider Erwarten hoch oder niedrig ist sie?

Vertriebsorganisationen haben verbreitet nationale und regionale Zusammenkünfte. Das Produktmanagement nutzt diese Foren, um zu informieren und um sich selbst zu informieren. So entsteht eine schnelle vertriebsinterne Informationsbrücke. Das Produktmanagement vereinbart ein virtuelles Jour fixe mit den Gebietsverkaufsleitungen.

Grundlage ist die zentrale Informationsstation »Central Control Point«. Man darf sich allerdings nie allein auf die Auswertungen verlassen. Grundprinzip ist der zusätzliche Austausch zum wirklichen Verständnis.

Das Produktmanagement ist informiert und motivierend am Puls des Geschehens in der kritischen Anfangsphase.

3.3.3 Umsatz- und Deckungsbeitragsziele

Das Rechnungswesen ermittelt nicht nur die Anzahl der verkauften Produkte, sondern auch die Umsätze. Auch diese werden mit der Planung verglichen, und es ist auf einen Blick erkennbar, wie der Vergleich von Soll und Ist ausfällt. Das ist der zweite Bereich für die zentrale Übersicht. Bei Planerfüllung oder -übererfüllung besteht erst einmal kein Anlass einzugreifen.

Bei Planuntererfüllung ist sofort zu überlegen, welche Gründe dafür existieren. Jetzt kommt es auf die schnelle Reaktion an. Das kann sogar auch bei einer Planübererfüllung gelten, bei der es zu Lieferproblemen kommen kann.

Die Berichtsgrundlage des Vertriebs enthält Fragen zum Wettbewerb. Niedrigere Abschlusszahlen können durch Aktionen der Wettbewerber verursacht worden sein. Das Produktmanagement sucht umgehend die persönliche Kommunikation mit Vertriebskollegen und der Vertriebsleitung. Der kurze Draht ist wichtig. Zudem verschafft sich das Produktmanagement schnell selbst einen Eindruck.

Eine Thematik ist mit der Umsatzgröße sofort verbunden: der Preis. Mit dem Rechnungswesen wird vereinbart, für unterschiedliche Gebiete und Kundengruppen die tatsächlichen Nettoerlöse zu ermitteln. Diese müssen in den Gesprächen mit dem Vertrieb thematisiert werden:

- **Positiv:** Wir haben eine hohe Preiskonstanz durchgesetzt. Der Vertrieb hat hervorragende Arbeit geleistet.
- **Negativ:** Die Preisvariation ist zu hoch. Was können wir unternehmen, um diese zu reduzieren?

Weitere entscheidende Informationen liefert der Deckungsbeitrag, idealerweise ebenfalls nach Regionen und Kanälen aufgeschlüsselt. Zunächst ist der Deckungsbeitrag die Differenz aus Nettoerlösen und Herstellkosten. Es war aber auch überlegt worden, gerade am Anfang Services zur Verfügung zu stellen, die entweder als Sondereinzelkosten den Kunden und/oder der Produktgruppe zugeordnet werden. Hier sind die tatsächlichen Kosten ebenfalls mit den geplanten zu vergleichen.

Aus den Informationen entsteht schnell ein differenziertes Bild. Wenn es den Wettbewerbsaktivitäten gelingt, die Anfangsentwicklung zu beeinträchtigen, sollte das Produktmanagement reagieren:

- Ist die Leistung optimal? Sollte es erkennbare Schwierigkeiten geben, ist zu prüfen, ob diese ganz oder teilweise in der folgenden Produktionslosgröße schon verbessert werden können.
  Es kann aber auch die anfängliche Handhabung sein: Müssen wir noch mehr Hilfestellung geben, damit Kunden mit dem Produkt gut umgehen können? Das lässt sich meist sehr schnell realisieren, erfordert gegebenenfalls aber zusätzliche Ressourcen.
- Wird der Preis akzeptiert? Es ist meist ein unwiderruflicher Fehler, jetzt bei Preisdiskussionen besondere Einstiegspreise als Gegenmaßnahme zu wählen. Preis ist ohne Frage das Instrument, mit dem am schnellsten geantwortet werden kann:

heute beschlossen, spätestens morgen gültig. Kein Instrument ist so unmittelbar umsetzbar. Der mögliche Schaden bleibt aber langfristig.
Eher sind Möglichkeiten mit dem Vertrieb zu eruieren, wie das Produkt zu dem Preis entsprechend der Positionierung besser durchgesetzt werden kann. In Regionalmeetings des Vertriebs kann die Thematik als Workshop behandelt werden. So entwickelt der Vertrieb selbst Lösungen und kann sie direkt umsetzen.

- Hat die Kommunikation die Zielgruppe erreicht? Das ist ein zentraler Prüfpunkt des Produktmanagements. Wenn aus dem Vertrieb hier Defizite gemeldet werden, ist zu überlegen, ob es gezielte ergänzende Maßnahmen geben soll.
  Manchmal kann eine regionale Vertriebseinheit durch einen Event unterstützt werden, zu dem sie wichtige Kundenpartner einladen kann. Das Produktmanagement hilft mit Ideen, Dienstleistern und Budget.
- Ist der Vertriebspfad passend? Es kann passieren, dass vom Vertrieb nicht genau die Zielgruppen benannt und priorisiert wurden, bei denen der höchste Bedarf gegeben ist. Ein schiefer Ansatz zeigt sich meist recht bald. Insofern können die Besuchslisten noch einmal überarbeitet werden.

Das Produktmanagement hat hier die Vier-Felder-Struktur des Produktmarketing-Mix (vgl. Abb. 43) zur Überprüfung gewählt. Gerade in der Marktbetreuung ist das meist ein zielführendes Vorgehen und eine gute Vorbereitung für die regelmäßigen Gespräche mit den Gebietsverkaufsleitern.

3.3.4 Kampagnen- und Kundenziele

Last but not least muss das Produktmanagement auch nachhalten, wie die Werbemaßnahmen laufen, vor allem welche Wirkung erzielt wurde. Die entwickelte Kampagne sollte im ersten Schritt die Ziele Bekanntheit und Sympathie erreichen. Auch hier bedarf es eines Zielabgleichs, denn entlang des Kundenwegs sind die fünf Stufen in der Zielgruppe als Voraussetzung für eine leichtere Umsetzung der Vertriebsziele zu erreichen. Insofern kommt die erste Rückmeldung aus der Vertriebsorganisation: Wir treffen auf Gesprächspartner, die informiert oder nicht informiert sind. Das ist Teil der Vorlage zur Informationserfassung (vgl. Tab. 34).

Typisch ist ein Werbetracking, das selbst erhoben werden kann, meist aber von einem Marktforschungsdienstleister durchgeführt wird. In regelmäßigen Abständen wird in der Zielgruppe gefragt, ob das neue Produkt bekannt ist, und falls es schon bekannt ist, wie die Rezeption des Produkts ausfällt. Hier werden meist standardisierte Abfragen durchgeführt.

Als schnellstes Medium dient die Website. Hier kann unmittelbar durch Tracking verfolgt werden, ob das Produkt gesucht wird und eine weitergehende Beschäftigung damit erfolgt. Verbreitet wird der Tracking-Code von Google-Analytics in die Website integriert, der sowohl mobile wie stationäre Zugänge erfasst.

Über das Social-Media-Dashboard wird die weitere Resonanz zum Produkt erfasst. Gibt es Posts zum neuen Produkt? Wie sind die Einlassungen? Ergebnisse werden eher durch Produkte aus dem Verbrauchs- und Konsumgüterbereich erzielt. Im B2B-Bereich gibt es sicherlich auch eine aktive Community, die sich mit Software-Produkten auseinandersetzt. Im Industriegüterbereich kommen seltener Einlassungen in den sozialen Medien vor. Ein Gradmesser sind allerdings Aufregungen, die sich im sozialen Netz hochschaukeln. Hier bedarf es eines vorbereiteten Gegensteuerns.

Alle Informationen zur Kommunikationsleistung werden in der dritten Sektion der zentralen Übersicht zusammengestellt. Sie sind Vorläufer der Zahlen aus der Vertriebstätigkeit. Fortschritte werden an die Vertriebsorganisation vermittelt.

Eine belastbare Produkteinstellung entwickelt sich erst nach und nach. Menschen urteilen tatsächlich auf der Grundlage weniger Informationen, die mit den bisher gespeicherten Erfahrungen kombiniert werden.

Hier wirkt sich gerade eine starke Marke als »Endorser«, also als Wegbereiter für eine schnelle positive Rezeption aus. Das Tracking wird dann eine schnelle Entwicklung von »Aware« zu »Appeal« zeigen.

Beachten Sie

Entscheidend ist das Urteil der ersten Nutzer. Sie wirken als Beispiel und geben Empfehlungen für weitere Übernahmegruppen. Deshalb ist es ratsam, diese Thematik zu vertiefen. Nach einer ersten Erfahrungszeit mit dem neuen Produkt kann das hervorragend mittels Fokusgruppen durchgeführt werden. Dabei kommen positive wie auch hinderliche Erfahrungen auf den Tisch. Eine zentrale Information für das Produktmanagement.

So ist das Produktmanagement immer nah an den Kunden und deren Erfahrungen mit den betreuten Produkten. Niemals im Produktleben kommt es so sehr auf die enge Begleitung und schnelle Reaktion an wie in der Anfangsphase im Markt.

3.3.5 Erreichte Marktdurchsetzung

Die drei Bereiche – Vertriebs- und Lieferprozess, Umsatz- und Deckungsbeitragsziele sowie Kampagnen- und Kundenziele – werden nachgehalten im Collaboration-Room »Central Control Point« für das neue Produkt. Allgemein gesprochen: »Collaboration-Tools sind digitale Anwendungen, die die Zusammenarbeit zwischen mehreren Personen fördern – auch über verschiedene Standorte hinweg. Hierbei handelt es sich häufig um Apps oder andere Formen von Software, die es mehreren Nutzern ermöglichen, auf dieselben Informationen und Dateien via Plattform zuzugreifen.«[281] Hier ist es der virtuelle Mittelpunkt zur Steuerung des gerade in den Markt eingeführten Produkts.

Es gibt kaum eine Phase im Produktleben mit größerer Notwendigkeit zur Social Collaboration. Jetzt ist eine unmittelbare Antwort nötig, denn das Produkt stellt noch ein unbeschriebenes Blatt dar. So sind alle Einheiten im Grunde live zusammenzuschalten, um sich auszutauschen.

Die eigentliche Funktion ist aber das Zusammentragen der Informations-Mosaiksteine. Informationen stehen automatisch durch die Bestellabwicklung und Abrechnung zur Verfügung. Sie sind das Ergebnis erfolgreichen Verkaufs. Viele qualitative Indikatoren signalisieren im Vorhinein, ob der Verkauf wahrscheinlich erfolgreich sein kann.

Durch den digitalen Zusammenschluss gelingt es, nahezu in Echtzeit die Marktreaktionen zu beobachten. Das ermöglicht ein schnelles Eingreifen, was erfahrungsgemäß drei Ebenen umfasst:

- Schwierigkeiten oder Unzulänglichkeiten mit dem Produkt
- Reaktionen der Wettbewerber
- eingeschränkte Nutzungserlebnisse

Alle drei Ebenen erfordern schnelles Reagieren. Unzulänglichkeiten am Produkt sind in der Produktkonfiguration gegeben, eingeschränkte Nutzungserlebnisse sind in der Kundenanwendung entstanden. Das ist der Unterschied.

Einmal als Arbeitsgrundlage strukturiert kann das Tool zur Instanz in der Steuerung neuer Produkte werden. Dadurch ergeben sich im Vertrieb Routinen. Die Jours fixes mit den umsetzenden Vertriebseinheiten, hier beispielhaft mit den Gebietsverkaufsleitern, bilden eine schnelle Analyse- und Umsetzungslinie.

Die Information über den erreichten Stand wird vom Produktmanagement im New Development Plan-Meeting an die Unternehmensleitung kommuniziert. In der Zwischenzeit ist zu empfehlen, eine Managementübersicht zu erstellen und wöchentlich an die Leitung zu geben. Hier ist genau zu überlegen, wer informiert sein will, wer informiert sein sollte. Auf Basis der Spiegelliste (vgl. Abb. 36) – Aufgabe und Person – waren auch die wichtigen Gruppen im Unternehmen reflektiert worden. Halten Sie diese informiert.

281 O. V., Collaboration Tools, in: www.placetel.de/ratgeber/collaboration-tools-software.

Idealerweise kann ein Aufstieg für das neue Produkt registriert werden, also zunehmendes Wachstum von Abschlüssen, Umsätzen, Deckungsbeiträgen. Voraussetzung dafür sind steigende Anteile Bekanntheit, Sympathie und Zuordnungen in der Zielgruppe. Ein sich mehr und mehr abzeichnender selbst tragender Aufschwung zeichnet sich ab. Ein Take off wird erreicht.

Dann stellt sich die Frage: Wann ist der Durchbruch geschafft? Gerne wird der Break-even-Point hierfür herangezogen. Das ist der Punkt, an dem das neue Produkt in die positive Deckungsbeitragszone gelangt.

Es ist zu überlegen, welche Rechengrundlage am besten verwendet wird. Es sind Investitionen in Form von Projekt- und Werkzeugkosten angefallen. Diese Kosten betreffen die Zeit vor der Markteinführung, die Zeit der Entwicklung des neuen Produkts.

Dann sind Kosten für die Maßnahmen im Markt angefallen: Vertriebstagung, Event für Vertriebspartner, Kampagnenkosten. Diese Kosten betreffen die Zeit ab der Markteinführung.

Erstes Ziel des Produktmanagements muss es sein, die Kosten ab Markteinführung durch die erzielten Deckungsbeiträge ausgleichen zu können. Denn wenn ein weiteres Produkt verkauft wird, trägt dieses positiv zum laufenden Betriebsergebnis bei. Dann ist erreicht, dass mit dem neuen Produkt Geld verdient wird. Ein Zeitpunkt zum Feiern des Take off.

Die Servicekosten können wie angesprochen den Deckungsbeitrag des neuen Produkts mindern. Sie sind angefallen zur Durchsetzung und Zufriedenheit im Markt. Sie können die kumulierten Deckungsbeiträge im Markt manchmal deutlich mindern und damit den Break-even-Point nach hinten schieben.

Der Einwand ist berechtigt, dass die Investitionen vor Markteinführung noch nicht gedeckt sind. Im Sinne der Betriebsergebnisrechnung sind das »sunk costs«. Es wird mit dem Controlling zusammen nachzuhalten sein, wann sich das gesamte Neuprodukt-projekt rechnet. Das ist für die Wirtschaftlichkeit von Produkt-Projekten im Produktmanagement eine entscheidende Kontrollgröße. Ein Lernen für die Zukunft.

Für den Verlauf der Produktmanagementphase »Innovationsmanagement« kann hier allerdings ein Endpunkt nach dem Markt-Break-even-Point gesetzt werden. Das neue Produkt ist nun so etabliert, dass es dem »Marktmanagement« zugeordnet werden kann, das uns im folgenden Kapitel beschäftigen wird.

4 Marktmanagement

Das Produktmanagement bietet Kunden idealerweise Lösungen, die überzeugen. Die Nachfrage nimmt dann zu, der Vertrieb des Unternehmens erfährt steigenden Zuspruch, die Absatzzahlen steigen. Die Kundenzufriedenheit trägt ein Produkt im Markt. Grundlage für den Erfolg.

Produkte bilden für das Produktmanagement aus der wirtschaftlichen Sicht die Grundlage für Deckungsbeiträge. Ein Produkt ist selten ein reiner Selbstläufer im Markt. Durch das Produktmanagement soll das Produkt zu der Akzeptanz und den Käufen geführt werden, die potenziell darin stecken. Es gilt, die Möglichkeiten der Lösungsangebote auch auszuschöpfen.

Während das Produktmanagement im Innovationsmanagement alle Anstrengungen unternommen hat, die Chancen in zunächst einer fokussierten Zielgruppe durch Passgenauigkeit zu erhöhen, wandelt sich die Anforderung im Marktmanagement nun dahin, in konzentrischen Kreisen für die Verbreitung zu sorgen. Einerseits gilt es, die Kompetenz des Anbieters auszubauen, andererseits die erzielten Deckungsbeiträge zu erhöhen. Beide Aspekte hängen zusammen.

Beachten Sie

Längerfristig kann ein Produktmanagement besser performen, wenn mit dem Angebot eine Kompetenz erworben wird. Ein Anbieter hat im weiteren Rennen des Marktes immer einen Vorteil, wenn er als Inbegriff für die Leistung angesehen wird.

Eine der bekanntesten Konsumgütermarken in Deutschland ist Miele und jeder Kunde – B2B und B2C – verbindet mit der Marke Kompetenz in puncto »Weißer Ware«. Im digitalen Zeitalter werden die Maschinen immer intelligenter. Von einem Premium-Anbieter wird erwartet, auf der Höhe der Zeit zu sein. Kunden schätzen auch die immer umfangreicheren Services, oft als Remote-Service.

Unter der Absendermarke Miele wird als wesentliche Erweiterung der Kompetenz in Großgeräten die Expertise in Küchengeräten forciert. Wenn wie in unserem Beispiel der Kaffeeautomaten das Unternehmen ein eigenes Gerät als Stand- und Einbauversion anbietet, dann greift das neue Produkt auf das Image der Marke für Gerätequalität zurück.

Das ist aber ein anderes Feld im Markt als das Feld der Waschmaschinen und Trockner, ein Genussfeld. Kann die Marke das leisten? Bisher fehlt die Emotionalität der Kaffeewelt. Überraschenderweise werden sogar Kaffeebohnen vertrieben. So kann im Bürobereich eine vollständige Lösung geboten werden. Die Marke Miele stellt sicher eine andere Kompetenz als etwa die Expertise von Jura oder DeLonghi dar. Welche Kompetenz erleichtert Ihnen den Kauf?

Marktmanagement ist immer auch Kompetenzmanagement

Die Marke eröffnet mit Produkten einen Kompetenzpfad, der als Wegbereiter, in Markenführungssprache als »Endorser«, für die Produkte fungiert. Die anerkannte Marke öffnet die Tür. Marktmanagement ist erkennbar immer auch ein Kompetenzmanagement.

Kompetenz trägt die Angebote. Ausgeprägte Kompetenz trägt sie besser. Damit wird wieder die mittelfristige Perspektive im Produktmanagement deutlich. Neuerungen immer wieder im Rahmen der Kompetenz bauen die Position im Markt aus, genauer: im Kopf der Kunden.

Das Beispiel Miele zeigt die Wirkung: Selbst die angesehenste Konsumgütermarke in Deutschland braucht eine gewisse Überwindung einer Hürde im Kopf von Kunden, um auch als Kaffeeautomaten-Anbieter akzeptiert zu werden. Damit wird die notwendige Integration des Produktmanagements in die Unternehmensstrategie deutlich.

Insofern bedarf es eines koordinierten Vorgehens aller Produktbereiche unter einer Absendermarke (vgl. Kapitel 1.3). Während eine Unternehmensleitung die strategische Ausrichtung plant, kommt es in der Umsetzung der Strategie auf die Ausgestaltung in den einzelnen Produktmanagements an (vgl. Kapitel 1.4).

Beachten Sie

Für einen koordinierten Unternehmensauftritt bedarf es der Vernetzung der Produktmanagements mit der Unternehmensleitung zur Schwerpunktsetzung und Richtungsfindung der Kompetenzfelder. Dieser Aspekt begleitet kontinuierlich das Marktmanagement für einen Produktbereich.

Mit der Markteinführung eines Produkts haben sich die Inhalte der Erfolgsbeurteilungen im Produktmanagement gegenüber der Innovationseinschätzung verändert:

- Aus **Machbarkeit** wurde Steuerung des Vertriebs- und Lieferprozesses.
- Aus **Wirtschaftlichkeit** wurde Steuerung der Umsatz- und Deckungsbeitragsziele.
- Aus **Wünschbarkeit** wurde Steuerung der Kampagnen- und Kundenziele.

Beachten Sie

Das ist der zentrale Unterschied: Im Innovationsmanagement wird viel unternommen, um die Aussichten im *zukünftigen* Markt auszuloten, im Marktmanagement wird zurückgegriffen auf die tatsächlichen Ergebnisse, die nun im Markt erzielt wurden. Eine Prognose erfolgt auf dieser Grundlage.

Insofern ist die Beobachtung der Ergebnisse ein permanenter Begleiter im Marktmanagement. Wir haben für das Produktmanagement ein zentrales Steuerboard abgeleitet, mit dem eine fortlaufende Information für den Produktbereich gegeben ist (vgl. Tab. 9 in Kapitel 2.2). Das Dashboard enthält quantitative und qualitative Kennziffern, ist konzipiert als rollierende Planung und Ergebnisbetrachtung. So wird die Grundlage für ein fundiertes Vorgehen gelegt und die Einhaltung nachgehalten, um gezielt eingreifen zu können. Konkret erfolgt das üblicherweise im CRM-System.

Es ist die Steuerungszentrale. Das Produktmanagement ist aufgefordert, diesen Steuerhebel zur Marktleistung aktiv in der Hand zu halten, um die Ausschöpfung der Marktchancen der eingeführten Produkte zu verwirklichen.

Phasen im Marktleben eines Produkts

Die Steuerung erfolgt auf der Basis einer Planung und eines anschließenden Vergleichs von Plan- und Ist-Größen. Der Verlauf der geplanten Entwicklung orientiert sich an einem typischen Produktlebenszyklus (vgl. Kapitel 2.1.3):

- Ein neues Produkt trifft nach einem Take off auf steigenden Zuspruch, die Absatzzahlen weisen ein zunehmendes Wachstum auf. Es gilt, die Entwicklung zu fördern.
- Das schon einige Zeit im Markt befindliche Produkt hat bereits viele Käufer gefunden, zusätzliche Käufer lassen sich schwerer finden, die Absatzzahlen weisen sinkende Wachstumsraten auf. Jetzt sollen die Möglichkeiten ausgeschöpft werden.
- Das längere Zeit im Markt angebotene Produkt hat die meisten Käufer gefunden, die es erreichen konnte, inzwischen nehmen Folgekäufe ab, weil die Käufer auf das Nachfolgeprodukt warten oder auf aktuellere Wettbewerbsangebote wechseln; die Absatzzahlen sind rückläufig, sie sollen noch einigermaßen gehalten werden.

Die Phasen im Marktleben eines Produkts erfordern aufgrund der unterschiedlichen Konstellationen jeweils spezielle Maßnahmen des Produktmanagements. Sie leiten das taktische Vorgehen.

Diese zwei Gedankenstränge liegen dem Marktmanagement zugrunde:

- Der über das aktuelle jährliche taktische Geschehen hinausgehende operative Aspekt der Kompetenz. Je eindeutiger eine Kompetenz von Kunden zugeordnet wird, desto besser sind die Startbedingungen der jeweiligen Produkte.

- Die taktischen Maßnahmen im laufenden Jahr, welche eingehen in die Marketing- und Vertriebsplanung. Hier gilt es, den Absatzbereich des Unternehmens zu koordinieren.

Wir hatten einen Marketing- und Vertriebsplan als Instrument der Koordination der Absatzfunktionen im Unternehmen in Kapitel 1.4 mit folgenden Rubriken vorgestellt (vgl. Tab. 2):

Wo stehen wir heute?
Wo wollen wir hin? • mittelfristig • im nächsten Jahr: Schwerpunkte • Ergebnisplanung
Welche Maßnahmen sind zur Zielerreichung erforderlich? • Produktmanagement (Produkt und Preis) • Kommunikation • Vertrieb
Welche Ressourcen sind dazu notwendig?
Wie messen wir die Zielerreichung?

Tab. 35: Rubriken eines Marketing- und Vertriebsplans

Dieser gemeinsame Plan von Marketing, Vertrieb und Produktmanagements hilft, um im gesamten Absatzbereich das taktische Vorgehen über verschiedene Funktionen so miteinander zu verbinden, dass die Ressourcen gezielt genutzt werden und Kunden ein koordiniertes Vorgehen erleben.

Die Absatzplanung hat sofort Auswirkung auf Produktion oder Logistik. Die Planungen sind miteinander verbunden. Durch die absatzbezogene Ausrichtung werden zwei Ziele erreicht:
- nach innen der effektive Einsatz der Mittel,
- nach außen das Auftreten als eindeutiger Problemlöser.

Der Marketing- und Vertriebsplan ist zu verstehen als Schritt auf dem Weg zur mittelfristigen Kompetenz und mit dieser zum strategischen Ziel des Unternehmens. So enthält der Plan als Anker auch die Rubrik: »Wo wollen wir hin? Mittelfristig«.

Zentral für die Absatzaktivitäten ist immer der **Ergebnisplan**. Hier treffen die Produkt- und Kundenperspektive aufeinander. Das ist die Grundlage im CRM-System, aufbereitet eben unter den zwei Perspektiven:

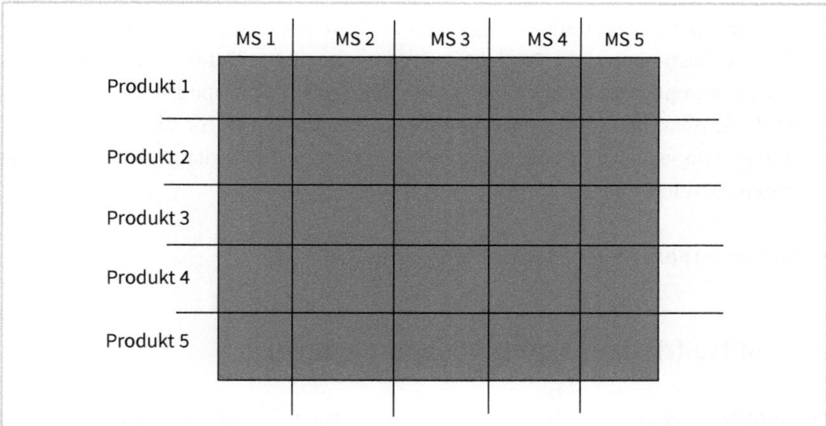

Abb. 51: Ergebnisplan einzelner Produkte für die verschiedenen Marktsegmente (MS = Marktsegment)

Der Vertrieb trägt die Verantwortung für unterschiedliche **Marktsegmente**; das können bestimmte Regionen, das können bestimmte Absatzkanäle sein. Jede einzelne Managerin will gute Ergebnisse in ihrem Segment erzielen.

Das Produktportfolio des Unternehmens ist unterteilt in **Produktmanagements**, hier Produkt 1 bis 5. Jedes Produktmanagement will seine Deckungsbeitragsziele erreichen.

Es wird deutlich, dass die Datengrundlage für beide Sichtweisen die abgerechneten Produkte sind. In der Summe ergibt sich der Deckungsbeitrag des Unternehmens, ganz gleich ob summiert über alle Marktsegmente oder alle Produkte.

Die Auswertung im CRM-System kann problemlos nach der Perspektive des Ergebnisplans erfolgen. Sie enthält typischerweise einen Forecast auf das Jahresziel. Sie kann auch erweitert werden zu einer über das Jahr hinausgehenden rollierenden Planung. Das ist dann eine gute Steuerungsgrundlage.

Im Vertrieb wird der Gedanke eines Trichters verfolgt: Gespräche werden zu Aufträgen, die ausgeliefert werden: Der Sales-Funnel. Ein intelligenter Forecast kann auf die Vorstufen zurückgreifen, um realistische Forecasts zu erstellen.

Beachten Sie

Wenn das nächste Jahr jeweils in die Reihe zum mittelfristigen Plateau gesetzt wird, ergibt sich eine dauerhafte Entwicklung. Nur damit lässt sich ein Kompetenzausbau als immer besserer »Endorser« (Türöffner) erreichen.

Der Planungsprozess im Marktmanagement umfasst damit zwei notwendige Stufen:

- **Stufe 1:** Abstimmung der Produktmanagements mit der Unternehmensleitung in puncto Kompetenz im Rahmen eines Portfolio-Ansatzes (Kapitel 4.1).
- **Stufe 2:** Abstimmung der Maßnahmen im Absatzbereich für die folgende Planungsperiode, meist das nächste Jahr, als Schritt zu mittelfristig gestärkter Kompetenz (Kapitel 4.2).

Wir wollen die Stufen der Reihe nach betrachten.

4.1 Mittelfristiges Kompetenzmanagement

Die Website eines Unternehmens zeigt verbreitet dessen Produktstruktur. Die Site von Miele als Beispiel ist für Privatkunden in folgende Produktgruppen unterteilt: »Backen und Dampfgaren«, »Kochfelder«, »Dunstabzugshauben«. An vierter Stelle werden »Kaffeevollautomaten« genannt. Es folgen die klassischen Produktgruppen »Kältegeräte und Weinschränke«, »Geschirrspüler«, »Waschmaschinen, Trockner und Bügelgeräte«, »Staubsauger«.[282] Das Produktangebot ist so erst einmal unterteilt in acht Produktbereiche; welcher erhält nun welche Ressourcen? Das erfordert eine wichtige interne Abstimmung.

Die Marke Miele gehört zu den beliebtesten Marken in Deutschland. Jedes der acht Produktmanagements prägt die Vorstellung der Marke Miele. Manche Produktgruppen stellen ein festes Guthaben im Kopf der Kunden dar, manche sind eher noch jüngeren Datums und bedürfen intensiver Unterstützung, um breit als Anreicherung der Markenkompetenz gespeichert zu werden. Damit wird deutlich, dass eine Schwerpunktbildung erforderlich ist. Das wirkt sich auf das gesamte Marketing-Mix aus.

Neben den acht Produktgruppen zeigt die Miele-Site zwei weitere Bereiche: »Miele Reinigungsprodukte« sowie »Zubehör und Hausgerätevernetzung«.[283] Produkte der ersten Gruppe dienen der Wert- und Funktionserhaltung. Mit der letzten Gruppe taucht ein Bereich im digitalen Zeitalter auf, dass die Geräte miteinander interagieren. Die Küche wird sowohl privat wie professionell zu einem insgesamt zu optimierenden Handlungsraum. Wir können mit der Produkt-Absatzwege-Matrix (Abb. 4) mit der Unterteilung physisch und virtuell auf jeder Seite wieder eine gedankliche Strukturierung für das Produktportfolio schaffen (vgl. Kapitel 3.2.2.2).

282 Vgl. www.miele.de.
283 Ebenda.

Die Hausgerätevernetzung bildet einen Querschnittbereich, der verdeutlicht, wie eng die Produktmanagements miteinander verbunden sind. Die Produkte haben jedes für sich eine eigene Leistung, werden gleichzeitig zunehmend in einer Gesamtlösung mit einer Bedienungseinheit zu Modulen. Die Produktsilos sind aufzubrechen, weil einige Kunden gute Geräte, viele Kunden gute Lösungen wünschen. Das kann auch zu Fragen nach der organisatorischen Strukturierung bis hin zur Zuordnung von Deckungsbeiträgen führen.

Der genannte Bereich stellt eine Lösungsmöglichkeit dar: Im PM-Bereich wird ein eigenes Lösungsmanagement geschaffen. Immer mehr sind Produktmanagements aufgefordert, wirklich unternehmerisch zu denken und zu begreifen, dass es für die Realisierung der Ergebnisziele der Zusammenarbeit bedarf und Gesamtlösungen bevorzugt werden.

Gleiches gilt bei Miele für den Bereich »Professional«. Hier erfolgt die Unterteilung in »Spültechnik«, »Wäschereitechnik«, »Luftreinigungstechnik«, »Dentaltechnik«, »Labortechnik«, »Medizintechnik«. Der weitere Bereich als Querschnittsansatz heißt: »Digitale Lösungen«.[284]

Auch ohne zusätzliche Implementierung einer verbindenden Einheit sollten sich die Produktmanagements regelmäßig zum Know-how-Austausch zusammenschließen. Produktmanagements sind erst einmal Umsetzungen organischen Wachstums, das typischerweise für eine gute Unternehmensrendite verantwortlich ist (vgl. Kapitel 1.4). Dabei gilt das Versprechen einer Marke.

Innerhalb der existierenden Kompetenzbereiche besteht immer mehr die Anforderung, aktuelle Lösungen, also Gesamtlösungen führenden technologischen Knowhows zu liefern. Das erfordert zwei Ebenen: eine Lösungsplattform mit einerseits Produkten und andererseits digitalen Verbindungen zu einem Ökosystem. Die Produkte selbst werden intelligenter mithilfe digitaler Steuerungen und integrierter als Teil von Gesamtlösungen.

Digitalisierung bedeutet verbreitet, zunehmende Daten auszuwerten, was entsprechende Algorithmen und Rechenleistungen erfordert. Das ist der Weg, Produkte intelligenter werden zu lassen.

Die Live-Kommunikation elektronischer Koppelungen erlaubt die Zusammenschaltung zu umfassenderen Lösungen. Bestehende Produktmanagements müssen diese Anforderung zuvorderst in das laufende Geschäft integrieren. Gesamtlösungen, die

284 Ebenda.

verschiedene Produktmanagements umfassen, gilt es zu organisieren. Sie dürfen nicht scheitern an Produktegoismen.

Kompetenzforum

Aus diesem Grunde ist es empfehlenswert, regelmäßige Kompetenzforen mit der Unternehmensleitung abzuhalten. Die Digitalisierung definiert Kompetenzen neu. Vernetzung von Lösungen ist gefordert. Diese Kompetenzforen können als spezielle Termine der New Development Plan-Runde installiert werden.

Kompetenzforum

Unter einem Kompetenzforum ist zu verstehen, dass sich ein Unternehmen unter einer Marke auf Kompetenzen stützt, die durch Know-how-Verbesserung ausgebaut werden. Grundlage sind die Erhebungen zur aktuellen Zuordnung von Seiten der Kunden. Die zukünftige Markenpersönlichkeit soll noch stärkere einheitliche Vorstellungen über die Fähigkeiten unter der Marke bei Kunden auslösen.

Viele Unternehmen haben als Stabsstelle zur Unternehmensleitung ein Corporate Brand Management implementiert. Dessen Aufgabe ist die Schaffung und Aktualisierung der Unternehmensmarken-Persönlichkeit. Zur Persönlichkeit gehört verantwortliches Handeln. Mehr und mehr werden Anforderungen an die Nachhaltigkeit gestellt. Und diese betreffen die Produktmanagements.

Insofern gehört das Thema notwendig in die Abstimmung der Kompetenzen. Dies gilt umso mehr, als sich eine Veränderung im Produktmarketingansatz in den letzten Jahren aufgrund von Analysen ergeben hat: mehr Beachtung für die Marke, denn ihre Anerkennung ist die Voraussetzung für erfolgreiche Kaufanstöße. Die Absendermarke wird als noch wichtiger in digitalen Zeiten angesehen.

Mit der Stärke der Marke ist ein Akzeptanz- und Preisaufschlag verbunden. Insofern ist eine Ermittlung dieser Größenordnung ein interessanter Wert, welcher allen Produktmanagements zugute kommt. Die Aufschläge oder notwendigen Abschläge mangelnder Bekanntheit lassen sich durchaus mit einem Business-Intelligence-Ansatz auf Basis des Kundenwissens ermitteln.

Vorbild kann das Vorgehen der Werbeagentur Grey sein, die einen fiktiven Kompakt-Pkw illustrierte und einmal mit dem Markenlogo VW, einmal mit dem Markenlogo Opel ausstattete. Der Unterschied in der Preisakzeptanz konnte nur auf ein Moment zurückgehen, die Wirkung des Logos. Dahinter steht das Markenguthaben.

Entsprechend lassen sich mit Kunden erst einmal abstrakte Ordnungen schaffen. Hier interessiert vor allem der härteste Wettbewerber. Wenn das Beispiel Miele betrachtet wird, dann gibt es intensive Wettbewerber, die sich nennen lassen. Unterschiedlich für die verschiedenen Produktbereiche.

Mit dem Beispiel Miele zeigte sich auch, dass manche Produktbereiche selbstverständlicher, manche noch frischer mit der Marke verbunden werden. Oft ist konsequenterweise zu beobachten, dass die Preisaufschläge für die Produktgruppen unterschiedlich ausfallen. Kunden unterscheiden.

Während wir mit einer Markenkompetenz-Gesamtsicht beginnen, bemerken wir, dass in einem zweiten Schritt die einzelnen Produktbereiche separat zu behandeln sind, da bei Waschmaschinen ein anderes Unternehmen härtester Wettbewerber ist als bei Kaffeeautomaten. Zudem zeigt sich in dem Produktvergleich, dass der Wertunterschied nach Produktgruppen unterschiedlich ausfällt. Eine wichtige Eingangsinformation für die einzelnen Produktmanagements.

Dafür kann das **Instrument Brand Sculpture** (vgl. Kapitel 2.2.1) genutzt werden. Eine Ordnung des jeweiligen Produktbereichs durch die Kunden.

In einem dritten Ermittlungsschritt können die Faktoren für einen Produktvergleich (vgl. Kapitel 2.2) herausgearbeitet, gewichtet und nach Begeisterungs-, Leistungs- und Basisfaktoren sortiert werden. Im Vergleich zum jeweils härtesten Wettbewerber werden Wertunterschiede deutlich.

Beachten Sie

Jedes Produktmanagement profitiert von Markenkompetenz. Es leuchtet daher ein, dass alle Produktmanagements zusammen mit der Unternehmensleitung an dem Ausbau der Markenkompetenz als Grundlage für den zukünftigen Erfolg gemeinsam arbeiten.

Vorgehen im Kompetenzforum

Kompetenzmanagement ist eine Aufgabe, für die wir wieder das klassische Vorgehen im Management wählen: erst die Analyse, dann die Zukunftsperspektive, eine Zielsetzung formulieren und Maßnahmen ableiten. Ein Vier-Schritte-Vorgehen (vgl. Kapitel 2.3).

Ein Kompetenzforum beginnt zweckmäßigerweise damit, dass alle Produktmanagements zunächst ihre mittelfristige Know-how-Perspektive aufzeigen. Jede Produktmanagerin, jeder Produktmanager stellt die geplante Entwicklung im Produktbereich dar. So ist jeder Stelleninhaber verpflichtet, sich mit dem Kompetenzausbau in seinem Produktbereich zu befassen. Dadurch werden im Vorfeld relevante Informationen gesucht und gesammelt, um eine gute Grundlage für das eigene Vorgehen präsentieren zu können. Das fördert generell die Besinnung auf das Markenguthaben in der Arbeit.

Der erste Auswertungsschritt ist die Verdichtung auf die wichtigsten Triebfedern in der Marktentwicklung. Gerne wird ein Positionierungskreuz verwendet, um die entscheidenden Parameter zu visualisieren und die reale Position aufgrund der aktuellen Kundenresonanz und die angestrebte Position zu verdeutlichen. Data Mining unterstützt, um mit statistischen Verfahren die wesentlichen Beurteilungsparameter in den einzelnen Branchen zu ermitteln.

Für das Beispiel Kaffeeautomaten können die entscheidenden Dimensionen Produktdesign und Produktintelligenz sein, die vom Auswertungstool als Faktoren ermittelt und als Positionierungskreuz visualisiert werden:

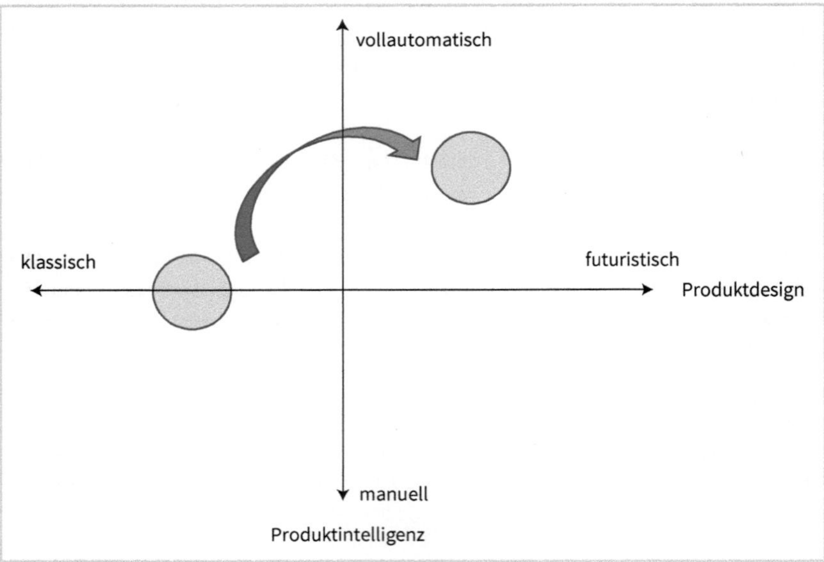

Abb. 52: Positionierungskreuz

Auf diese Weise kann das Produktmanagement verdeutlichen, dass beispielsweise die Kundeneinstellung heute die eigenen Kaffeeautomaten als eher klassisch gestylt einstuft und hier ein äußerer Modernisierungsschub erfolgen soll. Diese Gestaltung unterstreicht dann den inneren Modernisierungsschub, der durch intensivierte Digitalisierung mehr und mehr Funktionen automatisieren soll.

Neben die Bestimmung der eigenen Position tritt auch die reale Position des härtesten Wettbewerbers. Damit wird noch deutlicher, welcher Weg gewählt werden soll, um nicht nur die eigenen Kunden besser zu überzeugen, sondern auch eine verbesserte Position im Vergleich zu erzielen. Es kann sein, dass der Wettbewerber in puncto Design oder in puncto Automatisierung Vorteile wie Nachteile aufweist.

Die Antwort ist zu geben: Eigene Vorteile ausbauen und unterstreichen, Vorteile des Wettbewerbers möglichst ausgleichen.

Die Veränderung erfordert zur Verwirklichung einzelne Maßnahmen. So wird die mittelfristige Ausrichtung mit konkreten Schritten unterfüttert. Die Gesamtzielsetzung schafft für alle Teilnehmenden ein Verständnis der Maßnahmen. Kompetenzausbau ist abstrakt, wird realisiert durch passende Entwicklungen.

Kohärenz der Kompetenz

Jetzt gilt es aber zu prüfen, ob diese Positionsveränderung im Vorstellungsraum der Kunden eine separate Maßnahme allein des Bereichs Kaffeeautomaten darstellt. Wenn alle anderen Produktmanagements eher die eigene Stärke im Feld des klassischen Auftritts sehen, ist ein Alleingang für die Kunden in einem Produktbereich nicht verständlich. Insofern wird eine Gesamtkoordination erforderlich.

Da es sich um die Produktmanagements eines Unternehmens handelt, sind die Bereiche oft auch verwandt: In dem Miele-Beispiel sind dies die unterschiedlichen Geräte unter dem oft verwendeten Begriff »Weiße Ware«. Aufgrund der Verwandtschaft sind die Produktmanagements zudem von ähnlichen technologischen Trends betroffen. So bringt die Perspektive des einen Produktbereichs vielfach einen Impuls für einen anderen Produktbereich. Gemeinsam betroffene Produktgruppen arbeiten in der Vorbereitung für ein Kompetenzforum vielfach zusammen. Erreicht wird eine gegenseitige Verstärkung.

Dann reicht typischerweise ein Positionierungskreuz nicht mehr aus, das im Allgemeinen (nur) zwei Dimensionen umfasst; manchmal wird auch eine dritte Dimension hinzugefügt, was regelmäßig das Verständnis erschwert. Deswegen ist es besser, auf ein Polaritätenprofil umzuschalten, bei dem die relevanten Dimensionen aufgelistet werden (vgl. Abb. 21 in Kapitel 2.2.2). Die einzelnen Faktoren werden dann nach Wichtigkeit aus Kundensicht geordnet. Die Aufstellung zeigt, wie die Produkte hinsichtlich gerade der wichtigen Beurteilungskriterien von Kunden eingestuft werden. Das PM-Steuerboard sollte den Produktmanagements ermöglichen, mit aktuellen Erhebungen der Diskussion Substanz zu geben (vgl. Kapitel 2.2).

Gedanklich entspricht das Vorgehen der Konsistenzmatrix der Wettbewerbsvorteile nach Hermann Simon, um zu prüfen, ob sich die Kompetenzschwerpunkte auch auf für Kunden wesentliche Punkte beziehen. Sicher wird dabei zu unterscheiden sein, wie die Beurteilungskriterien heute ausfallen und wie die Beurteilungsgrundlage mutmaßlich in einigen Jahren in Anbetracht der vermuteten Entwicklung ausfällt.

Gerade an dieser Stelle sollte bewusst hinterfragt werden, was für die angenommene tragende Dynamik spricht. Es sollte akzeptierte Einrichtung des Kompetenzforums sein, die Grundlage in Frage zu stellen, Gründe dafür, aber auch Gründe dagegen zu sammeln. Hier geht es um ein wirklich fundiertes Urteil, leitet diese Vorhersage doch das mittelfristige Handeln. Dabei ist oft ein externer Impuls sehr hilfreich.

Das Beispiel Miele zeigt, dass ein einzelnes Gerät, ein Kaffeeautomat, aber auch eine integrierte Küchenlösung, alle Geräte als Einbau mit einem zentralen Board, gewünschte Marktlösungen darstellen. Kompetenz im digitalen Zeitalter erfordert immer mehr umfassende Lösungen aus anerkannten Modulen. Deswegen ist es wichtig, diesen Punkt der Systembetrachtung jeweils zu diskutieren.

Spezielles Thema des Kompetenzforums ist die Festlegung des Expertisenrahmens im Unternehmen. Gerade in Zeiten der Digitalisierung kommt es auf eine zukunftsorientierte Absteckung der Kompetenz an. Die abstrakte Ebene des Profils hat als Gegenpol zum Big Data Modelling große Bedeutung im Markt. Hier gibt es unterschiedliche Lösungen, je nach Marken und Markengeltung. Entscheidendes Ziel ist jeweils ein geordnetes Auftreten und dahinter eine geordnete Know-how-Entwicklung.

Der Markenrahmen ist als eine wichtige Begrenzung erkannt worden (vgl. Kapitel 1.3). Er darf nicht statisch sein, er muss sich organisch entwickeln. Verbindungen untereinander sollten systematisch ermittelt und genutzt werden. Dieses ist sicher auch die Organisationsform, um möglicherweise neue Kompetenzfelder als Dehnung zu bestimmen und mit einem Produktmanagement zu etablieren.

Im Rahmen eines Kompetenzforums geht es eben um die Kompetenzen der Marke oder Marken. Damit wird eine über die einzelne Produktgruppe hinausgehende Denkweise geschaffen. So werden die einzelnen Produktsilos verlassen. Hier können auch Kreativitätstechniken eingesetzt werden (vgl. Exkurs »Kreativitätstechniken« in Kapitel 3.1.5). Besonders naheliegend ist die progressive Abstraktion (im Exkurs unter d) Analytische Konfrontationsverfahren): Durch die wiederholt erfolgende Nachfrage »Warum?« wird der Denkraum vergrößert, werden Metaebenen erreicht. Darum geht es gerade. Kompetenzen sind eine Metaebene, die sich manifestiert in unterschiedlichen Umsetzungen durch die Produktmanagements.

Beachten Sie

Ergebnis eines Kundenforums sind also Kompetenzfelder, welche mit der oder den Marken verbunden werden sollen. Sie bilden den tragenden Grund für verschiedene Produktmaßnahmen. Damit sind die Herangehensweisen der verschiedenen Produktmanagements koordiniert, eine wichtige Bedingung für die Herausbildung von Expertise und Dynamik. So können Wettbewerbsvorteile etabliert oder ausgebaut werden.

Mitunter entstehen neue Aufgabenfelder für einzelne Produktmanagements, die diese in den New Development Plan-Prozess aufnehmen. Dann gilt es ja, erst einmal das Aufgabenfeld nach bewährtem Vorgehen zu vertiefen, sich mit der Zielgruppe zu befassen. So ist das Forum auch ein Element zur Angebotsdynamik des Unternehmens.

Wettbewerbsanalyse

Ein Unternehmen gewinnt im Wettbewerb am Markt. Insofern kommt es darauf an, dass die benannten Kompetenzfelder einen Vorsprung darstellen und erlauben, im Wettbewerb zu gewinnen. Konkret lässt sich in der aktuellen Lagebeurteilung die Stärke daran ablesen, wie die Marktanteilsentwicklung verläuft: Wir hatten diese Kenngröße als Leistungsziffer für das Produktmanagement identifiziert.

Produkte, die Marktanteile gewinnen, setzen sich notwendig im Wettbewerb durch. Produkte, die Marktanteile verlieren, haben offensichtlich Nachteile im Wettbewerb. Insofern können Schlussfolgerungen für das PM-Handeln gezogen werden.

Hier geht es im Kompetenzforum um die Beurteilung der künftigen Wettbewerbsstärke. Das Gremium ist aufgefordert, die Kompetenzen zu bestimmen, mit denen in der weiteren Marktauseinandersetzung gewonnen werden soll. Dazu gehört die Bestandsaufnahme der eigenen Fähigkeiten und Abhängigkeiten (vgl. auch Abb. 23 in Kapitel 2.3 »Wettbewerbskräfte nach Porter«).

Diese Themen legen nahe, durchaus auch Expertinnen und Experten aus dem Kompetenzgebiet im Rahmen eines Forums zu hören. Deren Vorausschau bezieht mitunter Alternativen und Substitute ein. So weitet sich der Blick über die Branche hinaus. Das ist gerade auch ein Mittel, um eingefahrene Denkweisen zu überwinden. Zu leicht gerät ein Team mit Personen, die sich alle untereinander kennen, in eine Gruppendynamik mit beachtlichen Beurteilungsverzerrungen.

Als zweite Gruppe können auch Vertreter wichtiger Lieferanten mit der Bitte eingeladen werden, deren weitergehende Sicht auf die Entwicklung darzulegen. Das Thema Halbleiter zeigt, was passieren kann, wenn nicht genügend Angebot zur Verfügung steht. So werden mögliche kritische Verbindungen beleuchtet.

Die Organisation der Produktmanagements stellt für die Unternehmensleitung die Form der Strategieumsetzung dar und jedes Produktmanagement agiert in dem Rahmen. Wir hatten die Produktmanagements als Schaltstelle für Erfolg gesehen und empfohlen, sie bei der Strategieformulierung einzubeziehen (vgl. Kapitel 1.4). Mit regelmäßigen Kompetenzforen wird dieser Denkansatz institutionalisiert.

Beachten Sie

Die Aufgabe hat in dieser Ausprägung eine Bottom-up-Komponente – jedes Produktmanagement ist aktiv mit dem eigenen Kompetenzfortschritt befasst –, eine Top-down-Komponente – die Abstimmung mit der Unternehmensleitung koordiniert die Schwerpunkte. Das Ergebnis zeigt sich auch in Budgetzuteilungen. Die Produktmanagements sind informiert über die geplante Ausrichtung, innerhalb derer sie sich dann bewegen.

Zielsetzung ist, auf Basis der eigenen Kompetenzen im Wettbewerb zu gewinnen.

Die Einrichtung eines Kompetenzforums ist damit die Antwort auf die Dynamik der Märkte. Hier werden Impulse gesetzt, aber auch eine Koordination der Zukunftsentwicklungen erreicht. Vor allem geht es um das organisierte Nudging, um aus dem Silo in ein gemeinsames Fortschrittsdenken zu kommen.

Wenn das typische Planungsgeschehen im Unternehmen mit einem Geschäftsjahr, das dem Kalenderjahr entspricht, genommen wird, ist zu empfehlen, je nach Anzahl der Produktmanagements ein Kompetenzforum einen Tag oder mehrere Tage lang jeweils im ersten Halbjahr durchzuführen. In vielen Unternehmen gehört das zweite Halbjahr der nächsten Jahresplanung.

Wenn jedes Produktmanagement die Ergebnisse des Kompetenzforums in die nächste Jahresplanung einbezieht, ist damit eine Verzahnung der Ebenen zu einem durchgängigen Verhalten erreicht.

4.2 Betreuung der Produkte im Markt

Der taktische Planungsprozess für das Handeln der unterschiedlichen Einheiten im Absatzbereich beginnt rechtzeitig vor dem nächsten Geschäftsjahr. Er umfasst alle Absatzeinheiten, denn der Vertrieb des Unternehmens soll koordiniert im Markt auftreten. Er stellt – gleich ob persönlich oder digital – die Verbindung zu Kunden dar. Im Prozess gibt es einerseits die Ebene der Produkte für Kunden, alle Produktmanagements haben Umsetzungsplanungen. Andererseits gibt es die Ebene des Vertriebs, der nach Märkten und Marktregionen organisiert ist. Wir greifen gedanklich zurück auf die Abbildung 53, welche die zwei Sichtweisen verdeutlicht.

Darüber hinaus gibt es die Ebene des Gesamteindrucks, des Images bei den Kundinnen und Kunden, welches deren Kaufentscheidung leitet. Das Image ist Aufgabe der Marketingaktivitäten. Es wird ganz stark durch die Produkte und auch das Auftreten des Vertriebs geprägt – koordiniert oder nicht einzuordnen.

Mindestens sind also Produkte, Vertriebslinien und Kunden zu beachten. Dabei können alle Produktmanagements sowie Marketing inklusive Marktforschung und Vertrieb inklusive Vertriebsinnendienst mit Vertriebscontrolling als auch Kundenservice Informationen liefern. Alle Informationen zusammen sollen ein Gesamtbild für den Absatzbereich ergeben.

Im digitalen Zeitalter stellt sich allerdings die Frage, ob die einzelnen Bereiche separat Informationen sammeln und auswerten oder ob das Wissen der einzelnen Funktionen integriert verarbeitet wird. Alle Abteilungen arbeiten auf der Basis von Informationen, das datengestützte Handeln sollte eine Selbstverständlichkeit sein. Wir hatten die quantitative und die qualitative Analyse angesprochen und im Produktmanagement zu einer Informationsquelle »Kundenwissen« (vgl. Abb. 22) integriert.

Idealerweise gibt es eine zentrale Business-Intelligence-Anwendung im Unternehmen, die Daten sammelt, auswertet und aufbereitet. Aber auch damit muss gekonnt umgegangen werden. Der gesamte Absatzbereich sollte auf ein integriertes Modell zu Markt und Kunden zurückgreifen können. Jeder Produktbereich hat spezielle Zielgruppen, für die »Kundenwissen« erstellt wird. Aufgrund der meist übergreifenden Kompetenz gibt es sehr große Schnittmengen. Hier zahlt sich eine Integration des gespeicherten Wissens und eine intelligente Auswertung aus.

Jede gute Planung beginnt mit einer Situationsanalyse. Dabei treffen die Perspektiven der einzelnen Produkte auf die Markt- und Vertriebsperspektive. Die Vertriebssicht dominiert, weil sie den Kanal für den Absatz der Produkte im Fokus hat. Der Absatzweg soll beschritten werden. So ist es auch verständlich, dass die Planungsgrundlage verbreitet Marketing- und Vertriebsplan genannt wird, die Erwähnung des Produktmanagements fehlt. Die Produkte sind ganz selbstverständlich die Grundlage aller Geschäfte.

Für den Erfolg im Markt werden immer kongruent Marken-, Produkt- und Kundenmanagement benötigt. Das sind die drei zentralen Managementbereiche auf der Absatzseite. Die drei Bereiche bilden eine aufsteigende Treppe, die konsistent für den Unternehmenserfolg zu gehen ist.

Getreu der Devise, zusammen unterschiedliche Sichtweisen auszutauschen und zu kombinieren, ist auch für die Erstellung des Marketing- und Vertriebsplans anzuraten, die Situationsanalyse gemeinsam als Startprojekt der Planung durchzuführen. Psychologisch ist dies die Grundlage für das Handeln, das jeweilige Fachterrain ist noch nicht berührt. Niemand will der anderen Funktion reinreden. Das ermöglicht fruchtbare Zusammenarbeit.

In der Umsetzung greifen aber die einzelnen Schlussfolgerungen der Funktionen auf die gemeinsame Informationsbasis zurück. So werden die Überlegungen implizit koordiniert. Das stellt für die Abstimmung des taktischen Vorgehens einen unschätzbaren Wert dar.

Nach dem Kompetenzforum treten die Produktmanagements in diesem Arbeitskreis ohnehin mit einer gedanklichen Koordination für die Zukunft an. So wirkt sich die Kompetenzabstimmung auch Richtung gebend in der Jahresplanung aus. Sie erfolgt auf gemeinsamer Informationsgrundlage. Als Ergebnis schafft der organisationale Ansatz die nötige verbundene Ausrichtung im Markt.

4.2.1 Gemeinsame Informationsbasis im digitalen Zeitalter

Die grundlegende Situationsanalyse im Absatzbereich umfasst zwei Perspektiven:

- Wie verläuft die Marktentwicklung in den Segmenten, in denen sich die Produkte des Unternehmens bewegen? Welche Chancen und Risiken sind erkennbar?
  Die Marktperspektive.
- Wie verläuft das Geschäft mit den Produkten des Unternehmens bei den Kunden des Unternehmens? Sind Stärken oder Schwächen erkennbar?
  Die Kundenperspektive.

Diese beiden Perspektiven sind in der Informationsgewinnung zu kombinieren, bevor Entscheidungen über Maßnahmen getroffen werden.

Gedankliches Instrument zur Strukturierung dieser Aufgabenstellung ist die sogenannte SWOT-Analyse (Analysis oft Strength, Weaknesses, Opportunities and Threats).

Gerade die Informationen aus Marketing und Vertrieb auf der einen Seite, den Produktmanagements auf der anderen Seite füllen die beiden Aspekte:

Markt-/Wettbewerbsperspektive	Unternehmens- und Kundenperspektive
Chancen	**Stärken**
Risiken	**Schwächen**

Abb. 53: SWOT-Analyse

Das Schema leitet das Team an, sich einmal mit dem Markt, den Marktsegmenten und dem Wettbewerb zu befassen. Hier stehen Zahlen über die Marktentwicklung im Ganzen und Marktanteile in einzelnen Feldern zur Verfügung.

Vertrieb und Marketing haben einen übergreifenden Blick auf die bearbeiteten Märkte und die Vertriebsstrukturen. Die Produktmanagements generieren Information zu einzelnen Produkten und Produktgruppen, deren Zielgruppen und deren Marktentwicklung. Da im Produktmanagement ausgeprägt mit qualitativen Ansätzen der Kundenforschung gearbeitet wird, können diese Einstellungs- und Verhaltensinformationen beisteuern.

Permanenter Planungsprozess

»Intelligente Methoden der Datenanalyse sind ein zentraler Bestandteil in vielen [...] Kontexten, um nutzbare Einsichten in komplexe Datenbestände und den damit verbundenen Prozessen zu gewinnen. Darum ist es umso wichtiger, sowohl existierende als auch neue Analysemethoden an die entsprechenden Anwendungsdomänen und -anforderungen anzupassen, um gewinnbringende Informationen zielgerichtet und erfolgreich umzusetzen.«[285]

Dafür sollte eine Funktionseinheit im Unternehmen existieren, meist im Vertriebsinnendienst, die permanent die Markt- und Kundenintelligenz weiterentwickelt. So sehr die Informationsbasis speziell am Anfang der Jahresplanung von Bedeutung ist, es empfiehlt sich im Laufe des Jahres ein regelmäßiger Austausch im Rahmen der Absatzeinheiten. Insbesondere die Produktmanagements sollten den permanenten Austausch pflegen – als Geben und Nehmen.

Die intelligente Datenauswertung stellt einen entscheidenden Wettbewerbsfaktor dar. Die Denkmatrix des Produktmanagements umfasst die Kundenwünsche und die Produkteigenschaften. Beide Seiten lassen sich mit einer Datenanalyse verbessern, wenn die entsprechenden Daten gesammelt, in eine Struktur gebracht und mit geeigneten Verfahren ausgewertet werden. Das erfordert die entsprechenden Systeme für Datensammlung und Datenqualität, Datenablage und Datenordnung, Datenauswertung und Dateninterpretation.

Teil der Wissensgrundlage ist neben allgemeinen Marktentwicklungen vor allem die Verteilung des Marktes. Oft wird zunächst damit begonnen, Strukturen wie Niedrigpreis-, Mittelpreis- und Hochpreissegmente zu bilden. Interessant ist, welches der Preissegmente welchen Anteil an der gesamten Marktentwicklung hat. In den einzelnen Preissegmenten lassen sich dann die Marktanteilsentwicklungen analysieren: Wer gewinnt in welchem Segment? Marktverändernd können Bewegungen sein: Wettbewerber streben in höhere oder in niedrigere Preissegmente.

285 Beeks, Christian, Intelligente Datenanalyse, in: www.fit.fraunhofer.de/de/geschaeftsfelder/data-science-und-kuenstliche-intelligenz/intelligente-datenanalyse.

Darüber hinaus haben wir die Bildung von Clustern aus bestimmten Kundengruppen und bestimmten Produkten in der Analyse des Produktmanagements angesprochen (vgl. praktisches Vorgehen in der Toolbox der Marktforschung). Das ist für alle drei Funktionen eine entscheidende Information: Wo werden welche Kunden mit welchen Produkten erreicht? Die Absatzzahlen erklären sich durch Kundenakzeptanz und deren Erreichung durch die Vertriebsorganisation.

Unter der Unternehmens- und Kundenperspektive wird zunächst das Markenguthaben erfasst: Welches Ansehen hat das eigene Unternehmen im Wettbewerb? Gibt es entscheidende Veränderungen. Wie entwickeln sich die eigenen Produkte? Markenvorsprung bildet eine Stärke, abnehmendes Ansehen eine Schwäche. Die Unternehmensmarke ist der Türöffner, die Produktmarke die Grundlage für den Kaufentscheidungsprozess.

Die Analyse wird ergänzt um Aussagen zum Lebenszyklus der Produkte, welcher teilweise ursächlich für die ermittelte Absatzentwicklung im Markt sein kann. Gerade Lebenszyklusanalysen lassen sich maschinell unterstützt vornehmen. Im Allgemeinen wird zurückgegriffen auf vergangene oder vergleichbare Lebenszyklen, um so Unterschiede und daraus abgeleitet Vorhersagen treffen zu können.

Es stellt sich die Frage, ob die Marktentwicklung mit den Produktlösungen übereinstimmt. Ein neues Produkt mit neuer Technik erklärt den Absatzanstieg, es kann auch umgekehrt sein, ein älteres Produkt im Markt wird von mehr und mehr Wettbewerbsprodukten überholt. Der Stand in den einzelnen Produktmanagements liefert einen hohen Erklärungsanteil.

Die Marke kann auch so stark sein, dass sich eine Veralterung des Produkts nicht in der Nachfrage niederschlägt. Starke Marken schaffen hohe Kundenloyalität. Ewig funktioniert das allerdings nicht. Es wird deutlich, dass es ein Spannungsfeld zwischen Produktvorteilen und Produktansehen gibt.

Das Kundenverhalten erklärt sich durch die Markenstärke, die Produktattraktivität und die Wettbewerbsmaßnahmen.

Interpretation ist zentral für die Planung

Die Interpretation ist eine Vertiefungsaufgabe des Gremiums für die Informationsbasis, das durch die unterschiedlichen Perspektiven zu realitätsbezogenen Aussagen und Aufgaben kommt. Insofern steht die Nutzung der Datenanalyse damit im Fokus und lenkt auch den weiteren Umgang mit den Daten und deren Sammlung. Die Zielsetzung, Aussagen über Marktentwicklungen und Kundenverhalten treffen zu können, wird so datenbasiert verfolgt.

Am Ende erfolgt die Interpretation durch das Gremium. Gerade die fundierte Grundlage, die Auseinandersetzung mit den Ergebnissen und die angenommenen

Entwicklungen, stellen die Basis für die taktische Planung dar. Die Erfahrungen aus dem Kundenkontakt ermöglichen Erklärungen.

Als Grundlage für Produktvergleiche liefert F & E am besten parallel eine Bewertung aus technischer Sicht. In vielen Unternehmen werden auch Daten aus der Produktnutzung gewonnen. Deren Auswertung kann Hinweise über kritische Punkte geben. Gleichzeitig wird die Erfassung der Kundenservice-Fälle genutzt, Häufungen zu erkennen. Hinzu kommen notwendig Produktanalysen mit Kunden. Die Kunden entscheiden differenziert, auf keinen Fall allein nach Produktvergleichen, auch wenn diese problemlos im Netz zur Verfügung stehen.

Beide Aspekte – Ansehen und Technik – werden gespiegelt mit den Umsatz- und Deckungsbeitragszahlen. Der Zusammenhang ist oft unterschiedlich direkt, manchmal zeitverzögert. Hier wird ein Vergleich von Planzahlen zu Istzahlen des letzten Geschäftsjahrs erstellt. Intelligente Anwendungen suchen nach Zusammenhängen.

Entscheidend ist aber auch die Erklärung durch die beteiligten Absatz-Fachleute, die hier zusammen das Thema besprechen. Verständnis entsteht aus der Beschäftigung und Diskussion.

Vertrieb als Nadelöhr

Die Wirkungsmöglichkeiten im Markt hängen vom Vertrieb ab. Für die Vertriebsauseinandersetzung kommt es auf die **Vertriebsstärke** an. Das ist ein spezieller Punkt in der Betrachtung der eigenen Stärken und Schwächen.

Hier geht es etwa um einen Vergleich des Umfangs der Vertriebsorganisationen. Oft werden Kennziffern wie Umsatz pro Vertriebsmitarbeiter gebildet.

Eine andere wichtige Kenngröße stellt der **relative Marktanteil** dar, wenn sie zur Verfügung steht, also der Vergleich mit dem härtesten Wettbewerber.

Im zweistufigen Vertrieb spielt auch die **Distribution**, also das Ausmaß der Listungen im relevanten Handel eine Rolle. Wie sind die Produkte des eigenen Unternehmens im Vergleich zu den Produkten des härtesten Wettbewerbers gelistet? Erst wenn die Kunden dazwischen auswählen können, wirkt die Attraktivität der Produkte.

In vielen Außendienstorganisationen werden Platzierung und Kontaktstrecke im Handel direkt erfasst. Auch hier existiert ein Unterschied: breite Produktplatzierungen in Sichthöhe haben sicherlich Vorteile gegenüber schmaleren und mitunter Platzierungen in niedrigerer Höhe.

Das sind klassische Größen im Handel, sei es im Privat- oder Profi-Handel. Zunehmend gilt es für alle Unternehmen zu prüfen, wie sich die Vertriebsstrukturen geändert haben; als Kenngröße kann der eCommerce-Anteil ermittelt werden. In zahlreichen Branchen nimmt er Jahr für Jahr zu.

Insgesamt stellen sich die Einheiten des Absatzbereichs mit dieser Teamarbeit auf, um gemeinsam eine gute Kenntnis des Marktes und der relevanten Segmente zu entwickeln. Die Auseinandersetzung im Markt erfolgt über den Vertrieb. Durch ihn wird die Wertschöpfung realisiert. Die Informationen der verschiedenen Einheiten werden zu einer integrierten Übersicht verbunden.

Bildung von Schwerpunkten

Da die Maßnahmen des kommenden Geschäftsjahres im Marketing- und Vertriebsplan als Aktionsgrundlage festgelegt werden sollen, bedarf es zunächst einer Vertiefung der erwarteten Entwicklung. Sicher beginnt die Planung gedanklich mit einer Trendextrapolation als Ausgangspunkt, für die Markt- wie die Produktentwicklungen.

Die Datenanalyse kann bessere Vorhersagen liefern, wenn es Verknüpfungen gibt wie etwa mit dem Lebenszyklus. Die Programme können auch prüfen, welchen Erklärungszusammenhang es gibt, und diese Erkenntnisse für Prognosen nutzen, als **Predictive Analysis** bezeichnet.

Hier hilft dem Gremium neben den Auswertungen als Strukturierungsgrundlage der Ansatz der Matrix aus Produkten und Kunden (Marktsegmenten), die wir schon für die Ergebnisplanung herangezogen haben:

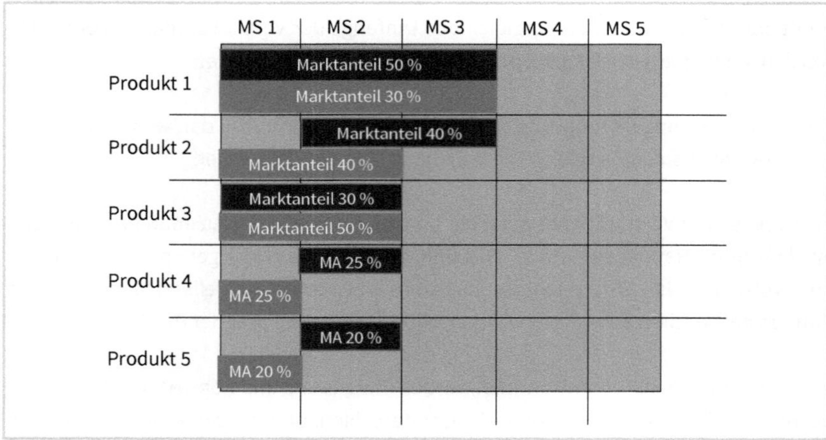

Abb. 54: Matrix aus Produkten und Marktsegmenten (dunkelgrau = eigene Produkte; hellgrau = Wettbewerbsprodukte)

Die Kombination der beiden Perspektiven zeigt differenziert die Marktstellung der Produkte für das eigene und das härteste Wettbewerbsunternehmen. Die Anteile der eigenen Produkte sind dunkelgrau, die der unmittelbaren Wettbewerbsprodukte hellgrau dargestellt (vgl. Abb. 54). Es wird sofort deutlich, warum zurecht das »hellgraue« Unternehmen als härtester Wettbewerber eingestuft wird: In den ersten drei Segmenten dominieren die dunkel- und hellgrauen Produkte; dabei ist die Auseinandersetzung für Produkt 1 und 3 ganz intensiv, beide erreichen in den bearbeiteten Segmenten zusammen 80 Prozent Marktanteil. Die direkte Wettbewerbsauseinandersetzung erfolgt bei Produkt 2 nur in Marktsegment 2. Produkt 4 und 5 sind in unterschiedlichen Segmenten vertreten. Beide Wettbewerber erreichen die Segmente 4 und 5 gar nicht.

Das Ergebnis kann unterschiedliche Gründe haben: In Segment 4 und 5 bevorzugen die Kunden andere Produkte, haben keinen Bedarf für diese Produkte oder werden vom Vertrieb nicht erreicht. Warum sind aber manche Produkte nicht nachgefragt in Segmenten, die mit anderen Produkten angesprochen werden? Fehlen Listungen, fehlt die Bereitschaft, mit den Produkten zu arbeiten? Die Positionsbestimmung ist für alle Beteiligten eine grundlegende Ausgangsinformation.

Handlungsfragen liegen auf dem Tisch: Wie können wir die Marktführerschaft für Produkt 1 halten und sogar ausbauen? Wie können wir die zweite Position für Produkt 3 wandeln in einen Gleichstand mit dem Wettbewerb? Die Auseinandersetzung ergibt Aufgabenstellungen. Die Detailanalyse führt zu dringlichen Tasks, die es zu priorisieren gilt.

Das Gremium geht so den Weg von der Analyse zur beabsichtigten Handlung. Das ist sicher der Kern der Auseinandersetzung für die anstehende Jahresplanung. Wir wollen Verbesserungen gezielt erreichen. Hier geht es um unterschiedliche Interessen. Deshalb gilt es, sich im Gremium damit auseinander zu setzen.

Tipp

Die Produktmanagements gehen idealerweise mit geplanten Aktivitäten in die Gespräche. Die Maßnahmen sollten bereits hinsichtlich ihrer Wirksamkeit bei Kunden geprüft sein, so dass berechtigte Aussagen zu einer Entwicklungsänderung möglich sind. Diese können in die prediktiven Analysen einbezogen werden.

Zum Schluss wird es Handlungsmöglichkeiten geben, welche sich teilweise ausschließen, zudem werden die Kapazitäten im Vertrieb meistens für alle Wünsche nicht ausreichen. Dann ist es angeraten, eine Versachlichung der Entscheidungsfindung mittels Scoring durchzuführen. Die Teilnehmer priorisieren und bewerten geheim.

Beachten Sie

Die Einheiten des Absatzbereichs verständigen sich auf eine gemeinsame Informationsgrundlage, deren Interpretation und auf eine gemeinsame kurzfristig erwartete Entwicklung in den relevanten Märkten. Sie formulieren Ziele, die im Planjahr erreicht werden sollen.

Verbindlichkeit durch die Unternehmensleitung

Wenn diese Informations- und Aktionsgrundlage anschließend mit der Unternehmensleitung abgestimmt wird, haben alle beteiligten Absatzfunktionen eine Handlungsgrundlage. Mit der Verteilung der Budgets wird die verantwortliche Handlungsmöglichkeit gegeben. Wir knüpfen damit an die Beschreibung des Produktmanagements als verantwortlich handelnder Funktion im Unternehmen an (vgl. Kapitel 1).

Die dargestellte Matrix (Abb. 54) aus Produkten und Marktsegmenten bildet in dieser Form die Basis für einen einstufigen Vertrieb. Im zweistufigen Vertrieb wird eine Aufteilung benötigt:

- Erste Matrix: Kombination Produkte und Distributionseinheiten.
- Zweite Matrix: Distributionseinheiten und Kundensegmente.

Wenn die Produktmanagements einen vollständigen Marktüberblick haben, lässt sich diese Unterteilung vornehmen. Die erste Matrix fußt auf eigenen Absatzzahlen, die zweite Matrix auf einer Panel-Erhebung (vgl. Abb. 20 »Integriertes Modell für Absatzstufen« in Kapitel 2.2.1). Es kann der Zusammenhang zwischen Distribution und Absatz ermittelt, es können damit auch Ergebnisse von Änderungen simuliert werden.

Wer den Managementgedankenraum so zusammen mit einer Wissensgrundlage gefüllt hat, kann sich auf Schwerpunkte für das nächste Jahr verständigen. Durch die Abstimmung mit der Unternehmensleitung werden die Einheiten koordiniert, die Managementfunktionen autorisiert. Gemeinsame Ziele sind Absatz-, Umsatz-, Deckungsbeitrags- und Marktanteilsplanung.

Dahinter stehen Schwerpunktsetzungen für Produkte und Kunden. Voraussetzung dafür ist eine Imagezielsetzung für Unternehmens- wie Produktmarke(n). Diese geschilderte Jahresplanung stellt eine Bottom-up-Planung dar.

Die Unternehmensleitung vereinbart auch Ziele für das Unternehmen insgesamt mit den Anteilseignern. Es kann nun sein, dass beide Planungen so noch nicht übereinstimmen. In den meisten Unternehmen werden deshalb dem Gremium der Absatzeinheiten zentrale Planungsgrößen genannt, um sich im Prozess daran zu orientieren. Dies ist die Top-down-Richtung.

Natürlich kann das Absatzteam zu dem Ergebnis kommen, dass mit den vorgesehenen Maßnahmen die Ziele, die sich die Unternehmensleitung vorstellt, nicht erreicht werden können. Dann bedarf es eines Klärungsprozesses, der Anspruch und Wirklichkeit beleuchtet. Das sind iterative Schritte, die ein schwieriges Ausgleichsmanagement erfordern, eine besondere Kompetenz der Unternehmensführung.

Jedes Produktmanagement kann die eigenen Ziele nur über die Vertriebseinheiten realisieren. Deshalb steht hier die Frage von Überzeugung und Durchsetzung für die betreuten Produkte an. Das ist kein Thema spontanen Handelns, es kann nur geleistet werden, wenn das jeweilige Produktmanagement die eigenen Produkte bestens in ihrer Entwicklung kennt und zielführende Maßnahmen für die unterschiedlichen Konstellationen vorbereitet.

Das ist Ergebnis des allgemeinen Marktmanagements. Dieses lässt sich am besten entlang des Produktlebenszyklus strukturieren.

4.2.2 Lebenszyklusmanagement der Produkte im Markt

Die gemeinsame Informationsbasis gibt allen Produktmanagements eine gute Grundlage und verknüpft die Blickwinkel der einzelnen Produktgruppen. Das einzelne Produktmanagement selbst agiert so im Kontext des Unternehmens und der Marken. Die Datengrundlage folgt gemeinsamen Anforderungen zur übergreifenden Auswertung.

Für geeignete Maßnahmen zur Förderung der Produktgruppe kommt es auf die passenden produktbezogenen Maßnahmen an. Die betreuten Produkte stellen spezielle Anforderungen. Es geht also darum, einen geeigneten Produktmarketing-Mix zu erstellen. Das ist die Kernaufgabe im Marktmanagement.

Die passende Ausgestaltung des Produktmarketing-Mix hängt von dem Entwicklungsstand des jeweiligen Produkts im Markt ab, dem Lebenszyklus des Produkts. Diese Unterscheidung ergibt sich, weil auch aus den Augen der Kunden das Produkt eben unterschiedlich betrachtet wird, ob es nun neu, schon länger oder ganz lange im Markt ist.

Es gibt unterschiedliche Kaufgründe: Innovatoren kaufen ein neues Produkt, weil es neu ist. Die Mehrheit der Folger im Markt kauft das Produkt, weil es schon verbreitet ist. So wechseln die Kaufgründe, verändert sich die Käuferstruktur. Entsprechend ist es angeraten, auch die Maßnahmen im Produktmarketing anzupassen.

Die generelle Linie bleibt gleich. Das jeweilige Produkt-Statement gilt. Die situationale Maßnahme passt sich im Verlauf an.

Stand des betreuten Produktbereichs

Deshalb empfiehlt sich vor der Maßnahmenplanung zunächst eine Bestandsaufnahme der betreuten Produktgruppe. Der Blick geht zurück, sollte sich aber auch nach vorn richten. Das Produktmanagement will die weitere Entwicklung beeinflussen. Damit ergibt sich eine Matrix:

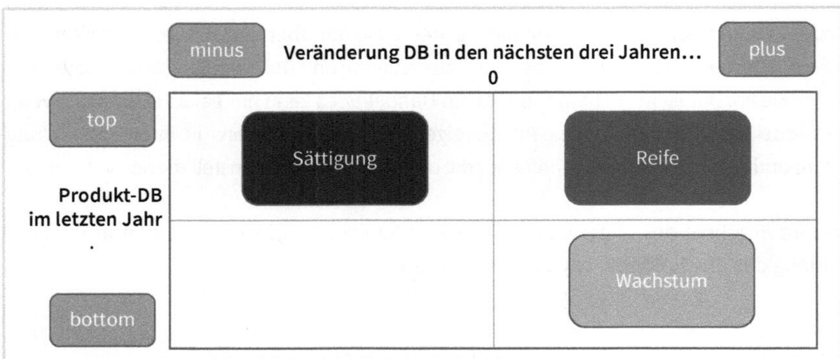

Abb. 55: Matrix zur Bestandsaufnahme der betreuten Produktgruppe

Grundlage der Bestandsaufnahme ist die Auflistung der Produkte nach Deckungsbeitrag im letzten Jahr vom besten (top) bis zum schlechtesten (bottom) in der Abbildung links in vertikaler Anordnung. Das ist eine einfache Ergebnisauswertung. Die Unterteilung erfolgt am besten mittels Median, also der Linie, welche die Anzahl der Produkte in zwei gleiche Hälften teilt.

Anschließend erfolgt eine Schätzung der Veränderung (Prozentsatz) des Produkt-DB in den nächsten drei Jahren zusammen mit dem Vertrieb: wachsend, am besten in eine Reihenfolge gebracht nach vermuteter Steigerung bis zur teilenden Null zwischen Plus und Minus – die Trennlinie – und darunter angenommene Rückgänge.

Das kann maschinell vorbereitet werden durch Ordnung der Produkte nach Veränderung des Deckungsbeitrags. Dafür wird auf die rollierende Planung zurückgegriffen: Vergleich Plan in drei Jahren versus Ist im abgelaufenen Jahr.

In Kombination ergeben sich vier Felder:

1. Heute unterdurchschnittliche Deckungsbeiträge, morgen aber Steigerungen, welche die Position der Produkte verbessern
   Das Produktmanagement sollte die Chancen aktiv nutzen. Positive Antwort auf die »Question Marks«: gute Entwicklungsperspektiven.
2. Heute höchste Deckungsbeiträge und für morgen vermutete Steigerungen
   Die aktuell stärksten Deckungsbeitragsbringer im Produktmanagement, die »Stars«. Es sollten auch schon Ideen für die Zeit danach entwickelt werden.
3. Heute hohe Deckungsbeiträge, die aber rückläufig sein werden
   Die Produkte werden gerne als »Cash Cows« bezeichnet. Das Produktmanagement sollte sie gut im Markt erhalten, um die Deckungsbeiträge, die zwar schrumpfen, aber hoch sind, zu realisieren. Das Nachfolgeprodukt sollte in der Innovations-Pipeline schon weit entwickelt sein.

4. Heute niedrige Deckungsbeiträge, morgen zusätzlich sinkende Deckungsbeiträge
   Das Produktmanagement sollte prüfen, ob die Produkte aus dem Programm genommen werden können. Möglicherweise steht das Nachfolgeprodukt bereit zur Einführung. Der Einsatz der Ressourcen sollte sich auf die Erfolgsaussichten konzentrieren.

So wird deutlich, dass es eines nach der Marktsituation angepassten geeigneten Marketing-Mixes bedarf. Mit der Matrix zum Produktmarketing-Mix hatten wir schon die Überlegungen zur Vermarktung des Neuprodukts strukturiert (vgl. Abb. 43). Das Produktmarketing-Mix bildet die gedankliche Ordnung für das Marktmanagement.

Produktmarketing-Mix-Modelling

Gerne wird von Marketing-Mix-Modelling gesprochen. Darunter ist zu verstehen, dass auf Basis der jeweiligen Position im Markt die Maßnahmen ergriffen werden, die im Rahmen der Möglichkeiten die höchste Wirkung bei einem gegebenen Budget entfalten.

»Bei der Modellierung des Marketing-Mix werden die langfristigen Beziehungen zwischen Marketingausgaben und der geschäftlichen Entwicklung im Zeitverlauf betrachtet. So erkennen Sie die Faktoren, die Ihr Geschäft vorantreiben ...«[286] Wir haben die Grundlage dafür mit der Auswertung »Kundenwissen« gelegt, in der die Erfassung quantitativer und qualitativer Daten zum Wissen über Kunden und deren Wünsche und Einstellungen zusammengeführt wird (vgl. Kapitel 2.2.2). Je besser die laufenden Aussagen zur Wirksamkeit von Angebot und Maßnahmen, desto gezielter können die Budgets eingesetzt werden.

Hier kommt nun der Aspekt der Position im Lebenszyklus der Produkte hinzu. Sie gibt eine Leitlinie für geeignete Maßnahmen. Vergangenheit ist nicht die Gegenwart und Zukunft. Grundlage ist sicher die Informationsbasis, für die das Produktmanagement die Informationen zu Kunden und Produkten geliefert hat. Neben maschinellen Vorausrechnungen gehört notwendig das Verständnis für die Situation und die passenden Maßnahmen zum Handwerk im Produktmanagement.

Dabei sind zudem generelle Regeln, die sich bewährt haben, ein hilfreicher Hinweis. Das Produktmarketing-Mix lässt sich in zwei große Bereiche unterteilen (vgl. dazu auch die Überlegungen in Kapitel 3.2.3 »Vermarktung des Neuprodukts«):

Produktmarketing-Grundlage:	**Produktmarketing-Frame:**
Produkt selbst mit allen Facetten Preismanagement	Kommunikation mit allen Facetten Vertriebsmanagement

286 O.V. Marketing-Mix-Modelling, in: www.nielsen.com/de/de/solutions/capabilities/marketing-mix-modelling/.

Die Schaffung eines Frames setzt eine geeignete Grundlage voraus. Das gilt in allen Phasen. Die beiden Bereiche sind nicht unabhängig voneinander. Rein theoretisch könnte eine unzureichende Produktleistung durch einen besonders attraktiven kommunikativen Rahmen kompensiert werden. Das ist aber in Zeiten höchster medialer Transparenz illusorisch.

Insofern hat das Produktmarketing-Modelling zwei Stufen: eine Makrostufe der Mix-Bereiche zueinander und eine Mikrostufe der Instrumente in einem Mix-Bereich.

- **Makrostufe:** Die Marketing-Mix-Bereiche optimal miteinander.
- **Mikrostufe:** Der jeweilige Mix-Bereich in sich optimal.

Damit ist angesprochen, welche Instrumente wie einen optimalen Mix ergeben sollen. Um das Modelling überhaupt vornehmen zu können, wird ein Ziel benötigt. Das ist die Produktpositionierung. Die Produktpositionierung stellt den Mechanismus für die erzielten und erwarteten Ergebnisse dar. Sie sollte alle Produkte schon seit der Innovationsphase begleiten und sich bewährt haben.

Notwendig lautet die erste Frage: Was ist bisher erreicht worden? Funktionieren die Produktmodelle wie erwartet oder gibt es Abweichungen? Haben wir Erklärungen für die Abweichungen?

Basisansatz im Produktmanagement ist die Denkmatrix, welche das Produktleben begleitet. Sie wird konkretisiert durch die Persona auf der einen Seite, um die Kundenwünsche abzuleiten und zu verstehen, und die Produktpositionierung auf der anderen Seite, um das passende Produkterlebnis zu schaffen. Das gesamte Instrumentarium sieht so aus:

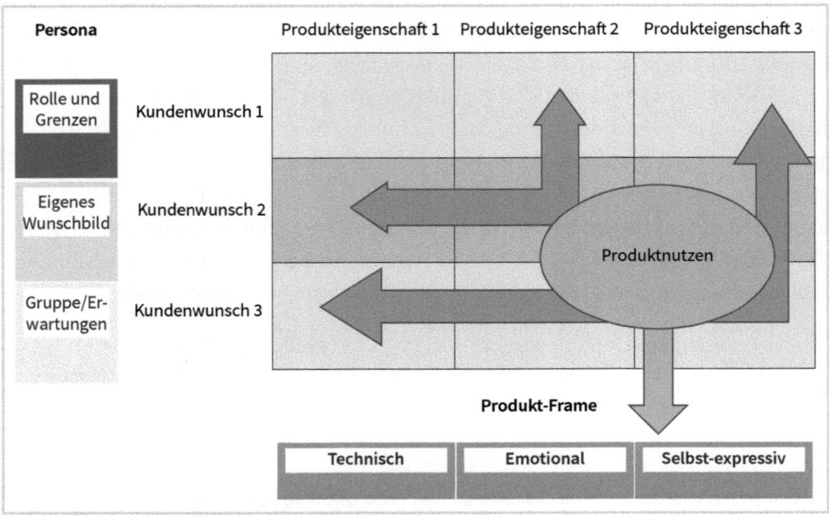

Abb. 56: Denkmatrix kombiniert mit Positionierungs-Canvas

Produktmanagements geht aus von den Kundenwünschen. Um die Kundenwünsche gut zu verstehen, gilt es, die Zielgruppe gut zu verstehen. Das Verständnis schlägt sich nieder in der Persona. Weist sie Entwicklungen auf? Gibt es mögliche weitere verwandte Segmente?

In der Produktentwicklung wurden die Kundenwünsche kombiniert mit Produkteigenschaften. Diese dienen den Kundenwünschen und schaffen so einen Produktnutzen. Dieser wird verdeutlicht durch den Produkt-Frame. Führt die Entwicklung der Persona zur Entwicklung der Wünsche?

Konsequent ist dieser Mechanismus das Zentrum der Steuerung im Produktmanagement. Getreu dem durchgängigen Ansatz, jeweils mit qualitativer Untersuchung die Gründe für die quantitative Entwicklung zu erkennen, begleitet die Frage der Kundenzufriedenheit mit der Produktleistung das Leben des Angebots im Markt. Das Kundenzufriedenheitsdenken fußt auf dem Ansatz von Kano, den wir mit den Basis-, Leistungs- und Begeisterungsfaktoren schon kennengelernt haben.

Beachten Sie

Die grundsätzliche Annahme aller Kundenzufriedenheitserhebungen zu Produkten und Lösungen ist ein innerer Vergleich der Kunden zwischen Leistungserwartung und Leistungsrealisation: Was erwarte ich (auch) aufgrund der Versprechungen, was erlebe ich in Wirklichkeit? Konsequent sollte dieser innere Prozess zur Erkundungsgrundlage gemacht werden.

In der Realität der Zufriedenheitsmessungen erleben wir sehr häufig, dass allgemeine Fragen an der Tagesordnung sind: Wie zufrieden waren Sie? (mit der Bitte um Einordnung auf einer Rating-Skala) Auf allgemeine Fragen erhält man allgemeine Antworten. Mit dem so ermittelten Durchschnitt kann niemand etwas anfangen. Daran kranken leider sehr viele Zufriedenheits-Erhebungen.

Geschickter ist die Untersuchung der Kundenwünsche und deren Priorisierung als Ausgangspunkt. Damit hat das Produktmanagement die Treiber der Zufriedenheit im Blick, die Wünsche nach deren Wichtigkeit. Wenn die Fragen zu diesen Wünschen gestellt werden, dann lässt sich ermitteln, welche Wünsche ausreichend, gut, aber auch nicht genügend erfüllt werden. Ein Vergleich mit dem härtesten Wettbewerbsprodukt lässt die Position deutlich werden. Damit erhält das Produktmanagement sofort auch einen Anknüpfungspunkt für Handlungen.

Die Maßnahmen des Produktmarketing werden auf dieser Grundlage entwickelt. Sie beginnen konsequent immer mit der Produktmarketing-Grundlage, der Leistung und dem Preis. Darauf aufbauend werden die Maßnahmen zur Schaffung eines Produkt-Frame kreiert.

Im Laufe des Produktlebenszyklus geht es zunächst um die weitere Verbreitung des Produkts, was bedeutet, weitere Zielgruppen anzusprechen. Es ist naheliegend, dass sich das auf das Modelling der Kommunikationspolitik und den Vertrieb entlang der Customer Journey auswirkt:

- In der **Wachstumsphase** bildet den Schwerpunkt der Maßnahmen, bei den potenziellen Kunden den Weg von der Bekanntheit (Aware) zur Bevorzugung (Appeal) zu erreichen.
- In der **Reifephase** bildet den Schwerpunkt der Aktivitäten, bei den potenziellen Kunden den Weg von der Bevorzugung (Appeal) zur Kaufbereitschaft (Ask) zu gehen.
- In der **Sättigungsphase** bildet den Schwerpunkt der Initiativen, bei den potenziellen Kunden nach der Kaufbereitschaft (Ask) auch den Kauf (Act) auszulösen.

Der Weg entlang der Kundenberührungspunkte vermittelt Kundenerfahrung oder User Experience. Sie kann in zielführende Fragen aus Kunden- oder Usersicht übersetzt werden. Der Gesamtzusammenhang lässt sich so visualisieren:

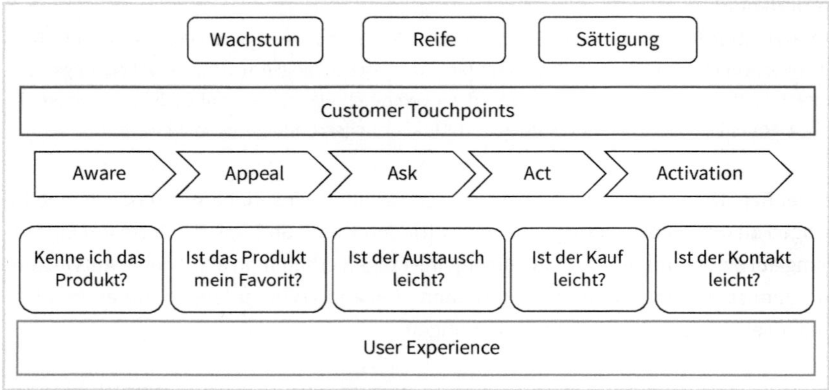

Abb. 57: Customer Touchpoints und User Experience

Mit geschickter kreativer Nutzung der Leitfragen ist der Kommunikations-Mix und der Vertriebsansatz einzelproduktbezogen optimal zu gestalten. So ist der Bogen geschlagen von der Deckungsbeitragsanalyse zur Handlungsanleitung.

4.2.3 Produkte im Wachstum

Nehmen wir gedanklich den Verlauf eines Produkts im Markt wieder auf. Nach der erfolgreichen Produkteinführung ist durch ein eng begleitendes Durchsetzungsmanagement ein Take off erreicht. Im Vertrieb kann auf Referenzen verwiesen werden, das Vorbild der Innovatoren führt zu Übernahmeeffekten in der Gruppe der frühen Adopter. Dieser Prozess soll nun mit geeigneten Maßnahmen forciert werden.

Zuerst ist die Frage zu beantworten, was überzeugt hat, wer überzeugt wurde. Dafür werden die Kundendaten analysiert. Im Falle des Direktvertriebs können die eigenen Kundendaten herangezogen werden. Ansonsten sind Erhebungen durchzuführen. Im zweistufigen Vertrieb wird oft auf Paneldaten zurückgegriffen.

Wer keine Endkundendaten zur Verfügung hat, nimmt hilfsweise die Daten derjenigen, die sich im Netz damit auseinandersetzen. Auch der Kundenservice kann zumindest die Gruppe derjenigen benennen, die sich hauptsächlich melden. Das Produktmanagement sollte aber in der Regel aktiv werden, um verlässliche Aussagen gerade in dieser Anfangsphase treffen zu können.

Es ergeben sich idealerweise typische Kundensegmente mit einer typischen Reaktion. Diese Auswertung kann darlegen, bei welchen Kunden das Produkt besonders gut ankommt. Damit kann ausgewertet werden, welche ähnlichen Kunden bisher nicht gekauft haben und bisher noch nicht angesprochen worden sind. So kann das weitere Vertriebsprogramm ausgearbeitet werden. Das ist der Ansatz der Verbreitung in konzentrischen Kreisen. Im Netz ist es das Angebot an User mit ähnlichen Merkmalen.

Produkte und Marktsegmente

Das Modelling des Produktmarketing-Mix beginnt notwendig mit der Produktfrage. Ist das Produktangebot so für die Bedürfnisse der Zielgruppe passend? Gerade bei zunehmenden Absatzzahlen kommt vermehrt die Beobachtung auf, dass unterschiedliche Zielgruppen durch Produktmodifikationen besser zu bedienen wären. Deshalb wird die Wachstumstendenz oft durch Produktvarianten unterstützt.

So stellt sich im Beispiel der Kaffeeautomaten die Frage,

- ob unterschiedliche Gerätegrößen für unterschiedliche Marktsegmente eine passendere Lösung darstellen.
- ob unterschiedliche Getränkebandbreiten – 3 oder 4 oder 5 oder 6 Getränkemöglichkeiten, von Caffè crema über Milchkaffee zu Espresso über Latte macchiato und Cappuccino oder weitere – eine Anpassung an differente Kundenwünsche darstellen.

Generell steht dahinter die technische Überlegung, den Produkttypus modular zu variieren entsprechend der verschiedenen Marktsegmente.

Darüber hinaus hatten wir schon bei der Produkteinführung den Gedanken, ob es sich auch um eine vollständige Lösung handelt. Die Büroarbeitenden sind erst zufrieden, wenn sie immer erhalten, was sie sich wünschen. Dafür sind Versorgungs- und Wartungsservice konzipiert worden. Diese werden als Zusatz mit angeboten. Jetzt zeigt die Auswertung, wie hoch der Anteil der Kunden ist, die nicht nur das Gerät geordert haben, sondern auch die zusätzlichen Services. Die Quote zeigt die Akzeptanz.

In anderen Konstellationen, wenn es darum geht, mit dem Produkt zurecht zu kommen, kann die Zahl und Quote der Fragenden an der Kunden-Hotline ebenfalls eine Aussage hinsichtlich der Produktqualität liefern. Wenn es zu oft nicht einfach funktioniert, stimmt etwas nicht.

Grundlage für Antworten schafft die Kundenforschung, die prüft, welche Verbesserung durch eine Variation erreicht wird. Die generelle Produkterhebungs-Unterlage (vgl. Kapitel 2.2) weist den Weg:

1. Welche Kundenwünsche existieren in welcher Reihenfolge? Hier wird durch begleitende Erhebung ermittelt, ob die Seite der Kundenwünsche nach wie vor richtig beschrieben ist. Die Erfahrungen der Kunden ändern auch deren Wünsche. Was begeistert?
2. Welche Produkteigenschaften werden besonders goutiert? Hier geht es um die Ermittlung des Zusammenhangs. Gilt die Kombination von Produkteigenschaften und Wünschen wie definiert oder sind Anpassungen vorzunehmen?
3. Vermissen die Kunden etwas?
4. Wie erleben die Kunden die Services?
5. Wie fällt der Vergleich zum härtesten Wettbewerber aus?

Mit den zur Verfügung stehenden Daten und den speziellen Kundenforschungs-Resultaten kann eine Simulation für die Marktreaktion vorgenommen werden. So kann die Frage beantwortet werden, ob Geräte- oder allgemein Leistungsvariationen dem Wunschbild von Kundengruppen näher kommen.

Eine zweite Überlegung mag sein, ob es nicht zusätzliche Marktsegmente gibt, die bedient werden können. Als Beispiel könnten die Vertriebseinheiten auch Hotelzentralen besuchen, denn es ist bekannt, dass vergleichbare Kaffeevollautomaten insbesondere in Seminarhotels für die Seminarteilnehmer zur Verfügung gestellt werden.

Bei dieser Überlegung hilft wieder die Basisgrundlage zu Produktanforderungen. Die Kundenwünsche werden im Vergleich zum Büroeinsatz anders ausfallen. Zum Verständnis lässt sich gerade die Persona der Seminar-Teilnehmenden in Hotels erkunden. Sie sind dann die User. Damit ist ein neues Marktsegment beschrieben, für das mithilfe der Matrix für Quality-Function-Deployment auch die Produkteigenschaften eine andere Ausprägung erhalten.

Vorstellbar ist der Kaffeebutler, durch dessen Einsatz der Seminarmanager optimale Seminarumgebungen für die Teilnehmer schaffen kann. Das ist das Bedürfnis.

Beide Gedanken werden gerne generell in der Ansoff'schen Matrix verbunden:

Märkte / Produkte	Bearbeitete Märkte	Neue Märkte
Aktuelle Produkte	Marktdurchdringung	Markterweiterung
Neue Produkte	Produktdifferenzierung	~~Diversifikation~~

Abb. 58: Die Ansoff'sche Matrix

Aus der Sicht eines Produktmanagements gibt es, wie Abbildung 58 zeigt, drei sinnvolle Handlungsmöglichkeiten:

- **Marktdurchdringung:** Weitere Produktvarianten für differenzierte Wünsche unterschiedlich großer Büros. Mehr Folgegeschäft.
- **Markterweiterung:** Akquisition von Hotels, insbesondere Konferenzhotels.
- **Produktdifferenzierung:** Besprechungen beispielsweise in puncto Getränke vollständig versorgen, also etwa Kaffee, Tee als Heißgetränke, Wasser, Cola, Saft als Kaltgetränke.

Da ein Produktmanagement definitionsgemäß die Verantwortung für einen bestimmten Produktbereich innerhalb des Unternehmens-Portfolios darstellt, macht die Diversifikation keinen Sinn. Ganz nebenbei: Auch unternehmensstrategisch haben sich Diversifikationen meist als Investitionsgrab erwiesen. Das lässt sich leicht verstehen, denn hier sollen neue Produkte in neuen Märkten angeboten werden; das Unternehmen ist damit auf einem Feld tätig, das es weder produktseitig noch marktseitig kennt, es ist der unbedarfteste Akteur im Markt.

Beachten Sie

Die produktpolitische Unterstützung der Wachstumsphase kennt unterschiedliche Produktvarianten, die aus der Segmentierung des Marktes und des jeweils unterschiedlichen Bedarfs streng abgeleitet sind. Eine Produktvariante sollte durch die Nachfrage gerechtfertigt sein.

Die erste Anforderung besteht darin, dass durch die Einführung einer zusätzlichen Variante auch wirklich zusätzlicher Absatz generiert werden kann. Die Marktsimulation sollte also vergleichen:

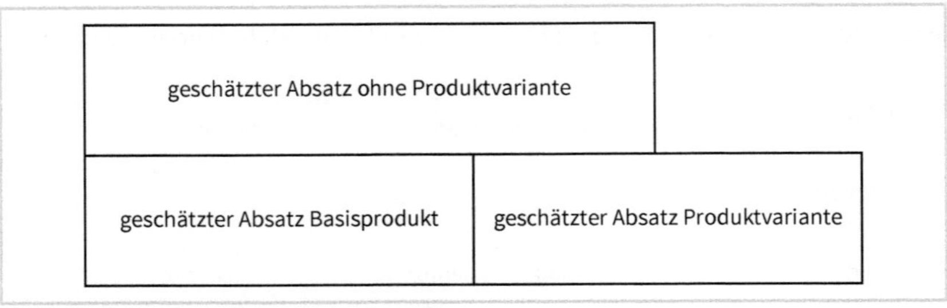

geschätzter Absatz ohne Produktvariante

geschätzter Absatz Basisprodukt | geschätzter Absatz Produktvariante

Abb. 59: Marktsimulation des geschätzten Absatzes

Es wird immer einen Substitutionsbereich geben. Eine Produktvariante ist allerdings nur gerechtfertigt, wenn es einen deutlichen Komplementärbereich gibt. Am Ende entscheidet die Antwort auf die Frage, ob und um wie viel der Deckungsbeitrag der Produktgruppe erhöht werden kann, über die Sinnhaftigkeit des Vorgehens.

Mit dieser Grenzziehung wird der zu weiten Differenzierung entgegengewirkt, wurde doch auch schon erwähnt, dass bei zu großer Auswahl Kunden Entscheidungsschwierigkeiten bekommen. Der Absatz sinkt in der Folge. Ein permanentes Umrüsten auf andere Produktvarianten erhöht zudem in der Produktion den Aufwand für die Umstellung und das Fehlerrisiko. Sicher wird die Produktion durch ein Programm gesteuert, die Prozesse müssen aber auch störungsfrei laufen.

Neben der automatisierten Programmsteuerung, dem modularen Aufbau von Produkten, den genannten Möglichkeiten zu einer Differenzierung, spielt oft das Prinzip des Postponement eine Rolle. Darunter ist zu verstehen, unterschiedliche Varianten kennzeichnende Ausstattungen so spät wie möglich im Erstellungsprozess zu implementieren. Das Fehlerrisiko minimieren.

Ein früher Anwender, United Colors of Benetton, führte ein, die Färbung zum Schluss durchzuführen. So konnte leicht auf unterschiedliche Farb-Vorlieben reagiert werden. Es gibt bis dahin keine Komplikationen in der Produktion. Das ist das Prinzip des Postponements.

Das Sales-Support-System unterstützt idealerweise das Variantenangebot. **Insgesamt kann das Wachstum durch eine begrenzte, an unterschiedlichen Bedarfen orientierte Produktdifferenzierung gefördert werden.**

Bei digitalen Produkten wird erwartet, dass der Anbieter das Produkt auf dem neuesten Stand hält. Selbst ein vollautomatischer Kaffeeautomat wie im Beispiel erfährt Updates. Dieses wird als Pflege betrachtet, die den Produkten immanent ist, und bedeutet subjektiv für die User keine Aufwertung. Es ist Aktualisierung, Produktpflege.

Denkbar sind natürlich auch Variationen mit Programmprofilen für unterschiedliche Zielgruppen. Diese Differenzierung unterstützt den Trend zur Individualisierung. Beides ist zu unterscheiden.

Rein komplementär, ergänzend, sind zusätzliche Dienstleistungen. Gerade im B2B-Bereich wird eine Gesamtlösung – alles aus einer Hand – erwartet. Das gilt mehr und mehr auch im B2C-Bereich. So waren Überlegungen in dem gewählten Beispiel angestellt worden, nicht nur von Kaffeeversorgung, sondern von Getränkeversorgung zu sprechen. Je umfassender, desto überzeugender.

Die möglichen ergänzenden Dienstleistungen lassen sich nach Dringlichkeit für einzelne Segmente unterscheiden. Im Beispiel mag eine Agentur seit Jahren von einem Getränkelieferanten mit Kaltgetränken beliefert werden. Dann wird dort das Modul Kaffeeversorgung gewünscht. Eine andere Agentur hat keine vergleichbare Regelung und ist an der umfassenden Lösung interessiert. Convenience ist Trumpf. Wie von Kunden gewünscht. Cross-Selling als Chance für den Vertrieb.

Wenn das Produktmanagement nun relevante Dienstleistungspakete schnürt, die modular zugebucht werden können, dann ist damit ein Upgrading möglich. Damit hält der Vertrieb bessere Lösungsangebote in der Hand, kann er so doch gezielt auf spezielle Kundenanforderungen eingehen.

Wir können als Maßgabe in der Wachstumsphase formulieren:

- **Die Makroebene der Produktseite:** Passende Produktvariationen für einzelne Segmente für mehr Deckungsbeitrag.
- **Die Mikroebene der Produktseite:** Feinjustierung mit modularen Variationen und ergänzenden Services.

Zunächst lässt sich im bearbeiteten Markt weitere Nachfrage ausschöpfen. Untersuchungen bestätigen diesen Gedanken immer wieder. Dann besteht auch leichter die Möglichkeit, zusätzlich erreichbare Märkte zu erschließen.

Produkte und Preise

In der Analyse der erreichten Position geht es als Teil der erzielten Umsätze um die Feststellung des tatsächlich realisierten Preises und der Streuung um den Durchschnittspreis. Eine klare Position ist bei geringer Streuung gegeben.

Darüber hinaus ist das Verhältnis zum härtesten Wettbewerbsprodukt zu betrachten: eigenes Produkt preislich über Wettbewerb, eigenes Produkt preislich unter Wettbewerb? Der Preis unterstreicht die Produktpositionierung. Bessere Produkte erzielen höhere Preise. Das muss der Vertrieb leisten.

Ein gutes Tool zur Preisposition ist die Verwandlung der Denkmatrix in eine Matrix, in der von einem Kundenwunsch zu dem Erfüllungsgrad, also Nutzen, und von der Produkteigenschaft zum Wert, also Preis, gegangen wird:[287]

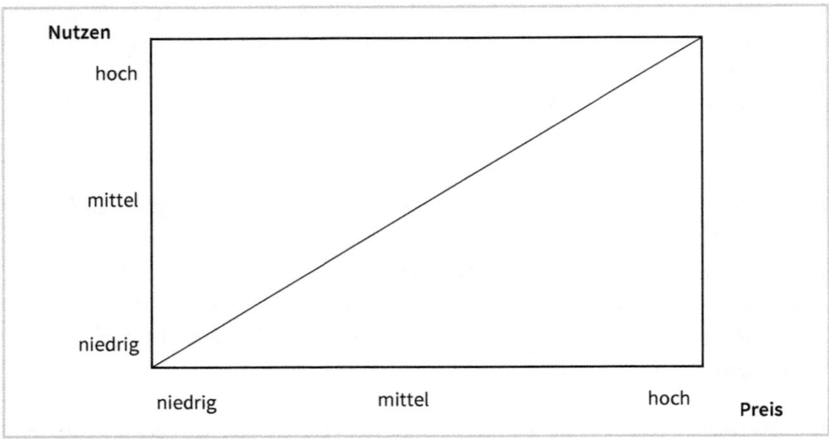

Abb. 60: Matrix zur Preisposition

Die Spiegelposition von Nutzen zu Preis zeigt die Stimmigkeit der Positionierung. Dabei ist von subjektiven Urteilen der Kunden auszugehen. Im B2B-Bereich kommt es allerdings häufiger zu einem systematischen Preis-Nutzen-Vergleich. Nichtsdestoweniger steckt auch darin viel Subjektivität.

Für die Nutzenseite werden wieder die Faktoren in der Kano-Struktur eingesetzt. In der schon bekannten Vorgehensweise werden wichtige Faktoren für Produkt oder Lösung zusammengetragen. Diese werden in eine Hierarchie gebracht. Sie erhalten eine Gewichtung, die insgesamt 100 Prozent ergibt. Dann wird markiert, ob es sich um Basis-, Leistungs- oder Begeisterungsfaktoren handelt.

Danach werden von Kunden die Ausprägungen auf einer Rating-Skala für die eigenen und die Wettbewerbsprodukte vergeben. Durch Multiplikation von Ausprägung und Gewichtung ergeben sich Bewertungen, ein typisches Scoring oder Punktbewertungsmodell. Sowohl insgesamt wie für die verschiedenen Einzelkriterien lassen sich Unterschiede feststellen.

Um der Bedeutung der Begeisterungsfaktoren Rechnung zu tragen, können diese mit zwei multipliziert werden. Erst danach erfolgt die Addition der Faktorenergebnisse.

287 In Anlehnung an Frohmann, Frank, Digitales Pricing, Wiesbaden 2018, 183 ff.

Das Gesamtergebnis ist eine Produktnutzenbewertung, die hinsichtlich der wichtigsten Faktoren, der Begeisterungsfaktoren, eine bewusste Verzerrung aufweist. Die Nutzenbewertung wird in eine Reihenfolge gebracht: vom höchsten Punktwert bis zum niedrigsten.

Für die Preisseite werden die Preise als Zahlen verwendet. Auch diese werden in eine Reihenfolge gebracht vom höchsten bis zum niedrigsten Preis. In einem idealen Markt stimmen die Positionen überein. Wir vergleichen, wie das Ergebnis tatsächlich ausfällt.

So wird die Substanz hinter dem Produktangebot im Vergleich zum härtesten Wettbewerber freigelegt. Produkte auf der Diagonalen in Abbildung 60 haben ein ausgewogenes Nutzen-Preis-Verhältnis. Produkte oberhalb der Diagonalen überzeugen durch ein positives Nutzen-Preis-Verhältnis, sie haben im Grunde Preisspielräume, Produkte unterhalb der Diagonalen haben ein negatives Nutzen-Preis-Verhältnis. Für Produktvarianten kann das Nutzenplus ermittelt werden, was sich in einem Preisplus niederschlagen sollte.

Ein Marktsegment ist typischerweise auch parallel preislich strukturiert. Im bestehenden Markt werden mit unterschiedlichen Varianten auch unterschiedliche Preisstellungen angeboten. Die einfachste Form: kleine Größe, kleiner Preis, mittlere Größe, mittlerer Preis, umfangreiche Größe, hoher Preis. Eine logische Stufung. So können nicht nur verschiedene Bedarfssegmente, sondern auch unterschiedliche Preissegmente bedient werden.

Die Differenzierung kann auch über die Ausstattung durchgeführt werden. Damit dient die Produktdifferenzierung der Preisdifferenzierung. Die Variation schneidet das Produkt spezieller auf einzelne Segmente zu. Der Nutzenwert sollte wegen höherer Begeisterung steigen. Damit sollte der Effekt erzielt sein, dass die Differenzierungskosten deutlich niedriger sind als die Zusatzerlöse durch die Differenzierung. Es ist eine psychologische Preisdifferenzierung, die damit die Vorteilsrechnung – ob durch die Variante der Deckungsbeitrag erhöht wird – ganz klar fördert.

Die angesprochene modulare Ergänzung von Dienstleistungspaketen stellt eine Grundlage für Zusatzerlöse dar. Sollte die Dienstleistung nicht selbst erbracht werden, fällt eine Vermittlungsprovision an. Das ist gerade auch im Netz ein verbreiteter Modus. Umgekehrt ist die Denkrichtung, wenn ein Produkt auf Sites anderer Unternehmen angeboten wird und der Vermittler bei Abschluss eine Provision erhält. Dies ist das Modell des Affiliate Marketing.

Die Auffächerung in Produktvarianten hat durchaus auch Wirkung in der Lenkung der Nachfrage. In vielen Märkten kann eine Tendenz der Kunden zur Mitte beobachtet werden. Schon eine zweite Variante teilt die Nachfrage in eher preis- und eher qualitätsorientierte Kunden. Bei einer dritten Möglichkeit erfährt in vielen Märkten das mittelpreisige Produkt einen Anteil bis zu 70 Prozent. Allein in Luxusbranchen ist häufig der höchste Preis der Kaufgrund.

Beachten Sie

Der Vergleich des geschätzten Absatzes mit oder ohne Produktvarianten ist mit dem Preis und dem Deckungsbeitrag zu quantifizieren. Eine spezielle Variante sollte eine Möglichkeit darstellen, ein Preisplus zu realisieren. Gegenläufig kann es sich auswirken, dass die Variante höhere Herstellkosten verursacht. Insofern ist erst ein Vergleich des Deckungsbeitrags eine gute Entscheidungsgrundlage.

Das sind plausible Preisvariationen aufgrund unterschiedlicher Ausstattung.

Wir hatten als Basis der Preispolitik den Gedanken eines Ankers. Wenn wir als Beispiel die deutschen Premiummarken im Automobilsektor nehmen: Mögen Sie eher Audi oder BMW oder Mercedes? Sind Sie bereit, für Ihre Wahl einen Aufpreis zu zahlen? Die Frage bezog sich nicht auf eine bestimmte Produktgröße. Das werden Sie im Kopf gemacht haben. Sie haben gleichzeitig den generellen preislichen Gedanken mutmaßlich akzeptiert.

Das ist die **Makroebene der Preispolitik:** Die generelle Preispositionierung gegenüber dem härtesten Wettbewerb. Sie bezieht sich auf alle Produktgrößen.

Die **Mikroebene** ist die Preisvariation entsprechend der Produktvariation. Und die spezielle Erlösform: Kauf, Miete, Leasing, Liefervertrag.

Gerne wird die Preis-Absatz-Funktion zur Grundlage des Angebotsdenkens gemacht: Wenn sich ein Produkt unter den Preis des Wettbewerbers setzt, so die Annahme, dann wird es verstärkt gekauft. Die Überraschung: Genau das Gegenteil passiert, denn in einem Feld wie Kaffeeautomaten steht eine Entscheidung nur alle paar Jahre an und dann darf es das beste Gerät sein. Und welches ist das beste Gerät? Kunden vereinfachen gerne; natürlich das teuerste.

Das passiert gerade auch im B2B-Bereich, in dem es oft auf Budgets ankommt. Deshalb ist sensible Kundenforschung geboten. Auch hier ist das Entscheidungsverhalten der Kunden oft kontraintuitiv.

Die im Beispiel darüber hinaus anstehende Frage zum Preis lautet: Sind die Preise in den beiden Segmenten Büro und Hotel gleich? Wer sich die beiden Märkte betrachtet, sieht deren Unterschiedlichkeit. Wenn eine Hotelzentrale für etwa alle angeschlossenen Konferenzhotels einkauft, sind die Bestellmengen deutlich höher als bei etwa einer Werbeagentur.

Der Return on Investment als entscheidende Kenngröße wird entweder durch einen hohen Stück-Deckungsbeitrag oder durch eine hohe Absatzfrequenz gespeist. Während im Bürobereich in großen zeitlichen Abständen Geräte nachgeordert werden, ist die Nachkaufrate im Hotelbereich deutlich höher. Es liegt auf der Hand, dass unterschiedliche Preisstrukturen zu bilden sind. Wichtig ist dabei, die Position zu halten, und zwar in jedem Segment: Das Bessere ist auch das Teurere.

Die beiden Marktsegmente sind andererseits so unterschiedlich in Bedarf und Betreuung, dass von abgegrenzten Märkten gesprochen werden kann. Äußerst selten wird sich eine Agentur an eine Hotelbestellung anhängen. Deshalb passen Produkt und Preis zu den jeweiligen Segmentmarktusancen. Für die Markterweiterung in abgegrenzte Segmente kann so eine eigene Produkt-Preis-Konstellation gebildet werden.

Eine Spezialform unterschiedlicher Kanäle ist das Angebot offline und online. Kunden nehmen immer an, dass Preise online niedriger sind als offline. Viele Anbieter sind dem Gedanken gefolgt und haben auch tatsächlich günstigere Preise über das Netz angeboten. Das hat einen doppelten Ärger verursacht:

- Die angeschlossenen Händler waren sauer und haben das Produkt oft ausgelistet.
- Die Kunden, die im Handel gekauft haben, waren oft sauer und haben für sich die Marke für weitere Käufe gestrichen.

Das ist erkennbar kontraproduktiv. Wenn nicht schon die Überlegung zum Preisanker als wichtigem Qualitätsanker die gleiche Preisgestaltung nahelegt, dann eben die erkennbaren Konsequenzen.

Die Preisfrage betrifft auch die Internationalisierung. Wenn gedanklich die Produkteinführung in einem Ländermarkt beginnt, anschließend eine Ausdehnung auf weitere Ländermärkte vorgenommen wird, dann ist typischerweise ein länderspezifisches Pricing zu beobachten.

Die Grenzziehung, gerne als Fencing[288] im Preismanagement bezeichnet, ist zwischen benachbarten Ländermärkten meist nicht so strikt möglich wie zwischen völlig unterschiedlichen Bedarfs- und Einkaufssegmenten.

Im internationalen Rahmen ist der Dollar die Leitwährung, Rohstoffe an Börsen werden typischerweise in Dollar gehandelt. Wer auf Europa sieht, erlebt gerade als wesentliches Moment die Offenheit der Länder. Wer auf einen Währungsraum wie den Euroraum sieht, erfährt sofortige Vergleichbarkeit.

288 Vgl. etwa Simon, Hermann; Fassnacht, Martin, Preismanagement, 4. Aufl., Wiesbaden 2016, S. 507.

Für die Preisdifferenzierung kommt es aber darauf an, dass sich die Segmente eindeutig trennen lassen. Insofern sind die empfohlenen Handlungsspielräume in Länderräumen gering. Andererseits weiß jeder Manager, dass Märkte unterschiedlich sind und auch die jeweiligen Preisstrukturen in den Märkten. Wir haben das schon angesprochen. So weit wirken sich Landesgrenzen doch aus.

Vom Produktmanagement in internationaler Dimension sollten zwei Instrumente beachtet werden:

- Zunächst sollte die Marktposition gleich sein. Das bedeutet: Wenn das Produkt einen höheren Fit für die Zielgruppe liefert als das härteste Wettbewerbsprodukt, dann sollte es parallel preislich höher angesiedelt sein, und das in allen Märkten. Mit länderspezifischer Produktvariation kann der Anspruch unterfüttert werden. Die konkrete Ausgestaltung kann unter dieser Leitlinie marktangepasst variieren.
- Die Preisvariation sollte allerdings zweitens in einem Rahmen erfolgen, einem für alle Landesgesellschaften gültigen Korridor. Um den Euroraum zu nehmen, so sind Preisgrößen zwischen Deutschland und Portugal unterschiedlich, um die Europäische Union zu nehmen, sind Preisgrößen zwischen Dänemark und Rumänien unterschiedlich.
  Es hat sich als Faustregel bewährt, dass der höchste und der niedrigste Preis für ein Produkt im internationalen Vergleich einen maximalen Unterschied von 25 Prozent aufweisen sollten. Damit ist der Korridor bestimmt.

Gerade in der Wachstumsphase darf es keine Kompromisse geben in Bezug auf Produkt- und Preispositionierung. Ansonsten kann der gerade geschaffte Take off zu schnell in einem zusammenfallenden Markt-Soufflé enden.

Beachten Sie

Der Produkt-Frame lässt sich mit einer soliden Produktmarketing-Grundlage korrespondierend aus Produkt und Preis vorteilhaft ausbauen.

Wieder wird die so eindeutige Aussage für digitale Produkte im Allgemeinen nicht übernommen. Wir erinnern uns an das zweistufige Modell, erst einen Markt besetzen, dann im Markt verdienen. In der Konsequenz wird gerade für die erste Stufe die Preispolitik sehr aktiv eingesetzt. Dieses ist der anderen Zielsetzung geschuldet. In der Wachstumsphase sollten jetzt aber schon klar Upgrades mit Erlöserzielung registriert werden.

Die abgeleiteten preispolitischen Gedanken sind damit erst in der zweiten Stufe wirksam. Sie kommen nur zum Tragen, wenn das Produkt eine entsprechende Interessenhöhe in einer speziellen Zielgruppe aufweist.

Wie schwierig es ist, vom freien zum bezahlten Teil zu kommen, demonstriert eindrucksvoll der Medienbereich. Die wegbrechenden Erlöse aus dem Printbereich lassen sich nicht annähernd durch Erlöse im Online-Bereich ausgleichen.

Das Preismanagement hat höchste Wirkung für das Produktergebnis. Es fußt auf Zahlen – ohne Frage –, vor allem aber auf Psychologie. Das Produktmanagement sollte immer ein psychologisch fundiertes Erlösmodell verfolgen.

Produkte und Kommunikation

Neue Zielgruppen und neue Produktvarianten verlangen nach Bekanntmachung und Aufladung in den speziellen Zielgruppen. Um das kommunikative Pflänzchen, das bisher im Markt gepflanzt wurde, groß werden zu lassen, bedarf es notwendig einer Weiterführung des ursprünglichen Kommunikationsansatzes. Der Frame ist gesetzt, er begleitet das Produkt.

Jetzt kommt es darauf an, die Linie beizubehalten, gleichzeitig für die erweiterten Zielgruppen auf Basis der Produktvarianten spezielle Ansprachen als Weiterführung zu kreieren. Wieder wird die Werbemaßnahme mit den entsprechenden Abteilungen im Unternehmen und den hinzugezogenen Dienstleistern umgesetzt. Der Auftrag erfolgt über ein Briefing.

In der Ideenentwicklung werden unterschiedliche Wege beschritten. Zur Fortsetzung kann es auch hilfreich sein, sich an Werbeerfolgen im Markt zu orientieren.

Erfolge weisen das Moment auf, eine interessante Idee zeitgemäß kommuniziert zu haben. Sonst hätte sich kein Erfolg eingestellt. Damit sind zwei ganz zentrale Punkte für erfolgreiche Kommunikation wieder aufgerufen:

- Der Wirkungsgrad wird zu mehr als der Hälfte durch die Idee bestimmt. Wir haben dafür eine Matrix zur Auswahl (vgl. Kapitel 3.2.2.3).
- Ganz entscheidend ist zudem die Mediaselektion. Die anderen Zielgruppen werden über die Medien erreicht, welche diese nutzen.

Woran kann sich das Produktmanagement orientieren? Um besonders erfolgreiche Ansätze zu finden, ist ein Blick auf die Grand Effies angeraten. Der Effie Award zeichnet besonders wirksame Kommunikationsleistungen aus; wir haben die Quelle schon bei der Kreativitätstechnik Bisozation angesprochen (vgl. Abschnitt d »Analytische Konfrontationsverfahren« in Kapitel 3.1.5 »Exkurs Kreativitätstechniken«).

Für den Award muss also nachgewiesen werden, dass sich das Produkt durch die Kommunikationsmaßnahme besser verkauft hat. Das ist ja, was wir auch erreichen wollen. Deshalb liegt eine kreative Ableitung aus nachgewiesenen Erfolgen nahe.

Bewertungen des Effie Award erfolgen in unterschiedlichen Kategorien. Die Jury benennt zum Schluss des Bewertungsprozesses auch die Kampagne, welche nicht nur den Effie Award in Gold, Silber oder Bronze erhält, sondern die sie am meisten von allen überzeugt hat; diese Auszeichnung wird als Grand Effie bezeichnet.[289]

Im Jahre 2021 wurde eine Kampagne zur Produkteinführung mit dem Grand Effie ausgezeichnet, die als Beispiel für das Produktmanagement dienen kann. Es ging um eine recht banale Produktgeschichte, die Einführung zweier neuer Pizzen. »Die Erfolgsstory vom Start-up zu Europas wachstumsstärkster Food-Marke von Gustavo Gusto und der Agentur Leagas Delaney Hamburg gewinnt den Grand Effie 2021.«[290]

Insofern hat zunächst die von Anfang an ungewöhnliche Werbelinie des neuen Unternehmens Einfluss. Absendermarke und Produktanerkennung stehen in einem Zusammenhang. Marke und Zielgruppe geben die Makrolinie vor, hier Erlebniswerbung für eine online-affine Zielgruppe. Das wird auch Kern des Briefings der Werbeagentur sein. Wir spielen mit dem Beispiel den kreativen Prozess mit der Werbeagentur einmal durch.

Konkreter Anlass waren neue Produkte: »Die Pizza-Marke Gustavo Gusto setzt in der Werbung für ihre beiden neuen Sorten »Prosciutto e Ananas« und »Salame Piccante« auf witzige und außergewöhnliche Musikvideos.«[291] Es werden Lieder im 60er-, 70er-Jahre-Stil geboten, aber in zeitgemäßer Darbietung, insbesondere was die Schnitt-Technik anbelangt. Die alten Songs werden als Vorlage genutzt, um neue Texte zu einer eingängigen Melodie zu bieten. Die Szenerie passt zu dem Anspruch, die Tiefkühl-Pizzen sollen so schmecken wie die Pizza früher bei der italienischen Mama geschmeckt hat. Die Outfits der Künstler und deren Ambiente sind in die »gute alte Zeit« in Neapel zurückversetzt. Wesentliches Moment: Sie sind eine Spur verrückt. Das ist für junge Zielgruppen der passende Handlungsmodus. Der Anbieter sucht gerade den Erfolg in der Gewinnung jüngerer Käufer, die im längeren Rennen die neue Pizza-Vorliebe mit auf ihren Kunden-Lebensweg nehmen.

»Die Musik-Videos werden in unterschiedlichen Längen in den nächsten Monaten über verschiedene Kanäle, wie beispielsweise auf YouTube, Facebook, Instagram, Twitch und Spotify, eingesetzt. Außerdem werden die Musikvideos zum ersten Mal auch in TikTok eingesetzt. Die Musikkampagne ist wie gemacht für diesen Kanal. Wir hoffen, dass zahlreiche Creators unsere Songs nehmen und ihre eigenen Interpretationen

289 Vgl. www.gwa.de/effiegermany/.

290 O. V., Gustavo Gusto und Leagas Delany gewinnen den Grand Effie 2021, in: www.gwa.de/effie_germanytrashed/gewinner/ (Korrektur des Genus vorgenommen, L.K.).

291 Bayer, Claudia, Gustavo Gusto wirbt mit schrägen Musikvideos für neue Pizzasorten, in: www.meedia.de2021/07/05/gustavo-gusto-wirbt-mit-schraegen-musikvideos-fuer-neue-pizzasorten/.

dazu drehen werden, so Michael Götz [zur Vorstellung der Kampagne]. Verlängert wird die Kampagne auf einer Landingpage mit Aufführungen in Open-Air-Kinos sowie als Printanzeigen und Plakate.«[292] Das ist die Mikroebene der Kampagnen-Exekution.

Die Wirksamkeit, die mit dem Grand Effie belohnt wurde, wird durch ein Kampagnen-Modelling erreicht, das sich erst einmal sehr genau mit der Persona und deren Medienhandeln befasst. Der Content ist entsprechend der Botschaft, aber auch ungewöhnlich entsprechend der Zielgruppe gestaltet. In der Matrix zur Bewertung von Agenturvorschlägen ist das Feld »neu und ungewöhnlich« sowie »passend zum Unternehmen« erreicht (vgl. Kapitel 3.2.2.3). Zudem sind die Anforderungen der von den Zielpersonen genutzten Medien berücksichtigt worden.

Ist der Ansatz auf unser Beispiel der Kaffeeautomaten für das Büro übertragbar? Hier kann sich das Produktmanagement der Bisoziation als Kreativtechnik bedienen. Sie beginnt damit zu überlegen, vor welcher Aufgabe das andere Produktmanagement stand? Zwei Pizzen hervorzuheben als Inbegriff der ursprünglichsten Pizza, der neapolitanischen Kunst, Pizza zu machen. Die Lösung: Musikvideos mit einer Ausstattung aus der verklärten Italienzeit in einer Form, wie sie von der Zielgruppe heute bevorzugt, gelikt und geteilt wird.

Jetzt kommt der Sprung zu den Kaffeeautomaten: Kaffeespezialitäten aus Italien, dem Land der Mode und des Kaffeetrinkens. Fortschrittlichster Kaffeegenuss. Die Lösung: Futuristische Gestaltung, bestes Modestyling aus Italien, modisches Ambiente für die Roboter der Zukunft: Der erste Kaffeediener, der auf Ihr Wort hört. Perfekte Technik, starke Emotion.

Die Zielgruppen sind deutlich unterschiedlich. Junge Konsumenten können über die sozialen Medien gut erreicht werden. Der Absatz der Pizzen ist nachweislich deutlich gestiegen, Bedingung für einen Effie. Ältere Zielgruppen kannten jedoch die Marke nicht. Die Medienlandschaft ist segmentiert. Der Schlüssel der Wirksamkeit liegt in der Mediaselektion.

Das Büroangebot richtet sich an Agenturen und deren Entscheider. Italienische Kaffee-Events mit einem Moderahmen lassen sich vorstellen für Messen, Vorführungen, sicher auch auf Instagram, aber auch als Start-Ereignis in großen Büros als operante Konditionierung. Erlebnis italienischer Stil. Ein anderer passender Weg. Mit der Werbe- und der Mediaagentur kommen wir zu unserer Mikroebene, die konkrete Exekution unseres Erlebnisansatzes für unsere Zielgruppe.

292 Ebenda (Ergänzung in eckigen Klammern, L.K.).

Die **Makroebene in der Kommunikation** ist die Fortsetzung der Produktkampagne. Es geht um die Verfestigung und Vertiefung des Images. Appeal als Kaufvoraussetzung wird deutlich gestärkt.

Auf der **Mikroebene der Kommunikation** wird sehr viel stärker differenziert. Mittels Targeting werden die einzelnen Marktsegmente speziell angesprochen. Die Individualisierung bezieht sich auf Produktvarianten als Inhalt und Medien als Träger der Impulse.

So bringt eine nachweislich erfolgreiche Idee einen gedanklichen Impuls zur abgewandelten Übertragung. Wichtig dabei ist: andere Zielgruppe, deshalb andere Medien, anderer Hintergrund, deshalb anderer Content.

Beachten Sie

Darauf kommt es immer an: Haben Sie sehr genau das Produktpositionierungs-Canvas im Blick. Das Briefing sollte entsprechend formuliert werden. Ein Briefing beinhaltet Zielsetzungen, nicht Umsetzungen.

Es darf nicht der Eindruck entstehen, das Produktmanagement solle mit fertigen Ideen zum Dienstleister gehen. Das Beispiel zeigt eine gelungene zielgruppengerechte Umsetzung. Für das Produktmanagement zählen die Anforderungen, die von den Agenturen zu erfüllen sind. Die beauftragte Agentur soll neue Ideen entwickeln.

Der Lösungsweg wird verbreitet in der beauftragten Agentur gegangen, andererseits sind auch gemeinsame Workshops denkbar. Jeder soll seine Stärken einbringen. Kombiniert werden eine eigene zur Marke passende ungewöhnliche Lösung sowie technische Anforderungen wie passende Mediaselektion für die Zielgruppe.

Kreativität lässt sich sicher nicht erzwingen, es kommt bei der Beauftragung einer Werbeagentur allerdings darauf an, diese als wichtigen Anforderungspunkt zu markieren. Dann erhält man eher Vorschläge, welche einen Unterschied ausmachen.

Produkte und Vertrieb

Wer einen Frame für die Produkte schaffen kann, erleichtert auch dem Vertrieb die Arbeit. Wenn es darum geht, Listungen im Handel zu erreichen, wird die Frage auf der Einkaufsseite immer sein, welche Maßnahmen ergriffen werden, um den Verkauf der Produkte zu fördern. Wer eine so wirksame Kampagne im Rücken hat, kann die Frage leicht beantworten.

Auch im Online-Handel haben bekannte Produktmarken immer Vorteile: Sie lösen etwas aus. Sie werden bei den organischen Suchergebnissen bevorzugt. Alle anderen Angebote müssen sich einem Vergleich stellen. Der ist im Netz leicht möglich. Dann ist es aber eine Preisauseinandersetzung. Amazon setzt Produkte selbst in einen Vergleich für die User. Anerkennung sorgt auch dann für Präferenz.

Viele Untersuchungen zeigen, dass das größte Wachstumspotenzial meist in den bearbeiteten Märkten steckt. Das scheint kontraintuitiv zu sein. Fast jedes Produktangebot wird hauptsächlich von einer bestimmten Kundengruppe akzeptiert. Diese ist auch aufgeschlossen für Ergänzungen und Services. Oft wird schrittweise geordert.

Andere Kundengruppen dagegen bevorzugen eher Wettbewerbsprodukte. Hier steht die Frage der Beschreibung und Ausschöpfung des Markts an.

Im Beispiel der Kaffeeautomaten wurde immer wieder von Agenturen gesprochen. Vergleichbar sind andere Managementberatungen. Insofern ist zu prüfen, wer alles eine gleiche Konstellation mit gleichen Anforderungen aufweist. Dann zeigen sich meist Marktteile, welche noch unberücksichtigt geblieben sind. Es kann auch sein, dass die Segmentierung mit Produktvorlieben korreliert.

Die Vertriebsaktivitäten von den Agenturen zu den Consulting-Unternehmen auszudehnen, bildet einen konzentrischen Kreis: Die Bedingungen sind sehr vergleichbar.

Die Frage der neuen Märkte ist verbunden mit der Frage der Kapazitäten. In dem Beispiel der Kaffeeautomaten sind mit einem gedanklichen Eintritt in den Hotelbereich mindestens der Vertrieb berührt, der die zusätzlichen Kunden betreuen muss, aber auch der Service für Einrichtung und Wartung, sicher ebenfalls die Produktion, weil durch Anpassungen neue Lose oder Batches zu bearbeiten sind. Es geht immer um ein perfektes Produkterlebnis.

Da sich die Vertriebsorganisation im Bürobereich bewegt, ist sie darauf spezialisiert. Das bedeutet noch nicht, dass die Organisation auch weitere Segmente wie Hotels betreuen kann. Start des gedachten Vertriebsansatzes in Hotelzentralen ist eine persönliche Überzeugung von Entscheidungsträgern. Eine veränderte Vertriebsaufgabe.

Insofern ist auf der **Makroebene des Vertriebs** die mögliche Reichweite mit einer gegebenen Vertriebsstruktur zu bestimmen. Schuster bleib bei deinen Leisten!

Auf der **Mikroebene des Vertriebs** geht es um die Ausgestaltung der Vertriebsaktivitäten, hier auch um die Veränderung der Besuchspläne mit Blick auf die Consulting-Unternehmen. Aber nicht nur: Im Beispiel Kaffeeautomaten für das Büro werden sehr viele Geräte über eine spezielle Büro-Vertriebsorganisation abgesetzt. Nachlieferungen von Verbrauchsprodukten – etwa Kaffeebohnen – werden anschließend online bestellt. Wir hatten von Team-Selling gesprochen.

Hier zeigt sich: Die Verbindungen sind aktiv zu fördern. Damit die nächste Bestellung nicht bei einem anderen Anbieter von Kaffeebohnen erfolgt. B2B-Kunden erwarten meist Erinnerungen – online durch das CRM-System oder persönlich durch den Innendienst. Von allein fließt der Nachschub nicht.

Die von Kunden gewünschten Prozesse der Leistungserfüllung stellen in dieser Phase eine wichtige Bedingung des Wachstums dar. Diese hat das Produktmanagement zusammen mit dem Vertrieb erforscht.

Vom Vermarktungsansatz her geht es um eine Form des »Lock-in«: durch die Vertriebsorganisation den Einsatz der Geräte abzuschließen mit der Folge, anschließend automatisch die Services auszulösen. Aufstellung und Know-how müssen passen.

Die Überlegungen sind als Differenzierungen der Aufgabe zu verstehen, um eine passende Lösung und eine geschickte Vorbereitung zu implementieren.

Beachten Sie

Produktmanagement und Vertrieb arbeiten in der Wachstumsphase eng zusammen, um reibungslose Abläufe sicherzustellen. Vertriebsbegleitung sollte für die Produktmanagerin zur regelmäßigen Routine gehören.

Produktmarketing-Modelling

Die einzelnen Produktmarketing-Mixbereiche gilt es, optimal für die Förderung des Produktwachstums zu kombinieren. Dabei wird im Vorhinein getestet und im Nachhinein geprüft, ob die intendierten Wirkungen erreicht werden.

Auf der Makroebene stellt sich die Aufgabe, eine optimale Kombination der Mixbereiche im Sinne der Produktpositionierung zu schaffen:

Der richtige vollautomatische Kaffeeautomat für jeden Genießer im Büro zum Preis in der Top-Qualität. Angenehme Arbeitsbedingungen. Inszenierung »himmlischen Kaffeevergnügens« vor dem Kauf, individuelle Beratung im Kaufprozess, Inszenierung »himmlischen Kaffeevergnügens« nach dem Kauf und permanente Gerätebereitschaft.

Beachten Sie

Es gilt, eine hohe Wirkung durch ein besonders geeignetes Mix zu erzielen. Jeder Test zu einzelnen Bereichen und zu dessen Wirkung auf das Ganze hilft zu lernen, das Modelling zu optimieren.

Auf der Mikroebene geht es um die Wirkung der in einem Mixbereich eingesetzten Instrumente.

Nehmen wir die Kommunikationsmaßnahmen: Hier stehen Fragen in zwei Richtungen an:

- Erhöht das Instrument die Wirkung, also verbessert der Einsatz etwa von TikTok wie im Beispiel »Gustavo Gusto« die Kommunikationswirkung?
- Die zweite Frage ist: Mit welchem Content ist die Wirkung des Instruments am höchsten? Also könnte im Beispiel geprüft werden, welches der beiden Musikvideos eine höhere Wirkung erzielt. Darüber hinaus lässt sich die Gestaltung des Ablaufs selbst in dem bevorzugten Video möglicherweise verbessern. Gerne werden EDR-Messungen dafür zu Rate gezogen (vgl. Kapitel 2.2.1).

Das Modelling des Produktmarketing-Mix hat damit folgende Struktur, die mehr und mehr auch rechnergestützt optimiert werden kann:

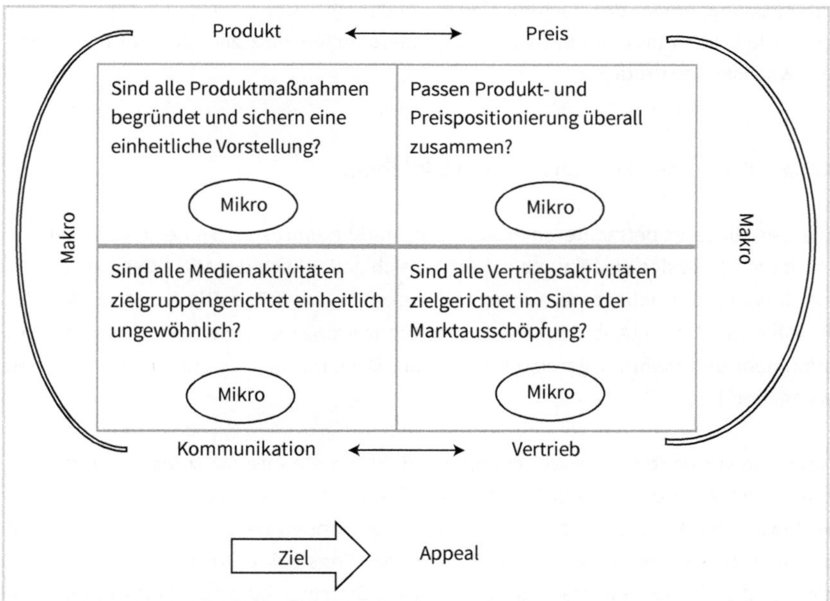

Abb. 61: Struktur des Produktmarketing-Mix-Modelling

Die Wachstumsphase steht verbreitet unter dem Schwerpunkt »Appeal«, also Aufladung. Die Kundenforschung, oft in Form eines Werbetrackings, zeigt die erzielten Recall-Ergebnisse, also die Wiedergabe gelernter Werbeelemente, oder die Recognition-Ergebnisse, also die Wiedererkennung von Werbeelementen. Darüber hinaus empfehlen sich Fokusgruppen, um vertieft über die Einstellung zu sprechen.

Real Time können im Beispiel der Social-Media-Kanäle die erzielten Klicks, Likes, Verteilungen und Einlassungen verfolgt werden. Dabei sollte genau geprüft werden, was in der intendierten Zielgruppe als Resonanz erzielt wird.

Insgesamt erfordert die Wachstumsphase, dass sich das Produktmanagement intensiv mit Maßnahmen unter der Zielsetzung befasst, welche noch ungenutzten Chancen ausgeschöpft werden können. Voraussetzung dafür ist die Anforderung »Appeal« zur Vertiefung des Produkt-Frames für die Speicherung in der Zielgruppe. Die angesprochenen Kundengruppen stellen vom Ansatz her eine konzentrische Ausdehnung um den soliden ersten Kundenstamm dar.

Gleichzeitig gilt es, an den Kreislauf des Produktlebens zu denken. Es scheint noch weit weg zu sein, aber das gerade wachsende Produkt wird irgendwann einen Nachfolger benötigen. Es ist angeraten, im New-Development-Prozess Zukunfts-Workshops für die Produktgeneration danach durchzuführen. Damit wird einerseits rechtzeitig der nächste Lauf einer Neuentwicklung angestoßen. In einem idealen Verlauf startet das Projektmanagement der Nachfolgelösung in der Mitte der Marktlaufzeit des Vorgängers. Die Erkenntnisse im Entwicklungsprozess helfen zusätzlich bei der Forcierung des wachsenden Produkts.

4.2.4 Produkte in der Mitte des Marktlebens

Die Reise unseres betrachteten Produkts im Markt dauert schon eine gewisse Zeit an. Nach der Phase des Wachstums nähert sie sich gedanklich der Mitte des Lebenszyklus. Das Produktmanagement registriert sinkende Zuwächse. Die Ansatzpunkte der Ansoff'schen Matrix (Abb. 58) – Produktdifferenzierung und weitere Marktsegmente – sind mehr und mehr ausgereizt. Der Produkt-Deckungsbeitrag stagniert inzwischen weitgehend.

Nach wie vor handelt es sich bei dem Produkt um ein interessantes Lösungsangebot. Es ist auch durch Updates aktuell gehalten. Nur der Neuigkeitscharakter ist verblasst. Jetzt sollen auch spätere Adopter gewonnen werden. Erfahrungsgemäß nehmen die Preismaßnahmen zu. Es darf allerdings keine Preiserosion geben. An sich ist die Zeit der Profitabilität gekommen. Sie setzt Zufriedenheit mit der Produktlösung voraus.

Insofern begleitet weiterhin die Erfassung der Kundenzufriedenheit die Produktlaufzeit. Je länger im Markt, desto genauer ist die Entwicklung und Veränderung der Wünsche und ihrer Gewichtungen nachzuhalten. Hierbei ist zu differenzieren, welche Entwicklungen sich in unterschiedlichen Segmenten zeigen.

In dieser Phase dominiert die Anforderung »Ask«. Jetzt geht es um die verkäuferische Ansprache potenzieller Kunden, welche die Produktpalette schon kennen. Die Unterschiede der Wünsche in verschiedenen Segmenten haben zur unterschiedlichen

Ansprache durch Produktvariationen der Teilgruppen geführt. Je passender die Adressierung der möglichen Käufer erfolgt, desto geringer fällt die Notwendigkeit von Preismaßnahmen aus. So wird der Preiserosion begegnet.

In vielen Branchen erfolgt eine zunehmende Hinwendung zu den digitalen Medien. Es ist die Zeit verstärkten Performance Marketings. Darunter »versteht man im Online-Bereich Marketingmaßnahmen, die beim Kunden eine messbare Reaktion, also eine Handlung, hervorrufen. Diese Handlung kann z. B. der Klick auf ein Werbebanner sein, der Kauf eines Produkts oder die Registrierung auf einer Internetseite: Der Kunde soll dabei möglichst individuell angesprochen werden; die Mittel, mit denen das geschieht, sollten möglichst miteinander vernetzt sein.«[293] Aber auch diese fein verästelten Aktivitäten verlieren immer mehr an Wirkung. Die Steigerungsraten des Absatzes gehen noch weiter zurück.

Es liegt die Überlegung eines Neustarts nahe, um mit dem Produkt noch einmal Fahrt aufzunehmen. Das ist die Zeit für einen möglichen Produkt-Relaunch. Generell kann zur Mitte der Produktlebenszeit ein Paket für die Neuaufstellung geschnürt werden, um noch einmal durchzustarten.

Produkt-Neustart

Wer in den vergangenen Jahren Autos als Produkte beobachtet hat, sah zunächst ein neues Auto, das die Kunden überzeugen wollte, bemerkte nach einiger Zeit eine Überarbeitung: Es war erkennbar noch der eingeführte Typus, aber überarbeitet. Das Produkt erfuhr einen Produkt-Relaunch.

Dieses Vorgehen hat sich verbreitet als Maßnahme für Produkte, digital wie physisch, Dienstleistungen, Services, aber auch der Website, auch für Marken. Wenn Vermarktungseinheiten erneuert werden, wird von einem Relaunch gesprochen.

Die Vorsilbe »re« ist lateinisch und meint »zurück« oder hier mehr »wieder«, also ein Wiederstart. Man will noch einmal mit dem Bewährten durchstarten. Es wird nicht der Anspruch erhoben wie bei einem Launch, den Kunden etwas ganz Neues zu bieten. Es gibt aber für jeden späten Adopter einen Grund zum Kauf: Er ist nicht erkennbar der letzte Käufer in der Reihe, sondern entscheidet sich für ein frisches Produkt, das sich andererseits eindeutig schon bewährt hat, bildet es ja die Fortsetzung.

Es kommt sicher auch eine rein gestalterische Überarbeitung vor. Das ist nicht die Regel. Der Neustart wird häufig mit aktualisierten technischen oder programmatischen

---

293 O. V., Performance Marketing, in: www.wirtschaftslexikon.gabler.de/definition/performance-marketing-53523/.

Elementen verbunden. Deshalb ist es von Vorteil, wenn die Projektarbeit für den Nachfolger schon läuft; dann lassen sich schon fertige und getestete Elemente einbeziehen. Absolute Neuerungen, die in der nächsten Produktgeneration einen Sprung verdeutlichen sollen, werden sicher noch nicht übernommen. Andere Einheiten mitunter schon.

Um systematisch vorzugehen, empfiehlt sich ein Vergleich mit dem härtesten Wettbewerbsprodukt. Da wir unsere Zielgruppe überzeugen wollen, wird diese dazu gefragt:

Wünsche der Kernzielgruppe	Was leistet unser Produkt?	Verbesserungen für unser Produkt	Was leistet das Wettbewerbsprodukt?
Wünsche sammeln und nach Wichtigkeit ordnen	Produkteigenschaften mit Erfüllungsgrad der Kundenwünsche (1 = sehr gut … 5 = mangelhaft)	a) Kundenwünsche besser erfüllen b) Wettbewerber übertreffen	Produkteigenschaften mit Erfüllungsgrad der Kundenwünsche (1 = sehr gut … 5 = mangelhaft)

Tab. 36: Vorgehen beim Vergleich mit dem besten Wettbewerbsprodukt

Im Vergleich mit dem Wettbewerbsprodukt überlegen wir, welche Verbesserungen im überarbeiteten Produkt eingearbeitet werden können, um die Kundenwünsche besser zu erfüllen und um Nachteile gegenüber dem Wettbewerbsprodukt aus Kundensicht auszugleichen. Das erneuerte Produkt ist bewährt und modern.

Professionelle Tester nehmen immer wieder Untersuchungen vor, die sie anschließend veröffentlichen. So sind beispielsweise »Online Collaboration Tools« miteinander verglichen worden. Vier große Kriterienbereiche wurden beurteilt: Persönlicher Austausch (Chat Tools), Videokonferenzen (Video Conferencing Tools), gemeinsames Projektmanagement (Project Management Tools), Austausch von Unterlagen und Dokumenten (Document & File Sharing Tools).[294] Solche Untersuchungen für den eigenen Produktbereich können eine Vorlage darstellen, sie sollten mit Kunden vertieft werden. Im Produktmanagement geht es nicht um ein allgemeines Urteil, sondern um ein Kundenurteil. So wird ein technischer mit einem Kundenvergleich kombiniert. Eine gute Grundlage.

Wer Microsoft Office nutzt, erinnert sich an das Upgrading von Windows 10 zu Windows 11. Das ist sicher als Produkt-Relaunch anzusehen. Hier wurde sehr bald eine überarbeitete Version angeboten, auf welche die User ohne Aufpreis wechseln konnten. Es war ein Wechsel, kein einfaches Update.

Vertrieblich ist ein Relaunch der Türöffner für die späten Folger in einer Branche. So können mit dem Produkt weitere Käufergruppen erschlossen werden. Selbst Wie-

294 Vgl. Kochovski, Aleksandar, The 25 Best Collaboration Tools of 2022: Work Better Online, in: www.cloudwards.net/online-collaboration-tools/Last Updated:05Sep'22.

derkäufer erhalten nicht das, was sie schon hatten; sie erleben einen Fortschritt. Um passgenau zu sein, erfolgt die Neujustierung auf Basis der Kundenzufriedenheits-Auswertung. So können gezielt produktbezogen und damit dann auch kommunikationsbezogen Punkte gesetzt werden. Es ist ein bewährter Weg zur Ausschöpfung des produktbezogenen Marktpotenzials.

Die **Makroebene des Produkt-Relaunches** bildet die Aktualisierung der Produktleistung. Es gilt, im Wettbewerb wieder in die Jetztzeit zu kommen. Die Produktpositionierung wird fortgeschrieben.

Auf der **Mikroebene des Produkt-Relaunches** gibt es entsprechend der Kundenwünsche Detailverbesserungen, welche die Differenzen zum Ideal- und zum Wettbewerbsprodukt aus Sicht der Kunden verkleinern oder sogar aufheben.

Zur Produktgrundlage gehört auch die Website als zentraler Hub. Deshalb wird ein neues Produktangebot auch durch einen überarbeiteten Webauftritt unterstrichen. Einerseits müssen ohnehin die Produktbeschreibungen und Grafiken überarbeitet werden. Dann ist angeraten zu prüfen, welche Mehrwerte zusätzlich gegeben werden können. Die Auswertung des Trackings gibt Hinweise. Der Eindruck ist wichtig, nicht nur das Produkt hat mehr zu bieten, auch der Content dazu ist angereichert. Ein stimmiger Gesamteindruck.

»Wird die Struktur einer Website geändert, so ändert sich fast immer auch die URL. So muss bei einem Relaunch ein korrektes Redirecting impliziert werden. Ruft ein User die URL der alten Website auf, weil er sie zum Beispiel als Lesezeichen oder Shortcut gespeichert hat, so sollte er automatisch und auf direktem Weg zur neuen URL weitergeleitet werden.«[295] Zudem ist es wichtig, das Ranking in Suchmaschinen und die Linkpopularität zu behalten. Es soll ja Fortschritte, keine Rückschritte geben.

Die Neusortierung ermöglicht eine vertriebliche Initiative.

Preis vor und nach dem Neustart

Mit der Überarbeitung eines Produkts geht auch eine Preisberuhigung einher. Diese sollte das Produktmanagement zusammen mit dem Vertrieb als Ziel zum Relaunch verfolgen. Jetzt können die Gespräche mit potenziellen Kunden wieder stärker zur Produktleistung und zum Kundennutzen geführt werden. Das ist gerade ein wichtiger Effekt des Neustarts.

Denn im Allgemeinen hat es in der Phase vorher einen deutlichen Anstieg der Preismaßnahmen gegeben. Je geringer der Neuigkeitsgrad eines Produkts, desto größer die Gefahr, dass Verkaufsgespräche frühzeitig in Preisgespräche umschlagen. Ohne-

295 O.V., Relaunch, in: seo-kueche.de/lexikon/relaunch/.

hin hat die Preistransparenz durch das Internet zu einer deutlichen Betonung des Marketing-Mix-Instruments Preis geführt, und dies nicht zum Vorteil des Produkt-Deckungsbeitrags.

Befördert wird ein verändertes Preisverhalten auch durch die Programmierung von Online-Plattformen wie Amazon. Sie ist häufig die erste Informationsquelle zu Produktpreisen. Die Site präferiert günstige Angebote, die gezielt herausgestellt und in der »Buy Box« gezeigt werden. Ein Produkt in der »Buy Box« ist dem Kauf näher, es gibt nur noch die Möglichkeiten »in den Warenkorb« oder »jetzt kaufen«. Damit wird der Weg zum Abschluss verkürzt.

Um die Buy Box für die eigenen Produkte zu halten, wenden viele Anbieter automatische Preisanpassungen an. Diese sind so programmiert, dass in einem Preiskorridor automatisch Preisänderungen des härtesten Wettbewerbers – hier mit Blick auf die Buy Box – sofort nachvollzogen werden. Damit läuft eine Preismaßnahme des Wettbewerbers ins Leere.

Wir hatten die Möglichkeit der digitalen Preisermittlung angesprochen. So ist die Transparenz höher. Ein kleiner Schritt in der Programmierung mehr und es erfolgt auch sofort eine Reaktion. Sie hat allerdings ein Abschmelzen der Deckungsbeiträge zur Folge.

Das moderne Produktmanagement wird einerseits prüfen, welche Methoden zweckdienlich sind. Andererseits sind die Produktmarketing-Maßnahmen im Laufe des Produktlebenszyklus gerade so ausgelegt, die Preisreagibilität zu verringern. Denn bei einer Betonung der Preisaktivitäten leiden Produktansehen und Deckungsbeitrag, die Grundanliegen des Produktmanagement.

Deshalb darf auf der **Makroebene** der Produkt-Relaunch nicht ohne Preisberuhigung durchgeführt werden.

Die Erwerber des überarbeiteten Produkts wollen das verbesserte Produkt, weshalb verständlich ist, dass dieses ohne Preisaktion abgesetzt wird. So kann erst einmal der Neustart eben zur Preisberuhigung und Sicherung der Deckungsbeiträge dienen.

Der Produkt-Relaunch stellt eine Übergangsphase vom Produktvorgänger zum überarbeiteten Produktnachfolger dar. Der Produktvorgänger ist nach wie vor gut und kann an preissensible Nachfrager mit einem Abschlag abgesetzt werden. Insofern gibt es die Vorteilserzielung für Preissensible. Damit besteht ein plausibler Ansatz, in altem Style produzierte Produkte abzusetzen.

Auf der **Mikroebene** werden Preismaßnahmen zunächst vom überarbeiteten Produkt getrennt und mit dem Vorgänger bedient.

Wenn die Profitabilität bezogen auf den Lebenszyklus des Produkts betrachtet wird, ist der Relaunch ein wichtiger Stellhebel für den Lebenszyklus-Deckungsbeitrag. Es ist für die meisten Produkte die Phase der Cash Cow, die Hauptphase der Deckungsbeitragsgenerierung.

Performance Marketing

Zum Relaunch benötigen wir wieder eine Kommunikationskampagne, gemäß der Devise, aus der Überarbeitung des Produkts etwas zu machen. Eine Kampagne ist zu verstehen als ein geeignetes Bündel von Maßnahmen. Und eine Kampagne soll eben Wirkung in der Zielgruppe erreichen. Die Zielgruppe verursacht einen Unterschied. Hier tritt der Umstand hinzu, dass es sich um ein im Prinzip bekanntes, jetzt verbessertes Produkt handelt. Es kann auf ein Imageguthaben zurückgegriffen werden.

Die Diskussion um den richtigen Einsatz für die beste Wirkung der Marketingmaßnahmen hat die letzten Jahre geprägt. Beteiligt haben sich Mediaexperten, aber auch Marketingverantwortliche. Es werden die beiden Bereiche »Markenaufbau« und »Performance Marketing« kontrovers diskutiert. Das spielt in das Produktmanagement hinein: Das Kompetenzforum setzt sich mit der qualitativen Seite des Markenaufbaus auseinander bis hin zur Bemessung eines Preisplus durch hohe zugeordnete Kompetenz. Das Produktmarketing arbeitet zunächst an Produktmarkenaufbau und jetzt, in der Mitte des Produktlebens, an der Nutzung des Aufbaus für vertriebliche Impulse. Der letzte Teil hat sich stark in den Online-Bereich verlagert, eine Überlegung zur Umsetzung auch hier.

Das Performance Marketing sieht Maßnahmen vor, deren Wirkung eindeutig messbar ist, welche insbesondere den Verkauf forcieren sollen. Werden die beiden Teile auf eine Zeitachse gesetzt, so geht es zunächst um »Appeal«, Aufladung, jetzt in der Mitte des Produktlebens stärker um »Ask«, die aktive Herbeiführung des Gesprächs zum Kauf eines Produkts. Die konkreten Anstöße nutzen die aufgebaute Anerkennung. So lässt sich die Diskussion, die zusammengefasst lautete, es erfolge zu viel Performance und zu wenig Brand Marketing, über eine dynamische Betrachtung teilweise entschärfen. Besonders scharfe Kritik an den digitalen Medien kam von Marc Pritchard, Marketingchef von Procter & Gamble.

Sein Weg: »In der Tat konzentrieren wir uns heute deutlich stärker auf das direkte Engagement unserer Konsumenten [...] Ein weiteres Thema sind Content-Partnerschaften.«[296]

296 Marc Pritchard im Interview: Campillo-Lundbeck, Santiago, »Die Regeln des Marketings werden neu geschrieben«, in: horizont.net/epaper/474inhalt vom 12.07.2018.

Dahinter steht der Gedanke, die User länger im Kontakt zu halten. Das ist sicherlich eine Bedingung für erfolgreiche Werbung besonders in dieser Phase. Erlebnis.

Die zweite Bedingung ist die differenzierte Ausspielung von Impulsen an eine stärker differenzierte Zielgruppe. Marketing sollte immer wirkungsorientiert sein. »Online kann man beispielsweise direkt nachvollziehen, ob sich aus einer Suchanfrage nach einem Produkt ein Kauf ergeben hat ...«[297]

Nun hat nicht jedes Unternehmen den unmittelbaren Kundenzugang. In unserem Beispiel der Kaffeevollautomaten für das Büro werden sicherlich die meisten Vertragsabschlüsse nach wie vor über die Vertriebsorganisation getätigt werden. Doch auch hier geht es darum, wie das Bedürfnis geweckt und wie Impulse gesetzt werden können, also ebenfalls darum, Möglichkeiten der Einbindung und des Interesses zu kreieren und Kaufanstöße zu senden.

Die Werbeaufgabe unterscheidet sich von der bisherigen Aufgabe. Dieses muss im Briefing an die Agentur schon deutlich werden.

Die **Makroebene** der Kommunikation bildet in dieser Phase eine Verjüngung des Auftritts – die Überarbeitung des Produkts wird damit unterstrichen, allerdings weiter in der Linie der Produktpositionierung. Sie begleitet das Produkt während seines Produktlebens.

Besonders deutlich fallen die Änderungen auf der **Mikroebene** aus. Wir sind in der Phase »Ask«, es geht um das Auslösen von Austausch zum Kauf.

Wesentliche Merkmale des Performance Marketing sind einerseits das Targeting, andererseits die messbare Wirkung. Es werden Interaktionen gemessen. Dafür werden Key Performance Indicators (KPIs) ermittelt. Durch die Zählpixel kann einfach festgehalten werden, wie oft eine Site aufgerufen, wie oft ein Banner ausgespielt wurde. Das sind die zugrunde liegenden Quantitäten.

Performance Marketing wird meist einseitig als Online-Marketing eingeordnet. Wenn Newsletter abonniert werden, wenn vom Banner zur Landingpage migriert wurde, dann kann eine Aufforderungswirkung unterstellt werden. Die messbare Leistung besteht darin, dass durch die digitale Verbindung unmittelbar festgestellt werden kann, ob es eine Verbindung mit dem Kunden-Device gegeben hat.

Manche klassischen Maßnahmen haben einen durchaus gleichen Charakter: Wenn auf einem Messestand Unterlagen an potenzielle Abnehmer verteilt werden, kann eine

297 Ebenda.

Konversionsrate ermittelt werden, indem etwa die Zahl der angeforderten Angebote ins Verhältnis zur Abgabe von Unterlagen gesetzt wird. Auch wenn nicht digital erfasst, es ist eine vergleichbare Ratio.

Instrument zum systemunterstützten gezielten Vorgehen ist der Sales Funnel im CRM-System. Darunter wird ein Trichter verstanden, der mit Interessenten beginnt, die möglichst zu Leads werden, um zum guten Schluss als Käufer zu Kunden geworden zu sein. Es ist plausibel, dass immer nur ein Prozentsatz der Vorstufe die folgende Stufe erreicht. Deshalb wird die Entwicklung mit dem Bild eines Trichters beschrieben.

Die Zielsetzung besteht darin, einen möglichst breiten Trichter zu formen, also möglichst hohe Anteile in die nächste Stufe zu führen. Gleichzeitig zeigt das Tool die gemeinsame Aufgabe von Marketing und Vertrieb. Dem Marketing wird zugeordnet, möglichst viele Leads zu generieren, dem Vertrieb möglichst viele Leads zu Kunden zu machen. Dahinter steckt die Anforderung gemeinsamen zielorientierten Vorgehens. Es bedarf der engen Abstimmung über das Produktmanagement.

Das Marketing sorgt noch vor der ersten Stufe für Traffic: Website-, Social-Media-, Corporate Blog-Traffic, viele Besuche auf Medien, welche die Persona nutzt. Die Auffächerung der Zielgruppe erfordert mehr Differenzierung. Gerne wird ein Retargeting genutzt, also eine wiederholte Ansprache von Interessenten, User, die schon einmal das Produkt angeklickt haben. Um nicht zur Belästigung zu werden, sollte allerdings ein Capping, eine Obergrenze eingestellt werden. Neben Online-Medien obliegt die Aufgabe sicher auch den oft gegebenen Beteiligungen an Messen.

Überall gibt es Besucher, die Interesse, andere, die aus verschiedenen Gründen kein Interesse haben, für die eine Kaufüberlegung nicht in Frage kommt. Die positiven Besucher im Sinne von Interesse sind auszufiltern. Dafür werden Formate eingesetzt, aus denen Interesse erkennbar ist. Das können Newsletter-Abonnements, Downloads von White Papers, Teilnahme an Webinaren sein. Auf Messen sind es die Besucher, die sich Videos zur Thematik ansehen, weitergehende Unterlagen anfordern. Wichtig ist nun, aus den Besuchern mit Interesse die zu extrahieren, die als mögliche Käufer in Frage kommen. Diese sind wertvolle Leads für den Vertrieb. Sie weisen das Merkmal auf, dass sie das Produkt erwerben könnten.

Performance Vertrieb

Die Leads werden dem Vertrieb übergeben. Das kann durchaus auch ein Online-Vertrieb sein. Jetzt gilt es, Leads zu Käufern zu machen. Das ist vertrieblich effektiv, denn es werden nicht Gespräche oder Chats mit Managern allgemein geführt, sondern mit Managern mit dem Merkmal Kaufinteresse. Im Sales Funnel geht es um Win-Order-Analysen. Diese geben einerseits die Konversionsrate von Leads zu Käufern an, den

Anteil, der tatsächlich als Käufer gewonnen wurde. Gemeinsames Ziel von Marketing und Vertrieb ist eine möglichst hohe Konversionsrate. Das signalisiert ein effizientes Vorgehen.

Die **Makroebene** der Vertriebsaktivitäten bildet die gezielte Vertriebstätigkeit, welche dadurch gekennzeichnet ist, dass die Kontakte zu besonders aussichtsreichen Interessenten geknüpft werden. Die Abschlusswahrscheinlichkeit ist dadurch hoch.

Welche Gründe gibt es, dass die Konversionsrate nicht so ausfällt wie erwartet? Wenn das Marketing Leads generiert, die am Ende doch nicht so ein großes Interesse aufweisen, dann ist die Effektivität gestört. Wenn der Vertrieb gute Leads zu hohem Anteil nicht zu Käufern gewandelt bekommt, stimmt die Effizienz nicht.

Die **Mikroebene** bildet hier die differenzierte Einstellung auf die unterschiedlichen Anforderungen. Wir hatten schon für die Einführung des neuen Produkts den Ansatz des »Sensemaking« als besonders erfolgreich im Vertrieb kennengelernt. Der Ansatz des Führens durch Fragen ist gerade in der Ausschöpfung differenzierter Segmente noch einmal besonders wichtig.

Der Start des überarbeiteten Angebots erfolgt mit einem Vertriebs-Workshop, in dem die Vorzüge des Produkts sowie die geschickte Vertriebstechnik herausgearbeitet werden. Um neuen Schwung in den Vertrieb zu bringen, bedarf es wieder einer Veranstaltung zur Motivation und Information.

Ein Produkt-Relaunch bietet die Grundlage für neue Vertriebsimpulse. Diese Chancen gilt es, aktiv zu nutzen. Es ist angeraten, das gemeinsame Projekt als Team zu bearbeiten, um mit beiden Perspektiven – Effektivität und Effizienz – die Aussichten zu erhöhen und aus den Ergebnissen zu lernen.

Ein Produkt-Relaunch sollte im Marketing- und Vertriebsplan einen zentralen Jahresschwerpunkt bilden. Die Produktmaßnahme eröffnet die Aussicht, im Wettbewerb mit aktuellerem Produkt noch einmal die Position zu festigen.

Produktmarketing-Modelling

Die Grundlage des Marketing-Mix-Modelling bleib im Marktmanagement immer das Produktprogramm. Ein Produkt-Relaunch bildet In der Reifephase des Produktlebenszyklus eine Auffrischung. Gleichzeitig bleibt das Produkt, es erntet die bisherige Aufladung.

In der Vermarktung lautet die Stufe: »Ask«. Deshalb steht hier der Sales Funnel als verbindendes Element zwischen Marketing und Vertrieb im Zentrum des Geschehens.

Beachten Sie

Generell verdeutlicht das gemeinsame systemgestützte Vorgehen, dass in Zukunft die Funktionen Marketing und Vertrieb stärker zusammenwachsen werden. Es kann schon beobachtet werden, dass überall dort, wo Marketing und Vertrieb gut zusammenarbeiten, die Ergebnisse besser sind. Konkret: dort ist die durchschnittliche Umsatzrendite höher.

Aus Sicht des Produktmanagements ist es ohnehin eine gemeinsame Treppe zum Kunden. Ein Produkt-Relaunch ist vom Charakter wie eine kleine Produkteinführung. Wieder geht es darum sicherzustellen, dass alle notwendigen Materialien zur Verfügung stehen. Wieder geht es darum sicherzustellen, dass alle Beteiligten informiert und motiviert sind. Die Checklisten aus der Neuprodukteinführung sollten erneut genutzt werden (vgl. Checklisten in Kapitel 3.2).

Der Zwischenstart sichert das Gesamt-Deckungsbeitragsziel in der Produktlebenszeit.

Die Phase in der Mitte des Produktlebens wird parallel durch das Projektmanagement in der Neuproduktentwicklung begleitet. Im Hintergrund erfolgen die zentralen Weichenstellungen. Sie sind damit das mittelfristige Perspektivwissen, über welches das Produktmanagement als Akteur verfügt, was sicherlich bei der Auswahl der taktischen Maßnahmen hilft.

4.2.5 Produkte in der Schlussphase des Marktlebens

Nach dem Relaunch dauert die Phase der Preisberuhigung erfahrungsgemäß nicht sehr lange. Der Markt akzeptiert, dass das Produkt verbessert wurde, betrachtet es aber nach wie vor als ein schon länger angebotenes Produkt. In dieser Zeit kommt es darauf an, einerseits weiterhin Deckungsbeiträge zu erzielen, andererseits durchaus zu bedenken, dass ein Neuprodukt als Nachfolger jeweils mit dem Vorgänger und dessen bekannter Preisstellung am Ende verglichen wird. Kunden denken relativ, dann als Preisaufschlag auf das Vorgängerprodukt. Es stellt das Preispositions-Sprungbrett dar.

Deshalb sollte überlegt werden, dass ein Kauf immer zwei Seiten hat: Nettoerlös minus variable Kosten. Wer als Sprungbrett für das Nachfolgeprodukt die Preisposition verteidigen will, sollte beide Seiten ins Kalkül nehmen: Man kann Preisabschläge gewähren, welche die Preisposition auf die Dauer untergraben, man kann aber auch Sondereditionen oder ähnliche Maßnahmen ergreifen, die zwar die variablen Kosten erhöhen, aber die Preisposition erhalten. Der Deckungsbeitrag ist in beiden Fällen gleich.

Es lässt sich sogar sagen, dass Kunden einen Mehrwert durch das Besondere erfahren. Aus dem Grunde ist angeraten, mit dem Vertrieb im Workshop Möglichkeiten zu erarbeiten, wie mit nicht-preislichen Maßnahmen die Verkäufe attraktiver gestaltet werden können. Wieder gelingt es durch die Beteiligung, Ideen zu gewinnen, aber auch das Thema in die Köpfe und die Umsetzung zu bringen.

Das Marktende des Produkts soll so lange hinausgezögert werden, bis der Nachfolger eingeführt werden kann. Mit der Zeit ist eine zunehmende Erosion der Akzeptanz und in der Folge der Deckungsbeiträge zu beobachten.

Wenn im Projektmanagement der Nachfolger-Entwicklung die Markteinführung konkret geplant, im New Development Plan-Meeting terminiert wird, ist auch die Zeit gekommen, das »Phase out« des laufenden Produkts einzuleiten. Der Termin der Abkündigung für das Produkt wird festgelegt.

Je nach Produkt gilt es, das weitere Procedere zu regeln: Wie lange gibt es noch Ersatzteile, wie lange gibt es noch Support? Alle Kunden erwarten, dass sie die gekauften Produkte wie geplant nutzen können.

Produkt bis zur Abkündigung und danach

Im Laufe des Produktlebens wurde der Markt mehr und mehr ausgeschöpft. Die Wiederkaufquote sinkt. Oft hat es einen Variantenreichtum gegeben. Erste Maßnahme zur Einschränkung der Komplexität in der Schlussphase des Produktlebens ist eine Reduktion der Variantenanzahl, die meist auch zu einer Kostenentlastung führt.

Mit der hierarchischen Anordnung der Deckungsspanne, wie sie im Kapitel 2.1.2 behandelt wurde, wird für die Produktvarianten eine Entscheidungsgrundlage geschaffen. Das ist die Hitliste der Deckungsspanne der Produktvarianten. Denn wenn die Erlösseite unter Druck gerät, ist es nötig zu prüfen, ob die Kostenseite entlastet werden kann.

Dabei stellt sich die Frage, ob die Varianten, die gestrichen werden sollen, nahtlos durch andere Varianten ersetzt werden können. Falls das nicht der Fall ist, stellt sich schon die Anforderung einer offiziellen Abkündigung zumindest der Variante.

Sicher sollte nicht allein die Deckungsspanne das Kriterium sein, es wird mit dem Vertrieb zu überprüfen sein, welche Kunden die Elimination einer Variante betrifft. Die Entscheidung zur Variantenreduktion kann nicht eindimensional getroffen werden. Es kann sein, dass andere Produkte oder Verpflichtungen betroffen sind.

Prozessmanagement für die Endphase

Wenn das Produkt insgesamt eliminiert, meist durch einen Nachfolger ersetzt wird, bedarf es eines Prozessmanagements für die Endphase. Damit zeigt sich, dass auch das Ausscheiden eines Produkts aus dem Markt einen Prozess darstellt, der sauber abzuwickeln ist. Hier sind überlappende Phasen zu sehen:

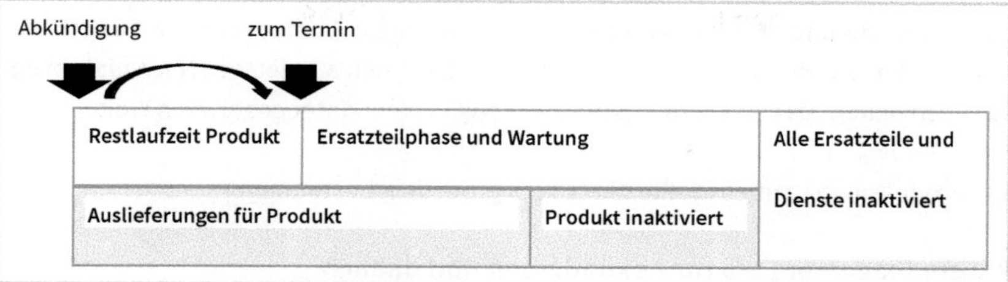

Abb. 62: Prozess des Ausscheidens eines Produkts

Die Entscheidung zur Abkündigung wird im New Development Plan-Meeting getroffen. Der Prozess beginnt mit der Abkündigung, welche zuerst an die internen Einheiten, Kundenservice und Vertrieb, dann erst an die Kunden geht. Die Materialwirtschaft versieht die Produkte mit einem Enddatum.

Die Abschlussphase weist mehrere Restlaufzeiten auf, die miteinander zu kombinieren sind. Zuerst wird ein Enddatum für den Verkauf des Produkts selbst festgelegt: Restlaufzeit Produkt.

Nach Verkaufsschluss sind alle Bestellungen noch auszuliefern: Auslieferungen der bestellten Produkte. Erst nach der letzten Auslieferung wird das Produkt im ERP-System inaktiviert.

Auch die letzten Käufer des Produkts haben ein Recht, ihr Produkt wie alle anderen Käufer nutzen zu können. Dafür kann Wartung erforderlich werden, unter Umständen auch die Lieferung von Ersatzteilen.

Die Ersatzteilphase und die Zeit des Rückgriffs auf Wartungen laufen konsequent länger: Ersatzteilphase und Wartung. Hier kommt es auf den Anspruch des Produktmanagements an, wie gering der Restbestand an Produkten im Markt sein muss, damit Services abgestellt werden. Am Ende wird alles im ERP-System inaktiviert: Alle Ersatzteile und Dienste inaktiviert.

Beachten Sie

Die Restlaufzeit ist unternehmens- und produktindividuell. Sämtliche Verträge über Bestellungen oder Wartungen sind einzuhalten. Mögliche Nachlieferungen für Produkte, nicht für Bauteile, sind gesetzlich noch zwei Jahre lang zu leisten. So ist mit der Entscheidung festzulegen, welche Fristen für das Produkt gelten sollen. Erst danach kann es endgültig inaktiviert werden.

Wer spät eines der Produkte gekauft hat, erwartet auch die Möglichkeit der Ersatzteillieferung. Denn es ist verständlich, dass auch die späten Folger die gesamte Nutzungszeit ausschöpfen möchten. Grundlage für die Abwicklung im ERP-System sind die entsprechenden Produkt- und Teile-Einpflegungen. Zuletzt erfolgt eine Archivierung von letzten Beständen; unter Umständen lässt sich allerletzten Nachzüglern damit noch helfen. Das ist allerdings oft schwierig in einer datengestützten Welt.

Das Produktmanagement sollte die Fristen großzügig bestimmen.

Preismanagement bis zur Abkündigung und danach

Die größte Gefahr für Deckungsbeitrag und Wertposition im Markt sind die in der Schlussphase oft lawinenartigen Zunahmen von Erlösminderungen. Insofern sind Überlegungen anzustellen, wie der Erosion Einhalt geboten werden kann. Preismanagement ist umfassend zu verstehen, beinhaltet Preis, Konditionen und Ausstattungen. Mit Letzterem sind physische und serviceorientierte Produktergänzungen zu verstehen.

Was vor der Abkündigung begann, sich nicht-preisliche Maßnahmen im Kampf um den Preis zu überlegen, ist nun noch zu intensivieren. Es fängt mit einer Sonderfarbe an: Der Kunde erhält eine Farbe, die nur eine begrenzte Losgröße umfasst. Es geht weiter zu Services des Bringens und Aufstellens. Wer hier einen Workshop veranstaltet und nicht-preisliche Besonderheiten sammelt, um sie dem Vertrieb an die Hand zu geben, wird überrascht sein, wie viele Möglichkeiten es gibt, welche die Kunden auch goutieren. Mit dieser Thematik kann ein Workshop im Vertrieb auch ein mentales Bollwerk gegen die Aufgabe der Wertposition schaffen.

Nach der erfolgten Abkündigung benötigen letzte Aufträge den Zusatz der verbindlichen Wartung und Instandhaltung für die Laufzeit. In den meisten Fällen lässt sich ein Gesamtpaket schnüren, das dem Kunden Sicherheit gibt und andererseits die Wertposition erhalten hilft.

Das Produktmanagement engagiert sich im Vertrieb, den Wert des Produkts hochzuhalten.

Kommunikation bis zur Abkündigung und danach

Das Produktmarketing in der Schlussphase steht ganz klar unter der Leitlinie des »Act«. Das bedeutet zunächst, aussichtsreiche Leads zu generieren. Sondereditionen sind ein Aufhänger für Spezialangebote an spezielle Zielgruppen.

Nach der Entscheidung zur Abkündigung nehmen die Kommunikationsmaßnahmen ebenfalls dieses Thema auf. Alle Kunden, zu denen kein direkter Kontakt besteht, müssen ja ohnehin rechtzeitig informiert sein. Eine positive Wandlung der negativen Botschaft lässt sich eben etwa durch Sondereditionen schaffen. Die Kommunikation des »Phase out« trägt auch zu einer beschleunigten Abkehr bei und begrenzt so die Restlaufzeit.

Zu diesem Zeitpunkt kann für die Innovatoren das Nachfolgeprodukt in Aussicht gestellt werden. Das ist, was diese Zielgruppe interessiert. Und es kann Spannung aufgebaut werden, hier kann das **Fünf-Akte-Schema** zur Anwendung kommen (vgl. Kapitel 3.2.3): Information über das neue Produkt, gegebenenfalls mit Einladung zur Einführungsveranstaltung, Hintergründe zu Produkt und Veranstaltung, dann ein zentraler Vorstellungs-Event für das neue Produkt, im Nachgang weitere Informationen und Terminvereinbarungen für Verkaufsgespräche.

Die Ankündigung des baldigen Produktendes wird auch auf der Website kundgetan. Im eShop ist der Hinweis zu geben. Wichtig sind die Botschaften zur Folge: Service in der Nutzungszeit, Terminierung der Nachfolgervorstellung. Spannungsaufbau bis zur offiziellen Präsentation.

Vertrieb bis zur Abkündigung und danach

Die Absätze sinken durch die Abkündigung noch deutlicher. Es gibt aus der Psychologie des Vertriebs zwei Gegenbewegungen:

- Kauf einer Sonderedition, wenn der Kunde nicht warten kann.
- Kauf einer Sonderedition, wenn der Kunde lieber das bewährte Produkt kauft, als das Risiko einzugehen, dass das neue Produkt noch Kinderkrankheiten hat (Haltung der späten Folger).

So gibt es durchaus Ansätze für den Vertrieb.

Zugleich kann die Datei der Innovatoren aktualisiert werden, die erste Ansprechpartner des Nachfolgeprodukts sein werden.

Beachten Sie

Die wichtigste Aufgabe in der Schlussphase eines Produkts ist die Betreuung der Kunden, um zu verhindern, dass diese in der Übergangszeit zum Wettbewerber wechseln. Ist die Schwelle zum Konkurrenzprodukt einmal überschritten, zeigen viele Untersuchungen, dass Kunden sich selbst gerne darin bestätigen, das Richtige getan zu haben.
Dann ist die psychologische Markenbindung aufgehoben, im Gegenteil kann bei geschicktem Vorgehen der Wettbewerber verdeutlichen, dass der Kunde bei ihm richtig liegt. Das Sprungbrett zum Produktnachfolger wäre dann nicht mehr vorhanden. Das gilt es, durch gute Kundenbetreuung zu verhindern.

Produktmarketing-Modelling am Ende des bisherigen Produktlebenszyklus

Die Endphase eines Produkts im Markt ist besonders kritisch, weil hier die Startbedingungen für den Nachfolger festgelegt werden. Deshalb steht das Modelling der Maßnahmen zuerst unter der Leitlinie der optimalen Nachfolgevorbereitung. Das Guthaben Produktimage und eine korrespondierende Preisbereitschaft sind zu verteidigen.

Durchgängig stand und steht die **Makroebene** des Modelling unter der Produktpositionierung. Sie hat eine Entwicklung erfahren, aber eine organische. So konnte das Markenguthaben immer weiter ausgebaut werden und förderte das Produkt bis zum Schluss.

Auf der **Mikroebene** erfolgte eine Anpassung an die jeweiligen Aufgaben im Produktlebenszyklus. Diese erfordern andere Inhalte, richten sich in erweiterten Kreisen an weitere Zielgruppen. Beide Aspekte führen zur Variation.

Das Produkt hat damit seinen Lebenszyklus in optimaler Weise vollzogen. Jetzt am Ende gibt es durchaus zwei Gruppen mit auffälligen Reaktionen:

- Die Innovatoren lassen sich in Vorfreude versetzen. Alle Aktivitäten des Produktmarketings in Richtung der psychologischen Entdecker stehen unter dieser Devise.
- Die Leggards, die Nachzügler, bevorzugen das Bewährte, besonders wenn es als Sonderausgabe des Weges kommt.

Der Sales Funnel arbeitet mit klarem Targeting, um die Botschaft zur Zielgruppe zu bringen, der Vertrieb erzielt die Abschlüsse.

Die erste Gruppe der Innovatoren stellt auch schon wieder die erste Zielgruppe des wartenden neuen Produkts dar, um in diesem Segment möglichst schnell Referenzen zu erzielen. Ein neuer Lauf im Markt beginnt.

Manchmal wird eingewandt, dass nicht jedes Produkt einen typischen Lebenslauf aufweist. Es gibt Ausnahmen:

- Zum einen gibt es Eintagsfliegen: Ein kurzer Hype lässt ein Produkt eine Zeit lang interessant sein, danach verschwindet das Produkt vom Markt – es gibt nie einen Nachfolger.
- Zum anderen gibt es durchaus Dauerbrenner, Produkte, welche dauerhaft im Markt bleiben.

Wer ein Produkt des Typus **Dauerbrenner** betreut, sollte diesen Diamanten hegen und pflegen. Sie sind sehr selten. Fast alle unterliegen auch der Notwendigkeit, sie jeweils zu aktualisieren. Persil bleibt Persil und ist doch ganz anders als vor hundert Jahren.

Die überwiegende Mehrheit der Produkte zeigt einen erkennbaren Verlauf von einem die Kunden überraschenden Anfang zu einer Gewöhnung bis hin zu einer Veralterung, also einen typischen Lebenslauf. Das ist verständlich, entwickeln sich die Erkenntnisse allgemein doch weiter und Kunden wollen auch in der Produktnutzung an fortgeschrittenen Erkenntnissen teilnehmen.

Einen besonders deutlichen Schub hat die Digitalisierung verursacht: Die Produkte wurden intelligenter, aber auch die Produktionsmöglichkeiten. Das wird sich fortsetzen. Wenn wir das Beispiel Kaffeeautomaten nehmen, dann haben wir uns ein weitgehend automatisiertes Gerät mit modularer Anpassung vorgestellt. Wir können leicht prognostizieren, dass diese beiden Pfade – intelligenteres und individuelleres Produkt – in dem Nachfolger weiterentwickelt sein werden.

Inzwischen kommt der Pfad der Verantwortung verstärkt hinzu: sparsamer Umgang mit Ressourcen. So wird der Nachfolger sicher weniger Energie verbrauchen, möglichst weniger Rohstoffe benötigen und weitergehend in eine Aufbereitung sowie Wiederverwertung überführt werden.

Das ist der Zeitgeist. Er schlägt sich nieder in den Kundenanforderungen. So funktioniert die Fortsetzung des Produktlebenszyklus nach der Denkmatrix problemlos in einer veränderten Umwelt: Die Kundenanforderungen der Zukunft lenken das nächste Produkt. So kann es in der gewandelten Marktumgebung erneut reüssieren. Der Ansatz passt.

4.2.6 Kundenbeziehungsmanagement

Wir sind in die Phase des Marktmanagements mit zwei Zielgrößen gestartet:

- Deckungsbeitragsentwicklung des Produkts
- Kundenzufriedenheit mit dem Produkt

Der Kaufentscheidungsprozess ist unterteilt worden in fünf As. Die ersten vier As dienten im Produktmarketing-Modelling als Schwerpunkt in den Lebenszyklusphasen:

- »**Aware**« als Schwerpunkt in der Marktdurchsetzung.
- »**Appeal**« als Schwerpunkt in der Wachstumsphase.
- »**Ask**« als Schwerpunkt in der Reifephase.
- »**Act**« als Schwerpunkt in der Sättigungsphase.

In allen Phasen werden Kaufabschlüsse getätigt. Die Käuferschaft wächst und kumuliert. Wichtigste qualitative Steuerungsgröße im Absatzbereich ist die Kundenzufriedenheit, denn sie führt zu Wiederholungskäufen und damit zur verbesserten Wirtschaftlichkeit. Ein ganz entscheidender Indikator für die Kundenzufriedenheit ist die Wiederkaufrate.

Kundenzufriedenheit hat einen proaktiven und einen nachlaufenden Aspekt. Das Produktmanagement ist proaktiv darauf ausgerichtet, ein überzeugendes Kundenerlebnis zu schaffen. Dem dient die gesamte Aufgabe. Ob das gelungen ist, wird nachlaufend ermittelt.

Wir haben immer wieder auf Messungen der Kundenzufriedenheit Bezug genommen. Sie sind idealerweise der permanente Begleiter im Produktmanagement. Und die Ergebnisse gehören in das zentrale PM-Dashboard (vgl. Tab. 9 in Kapitel 2.2).

Die Messung der Kundenzufriedenheit mit einer Produktlösung geht zweistufig vor:

- **Stufe 1:** Qualitative Ermittlung: Was führt zur Zufriedenheit mit dem Produkt?
- **Stufe 2:** Ermittlung der Gewichtungsfaktoren in einer Vorstudie.

Erst mit dieser Grundlage sollten Befragungen zur Zufriedenheit der Kunden mit dem Produkt erfolgen, und zwar hinsichtlich der Faktoren, die zur Zufriedenheit führen. Das erfolgt am besten für das eigene und das härteste Wettbewerbsprodukt. Urteile fallen relativ aus.

So kann für einen Kaffeeautomaten natürlich gesagt werden, dass es auf das Getränk ankommt. Die Erfahrung mit Produktzufriedenheiten lehrt aber auch, dass möglicherweise die Bedienung von herausragender Bedeutung ist. Und es passiert, dass der Kaffee subjektiv bei schlechter Gerätebedienung auch schlechter schmeckt.

Viele Neuroscience-Untersuchungen haben gezeigt, dass Menschen sich nicht vom Kontext und den Vorerfahrungen frei machen können. Es ist eben ein Information-Chunk, der zu subjektiven Urteilen führt. Dieser Thematik wird durch Fragen zu den ermittelten Faktoren Rechnung getragen.

Der größte Vorteil besteht darin, eine handlungsorientierte Erhebung zu erhalten. Das Produktmanagement kann genau die Faktoren verbessern, die – insbesondere im Vergleich zum Wettbewerb – weniger gut beurteilt werden.

Die Kundenzufriedenheit nachlaufend hoch zu halten, erfordert zudem in Zeiten des digitalen Kunden ein gutes Kundenbeziehungsmanagement. Manche Produkte sind in der Handhabung unproblematisch, andere dagegen nicht. Hier wird Hilfe erwartet, mehr denn je. Man kann ja mit dem Hersteller direkt in Kontakt treten.

Es ist dringend angeraten, die erwarteten Services zu kennen. Manche Unternehmen sehen darin nur einen Kostenfaktor, tatsächlich entscheidet sich hier die Zufriedenheit mit dem Produkt und die mögliche Weitergabe von Empfehlungen. Das ist die Anforderung »Activation« in allen Phasen des Produktlebens.

Als Hilfsmittel dient sicher wieder das CRM-System. Viele nützliche Funktionen helfen in der Kundenbetreuung. Wenn alle Absatzeinheiten sich in der Arbeitshaltung Teamselling bewegen, kommt es auf gute Daten zu den kaufenden und wieder kaufenden Kunden an. Daran sollten alle im Absatzprozess mitwirken, um auf verlässliche Daten zurückgreifen zu können.

CRM-Systeme sind Instrumente für erfolgreiche Absatzarbeit, die verbreitet eingesetzt werden. Durch tiefes Kundenverständnis mit der Möglichkeit zu individualisieren unterstützen sie das gemeinsame Arbeiten auf Basis von Kundendaten und -historie, Ergebnisbericht und -forecast.

Der Kundenkontakt ist direkt gegeben, dadurch können gezielte Impulse gesetzt werden. Das alles ist mit geeigneter Software möglich. Das Inbound Marketing nimmt deutlich zu.

Wir hatten für das Verständnis die gewonnenen Informationen im »Kundenwissen« verbunden. Damit alle auf fundierte Auswertungen zurückgreifen können, muss die Datenpflege eine Ehrensache im Absatzbereich sein. Eine zentrale Verantwortung für einzelne Kundendaten kommt sicher dem Vertrieb zu. Eine Verlinkung mit den Kundenservice-Daten ist für das Produktmanagement ganz wichtig. So kann der Absatzbereich hautnah Kundenreaktionen verfolgen. Es kommt darauf an, das Wissen für eine gezielte Betreuung an allen Stellen im Kundenkontakt nutzen zu können. Das ist aus Sicht des Produktmanagements der Maßstab.

Jede Systemunterstützung steht unter der Anforderung, die Aufgabe besser, weil gezielter und fundierter, zu erfüllen. Das Verständnis im Produktmanagement ist umfassend: Kunden sollen die Produkte für ihre Zwecke einfach und unproblematisch nutzen können. Dieses Verständnis hatten wir zur Produkteinführung betont. Es begleitet das Produkt während seines Marktlebens.

Zufriedenheit entsteht durch selbsterklärende Produkte. Das gelingt nicht immer. Deshalb haben Kunden Fragen. Deshalb wünschen sich Kunden Services. Das Produktmanagement sollte genau prüfen, welche Bedingungen zu schaffen sind, um eine hohe Kundenzufriedenheit mit den betreuten Produkten sicherzustellen. Damit ist der Auftrag des Produktmanagements angesprochen: den Kunden überzeugende Produktlösungen für bestimmte Bedürfnisse zu bieten. Darin besteht der Erfolgsweg.

5 Fazit: Selbstverständnis und Führung im Produktmanagement

Das Produktmanagement ist eine Funktionseinheit mit dem Ziel, eine Produktgruppe verantwortlich zum Erfolg zu führen. Es wird eingerichtet zur Umsetzung und Mitwirkung an der Unternehmensstrategie. Eine klare Führungsaufgabe. Die übliche organisatorische Einordnung ist eine Aufgabe ohne Weisungsbefugnis. Die Kunst des Produktmanagements liegt mithin darin, die Zielsetzung durch Überzeugung zu erreichen.

Was bedeutet Führung, wenn es hier keine Weisungsbefugnis gibt? Die Antwort lautet: Eine klare Vision von dem Weg zum Erfolg zu haben, zu leben und damit auf andere auszustrahlen, die zahlreichen Schnittstellen durch Beteiligung und über Verlinkung mit der Aufgabe zu verbinden.

Unsere Überlegungen zum Produktmanagement begannen mit dem Selbstverständnis, weil psychologisch festzustellen ist: So wie wir eine Sache verstehen, so strahlen wir unsere Überzeugung dazu aus und entsprechend fallen die Reaktionen aus. Ganz unbewusst.

Bauen wir also als Erstes die eigene Überzeugung auf: Der Funktionsname beinhaltet zwei Wortbestandteile, die wichtig sind.

Den Teil »**Produkt**« in Produktmanagement hatten wir verstanden als »**Produkte für Kunden**«. Darauf baute das Verständnis in jeder Phase auf, dafür haben wir Instrumente genutzt:

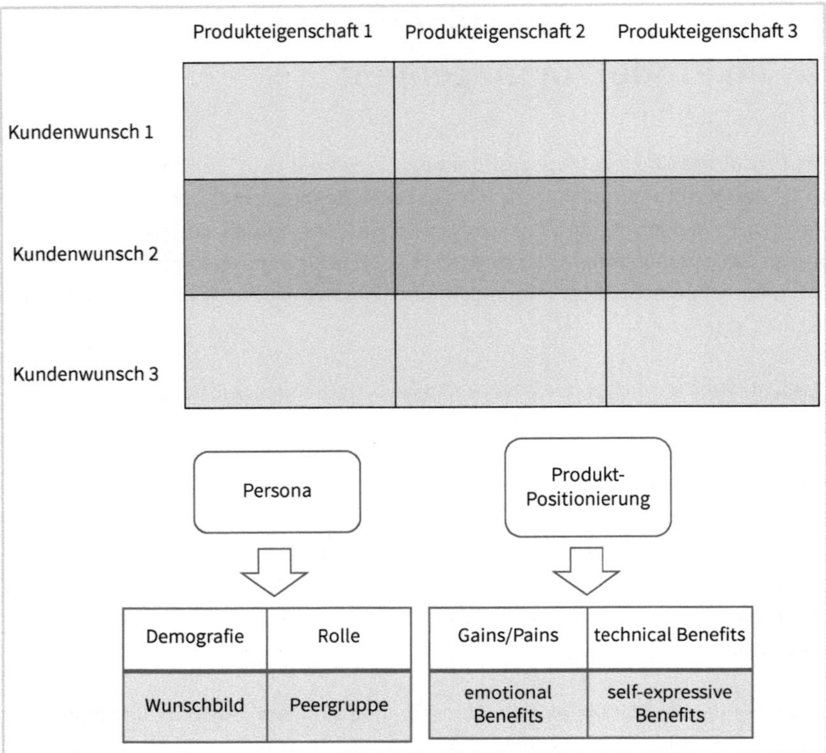

Abb. 63: Denkmatrix, Persona und Produktpositionierung

Die Denkmatrix des Produktmanagements bildet die immerwährende Grundlage. Für die konkrete Umsetzung wird für den einzelnen Produktfall überlegt, wer die Zielgruppe ist und wie die beste Produktpositionierung aussieht. Diese beiden Umsetzungen bilden das grundlegende Canvas für das Produktmanagement.

Wenn das Produktmanagement immer mit diesem Grundsatz an die gestellte Aufgabe geht, ist das Verständnis für alle gut zu verdeutlichen. Es gibt eine nachvollziehbare Herangehensweise. Das gelingt allerdings nur, wenn diese beiden Grundschemata mithilfe der Kundenforschung detailliert gefüllt worden sind. Dann kann das Produktmanagement nicht nur mit einer klaren, sondern auch mit einer fundierten Struktur überzeugen. Wer das Wissen über die Königin Kundin, den König Kunde hat, kann jeweils führen. So können die Funktionen gewonnen und einbezogen werden.

»Management« als zweiter Teil des Begriffs Produktmanagement bedeutet, gewonnene Erkenntnisse für die Analyse zu nutzen, daraus eine Annahme über die zukünftige Entwicklung zu erstellen, Ziele für den Produktbereich zu formulieren und Maßnahmen abzuleiten.

- Schritt 1: Situationsanalyse
- Schritt 2: Perspektive
- Schritt 3: Ziel/Strategie
- Schritt 4: Handlungen

Es ist immer dieser **Vier-Schritte-Ansatz**, der dem Management zugrunde liegt. Dabei wurde immer wieder deutlich, dass erst quantitative und qualitative Erkundungen zusammen ein wirkliches Verständnis ergeben. Dieser Vier-Schritte-Ansatz ist auch für die Unternehmensleitung typisch, so dass Präsentationen mit dieser Struktur die beste Verzahnung mit der Führungsebene schaffen. Das Vorgehen wird zu einem Regelkreis, wenn die Zielerreichung nachgehalten und daraus für die nächste Situationsanalyse gelernt wird.

So zeigt die Begrifflichkeit »Produktmanagement« mit ihren beiden Wortteilen das Aufgabenverständnis, das die notwendige Verbindung im Unternehmen schafft.

Produktmanagement **»im digitalen Zeitalter«** nutzt systemische Unterstützung: Im Innovationsmanagement wird Projektmanagement-Software eingesetzt, im Marktmanagement wird Business-Intelligence-Software genutzt. Bei der Projektmanagement-Software geht es zum einen um die Projektverwaltung, zum anderen um die Zusammenarbeit, die Kollaboration. »Diese beiden Felder muss eine gute Projektmanagement-Software mit ihrer Auswahl an Funktionen und Features bedienen können. Das kann man sich wie folgt vorstellen:

- Planung: Kalender, To-do-Listen, Task-Management, Meilensteine
- Kollaboration: Foren, Chats, Whiteboards, Messenger-Tools, Weboffice-Funktionen zum gemeinsamen Bearbeiten von Dateien«[298]

Es kommt darauf an, die zu Projekt und Umfang passende Software zu nutzen.

Business Intelligence (BI) ist ein Sammelbegriff für die Technologie, die die Datenaufbereitung, das Data-Mining, das Datenmanagement und die Datenvisualisierung ermöglicht.[299]

Produktmanagement gliedert sich in zwei große Bereiche: Innovationsmanagement und Marktmanagement.

Im **Innovationsmanagement** geht es zuerst um den Weg von der Idee bis zum Produktkonzept, dann um einmal die Koordination der technischen Produktentwicklung, andererseits um die Aufgaben der Produktvermarktung, die das Marktmanagement

298 Hery-Moßmann, Nicole, Die 7 besten Projektmanagement-Softwares im Vergleich – 2022 Test und Ratgeber, in: www.Stern.de/vergleich/projektmanagement-software/#Was-kann-eine-Projektmanagement-Software-8211-Der-Funktionsumfang.

299 Vgl. www.ibm.com/de-de/analytics/business-intelligence.

vorbereiten, zur Durchsetzung dient der zentrale Informations- und Auswertungsraum »Central Control Point«.

Das geeignete Programm steht im Allgemeinen als SaaS-Lösung (Software as a Service) zur Verfügung, kann damit erst einmal unabhängig von der Unternehmensausstattung gebucht werden.

»Die Aufgabenverwaltung gehört zu den wichtigsten Funktionen, die eine Projektmanagement-Software bieten sollte. Dafür stehen in den Programmen verschiedene Übersichten und Features zur Verfügung. Eine gängige Form sind **To-do-Listen.** Viele Programme erlauben es, dass der User zu jeder Aufgabe verschiedene Zusatzinformationen ergänzen kann, wie zum Beispiel Deadline, verantwortlicher Mitarbeiter, Dateianhänge oder Checklisten. Außerdem können Nutzer häufig zwischen mehreren Darstellungen wie Liste, Kanban-Bord oder Kalender wählen.«[300] So kann parallel zu den Überlegungen, ein Kanban-Board als zentrale Steuerungseinheit einzusetzen, der Projektmanagementprozess systemseitig unterstützt werden. Alle aus den Aufgaben und der Strukturierung abgeleiteten Funktionen können zur Verfügung stehen.

Der zweite wichtige Bereich ist die **Kommunikation der Teammitglieder untereinander.** Hier gibt es verschiedene Teams mit unterschiedlichen Aufgaben. Insofern kommt es darauf an, dass die jeweiligen Teammitglieder zunächst exklusiv als Gruppe zusammenarbeiten. Deren Ergebnisse werden im Gesamtprojekt zur Verfügung gestellt. Dadurch bewegt sich die einzelne Aufgabe im Kanban-Board.

Zudem gehört eine **Dokumentation des Projekts** und der Projektteile dazu. Die Überlegung, einen Verfahrensmanager einzusetzen, führt dazu, dessen Aufgaben wie Sicherstellung der Dokumentation mit Abschlusstest, Aufgaben- und Ressourcenzuteilung, Fortschritts-Controlling zu unterstützen.

»Mobilität ist auch im Arbeitsalltag mittlerweile essenziell. Daher sollte eine Projektmanagement-Software auch über mobile Geräte wie Smartphones und Tablets zugänglich sein. Bei Programmen, die als Software-as-a-Service (SaaS) verfügbar sind, erfolgt der Zugriff über den Browser. Der User kann also einfach den Internet-Browser des Smartphones nutzen, um auf die Daten und Tools zuzugreifen. Besser ist es aber, wenn der Softwarehersteller eine App für *iOS* oder *Android* bereitstellt.«[301]

300 Ebenda.
301 Ebenda (Artikel korrigiert, L.K.).

Insgesamt können durch Einsatz zum Projekt und der Aufgabe passender Software die Projektmanagementaufgaben erleichtert werden. Wie immer, es kommt darauf an. Deshalb ist zu fragen, wer soll wie zusammenarbeiten. Dann lässt sich sehen, welche Notwendigkeiten existieren, um so das geeignete Tool auszuwählen.

Zentraler Gedanke sind die Steuerungseinheiten Kanban-Board und Central Control Point. In agiler Umgebung bedarf es der aktuellen Übersicht. Die Reaktionszeit stellt vermehrt eine Anforderung im Wettbewerb dar.

Im **Marktmanagement** geht es um spezielle Business Intelligence. Im Verlauf der Überlegungen ist immer wieder deutlich geworden, dass es um eine integrierte Absatzaufgabe geht. Letztlich steht die Antwort auf die Frage »Wer kauft was bei uns aus welchem Grund?« als Grundlage in Marketing, Produktmanagement und Vertrieb an. Damit ist die Absatz-Erfolgstreppe insgesamt angesprochen. Deswegen haben wir in diesem Buch immer wieder empfohlen, die Intelligenz im CRM-System zu bündeln. Es dient der Kundenbeziehung.

Es ist der Einsatz vielfältigster Werkzeuge im Absatzbereich zu beobachten: Ergebnisplanungs- und Controlling-Tools, Kundensupport-Software, Inbound-Marketing-Plattformen, Kundenbeziehungs-Plattformen etwa mit E-Mail-Automatisierungsfunktionen. Ergänzen Sie gerne, was in Ihrem Unternehmen noch zusätzlich im Einsatz ist.

Der entscheidende Punkt ist, wie all die vielen Systeme zusammenarbeiten.

Dabei kommt es auf die Verwendung der Daten und die Kompatibilität der Werkzeuge untereinander wie mit dem Unternehmenssystem an. Das hat mehrere Voraussetzungen, die nicht unabhängig voneinander sind. Erstens werden Daten, zweitens werden Programme zur Auswertung gebraucht. Diese werden immer mehr zu selbstlernenden Tools, also ausgestattet mit Künstlicher Intelligenz. Die Wirksamkeit ist vor allem aber abhängig von dem Ziel, das der Auswertung zugrunde liegt, und der Interpretation des Ergebnisses:

Abb. 64: Daten und ihre Auswertung

Zur integrierten systemseitigen Begleitung wird PLM-Software (Product Lifecycle Management) angeboten; Spezialisten offerieren eine nahtlose Integration in die Unternehmensressourcen. Das ist wichtig. Oft abseits der CRM-Systeme. Das sollte nicht sein. Wir wollen eine Ausschöpfung der Wissensbereiche.

So gehört in eine Zeit der Digitalisierung natürlich einerseits die Datenpflege. Hier sollten unterschiedliche Datenbestände zusammengeführt werden, um sinnvoll Aussagen ermitteln zu können. Nutzen Sie das gesamte Wissen an allen Absatzpunkten. Doch: »Das Anhäufen von Daten, das Sammeln und Speichern von Informationen, die sich leicht erfassen lassen und irgendwann einmal von Nutzen sein könnten, bringt gleich mehrere Probleme mit sich: Zunächst einmal ist es nicht besonders effizient, Heu zu sammeln, um darin vielleicht eines Tages die berühmte Nadel zu finden. Wenn es schlecht läuft, finden sich zwar Nadeln – aber die falschen.«[302]

Daten stammen zuerst aus dem Unternehmen selbst: Artikel-, Kunden-, Verkaufsdaten. Sie alle können direkt kombiniert werden. Dann werden Daten generiert durch die digitale Interaktion mit Interessenten und Kunden. Zentral ist die Website. Die Social-Media-Monitoring-Tools können zudem Erwähnungen im Netz finden, die außerhalb des unternehmensbezogenen Systems erfolgen. Last but not least entstehen viele strukturierte Daten in der Kundenforschung.

Beachten Sie

Durch ein intelligentes Zusammenspiel der Daten lassen sich Aussagen über Zusammenhänge treffen, durch Nutzung der funktionalen Verbindungen auch Forecasts erstellen. Das macht Produktmanagement im digitalen Zeitalter sehr viel fundierter.

Voraussetzung ist allerdings, dass die Daten so erfasst werden, dass sie von den Tools kombiniert werden können. Zudem bedarf es solcher Auswertungen, welche auch das Geschäft unterstützen. Die Beispiele von Insellösungen sind zahlreich: »Ein Mischkonzern setzte große Hoffnungen in eine neue Software: Sie sollte für das Vertriebsteam neue Leads generieren und gleichzeitig priorisieren. Allerdings stellten die Mitarbeiter im Vertrieb bald fest, dass die vorgeschlagenen Kontakte wenig taugten. Zudem zeigte sich, dass die Software nicht mit den bestehenden Vertriebstools zusammenpasste.« Es ist oft ein Wunderglaube in Systeme gegeben.

Angeraten ist ein gemeinsames Projekt für ein Absatz-Informationssystem, das allen Funktionen dient. Etabliert sind CRM-Systeme, die entsprechend ausgestattet werden können. Es sollte sich eine Arbeitsgruppe für die Absatzeinheiten mit der optimalen Systemunterstützung befassen. Dies kann sehr gut das Gremium sein,

---

302 Mela, Carl F.; Cooper, Brian, Die richtigen Tools fürs Marketing, in: Harvard Business manager April 2022, S. 69.

das ohnehin die Informationsgrundlage für den gemeinsamen Marketing- und Vertriebsplan bildet.

Für das Produktmanagement ist der Kaufentscheidungsprozess als Kundenweg oder Customer Journey mit den fünf A-Schritten strukturiert worden (vgl. Abb. 43 in Kapitel 3.2). Jeder Schritt zielt auf eine User Experience, welche das Ziel vorgibt (vgl. Abb. 59 in Kapitel 4.2.2).

Eine erste Skizze für zielführende Aussagen könnte so aussehen:

Schritt Customer Journey	**User Experience / Ziel**	**Indikatoren (Beispiele)**
Aware	Bekanntheit	• Anteil Nennungen in Befragungen • Besuche Website • Erwähnungen Social Media
Appeal	Bevorzugung	• Statements Sympathie (Ratingskala) • Saldo positive minus negative Zuordnungen • Saldo positive minus negative Sentiments
Ask	Erwägung	• Verkaufsgespräche • Website-Besuche und Aufenthaltsdauer • Informations-Abrufe
Act	Kauf	• Absatz, Umsatz, Deckungsbeitrag • Storno • Wiederholungskäufe
Activation	Zufriedenheit	• Virale Verbreitung • Servicehotline • Reklamation

Tab. 37: Die fünf Schritt der Customer Journey

Die fünf Schritte und die Zielsetzung der User Experience lassen sich problemlos strukturieren. Schwieriger ist die Zuordnung, welche Daten Informationen zur Zielerreichung liefern. Noch schwieriger ist die Verbindung der Informationen zu einer Aussage.

Der gesamte Ansatz startet mit der Überlegung: Voraussetzung für ein Produktinteresse ist erst einmal, davon zu wissen, und wenn das Produkt bekannt ist, dann es sehr positiv einzuschätzen. Mit positiver Einschätzung und der zweiten Bedingung, es gibt einen Bedarf und der Bedarf kann mit dem zur Verfügung stehenden Budget bedient werden, lässt sich eine Auseinandersetzung mit dem Produkt auslösen, ein Kaufabschluss herbeiführen. Ist die Kundschaft zufrieden, erfolgen Wiederholungskäufe. Die Kunden sind loyal.

Insofern gibt es funktionale Zusammenhänge. Diese gilt es, immer wieder auf den Prüfstand zu stellen. Intelligente Tools registrieren Abweichungen und führen Korrekturen durch. Vorteilhaft ist zudem, die funktionalen Zusammenhänge durch Kundenforschung zu verbessern. So werden die Systeme aktuell gefüttert. Im Laufe der Zeit veralten die Informationen. Wer permanent ermittelt, kann permanent aktualisieren. Das lässt sich mit einer Vorgabe zur Gewichtung nach Alter lösen: Die Daten werden mit abnehmendem Gewicht im Laufe der Zeit einbezogen.

Am Ende zählt, was aktuell im Kopf der Kunden gespeichert ist. Das ist die konsequente Kundensicht im Produktmanagement. Dann kann der Sales Funnel, der diese Schritte umfasst, gut gestaltet werden.

Im Marktmanagement für den Produktbereich geht es um das wirkungsvollste Produktmarketing-Modelling. Dafür existiert eine Makroebene, die vier P-Bereiche: Ein hochwertiges Produkt braucht eine hochwertige Gestaltung, einen hochwertigen Namen, einen hochwertigen Preis, eine hochwertige Kommunikation und einen hochwertigen Vertriebsansatz.

Im Detail ergeben sich Variationen, Schwerpunkte je nach Laufzeit des Produkts: Es stehen zunächst Bekanntheit und Bevorzugung an, dann Anstöße zur Auseinandersetzung mit dem Nutzen, dann Anstöße zum Kauf, als After-Sales-Aktivität die passende Kundenbetreuung.

Prüfen Sie für Ihre Produkte die Stimmigkeit. Das Produktmarketing-Modelling kann durch Systemunterstützung optimiert und verbessert werden. Die Systemunterstützung führt zu einer klaren Ergebnisorientierung. Das ist für das Produktmanagement eine sachliche Grundlage. Das Harvard-Prinzip, das für die Moderation die Trennung von Sache und Person rät, wird implizit gefördert.

Management richtet sich auf die Zukunft und erfordert immer Einschätzungen und kreative Ansätze. Bei aller Verstärkung der Sachlichkeit ist die eigentliche Frage des Miteinanders die Interpretation. Hier sind oft Ausgleiche herbeizuführen.

Wesentliche Tätigkeit des Produktmanagements ist die Abstimmung mit anderen Funktionen, die notwendig andere Perspektiven in das Gespräch mitbringen. Der ausgleichende Ansatz ist sehr häufig die Variation des Grundverständnisses im Produktmanagement wie etwa die Sichtweise von Produktmanagement und Vertrieb, die tatsächlich die gleiche Zielsetzung ausweisen:

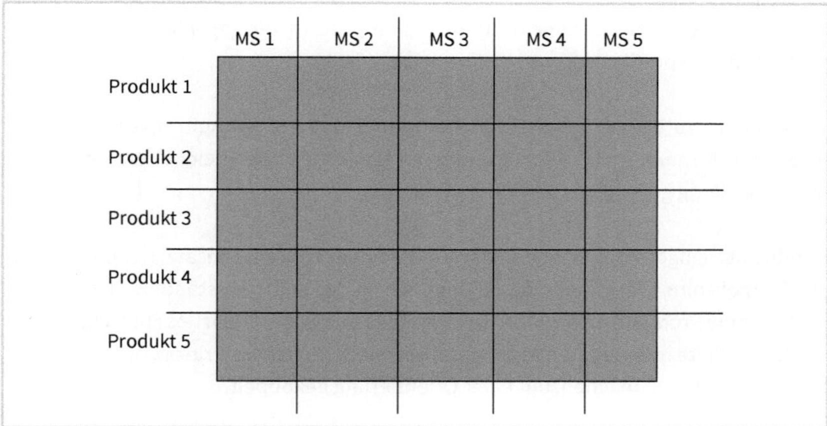

Abb. 65: Zwei Perspektiven auf ein Ziel (MS = Marktsegment)

Die Visualisierung für die eigene Aufgabe wie für das Gespräch mithilfe einer Matrix zeigt sehr oft, dass es um *eine* Sache geht, zwei Bearbeitungsansätze. Ein Aha-Erlebnis.

Die Marktsegmente können im Vertrieb unterschiedliche Absatzkanäle, unterschiedliche Regionen oder Länder und vieles mehr sein. Das Ergebnis eines Unternehmens ist immer gleich, egal wie es aufgefächert wurde. Die Unterteilung dient der Strukturierung der jeweils eigenen Aufgabe nach dem Prinzip, Strukturierung ist immer der Anfang der Bewältigung.

Dieses Prinzip liegt auch der erforderlichen Verlinkung zugrunde. Das Schnittstellen-Management lässt sich in den Griff bekommen durch feste Verbindungen. Es gibt das Zusammenspiel in der Hierarchie nach oben und zur Seite. Außerdem werden viele Externe einbezogen.

- Die festen **Termine mit der Unternehmensleitung** bilden das Rückgrat im Leben des Produktmanagements. In regelmäßigen New Development Plan-Meetings wird die Innovations-Pipeline behandelt.
- Das Produktmanagement selbst verabredet sich mit den Projektleitern, um die Neuproduktprojekte zu führen.
- In **Kompetenzforen** wird die mittelfristige Ausrichtung des Produktbereichs im Unternehmens-Zusammenhang festgelegt.
- Die **Verabredungen im Marketing- und Vertriebsplan** koordinieren das taktische Vorgehen.

Insgesamt ist es ein System von Bottom-up zu Top-down. Die gegenläufigen Strömungen führen zur Koordination und Kooperation.

Im Verhältnis zu Auftragnehmern, insbesondere zu externen Auftragnehmern, wird ein Briefing formuliert, das Auftrag und zu erfüllende Kriterien beinhaltet, anhand derer die Erfüllung geprüft werden kann.

So führt das eingesetzte Instrumentarium zu einem Führungsansatz, der durch Geist und Formalismus Erfolg herbeiführt. Der Geist ist das Selbstverständnis, das unzweifelhaft für die Produktgruppe wirkt. Der Formalismus ist ein implizites Führungsinstrument: Beteiligte übernehmen Aufträge zu Terminen. So ist das Prinzip, die Beteiligten zu Mitwirkenden zu machen, mit einer Orientierung gekoppelt.

Wenn dann alle Mitwirkenden merken, dass es ein herausforderndes Ziel gibt, für das eine klare Vorgehensweise und hinreichend Ressourcen zur Verfügung stehen, verspricht das eine konstruktive Zusammenarbeit.

Die Führungsprinzipien sind umgesetzt: Interessante Vision, bei der Beteiligte gerne mitwirken, das Setzen auf Beteiligung und damit die Möglichkeit des Einbringens, also Wirksamkeit erleben, sowie die Ressourcen, die Vision auch zu verwirklichen. Dabei wirken zwei Prinzipien:

- **Prinzip »Steering«:** Andere in die Lage zu versetzen, die Aufgabe gut erfüllen zu können.
- **Prinzip »Controlling«:** Die Ziele im Auge zu behalten.

Mit den Informationen des Dashboards wird das Produktmanagement zielgerichtet geführt:

	Produktmanagement A					
Umsatz t-1	Planumsatz laufendes Jahr t	Ist-Umsatz laufendes Jahr t	Hochrechnung Jahr t	Planumsatz t+1	...	Planumsatz t+x
DB t-1	Plan-DB laufendes Jahr t	Ist-Deckungsbeitrag laufendes Jahr t	Hochrechnung Jahr t	Plan-DB t+1	...	Plan-DB t+x
DB-Quote t-1	Plan-DB-Quote laufendes Jahr t	Ist-DB-Quote laufendes Jahr t	Hochrechnung Jahr t	Plan-DB-Quote t+1	...	Plan-DB-Quote t+x
Absoluter oder relativer Marktanteil t-1	Plan Marktanteil laufendes Jahr t	Ist Marktanteil laufendes Jahr t	Hochrechnung Jahr t	Plan Marktanteil t+1	...	Plan Marktanteil t+x
Anzahl Kunden t-1 Darunter: wiederkaufende Kunden	Plan Kunden laufendes Jahr t Darunter: Plan wiederkaufende Kunden	Ist Kunden laufendes Jahr t Darunter: wiederkaufende Kunden	Differenzen im Jahr t	Plan Kunden t+1 Darunter: wiederkaufende Kunden	...	Plan Kunden t+x Darunter: wiederkaufende Kunden
Kundenresonanz für wichtigste Segmente	Qualitative Zielgrößen, insbesondere Einstellung, erwünschte Zuordnungen, Zufriedenheit	Tatsächliche Zuordnungen, Entwicklung Einstellung, tatsächliche Zufriedenheit, Wiederkaufrate, empfundenes Serviceniveau	Differenzen zwischen Ziel und Ist Jahr t	Beabsichtige Verbesserungen für das Jahr t+1		Bewertungsoptimum
	Einzelne Produkte des Produktmanagements, aufgelistet in Reihenfolge des DB, in gleicher Weise					

Tab. 38: Informationen des Dashboards für das Produktmanagement

Stichwortverzeichnis

Der Autor

Lothar Keite ist geschäftsführender Inhaber des **Instituts effibrain. Marketing and Management. Consulting and Training.** in Hamburg.

Sein Claim

Für die besseren Züge im Markt.

Sein Ansatz

- Consultant des Managements
  Grundlage bildet die Absatztreppe aus Markenmanagement, Produktmanagement und Kundenmanagement.
- Dozent und Autor
  - Start des **Instituts effibrain** mit einer Langzeitstudie zu Erfolgsfaktoren in der Neuproduktpolitik
  - zahlreiche Fachbeiträge
  - Autor des Buchs »Corporate Identity im digitalen Zeitalter« (Haufe Group 2019)
  - Lehrbeauftragter der Fachhochschule für Oekonomie und Management (FOM).
  - Dozent für die Haufe Akademie

Qualifikationen

- Studium der Wirtschaftswissenschaften und Biologie an der Westfälischen Wilhelms-Universität in Münster. Abschluss: Diplom-Kaufmann.
  Diplomarbeit: »Konjunkturelle Einflüsse auf die Werbeplanung in einem Vergleich von Konsum- und Investitionsgüterindustrie« bei Prof. Dr. Heribert Meffert.
- Berufserfahrung im Produktmanagement:
  - Junior Produktmanager bei den Melitta-Werken in Minden
  - Produktmanager bei der Underberg KG in Rheinberg
  - Leiter Produktmanagement bei der Aral AG in Bochum

Mit digitalen Extras: Exklusiv für Buchkäuferinnen und Buchkäufern!

Ihre Arbeitshilfen zum Download:

- **http://mybook.haufe.de/**
- **Buchcode:** ANO-8959

PI13694303
9778968